服装高等教育“十二五”部委级规划教材

内衣结构与工艺

周捷　主　编
翁创杰　副主编

中国纺织出版社

内 容 提 要

本书是一本关于内衣结构设计和缝制工艺的技术教材，内容主要包括内衣基础知识、分类、成品测量方法、文胸、内裤、束身衣、衬裙和睡衣的结构设计原理及其基本的变化方法和技巧，并详细地介绍了内衣代表品种的缝制工艺和技巧等。

本书图文并茂，具有较强的实用性和可操作性，既可以作为服装院校师生的专业教材，也可供内衣企业技术人员和爱好者参考阅读。

图书在版编目（CIP）数据

内衣结构与工艺／周捷主编. --北京：中国纺织出版社，2016.9（2022.7 重印）

服装高等教育“十二五”部委级规划教材

ISBN 978-7-5180-2827-6

Ⅰ.①内… Ⅱ.①周… Ⅲ.①内衣—结构设计—高等学校—教材 Ⅳ.①TS941.713

中国版本图书馆CIP数据核字（2016）第181652号

责任编辑：华长印　特约编辑：彭　星　责任校对：王花妮
责任设计：何　建　责任印制：何　建

中国纺织出版社出版发行
地址：北京市朝阳区百子湾东里A407号楼　邮政编码：100124
销售电话：010—67004422　传真：010—87155801
http：//www.c-textilep. com
E-mail：faxing@c-textilep. com
中国纺织出版社天猫旗舰店
官方微博 http：//weibo.com/2119887771
北京市密东印刷有限公司印刷　各地新华书店经销
2016年9月第1版　2022年7月第3次印刷
开本：787×1092　1/16　印张：17.25
字数：230千字　定价：39.80元

凡购本书，如有缺页、倒页、脱页，由本社图书营销中心调换

出版者的话

全面推进素质教育，着力培养基础扎实、知识面宽、能力强、素质高的人才，已成为当今教育的主题。教材建设作为教学的重要组成部分，如何适应新形势下我国教学改革要求，与时俱进，编写出高质量的教材，在人才培养中发挥作用，成为院校和出版人共同努力的目标。2011年4月，教育部颁发了教高[2011]5号文件《教育部关于“十二五”普通高等教育本科教材建设的若干意见》（以下简称《意见》），明确指出“十二五”普通高等教育本科教材建设，要以服务人才培养为目标，以提高教材质量为核心，以创新教材建设的体制机制为突破口，以实施教材精品战略、加强教材分类指导、完善教材评价选用制度为着力点，坚持育人为本，充分发挥教材在提高人才培养质量中的基础性作用。《意见》同时指明了“十二五”普通高等教育本科教材建设的四项基本原则，即要以国家、省（区、市）、高等学校三级教材建设为基础，全面推进，提升教材整体质量，同时重点建设主干基础课程教材、专业核心课程教材，加强实验实践类教材建设，推进数字化教材建设；要实行教材编写主编负责制，出版发行单位出版社负责制，主编和其他编者所在单位及出版社上级主管部门承担监督检查责任，确保教材质量；要鼓励编写及时反映人才培养模式和教学改革最新趋势的教材，注重教材内容在传授知识的同时，传授获取知识和创造知识的方法；要根据各类普通高等学校需要，注重满足多样化人才培养需求，教材特色鲜明、品种丰富。避免相同品种且特色不突出的教材重复建设。

随着《意见》出台，教育部正式下发了通知，确定规划教材书目。我社共有26种教材被纳入“十二五”普通高等教育本科国家级教材规划，其中包括了纺织工程教材12种、轻化工程教材4种、服装设计与工程教材10种。为在“十二五”期间切实做好教材出版工作，我社主动进行了教材创新型模式的深入策划，力求使教材出版与教学改革和课程建设发展相适应，充分体现教材的适用性、科学性、系统性和新颖性，使教材内容具有以下几个特点：

（1）坚持一个目标——服务人才培养。“十二五”职业教育教材建设，要坚持育人为本，充分发挥教材在提高人才培养质量中的基础性作用，充分体现我国改革开放30多年来经济、政治、文化、社会、科技等方面取得的成就，适应不同类型高等学校需要和不同教学对象需要，编写推介一大批符合教育规律和人才成长规律的具有科学性、先进性、适用性的优秀教材，进一步完善具有中国特色的普通高等教育本科教材体系。

（2）围绕一个核心——提高教材质量。根据教育规律和课程设置特点，从提高学生分析问题、解决问题的能力入手，教材附有课程设置指导，并于章首介绍本章知识点、重点、难点及专业技能，增加相关学科的最新研究理论、研究热点或历史背景，章后附形式多样的习题等，提高教材的可读性，增加学生学习兴趣和自学能力，提升学生科技素养和人文素养。

（3）突出一个环节——内容实践环节。教材出版突出应用性学科的特点，注重理论与生产实践的结合，有针对性地设置教材内容，增加实践、实验内容。

（4）实现一个立体——多元化教材建设。鼓励编写、出版适应不同类型高等学校教学需要的不同风格和特色教材；积极推进高等学校与行业合作编写实践教材；鼓励编写、出版不同载体和不同形式的教材，包括纸质教材和数字化教材，授课型教材和辅助型教材；鼓励开发中外文双语教材、汉语与少数民族语言双语教材；探索与国外或境外合作编写或改编优秀教材。

教材出版是教育发展中的重要组成部分，为出版高质量的教材，出版社严格甄选作者，组织专家评审，并对出版全过程进行过程跟踪，及时了解教材编写进度、编写质量，力求做到作者权威，编辑专业，审读严格，精品出版。我们愿与院校一起，共同探讨、完善教材出版，不断推出精品教材，以适应我国高等教育的发展要求。

中国纺织出版社

教材出版中心

前言

内衣结构设计与缝制工艺是内衣从款式设计到成品不可或缺的关键步骤。内衣结构与工艺课程是高等院校内衣设计专业的必修课程。

本书为服装内衣设计专业的学生编写，全书主要包括两部分内容，第一是关于内衣结构设计制图，第二是关于内衣缝制工艺。

第一部分，首先介绍内衣的基础知识，其中包括人体与人台测量、制作工具、内衣材料及特征等。接着介绍文胸的分类、构成，文胸成品测量方法以及利用原型法、比例法和定寸法进行文胸结构制图，文胸的试身与纸样修正的原理和方法，内裤的类别、测量以及不同款型的内裤结构设计原理和方法，束身衣测量方法以及束衣、束裤和连体束衣的结构设计。最后介绍不同款型的衬裙及睡衣的结构设计原理和方法。

第二部分，主要介绍内衣缝制基础知识和基本技巧，包括文胸、内裤、束身衣、衬裙及睡衣的缝制方法和技巧。

在具体款式的设计上，注重款式的经典性和时尚性；在工艺的制作上，既体现现代服装的新颖工艺特色，又兼顾缝制工艺的传统性和单件产品制作的局限性，工艺规范合理，注重实践知识。全书内容由浅入深，图文并茂，通俗易懂，实用性强，既可作为高等院校服装内衣设计专业的教材，也可作为内衣行业技术人员的参考用书及内衣爱好者自学指导读物。

本书由西安工程大学服装与艺术设计学院周捷主编，负责全书的编著、统稿等工作。广东宏杰内衣实业有限公司翁创杰先生担任副主编。在此，对所有在本书编写过程中提供帮助的广东宏杰内衣实业有限公司的技术人员表示深深的感谢。

由于时间仓促、水平有限，难免有错误和疏漏，欢迎专家、同行和广大读者提出批评与改进意见，不胜感谢！

周捷

2016年1月

教学内容及课时安排

章/课时	课程性质/课时	节	课程内容
第一章（4课时）	基础知识（4课时）		·内衣基础知识
		一	人体与人台测量
		二	内衣测量、绘图常用工具
		三	内衣材料及其特征
第二章（14课时）	专业知识及技能（44课时）		·文胸结构设计
		一	文胸分类
		二	文胸构成与各部位名称
		三	文胸号型与测量
		四	文胸结构设计
		五	文胸试身与纸样修正
第三章（6课时）			·内裤结构设计
		一	内裤类别
		二	内裤结构与成品测量方法
		三	女式内裤结构设计
		四	男式内裤结构设计
第四章（8课时）			·束身衣结构设计
		一	束身衣型号与成品测量
		二	束衣结构设计
		三	束裤结构设计
		四	连体束衣结构设计
第五章（8课时）			·衬裙结构设计
		一	衬裙分类与测量
		二	衬裙结构设计
第六章（8课时）			·睡衣结构设计
		一	睡衣分类与测量
		二	睡裙结构设计
		三	睡衣结构设计
		四	睡袍结构设计
		五	睡裤结构设计

续表

章/课时	课程性质/课时	节	课程内容
第七章 （2课时）	专业知识 （2课时）		·缝制工艺基础知识
		一	内衣缝制常用机械设备
		二	内衣缝制技巧
第八章 （32课时）	专业知识及技能 （32课时）		·内衣缝制工艺
		一	夹棉文胸缝制工艺
		二	女式三角内裤缝制工艺
		三	束身衣缝制工艺
		四	衬裙缝制工艺
		五	睡衣缝制工艺

注　各院校可根据自身的教学特点和教学计划对课程时数进行调整。

目录

基础知识——

内衣基础知识

课题名称： 内衣基础知识

课题内容： 1．人体与人台测量。

2．内衣测量、绘图常用工具。

3．内衣材料及其特征。

课题时间： 4学时

教学目的： 使学生掌握人体与人台的测量方法,同时了解内衣的测量、绘图工具和内衣的材料及其特征。

教学方式： 讲授

教学要求： 1．学生能独立完成人体与人台的测量。

2．初步掌握内衣材料及其特征。

3．了解内衣测量、绘图工具的用途。

课前准备： 人体测量工具、人台和内衣常用的材料。

第一章　内衣基础知识

第一节　人体与人台测量

一、测量的意义

为了对人体体型特征有正确、客观的认识，除了进行定性的研究外，还必须了解人体各部位的体型特征，并能用准确的数据表示身体各部位的特征。在内衣结构设计中，为了使人体着装时更加舒适，就必须要了解人体的比例、体型、构造和形态等基本信息，故测量人体尺寸是进行内衣结构设计的前提。由于内衣紧贴人体，加之一些部位比较敏感，内衣结构设计通常在内衣专用人台上进行，故人台的测量在内衣结构设计中也起着至关重要的作用。

二、测量的基准点和基准线

人体形状比较复杂，要进行规范性测量就需要在人体或人台表面上确定一些点和线，并将这些点和线按一定的规则固定下来，作为专业通用的测量基准点和基准线。这样便于建立统一的测量方法，测量出的数据才具有可比性，从长远看也更有利于专业的规范发展。

基准点和基准线的确定基本要求：一是根据测量的需要；二是点和线应具有明显性、固定性、易测性和代表性的特点。也就是说，测量基准点和基准线在任何人身上都是固有的，不因时间、生理的变化而改变。因此，一般多选在骨骼的端点、突起点和肌肉的沟槽等部位。

三、测量的主要基准点

1. 人体测量基准点（图1–1）

①头顶点：以正确立姿站立时，头部最高点，位于人体中心线上，它是测量总体高的基准点。

②侧颈点：在外侧颈三角上，斜方肌前缘与颈外侧部位上联结颈窝点和颈椎点的曲线交点。通常也被称为颈根外侧点（*SNP*）。

③前颈点：左、右锁骨的胸骨端上缘连线的中点。通常也被称为颈窝点（*FNP*）。

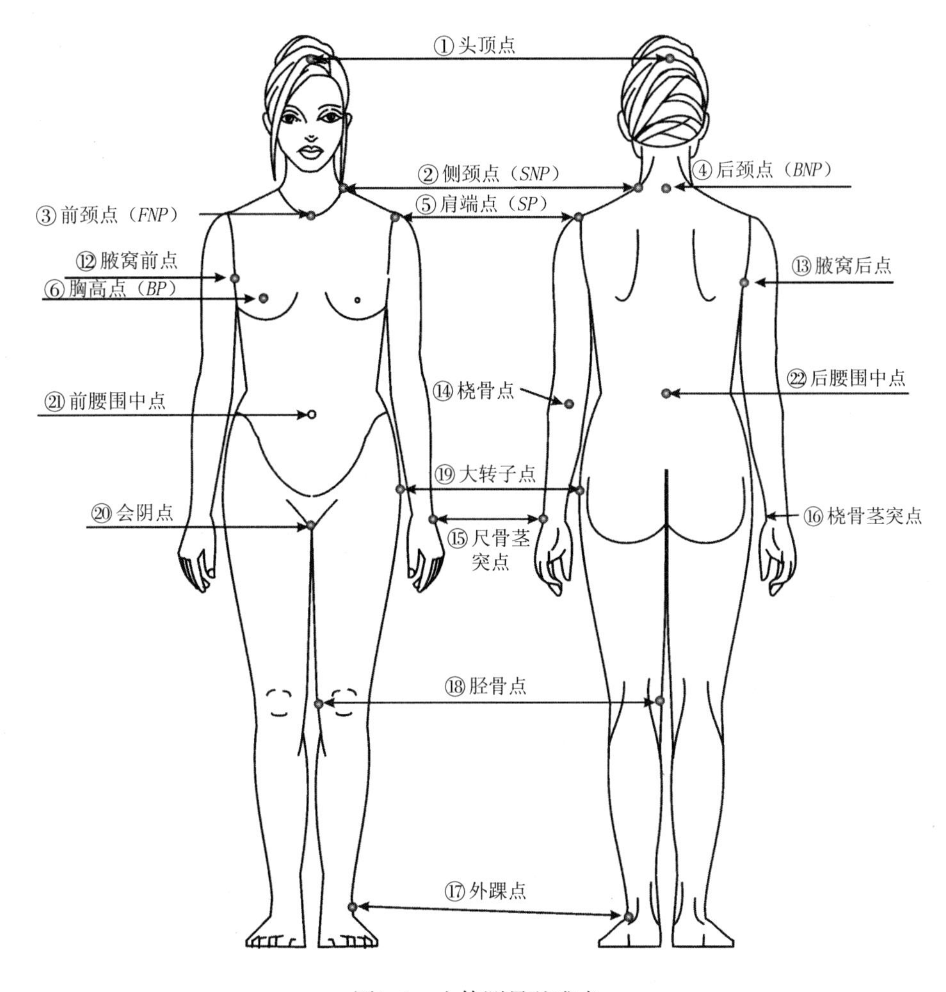

图1-1　人体测量基准点

④后颈点：第七颈椎棘突尖端的点。通常也被称为颈椎点（*BNP*）。

⑤肩端点：肩胛骨的肩峰外侧缘上，向外最突出的点。通常也被称为肩峰点（*SP*）。它是测量肩宽和袖长的基准点，也是确定衣袖缝合对位的基准点。

⑥胸高点：乳头的中心点。通常也被称为乳头点（*BP*）。它是测量胸围的基准点，也是确定胸省长度的参考点，在结构设计中胸省处理时很重要的基准点。

⑦左胸高点：左乳房的乳头点。

⑧右胸高点：右乳房的乳头点。

⑨乳外侧点：乳根线与过胸高点的水平面外侧的交点。

⑩乳内侧点：乳根线与过胸高点的水平面内侧的交点。

⑪乳下点：乳根线与过胸高点的垂直平面的交点。

⑫腋窝前点：在腋窝前裂上，胸大肌附着处的最下端点。通常也被称为前腋点，是测量胸宽的基准点。

⑬腋窝后点：在腋窝后裂上，大圆肌附着处的最下端点。通常也被称为后腋点，是测

量后背宽的基准点。

⑭桡骨点：桡骨小头上缘的最高点。通常也被称为肘点，是测量上臂长的基准点，也是确定袖弯线凹势的参考点。

⑮尺骨茎突点：尺骨茎突的下端点。

⑯桡骨茎突点：桡骨茎突的下端点。

⑰外踝点：腓骨外踝的下端点。

⑱胫骨点：胫骨上端内侧的髁内侧缘上最高的点。

⑲大转子点：股骨大转子的最高点。

⑳会阴点：左、右坐骨结节最下点连线的中点。

㉑前腰围中点：腰围线的前中点。

㉒后腰围中点：腰围线的后中点。

2. **人台测量基准点**（图1–2）

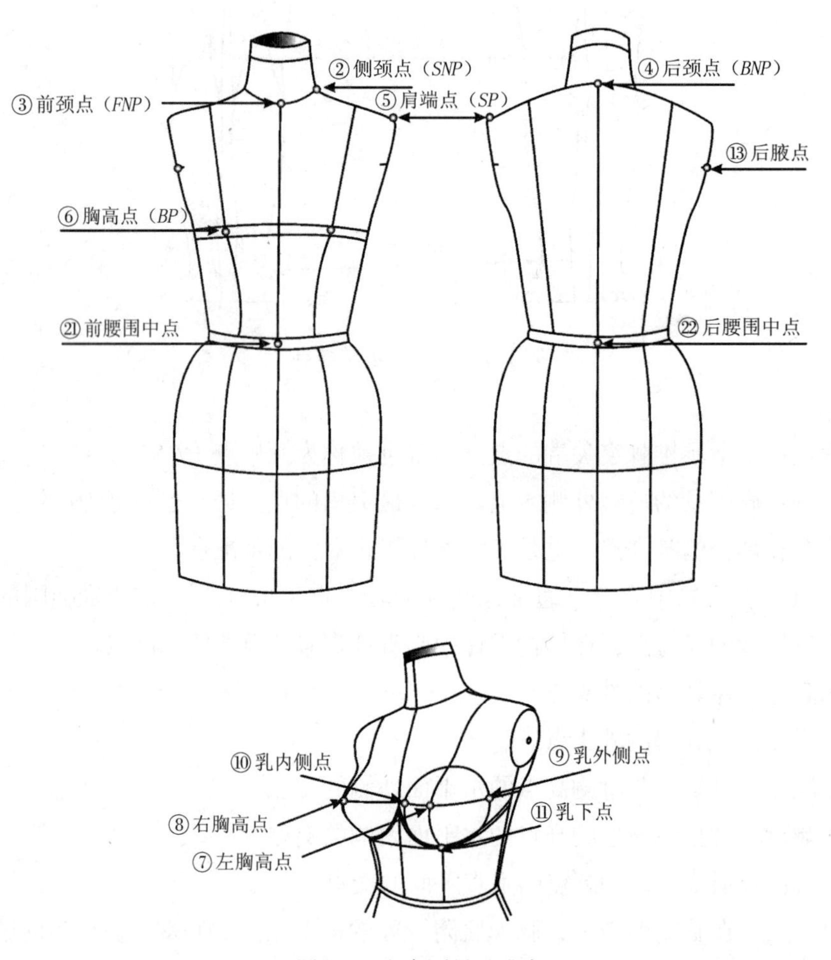

图1–2　人台测量基准点

四、测量的主要基准线

（1）颈根围线（*NL*）：该线通过左右颈根外侧点（*SNP*）、颈椎点（*BNP*）、颈窝点（*FNP*）测量得到的尺寸，是测量颈根围的基础线。

（2）胸围线（*BL*）：通过胸部最高点的水平围度线，是测量人体胸围大小的基准线。

（3）腰围线（*WL*）：通过腰部最细处的水平围度线，是测量人体腰围大小的基准线。

（4）臀围线（*HL*）：通过臀部最丰满处的水平围度线，是测量人体臀围大小的基准线。

（5）背中线（*BCL*）：经颈椎点、后腰中点人体纵向左右分界线，是服装后中线的定位依据。

（6）大腿根围线：大腿根部的水平围度线。

（7）肘围线（*EL*）：经过肘关节一周的线。

（8）腕围线：经过腕关节一周的线。

（9）膝围线（*KL*）：经过膝关节的水平围度线。

五、测量部位与方法

1. 水平尺寸

水平测量如图1-3、图1-4所示。

①头围：两耳上方水平测量的头部最大围长。

②颈围：用软尺测量，经第七颈椎点处的颈部水平围长。

③颈根围：用软尺经第七颈椎点、颈侧点及颈窝点测量的颈根部围长。

④肩长：被测者手臂自然下垂，测量从颈侧点至肩峰点的直线距离。

⑤总肩宽：被测者手臂自然下垂，测量左右肩峰点之间的水平弧长。

⑥胸宽：过左右前腋窝点间的水平弧长。

⑦背宽：用软尺测量左右肩端点分别与左右腋窝点连线的中点的水平弧长。

⑧胸围：被测者直立，正常呼吸，用软尺经肩胛骨、腋窝和乳头测量的胸部最大水平围长。

⑨胸高点间距（女）：左、右乳头之间的水平距离。

⑩下胸围（女）：紧贴着乳房下部的人体水平围长。

⑪腰围：被测者直立，正常呼吸，腹部放松，胯骨上端与肋骨下缘之间自然腰际线的水平围长。

⑫臀围：被测者直立，在臀部最丰满处测量臀部水平围长。

⑬中臀围：腰围线与臀围线中间位置水平围长。

⑭上臂围：被测者直立，手臂自然下垂，在腋窝下部测量上臂最粗处的水平围长。

⑮肘围：被测者直立，手臂弯曲约90°，手伸直，手指朝前，测量肘部围长。

⑯腕围：被测者手臂自然下垂，测量的腕骨部位围长。

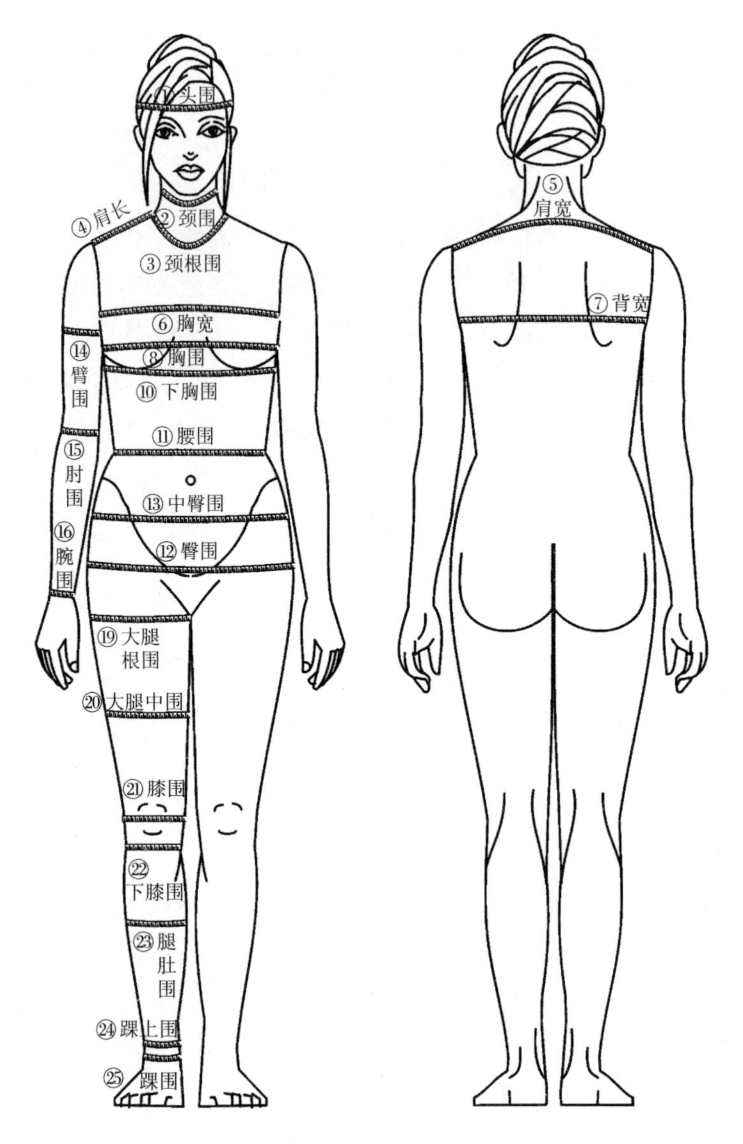

图1-3 人体水平方向测量

⑰掌围：右手伸展，四指并拢，拇指分开，测量掌骨处的最大围长。

⑱手长：被测者右前臂与伸展的右手成直线，四指并拢，拇指分开，测量自中指尖至掌根部第一条皮肤皱纹的距离。

⑲大腿根围：被测者直立，腿部放松，测量大腿最高部位的水平围长。

⑳大腿中部围：被测者直立，腿部放松，测量臀围线与膝围线中间位置的大腿水平围长。

㉑膝围：被测者直立，测量膝部的围长。测量时软尺上缘与胫骨点（膝部）对齐。

㉒下膝围：被测者直立，测量膝盖骨下部水平围长。

㉓腿肚围：被测者直立，两腿稍微分开，体重平均分布两腿，测量小腿腿肚最粗处的水平围长。

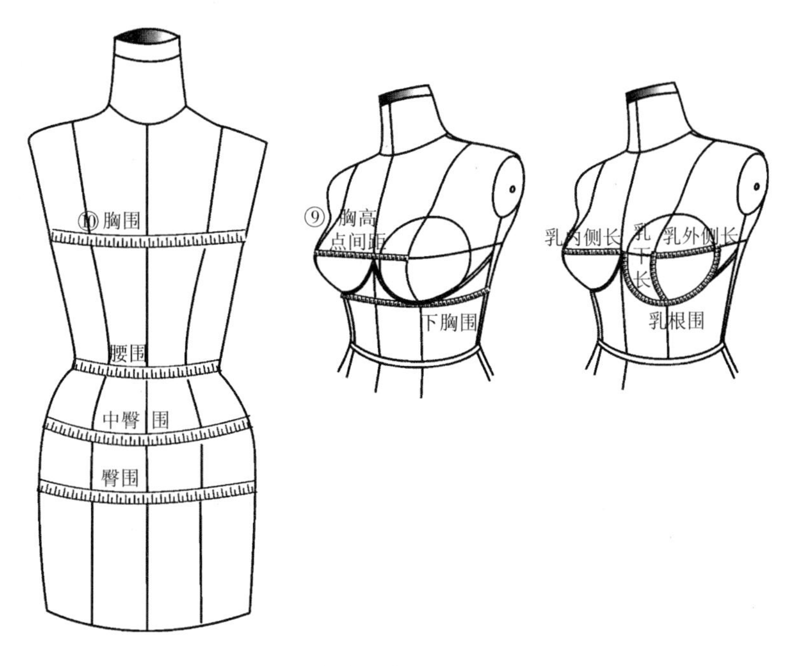

图1-4　人台水平方向测量

㉔踝上围：被测者直立，测量紧靠踝骨上方最细处的水平围长。

㉕踝围：被测者直立，测量踝骨中部的围长。

㉖足长：被测者赤足，脚趾伸展，测量最突出的足趾尖点与足后跟最突出点连线的最大直线距离。

㉗身高（指尚不能站立的婴儿）：被测者平躺于台面，测量自头顶至脚跟的直线距离。

2. 垂直尺寸

垂直测量如图1-5～图1-7所示。

①身高（婴儿除外）：被测者直立，赤足，两脚并拢，测量自头顶至地面的垂直距离。

②躯干长：被测者直立，测量自第七颈椎点至会阴点的垂直距离。

③腰围高：被测者直立，在体侧测量从腰际线至地面的垂直距离。

④臀围高：被测者直立，从大转子点至地面的垂直距离。

⑤直裆长：用人体测高仪测量自腰际线至会阴点的垂直距离，或者称为上裆长，如图1-5所示。

⑥膝围高：胫骨点（膝部）至地面的垂直距离。

⑦外踝高：外踝点至地面的垂直距离。

⑧坐姿颈椎点高：被测者直坐于凳面，测量自第七颈椎点至凳面的垂直距离。

⑨腋窝深：用一根软尺经腋窝下水平绕人体一圈，用另一根软尺测量自第七颈椎至第

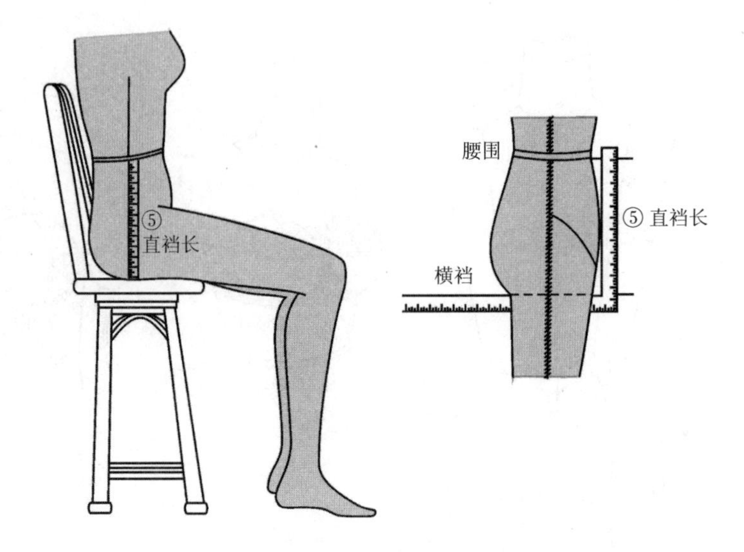

图1-5 直裆长测量

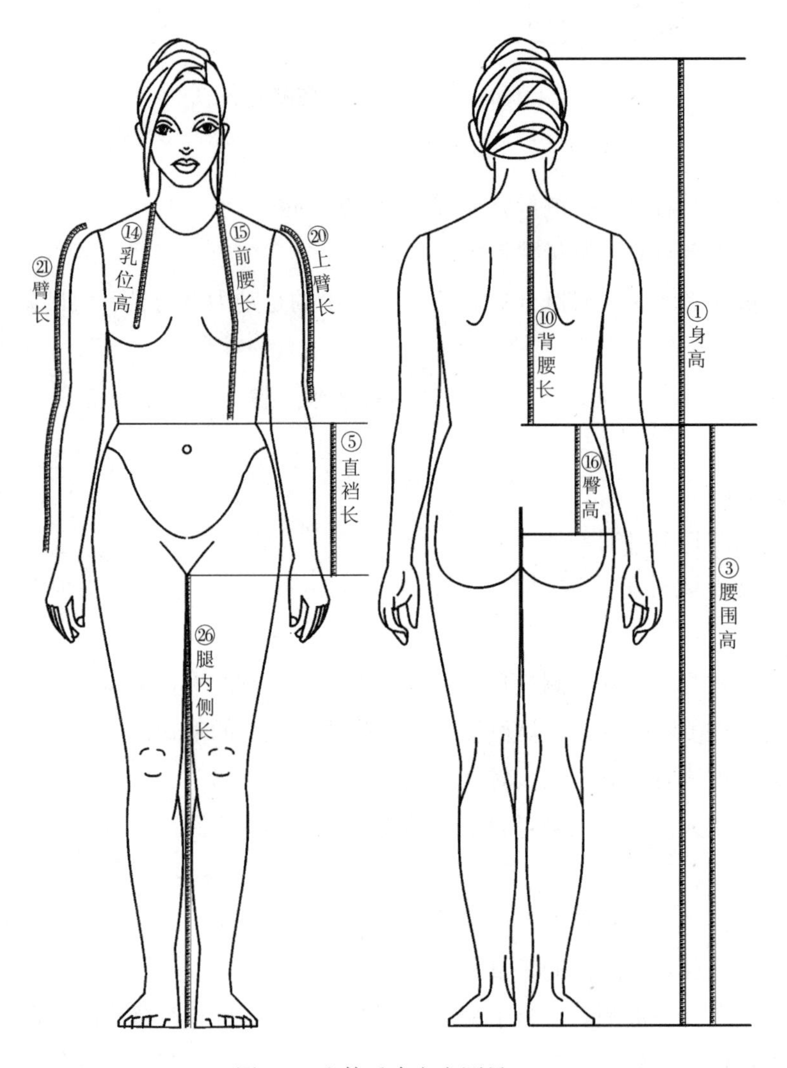

图1-6 人体垂直方向测量一

一根软尺上缘部位的垂直距离。

⑩背腰长：用软尺测量自第七颈椎点沿脊柱曲线至腰际线的曲线长度。

⑪颈椎点至膝弯长：用软尺测量自第七颈椎点，沿背部脊柱曲线至臀围线，再垂直至胫骨点（膝部）的长度。

⑫颈椎点高：用软尺测量自第七颈椎点，沿背部脊柱曲线至臀围线，再垂直至地面的长度。

⑬颈椎点至乳头点长：用软尺测量自第七颈椎点，沿颈部过颈侧点，再至乳头点的长度。

⑭乳位高：用软尺测量自颈侧点到乳头点的长度。

⑮前腰长：用软尺测量自颈侧点经乳头点，至腰际线所得的距离。

⑯臀高：用软尺测量从腰际线，沿体侧臀部曲线至大转子点的长度。

⑰躯干围：用软尺测量，以右（或左）肩线（颈侧点与肩端点连线）的中点为起点，从背部经腿分叉处过会阴点，经右（或左）乳头再至起点的长度。

⑱会阴上部前后长（下躯干弧长）：用软尺测量，自前腰围中点经会阴点至后腰围中点的曲线长。

⑲臂根围：被测者直立，手臂自然下垂，以肩端点为起点，经前腋窝点和后腋窝点，

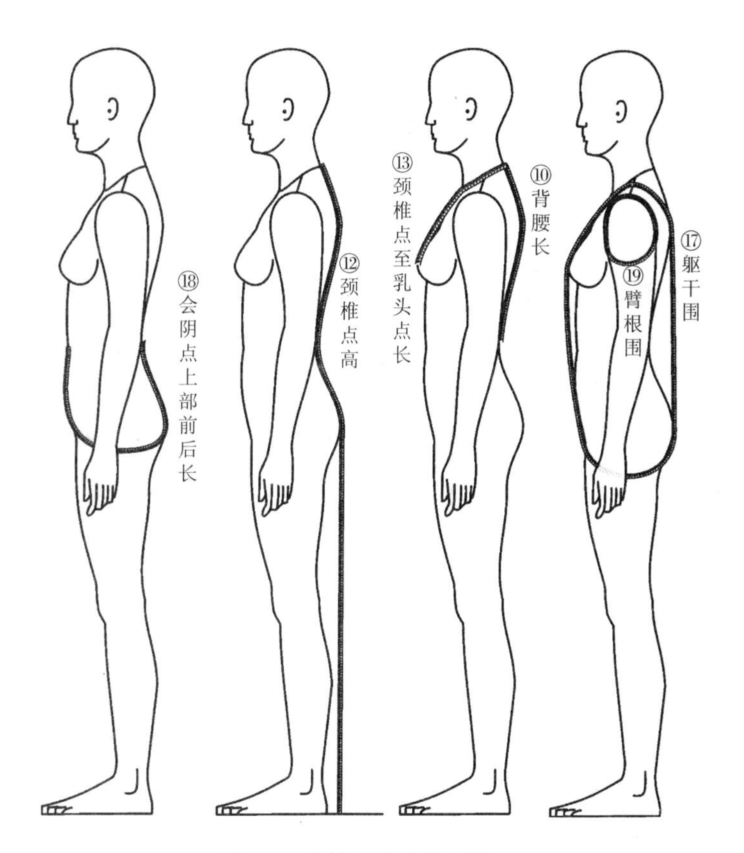

图1–7　人体垂直方向测量二

再至起点的围长。

⑳上臂长：被测者手握拳，手臂弯曲成90°，用软尺测量自肩端点至桡骨点（肘部）的距离。

㉑臂长：被测者手放松放在臀部两侧，用软尺测量自肩端点，经桡骨点（肘部）至尺骨茎突点（腕部）的长度。

㉒颈椎点至腕长：用软尺测量自颈椎点经肩峰点，沿手臂过桡骨点（肘部）至尺骨茎突点（腕部）的长度。测量时手臂弯曲成90°，呈水平状。

㉓下臂长：被测者手臂自然下垂，用软尺测量自腋窝中点至桡骨茎突点（腕部）的垂直距离。

㉔腿外侧长：用软尺从腰际线沿臀部曲线至大转子点，然后垂直至地面测量的长度。

㉕大腿长：用软尺测量腿内侧自会阴点至胫骨点（膝部）的垂直距离。

㉖腿内侧长（会阴高）：被测者直立，两腿稍微分开，体重平均分布于两腿，用软尺测量自会阴点至地面的垂直距离。

3. **其他数据**

①肩斜度：将角度测量器放在被测者肩线（肩端点与颈侧点的连线）上测量的倾角值，以度为单位。

②体重：被测者稳定地站在体重计上，体重计显示的数，以公斤为单位。

第二节　内衣测量、绘图常用工具

一、人台

在内衣的结构设计和试衣中，人台起着至关重要的作用，内衣人台根据胸部的大小分为不同的规格，例如：75A，75B，75C，80A，80B，80C等；即使是同一规格的人台，其胸围和下胸围大小以及乳房的形态等各不相同，内衣企业根据自己的目标人群选择相应的人台。

根据用途不同，内衣人台通常有半身坐台、颈至膝站台以及全身人台等，如图1-8所示。

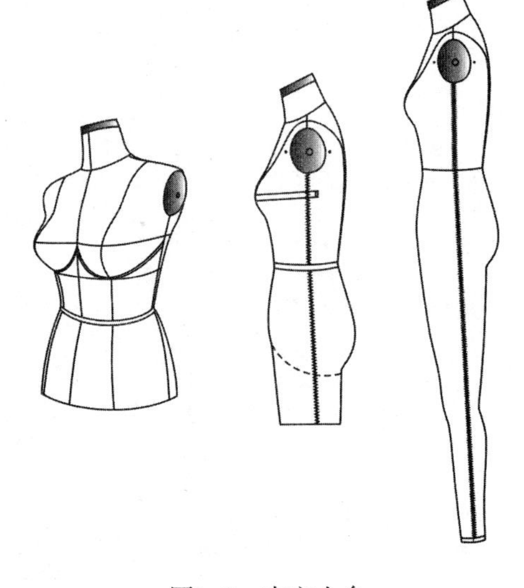

图1-8　内衣人台

二、尺子

（1）直尺：画直线用，长度有30cm、50cm不等，如图1-9所示。

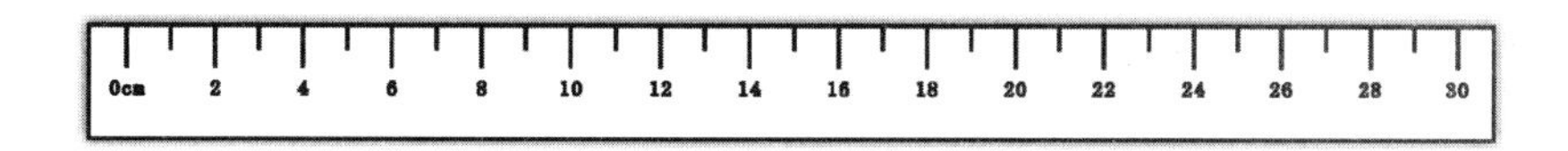

图1-9　直尺

（2）放码尺：也称方格尺。通常用于绘制平行线、放缝份和缩放规格等。长度有50cm、60cm不等，如图1-10所示。

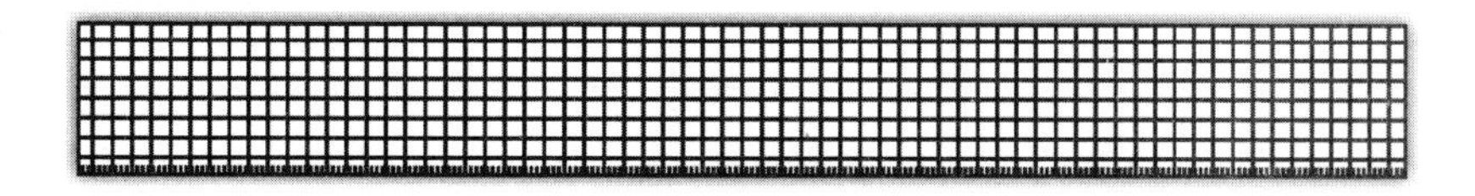

图1-10　放码尺

（3）弯尺：形状呈弧形。可用于绘制裙子、裤子侧缝以及袖缝等弧线处，如图1-11所示。

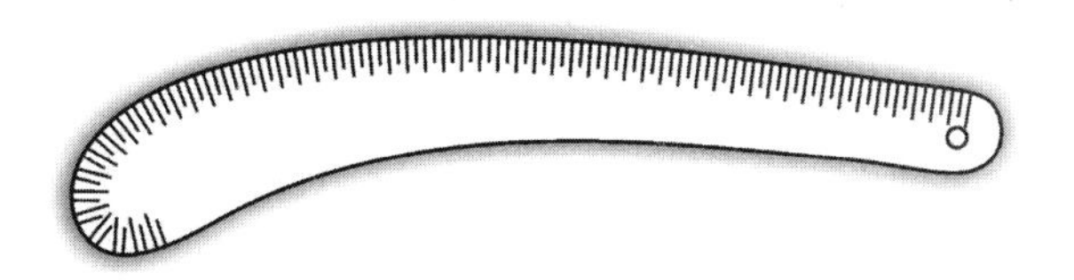

图1-11　弯尺

（4）L尺：直角兼有弧线尺。可以用于测量直角和画弧线，如图1-12所示。

（5）6字尺：形状像6字。可以用于画领窝弧线、袖窿弧线及袖山弧线等，如图1-13所示。

（6）圆尺：测量时可以转动，可用来测量弧线的长度，如图1-14所示。

（7）软尺：可以用于人体的测量和弧线的测量，如图1-15所示。

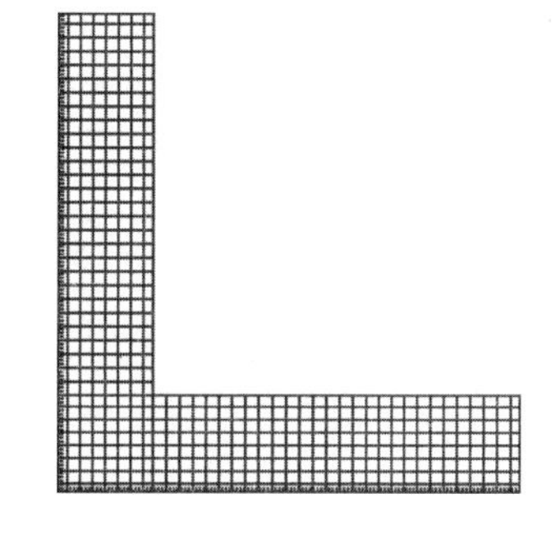

图1-12　L尺

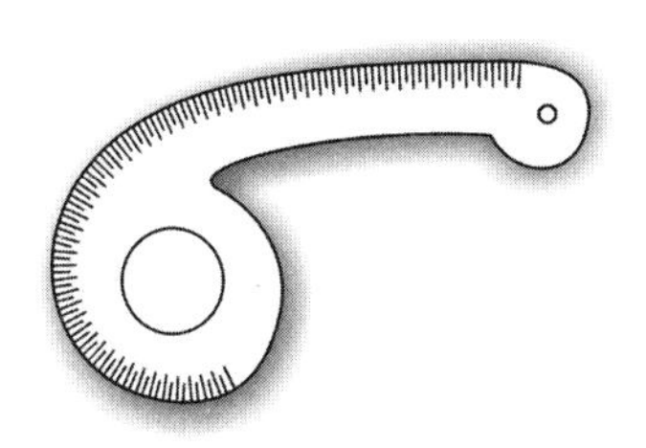

图1-13　6字尺

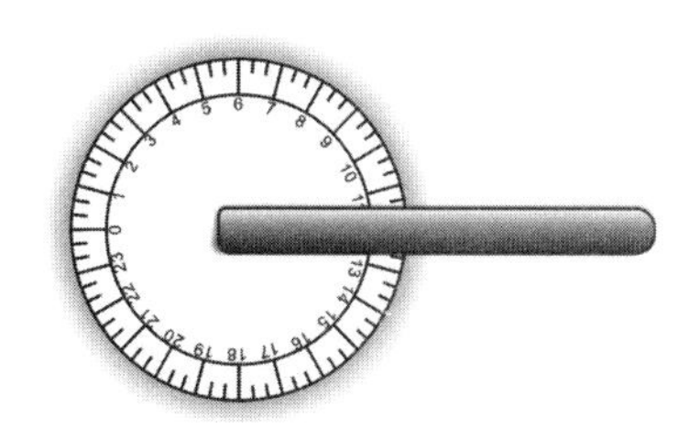

图1-14　圆尺

（8）蛇形尺：能自由折成各种曲线形状，可用来测量乳根围，也可弯成乳根的形状，然后将其在纸上画出乳根的形状，如图1–16所示。

（9）量角器：用来测量角度，如图1–17所示。

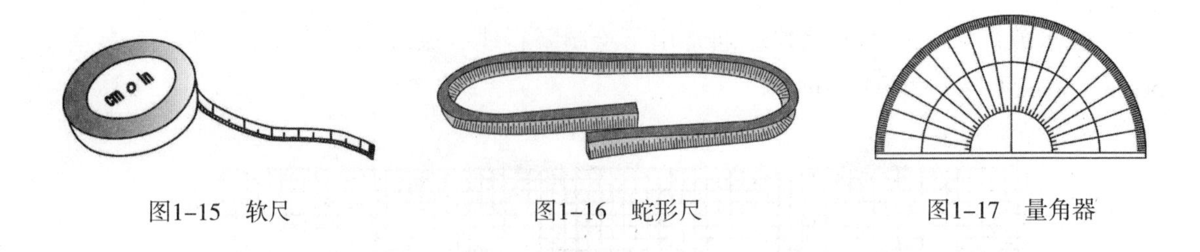

图1–15　软尺　　图1–16　蛇形尺　　图1–17　量角器

三、笔

（1）铅笔：用于制图，通常用2*B*和*HB*等，如图1–18所示。

图1–18　铅笔

（2）活动铅笔：铅芯通常有0.3cm，0.5cm，0.7cm和0.9cm等，根据作图要求选用。

（3）褪色笔：用于标记号的笔，用这种笔做的记号，颜色随着时间的推移而自然消失。有多种颜色，如图1–19所示。

（4）划粉笔：类似于彩色铅笔，可以用来在布料上画线，如图1–20所示。

图1–19　褪色笔

图1–20　划粉笔

（5）划粉：在布料上画线用，有普通划粉和可褪色划粉，如图1–21所示。

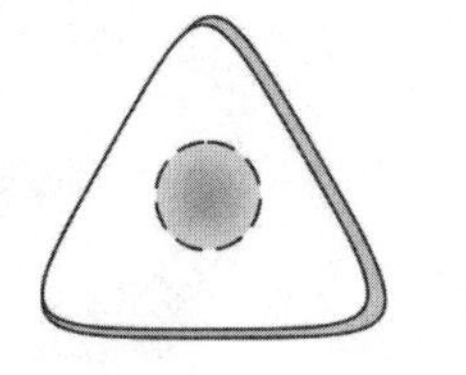

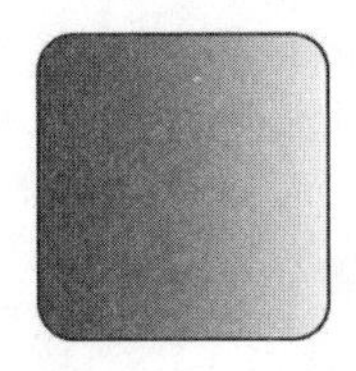

图1–21　划粉

四、其他

（1）拷贝纸：双面或单面有印粉的复写纸，做标记或拷贝时用。

（2）锥子：缝制时使用，也可以在纸样上做标记点。

（3）滚轮：又称点线器。拷贝纸样或者将布样转变为纸样，如图1-22所示。

图1-22　滚轮

（4）圆规：画圆画弧线用，如图1-23所示。

（5）文镇：用于压布或纸样，使其位置固定，如图1-24所示。

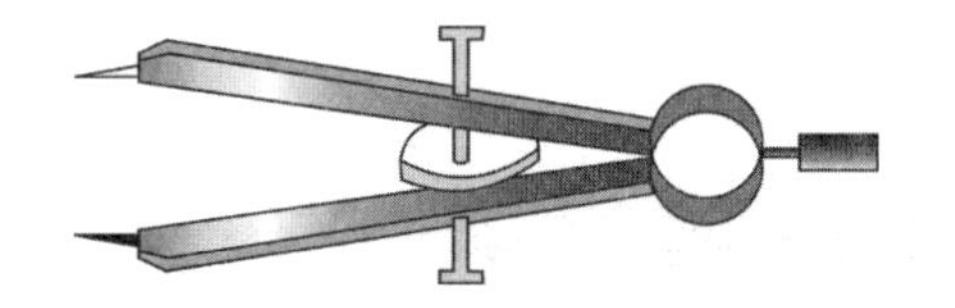

图1-23　圆规

图1-24　文镇

（6）针插：用于插大头针或手针，如图1-25所示。

（7）针：有缝纫机针、手针和大头针，根据不同要求可选用不同针号和针型。

（8）缝纫线：缝纫时使用。

（9）顶针箍：手缝时，用来帮助顶针，如图1-26所示。

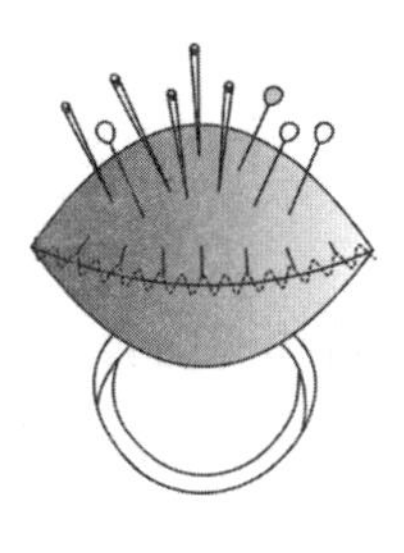

图1-25　针插

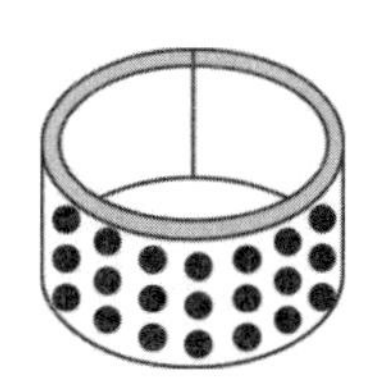

图1-26　顶针箍

（10）黏接带：用来做标志线，如图1-27所示。

（11）模型线：做人台的标志线或者在衣服上标志轮廓线，如图1-28所示。

（12）剪刀：裁剪或缝制时使用，如图1-29所示。

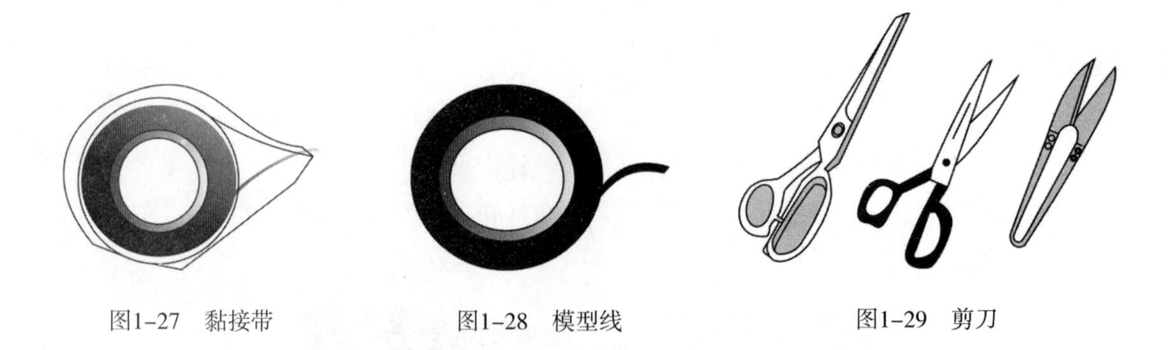

图1-27　黏接带　　图1-28　模型线　　图1-29　剪刀

（13）砝码：可用来检测文胸下围受到拉力后变形的情况，如图1-30所示。

（14）拉力计：测量肩带、橡根等的弹性，如图1-31所示。

图1-30　砝码

图1-31　拉力计

第三节　内衣材料及其特征

内衣的材料主要包括面料、里料和辅料。

一、常用的面里料

1. 花边

花边又称蕾丝，一般分为经编花边和刺绣花边，可用于内衣的装饰与点缀。

2. 汗布

棉或涤棉针织汗布，弹性相对较小。用于文胸里贴或内裤底裆等贴体的敏感部位，透气吸湿性好。

3. 网眼布

双向弹性面料，主要用于文胸、内裤及泳衣的设计，具有良好的透气性。厚的网眼布也可用于束裤、腰封、重型全身束衣的里衬。

4. 双弹布

双向弹性面料，其特点是伸展性好，主要用于文胸、内裤、轻型束衣及泳装的制作。

5. 定型纱

定型纱的主要成分是锦纶，没有弹性，有固定的作用。一般用于下扒和鸡心内部。

6. 纱衬

外观类似定型纱，比定型纱柔软，强度没定型纱好，可作为薄型文胸的杯里衬。常用作捆条，在文胸中可替代定型纱。

7. 滑面拉架

滑面拉架的主要成分是尼龙、氨纶，特点是经向弹力强，纬向稍差，回复力好，强度大，一般用于文胸的比位、束裤、腰封、重型全身束衣。

8. 单面无弹经编面料

无弹性面料，轻薄柔软，具有悬垂性，主要用于内裤和夏季睡衣。

9. 双面无弹经编面料

无弹性面料，可用于文胸的模杯面布，也可用在重型束裤和腰封的腹位，作内衬使用。

10. 贴棉

一般是涤丝棉或者薄海绵两边贴汗布或定型纱，用于夹棉款文胸的里贴，通过车缝等工艺制作成贴身的碗杯。

二、常用的辅料

文胸的辅料较多，常用的辅料主要有衬垫、钢圈、捆条、橡皮筋、肩带、钩扣、饰品等。

1. 文胸衬垫

如图1-32所示，文胸衬垫主要是用于弥补人体乳房造型的不足，将乳房集中，使其更加丰满。通常在文胸罩杯的下部或侧下部放置棉垫、水垫、气垫等，衬垫可以固定，也可以作成插片，其形状大小各异。

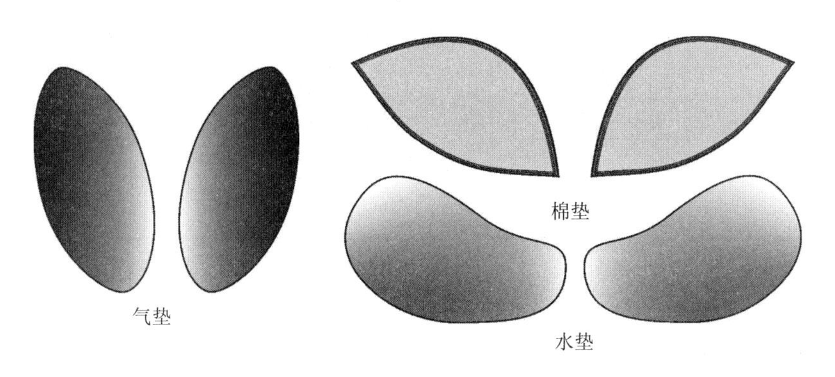

图1-32 文胸衬垫

2. 丈根

丈根用于文胸的上、下捆，裤的腰头、脚口等部位。文胸常用的丈根规格是1.2cm，三角裤常用的规格是0.8cm，束衣、裤类常用的规格是1.2cm。一般上捆位丈根宽度不会超过1.4cm，下捆位根据设计款式需求可以相应的加宽。用在文胸的上捆和下捆边缘，具有包边的作用。同时，由于其厚实、耐磨、高弹性，还具有一定的支撑性和包容性。

3. 肩带

如图1-33所示，肩带的宽度依据文胸的设计和功能需求而定，普通文胸肩带的宽度通常规格在1～2cm之间。运动文胸肩带的宽度比普通文胸肩带宽度相对要宽一些，尤其在肩带的中间部位设计更宽，这样可以减少肩带对人体肩部的压力。肩带有普通型、花边型、细带组合型等之分。此外，还有可调节长度和不可调节长度之分，以及可脱卸和不可以脱卸等不同类型的肩带。

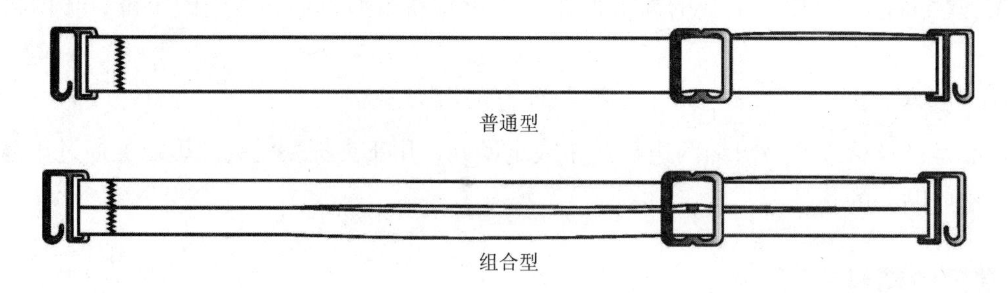

图1-33　肩带

4. 模杯

模杯是海绵通过模压工艺一次成型的罩杯，有不同的形状和尺码。如图1-34所示，无边无耳仔模杯，有边无耳仔模杯，有边有耳仔模杯等。

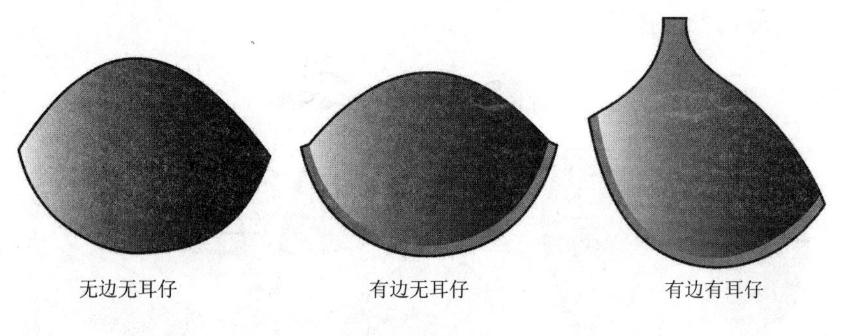

图1-34　模杯

模杯的杯面和杯底有明显的差异，杯面通常是光滑的表面。杯底通常根据不同的要求有不同形状的凸起，可以起到改善乳房外观效果并有透气等作用，如图1-35所示。

此外，还有泳衣专用的模杯，如图1-36所示，有左右杯分开和左右杯相连等。

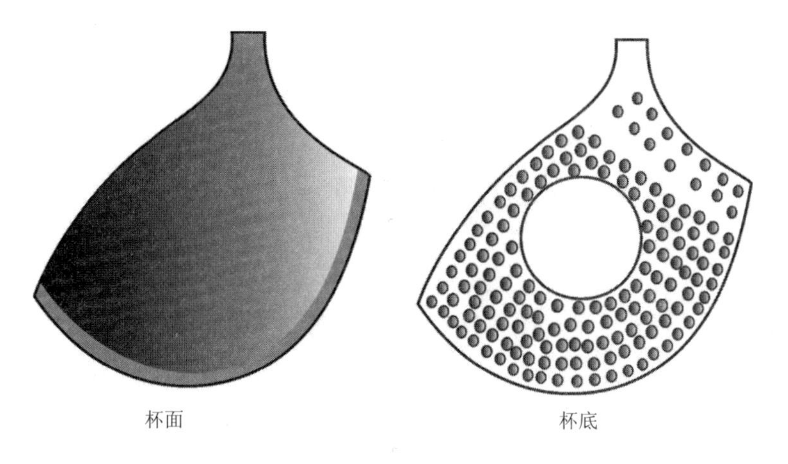

图1–35 杯面与杯底

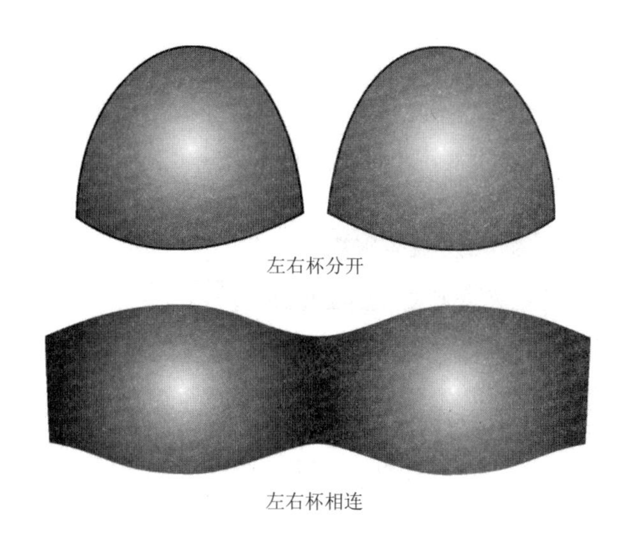

图1–36 泳衣模杯

5. **臀垫**

臀垫是将海绵通过模压工艺制作成的垫子，边缘较薄，中间较厚，一般穿在三角裤和功能性内衣之间，用于弥补臀部不够丰满者的体型，如图1–37所示。

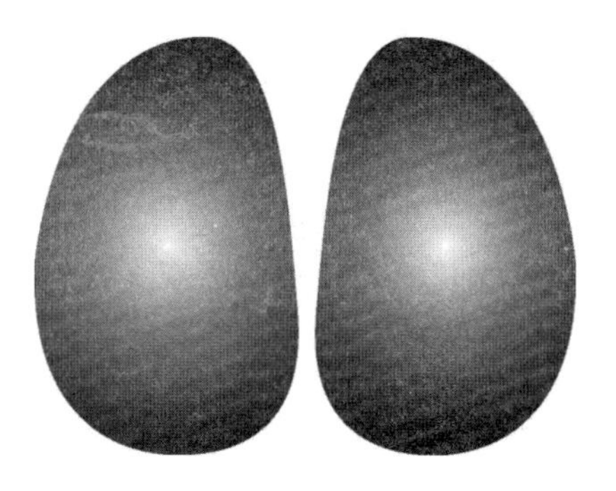

图1–37 臀垫

6. **芽边**

芽边不同于面料中的花边，是一些装饰性的材料，宽度一般不超过2cm。

7. **胶骨**

胶质或塑料骨，常用于文胸的侧骨及束身衣的骨位。通常是直线形，近年来，也有曲线形，如图1–38所示。

图1-38 胶骨

8. **鱼鳞骨（钢骨）**

鱼鳞骨（钢骨），如图1-39所示，常用于厚重型束身衣的捆骨位，宽度通常在4～5mm之间，可根据设计工艺要求制定不同的长度和规格。

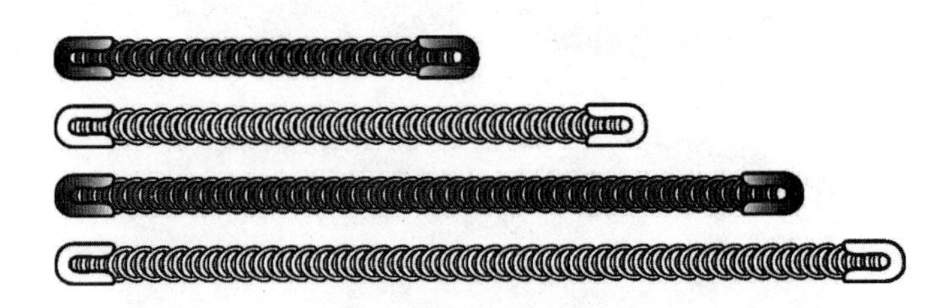

图1-39 鱼鳞骨（钢骨）

9. **扣**

多用于肩带扣，按形状可分划分为0字扣、8字扣和9字扣等，如图1-40所示，宽度规格同肩带，规格的计算方法是按扣的内径。此外，还有三角形的，可以用来固定肩带的方向。

图1-40 肩带扣

10. **钢圈**

用于文胸的罩杯的下沿，规格根据罩杯的大小和形状及工艺需求而定。文胸穿着时钢圈可以对胸部起到支撑和稳固乳房的作用，也可以起到塑造和美化乳房造型。

钢圈种类很多，其特征取决于其形状、粗细、长短、软硬度等。决定钢圈的规格有两个重要的参数：内径和外长。内径是指钢圈的两个端点心位和侧位内缘的直线距离；外长是指外缘线的长度。

钢圈心位高低各异，通常可分为低心位、一般心位、较高心位、高心位和超高心位，如图1–41所示。

钢圈通常是左右分开的，也有连鸡心型钢圈，其形状各异，如图1–42所示。

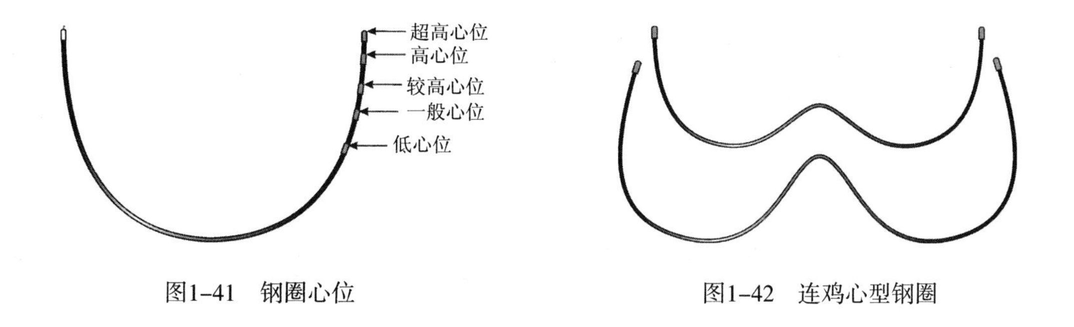

图1–41 钢圈心位　　图1–42 连鸡心型钢圈

钢圈分为不同的规格，图1–43所示的是普通钢圈的不同规格，图1–44所示的是连鸡心型钢圈的不同规格。

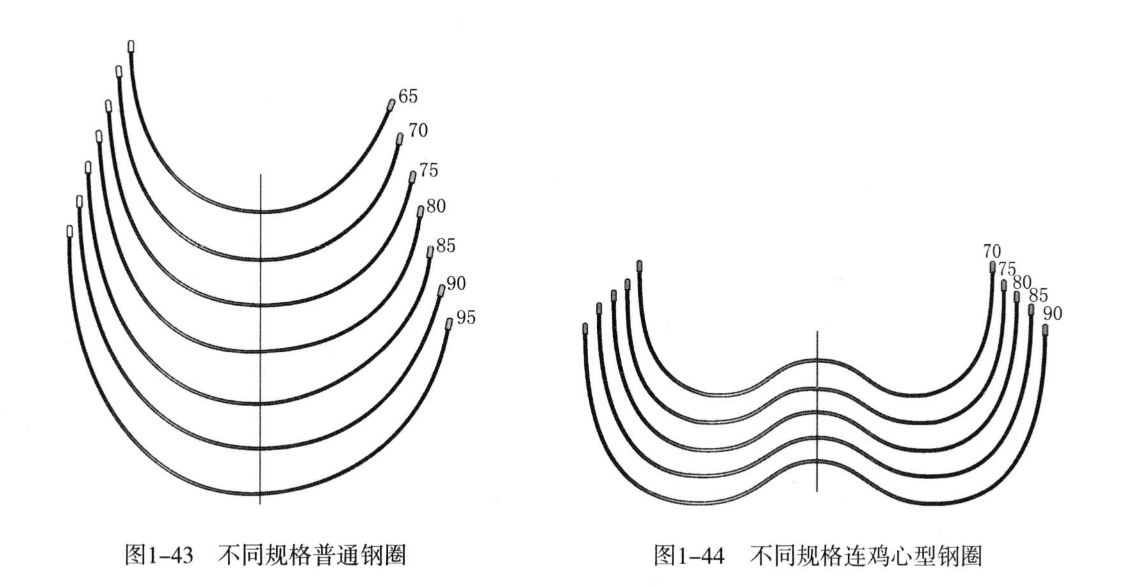

图1–43 不同规格普通钢圈　　图1–44 不同规格连鸡心型钢圈

近年来，还出现了立体钢圈，由于人体体型复杂，立体钢圈的试身效果不够理想，应用相对较少。

此外，还有应用到鸡心部位的钢圈，形状和大小根据文胸的款型不同而不同，如图1–45所示。

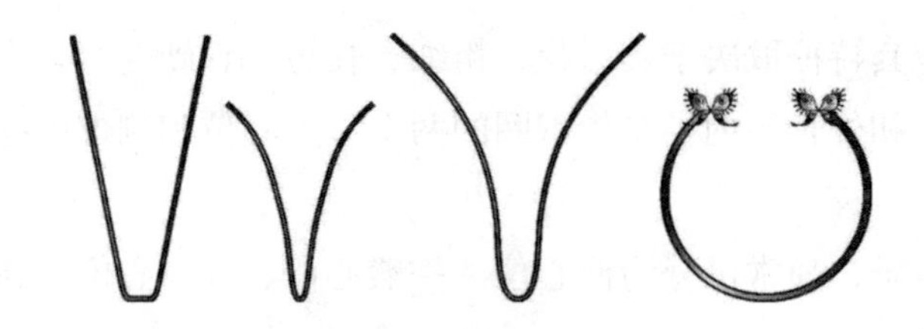
图1-45 鸡心部位的钢圈

11. 钢圈套

钢圈套顾名思义是将钢圈插入其中，与钢圈的宽度对应有不同的宽度。钢圈套通常是织成长条，根据钢圈的长度进行切割，穿入钢圈后，再将两头封住，如图1-46所示。

图1-46 钢圈套

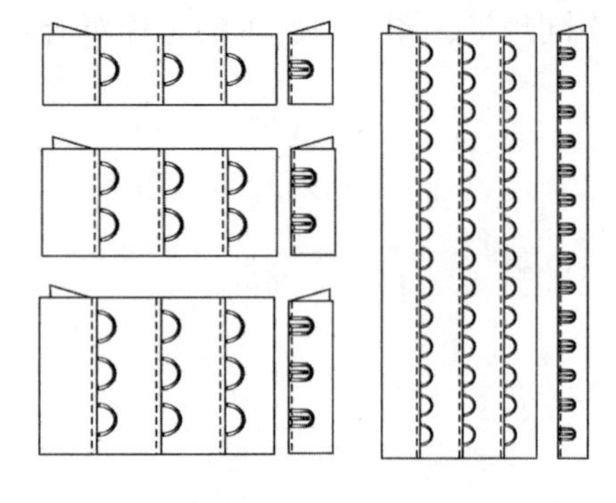
图1-47 钩扣

12. 钩扣

常用于文胸的后背或塑身衣。.

通常钩扣超过三个以上的叫多倍扣，三倍扣的钩扣宽一般是5.5cm；双倍扣常用的规格是3.8cm、3.2cm、2.8cm等；单倍扣常用的规格一般是1.9cm，如图1-47所示。

13. 装饰材料

烫石，烫于罩杯等处，起装饰作用。

硅胶，将其刮涂于棉杯的面布，用来装饰棉杯，也可以用于肩带内侧、文胸杯边、上捆内侧，起防滑作用。

14. 胶膜

胶膜类似于双面胶带，经过一定的时间、温度和压力作用，可把两层布料黏合在一起，通常用于无缝内衣的生产。

专业知识及技能——

文胸结构设计

课题名称： 文胸结构设计

课题内容： 1．文胸分类。

2．文胸构成与各部位名称。

3．文胸号型与测量。

4．文胸结构设计。

5．文胸试身与纸样修正。

课题时间： 14学时

教学目的： 使学生了解文胸各部位的名称及测量方法，掌握文胸结构设计的方法和技巧，学会分析文胸试身过程中存在的问题。

教学方式： 讲授

教学要求： 1．学生能独立完成文胸的测量。

2．能够进行文胸的结构设计和样板修正。

课前准备： 不同种类的成品文胸。

第二章　文胸结构设计

文胸也称胸罩、乳罩，其功能主要是遮蔽、支撑乳房，修饰胸部曲线。

第一节　文胸分类

一、按罩杯覆盖乳房表面积的比例分类

文胸通常可以分为全罩杯、3/4罩杯、1/2罩杯、5/8罩杯等。

1. 全罩杯文胸

如图2-1所示，全罩文胸可以将全部的乳房包容于罩杯内，具有支撑和提升乳房的作用。

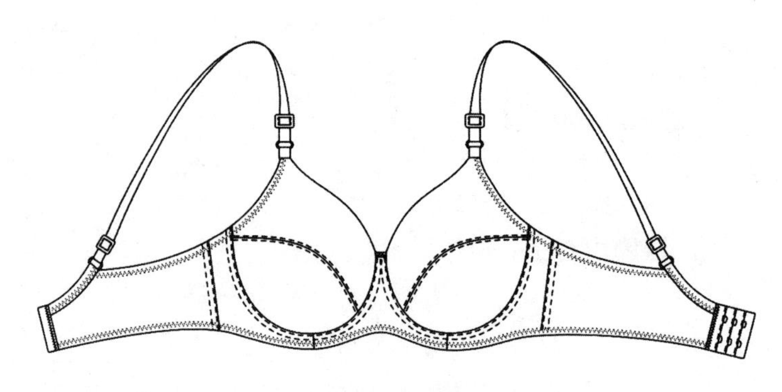

图2-1　全罩杯文胸

2. 3/4罩杯文胸

如图2-2所示，3/4罩杯文胸上胸微露，包裹乳房约3/4的面积，鸡心位相对全罩杯文胸偏低。

3. 1/2罩杯文胸

如图2-3所示，1/2罩杯文胸包裹乳房约一半的面积，多为脱带。

4. 5/8罩杯文胸

与3/4罩杯极为相似，但是其罩杯的面积比3/4罩杯面积小，其鸡心位置相对较低，包容量以刚过胸高点为准，胸高点以上乳房暴露较多。

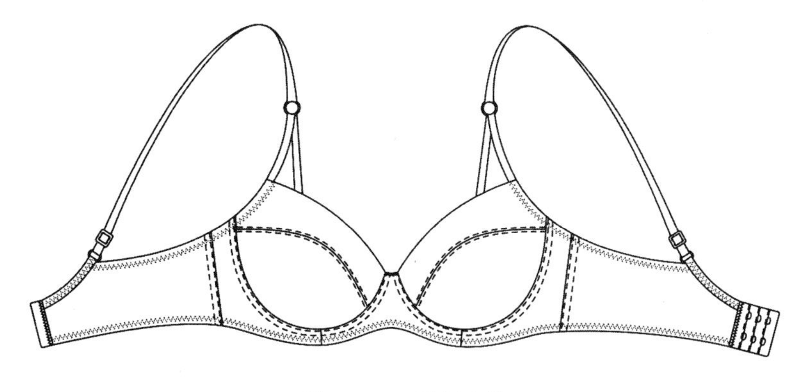

图2-2　3/4罩杯文胸

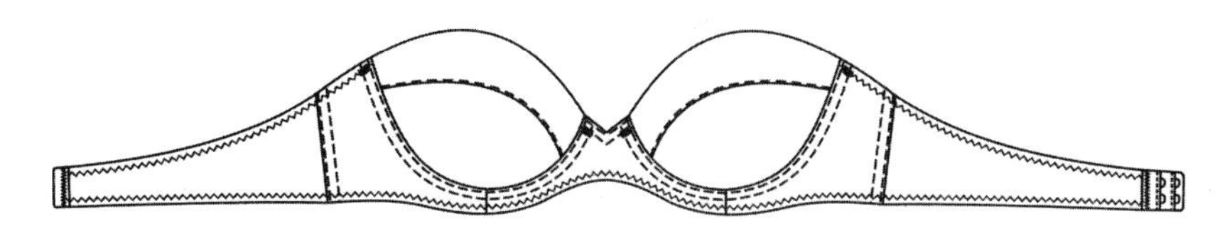

图2-3　1/2罩杯文胸

二、按罩杯工艺分类

1. 模杯文胸

如图2-4所示，指罩杯部分用海绵，喷胶棉或丝绵，经过高温、高压定型制成的文胸罩杯。有些文胸的罩杯与下扒、侧比等一次压制而成，称为一片围。

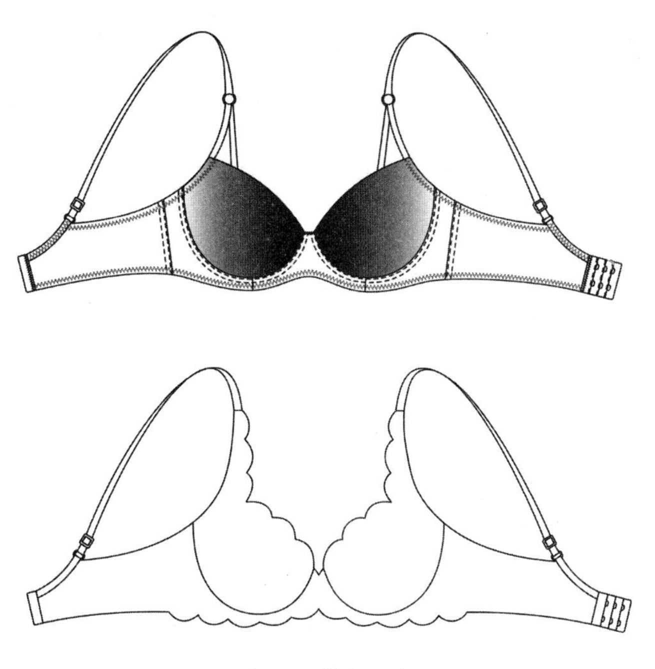

图2-4　模杯文胸

2. 夹碗文胸

如图2-5所示，夹碗文胸指罩杯部分材料是由蓬松棉经过热压成0.2～0.4cm的厚度，其外层分别贴压面料，通过结构设计而形成的一类文胸。夹碗文胸一般手感相对柔软，适应范围较广，透气性较好。

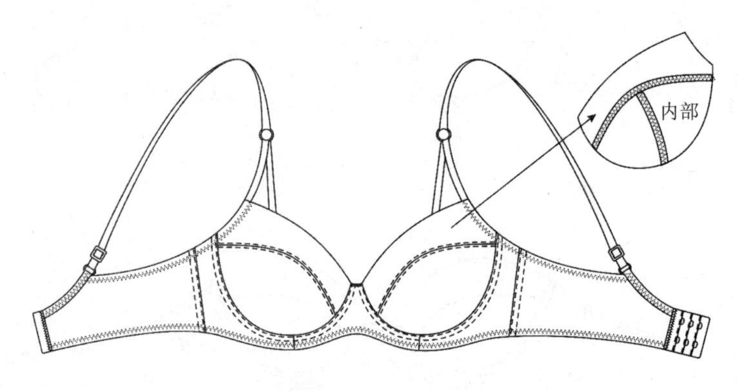

图2-5 夹碗文胸

3. 单层文胸

如图2-6所示，单层文胸是指罩杯部分不加棉衬，直接用单层面料制成的文胸。罩杯部分通过结构变化及面料的弹性，塑造胸部曲线。由于没有棉衬，故透气性好，但是其固型性和塑型性相对较差。

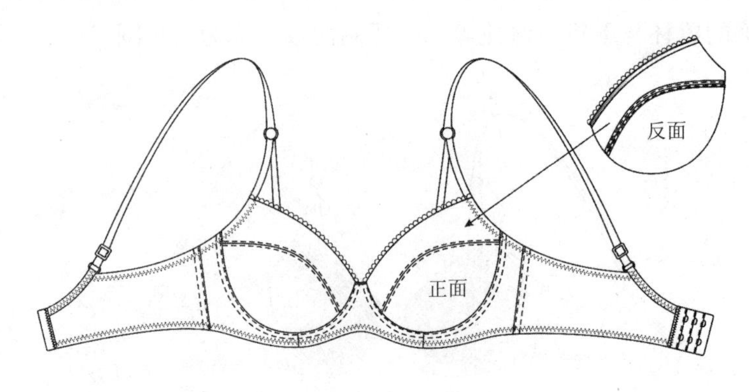

图2-6 单层文胸

三、按文胸功能分类

1. 运动文胸

运动文胸主要包括以下两种类型：

（1）包裹型：如图2-7所示，与普通文胸类似，两个罩杯将两乳房分开，通过加宽下围使其在人体运动过程中，文胸不易向上移动或滑动。这类文胸的设计通常采取在罩杯的侧边增加悬带；控制罩杯材料的弹性；加大罩杯面积；加宽肩带并采用夹层；肩带位置远

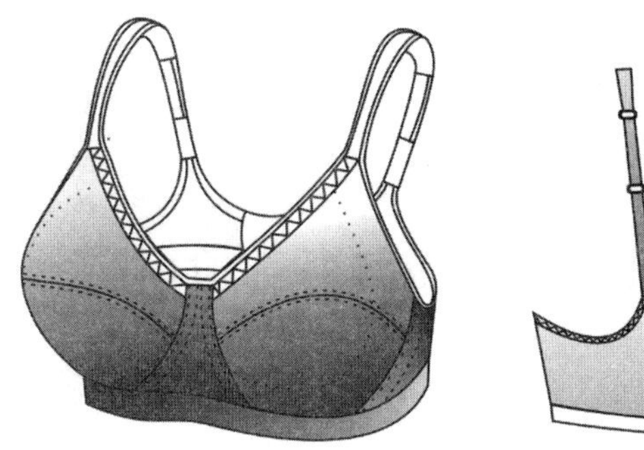
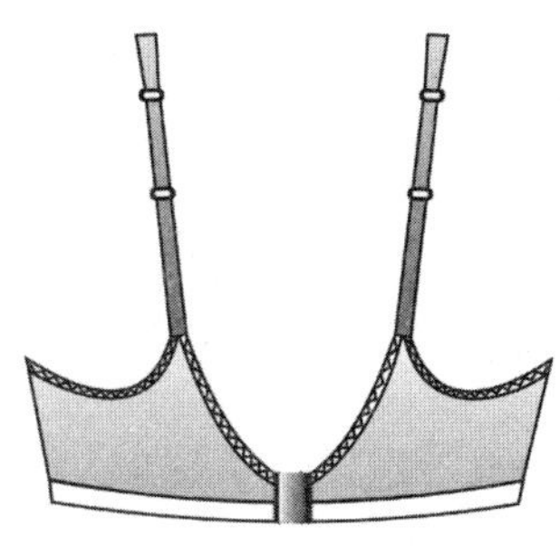

图2-7　包裹型运动文胸

离肩端等方法，使其在人体运动时起到支撑乳房、控制乳房运动并能减少对人体肩部的压力等作用。

（2）挤压型：如图2-8所示，其外形与普通背心相似。该类文胸设计时，通常选用弹性相对较弱的面料或里料，同时减少胸围的加放量（实际尺寸比胸围尺寸要小）等手段，使其在穿着时能将乳房挤压贴于胸腔壁，从而在人体运动过程中控制乳房的运动。

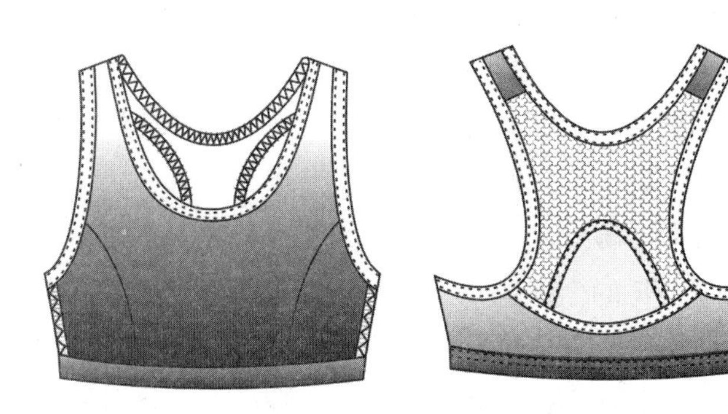

图2-8　挤压型运动文胸

2. **哺乳文胸**

如图2-9所示，妇女在给婴儿哺乳阶段穿着的文胸，一般都是棉质文胸，多数为无钢圈，杯位可脱卸便于哺乳。

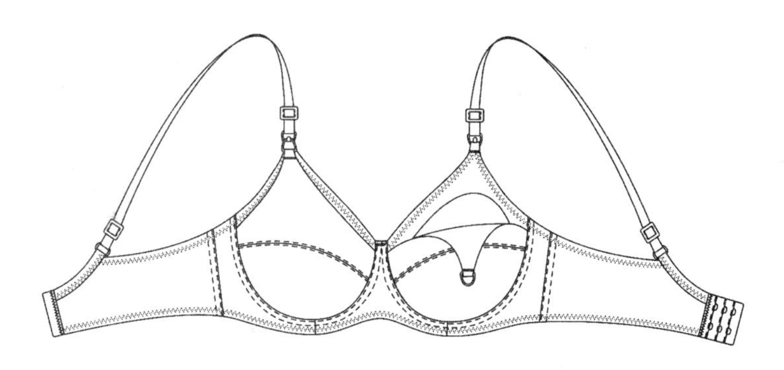

图2-9　哺乳文胸

3. 智能文胸

罩杯内内置感应器或者利用智能材料检测乳房生理特征的一类文胸。

第二节　文胸构成与各部位名称

一、文胸的构成

文胸主要由三部分构成：胸位、背位和肩位。

（1）胸位：胸位主要包括鸡心、罩杯、耳仔、侧比、下扒、钢圈和杯垫等。

（2）背位：背位主要包括后比和背扣等。

（3）肩位：肩位主要包括肩带、圈扣和调节扣等。

二、文胸各部位名称

文胸各部位名称，如图2-10所示。

①上托：上托又称上碗，是文胸杯罩的上半部分，通常是一整片。

②下托：下托又称下碗，是文胸杯罩的下半部分，有一片、两片或多片之分。两片或多片破缝可以使下托结构更合理，穿着更合体。下托的大小和深浅直接影响杯罩穿着的舒适程度和容积，在设计时可利用下托的造型抬高和推挤乳房。

③杯骨：杯骨是连接上下碗线。

④前幅边：前幅边是上托的上缘线，其形态是文胸造型设计的重点，或平直交错，或流畅优美，是文胸的“脸面”，直接决定文胸的风格。

⑤鸡心：鸡心又称心位、前中位，是文胸前中心连接两个杯罩的梯形结构。鸡心内侧一般加定型纱，以更好的稳固左右罩杯的位置。

⑥下扒：下扒位于钢圈下部，是连接罩杯与侧比的结构。内侧通常使用定型纱来稳固罩杯下部，防止罩杯变形。

⑦侧比：侧比又称侧翼，是后比与罩杯之间的连接结构部分，内侧通常使用定型纱起到定型的效果。通过胶骨与后比连接，从而避免在后比拉伸时起皱影响穿着效果和舒适性。

⑧后比：后比又称后翼或后拉片，常用拉架弹性面料制作。前端通过胶骨与侧比连接，末端通过钩扣连接两个后拉片，起支撑和稳定作用。根据其造型，一般可以分为“一”字比和“U”字比。

⑨比弯：比弯又叫夹弯，是罩杯靠近手臂的位置，起到固定、支撑和包容副乳的作用。

⑩上托棉：上托棉是罩杯上托部分的棉。

⑪下托棉：下托棉是罩杯下托部分的棉。通常靠近鸡心的又可叫碗心棉，侧边的叫碗侧棉。

⑫杯垫：杯垫主要是用于弥补人体胸部造型的不足，将乳房聚拢，使其轮廓更加丰

满。可分为棉垫、水垫和气垫等。它可以固定在罩杯内侧，也可以作为插片，插片可以根据需要调整其位置。

⑬上捆：上捆位于比位的上缘，可以将比部的脂肪束缚于文胸内。常用弹性材料制成，起到固定的作用。

⑭下捆：下捆位于文胸的下缘，起到固定文胸的位置的作用。

⑮耳仔：耳仔是连接罩杯和肩带的结构，通常用花边制成。它不仅可以增加肩带的宽度，还可以美化肩带线条，使文胸更为优美、精致。

⑯后背带：后背带是用来连接后背的带子。

⑰肩带：用来连接罩杯上缘和后比的带子，通常其长短可以根据不同的需要进行调节。肩带可提拉罩杯从而调节罩杯及乳房的位置，塑造胸部形态。

⑱调节扣：用来调节肩带长度，一般是8字扣。

⑲圈扣：连接肩带与罩杯的结构，一般是由金属或塑料等材质制成的，通常是O字扣，也有三角扣。三角扣可以固定肩带的方向。

⑳钢圈：位于罩杯的下缘，一般选用合金或者塑料制成。其作用主要是使罩杯保持完美的外形，可以起到支撑、固定、塑型作用，加大文胸整体的贴体度。

㉑胶骨：连接后比与侧比的结构。通常是细窄条的塑料制品，有一定的韧性。

㉒钩扣：又称背扣，可以根据下胸围的尺寸进行自由调节。根据每列钩扣的多少可分为：单钩、双钩和多钩等。

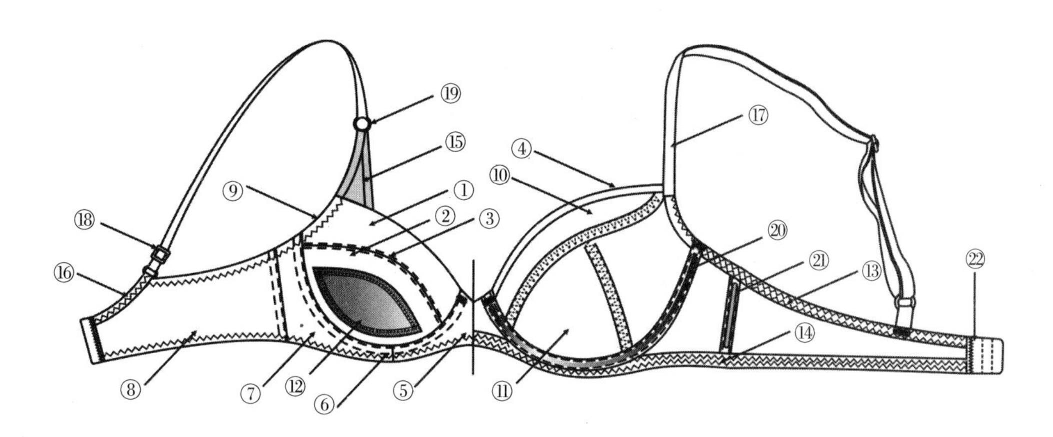

图2-10 文胸的部位

第三节 文胸号型与测量

一、文胸的号型规格

我国文胸标准（FZ/T 73012-2004）规定，以罩杯代码表示型，以下胸围厘米数表示号。如*A*75表示*A*型罩杯，下胸围75cm。

罩杯代码表示相适宜的人体上胸围与下胸围之差，如表2-1所示。

表2-1 罩杯代码 单位：cm

罩杯代码	*AA*	*A*	*B*	*C*	*D*	*E*	*F*	*G*
上下胸围差	7.5	10.0	12.5	15.0	17.5	20.0	22.5	25.0

国际比较通行的两种方法计算文胸的号，一种是以厘米为单位的米制方法，我国就采用的该计算方法；另一种是以英寸为单位英制方法。

以厘米（cm）为单位，号的计算方法是：测量下胸围的大小，采用归靠、就近的原则，以5cm分档。如果下胸围是75cm，则其号即为75；如果下胸围是79cm，则其号定为80。

以英寸为单位，号的计算方法是：如果测量的下胸围是奇数时，加5为文胸的号，也就是说当下胸围为29英寸时，其号就为34；如果测量的下胸围是偶数时，加4为文胸的号，也就是说当下胸围为30英寸时，其号为34。米制与英制对应关系：米制的70与英制的32对应；米制的75与英制的34对应，以此类推。

此外，澳大利亚、新西兰等国以8、10、12、14等表示文胸的号；意大利、捷克等国以0、1、2、3等表示文胸的号。

不同国家以及不同生产厂商，对文胸的型标注也存在着差别。总的来说，在*AA*杯和*D*杯之间的表示方法基本是统一的。但是*D*杯以上的标注，一些制造商使用*DD*或者*E*，然后继续，如*F*、*G*、*H*、*I*、*J*等。有些使用*DDD*代替*E*，接下去继续使用*E*、*EE*、*F*、*FF*、*G*、*GG*、*H*、*HH*等。现在国际上趋于使用统一的标准：*AA*、*A*、*B*、*C*、*D*、*E*、*F*、*G*、*H*等来标注，这样可以避免了*DD*、*DDD*、*EE*混乱。

二、文胸测量

1. **钢圈的测量**（图2-11）

①外长：钢圈外边沿线的弧线长度。

②内径：心位与侧位内缘两点间的直线距离。

③厚度：钢圈面到钢圈底的距离。

④宽度：钢圈内侧到外侧的距离。

⑤曲率：一般分段测量其曲率。

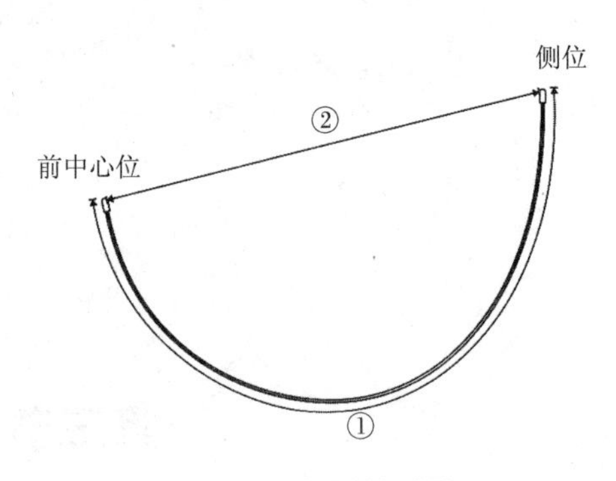

图2-11 钢圈的测量

2. **模杯的测量**（图2-12）

①杯边长：杯口线的长度，不包括盘脚的宽度。

②内碗脚长：沿内碗外边缘测量。

③外碗脚长：沿外碗外边缘测量。

④夹弯长：夹弯的长度，不包括盘脚的宽度。

⑤耳仔宽：耳仔的宽度。

⑥碗宽：从鸡心位沿杯面过胸高点到侧夹的距离。

⑦碗高：从杯边45°斜量经过胸高点到内碗脚的长度。

⑧盘脚宽：盘脚宽度。

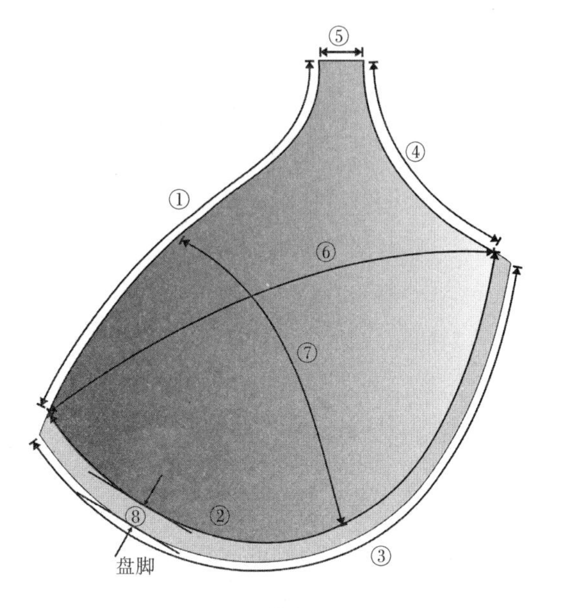

图2-12　模杯的测量

3. **文胸成品的测量**（图2-13）

①杯面长：从杯底沿着杯面过胸高点到侧夹边的长度。

②杯骨宽：也叫夹碗线长，是罩杯横骨线的长度，沿弧线测量。

③杯骨高：罩杯纵骨线的长度，沿弧线测量。

④杯边长：罩杯近中间的位置至侧幅边位，测量时以布边为准，有花边的款式以花边低波计。

⑤下扒高：下扒最窄的位置，垂直测量，有花边的款以花边低波计，一般这个位置多在下扒骨位。

⑥下捆全长：钩位边缘至扣位第一个扣，横量；下捆弧度比较大的款式沿下捆布边测量。

⑦下捆延展全长：将下捆拉开的长度。

⑧省长：省道的长度。

⑨鸡心上宽：心位最上端的宽度，水平测量。

⑩鸡心高：以鸡心中线位置为准，垂直测量；中间有骨线的款式以骨线长度计，有花边的款式以花边低波计。

⑪鸡心下宽：心位最下端的宽度，水平测量。

⑫后比上捆长：沿后比上端测量至第一扣位。

⑬侧比上捆长：沿侧比上端测量。

⑭上捆长度：有后比圈的款式为肩带和后比的相接位至前耳仔与肩带的结合位；无后比圈的款式为后钩扣上端（不包括钩扣）至前耳仔与肩带的结合位；半杯的款式为后钩扣上端至前幅杯边（靠近比位的位置）。

⑮下捆长：从接驳位沿侧比下比至第一扣位。

⑯后比圈长度：第一扣眼上端距后比布和肩带接位布边，沿弧线测量。

⑰侧骨高：以布边为准，骨线长度。

⑱耳仔长：杯边距肩带和耳仔的接位处，有花边的款式从花边低波测量。

⑲肩带长：成品文胸的肩带测量，将8字扣位置调至最近后进行测量。

⑳肩带宽：肩带的宽度。

㉑钩扣宽：从下边缘量至上边缘的宽度。

㉒钢圈长：钢圈的长度。

㉓钢圈虚位长：将钢圈推至鸡心端，测量钢圈到夹弯边缘线的距离。

㉔捆碗线长（钢圈套长）：沿杯盘脚外缘线测量。

㉕侧比与罩杯缝合位长：沿棉杯外边测量。

㉖两侧比底间距：两侧比底间距。

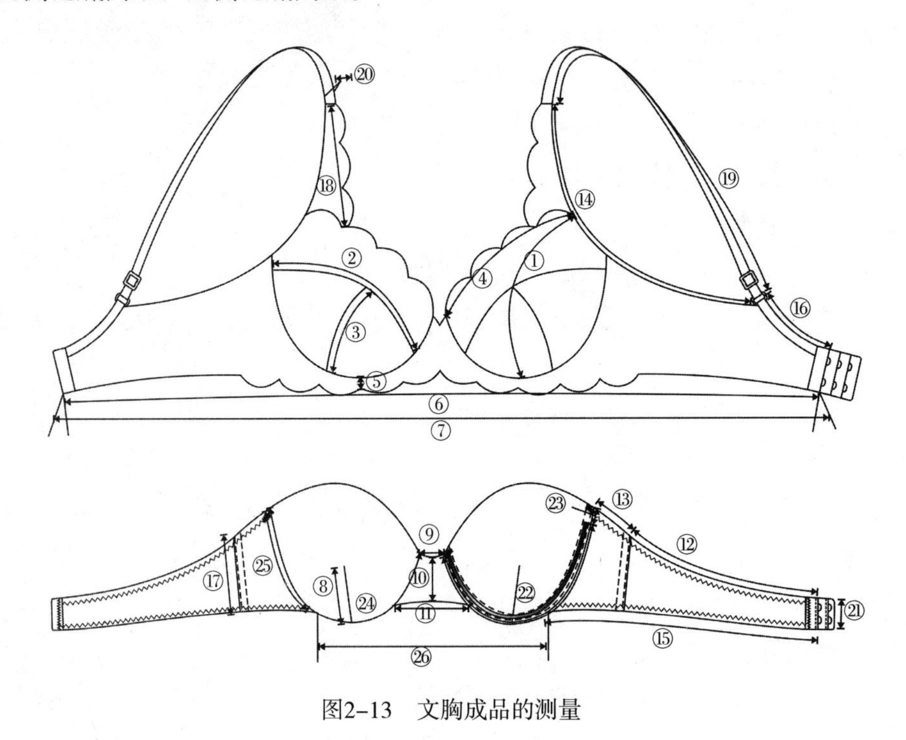

图2-13　文胸成品的测量

第四节　文胸结构设计

文胸结构制图多种方法，这里主要介绍原型制图法、比例制图法和定寸制图法。原型制图法是在日本女子新文化式衣身原型的基础上制图。比例制图法是通过测量文胸的各部位的数据进行制图。

一、原型制图法

1. 日本女子新文化式衣身原型纸样制作

（1）作基础线。

衣身原型基础线如图2-14所示，绘制方法和步骤如下：

①背长线：以A点为后颈点向下取背长作后中心线。

②衣长线：画腰围线（WL）水平线，并确定衣身宽（前后中心线之间的宽度）$B/2+6$cm。

③胸围线：从A点向下量取$B/12+13.7$cm确定胸围水平线BL。

④前中心线：垂直WL画前中心线。

⑤后背宽：在BL上，由后中心向前中心方向取后背宽线$B/8+7.4$cm确定C点。

⑥后背宽线：经C点向上画背宽垂直线。

⑦后上平线：经A点画水平线与背宽线相交。

⑧肩省的省尖点：由A点向下8cm处画一水平线与背宽线相交于D点；将后中心线至D点的中点向背宽方向取1cm确定为E点作为肩省的省尖点。

⑨前上平线位置点：在前中心线上从BL线向上取$B/5+8.3$cm，确定B点。

⑩前上平线：通过B点画一条水平线。

⑪前胸宽：在BL线上由中心线取胸宽$B/8+6.2$cm，并确定H点。

⑫前胸宽线：过H点向上作垂线即为胸宽线。

⑬在BL线上，过H点沿胸宽线向后取$B/32$作为F点。

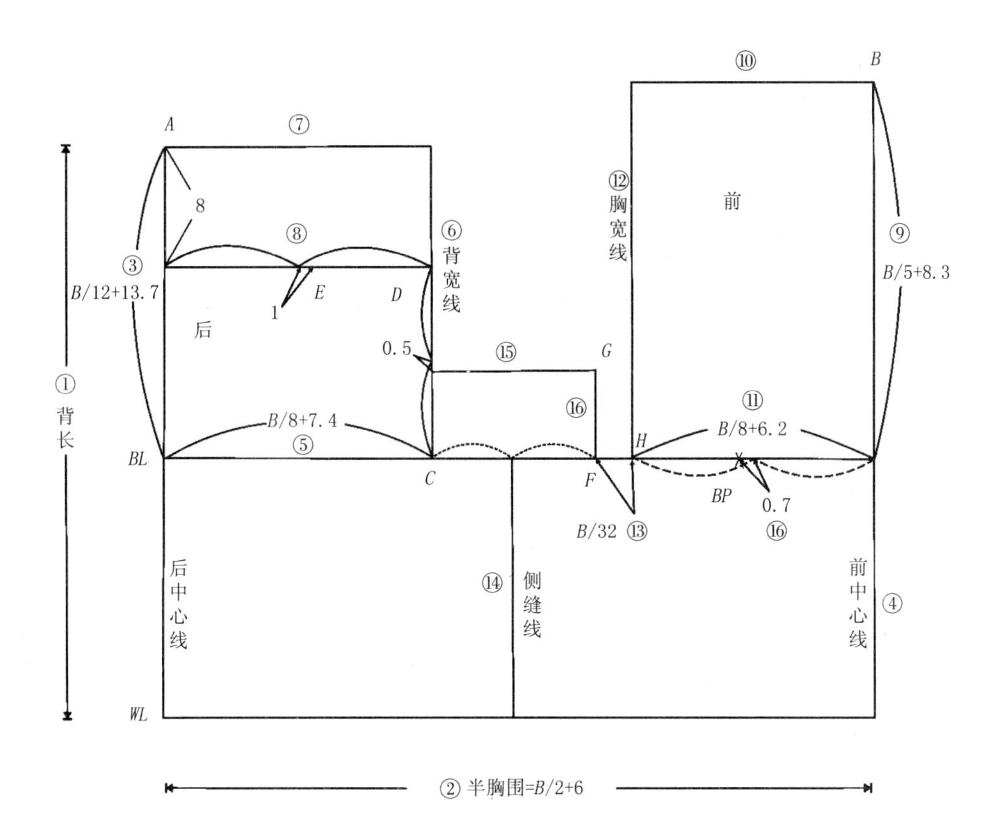

图2-14　衣身原型基础线

⑭侧缝线：过*CF*的中点向下作垂直的侧缝线。

⑮过*C*、*D*两点的中点向下0.5cm的点作水平线，由*F*点向上作垂直线，两线相对于*G*点。

⑯胸高点：由胸宽的中点位置向后中心线方向量取0.7cm确定*BP*点。

（2）绘制轮廓线。

衣片的轮廓线如图2-15所示，绘制方法和步骤如下：

①前领口弧线：由*B*点沿水平线取*B*/24+3.4cm = ◎（前领口宽），确定*SNP*点。由*B*点向下取前领口宽◎+0.5cm确定*FNP*点并作领口矩形，将矩形对角线进行三等分。过*SNP*、*FNP*及矩形对角线的三等分点向下0.5cm，如图画圆顺前领口弧线。

②前肩斜线：以*SNP*为基准点取22° 的前肩倾角度，与胸宽线相交后延长1.8cm确定前肩斜线。

③后领口弧线：由*A*点沿水平线取◎+0.2cm（后领口宽），取其1/3作这后领口深的垂直长度，并确定*SNP*点，如图画圆顺后领口线。

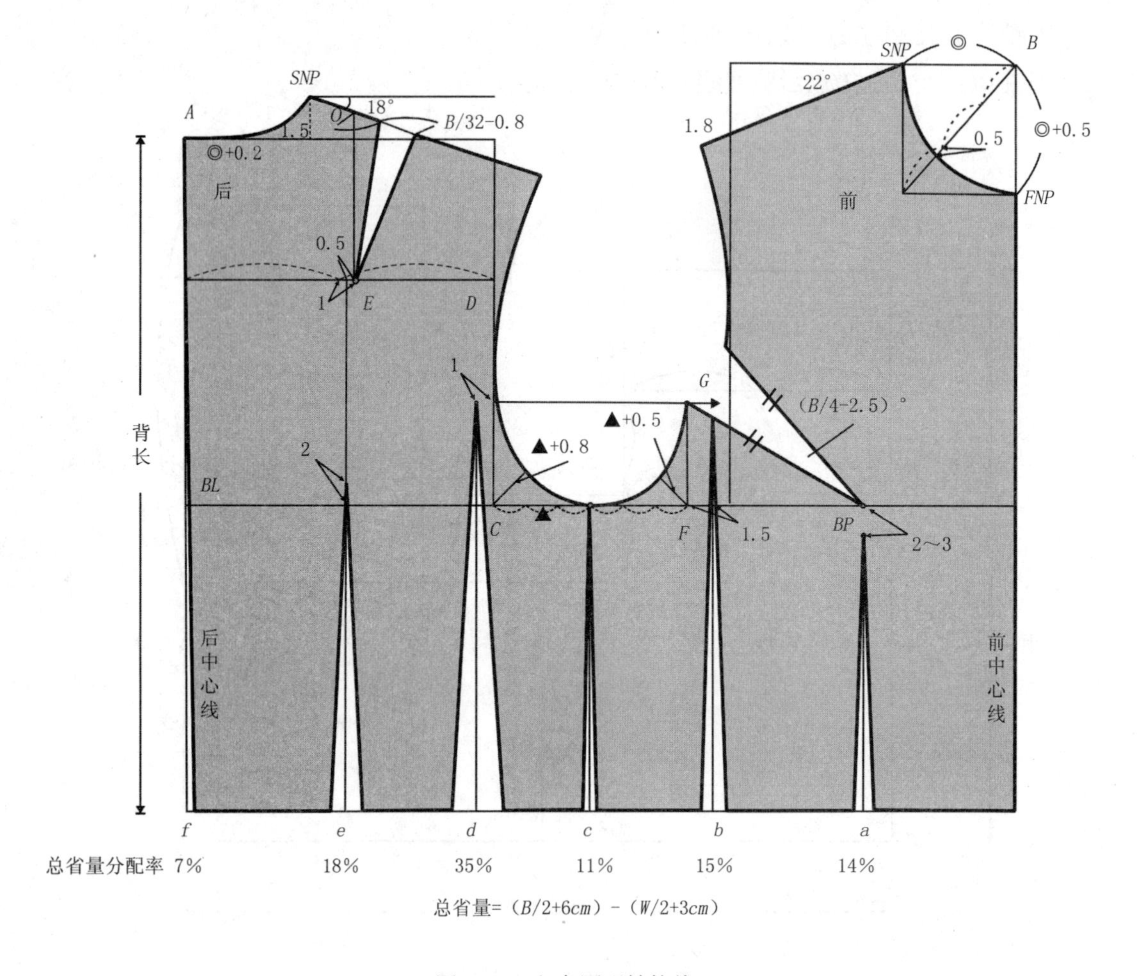

图2-15 衣身原型结构线

④后肩斜线：以*SNP*为基准点取18°的后肩倾斜角度，在此斜线上取前肩斜线长+后肩省量（*B*/32–0.8cm）作后肩斜线。

⑤后肩省：通过*E*点，向上作垂直线与肩线相交*O*，由交点*O*位置向肩点方向取1.5cm作为省道的起始点。并取（*B*/32–0.8）cm作为后肩省的大小，连接省道线。

⑥后袖窿弧线：过*C*点画45°斜线，在线上取▲+0.8cm作为袖窿参考点，以背宽线作袖窿弧切线，通过肩点经过袖窿参考点画顺后袖窿弧线。

⑦前胸省（即为袖窿省）：过*F*点作45°倾斜线，在线上取▲+0.5作为袖窿参考点，经过袖窿深点、袖窿参考点和*G*点画圆顺前袖窿弧线的下半部分。以*G*点和*BP*点连线为基准线，向上取（*B*/4–2.5）°夹角为胸省量。

⑧前袖窿弧线：通过胸省长的位置点与肩点画顺袖窿线上半部，注意胸省合并后袖窿线要圆顺。

⑨腰省位。

a省：由*BP*点向下2～3cm作为省尖，向下作*WL*垂线作省道中心线。

b省：由*F*点向前取1.5cm作垂直线与*WL*线相交，作为省道中心线。

c省：将侧缝线作省道中心线。

d省：参考*G*点的高度，由背宽线向后中心方向取1cm，由该点向下作垂线交于*WL*线，作省道中心线。

e省：由*E*点向后中心线方向取0.5cm，通过该点作*WL*线垂直线，作为省道中心线。

f省：将后中心线作为省道的中心线。

各省量以总省量为依据参照比率计算，以省道中心线为基准，在其两侧取等分省量。

2. 原型、文胸与人体的关系

新文化式衣身原型胸围加放12cm，腰围加放6cm，原型与人体或人台之间除了在肩部、背部和胸部等部分外，其他部分都存在一定的空隙量。而文胸是紧身合体的内衣之一，需要起到支撑乳房的作用，这就要求文胸应尽量减少空隙量，使之与人体吻合。如图2–16所示，可以发现原型与人台间以及原型与文胸间存在一定量的空隙，这就要求在使用原型进行文胸结构设计时，必须去除原型的放松量和文胸与原型间的空隙。

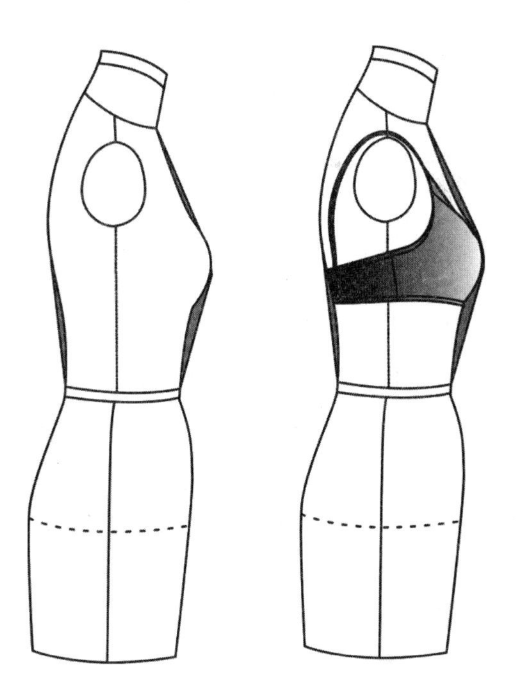

图2–16　原型、文胸在人台的着装效果

3. 文胸基础纸样制作

（1）如图2–17所示，为了便于文胸结构的变化，首先将袖窿省转至前肩省，其位置与后肩省位置相对应。

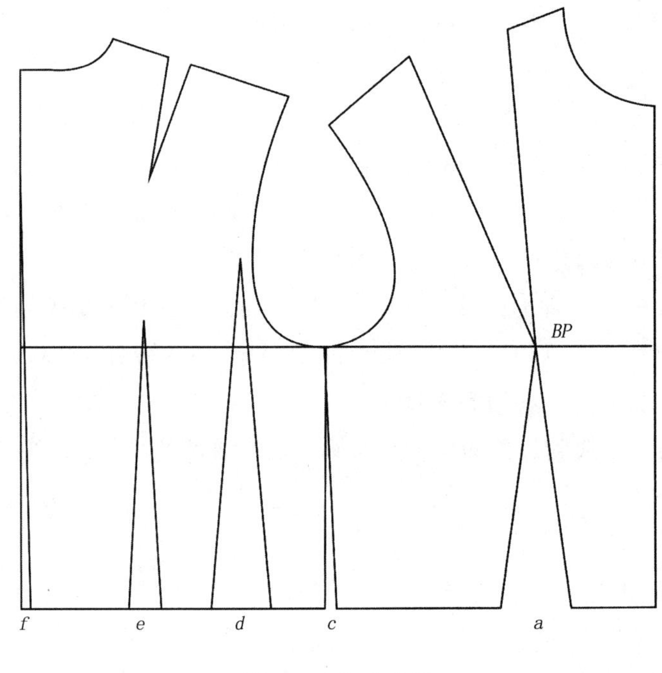

图2-17　转移省道

（2）为了简化文胸的结构，将前片部分的b省和c省都合并到a省处，并将省尖点移至*BP*处。

（3）如图2-18所示，从前中线开始在胸围线上量取净胸围的一半，做标志点并作垂直于胸围线的垂线，将后衣片的后中线与该垂线重合，并保持后片胸围线与前片胸围线在一条直线上。

（4）将前肩省在袖窿一侧加倍，同时加倍前腰省。

（5）以75A的文胸为例，沿前中线分别向上和向下2.5cm取*A*和*B*点，*AB*为基础鸡心高。

（6）沿后中线分别向上1.5cm和向下2cm取*C*和*D*点，*CD*为钩扣宽。

（7）从*BP*分别沿肩省向上9cm取点*E*；沿腰省向下7.6cm（乳房半径）取点*F*；在省道的另一侧分别取点*E'*和*F'*。

（8）在胸围线的1/2处分别向上和向下3cm和4.5cm取*G*和*H*点。

（9）如图2-18所示，连接各对应的取点，作为文胸的基础线。

（10）将e省的省尖移至文胸的基础线上。

（11）为了使文胸罩杯具有更多的支撑功能，通常采用的方法是将侧缝前移。其方法：在胸点左侧的胸围线上取一点，该点到胸点的距离等于胸点到前中心线的距离，过该点作一垂直于胸围线的垂线向上得到*M*点，该线的下部向前中线方向移1cm得到*N*点，如图连接*MN*，*MN*则为新的侧缝线。

（12）如图2-18所示画出肩带位。

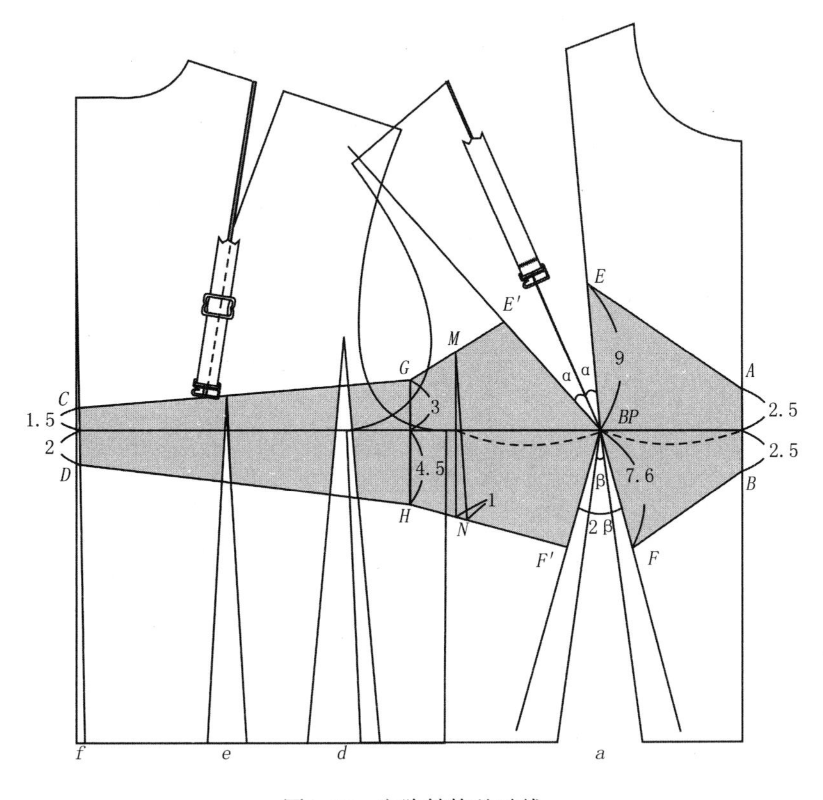

图2-18 文胸结构基础线

（13）如图2-19所示，沿画好的文胸基础线裁剪。

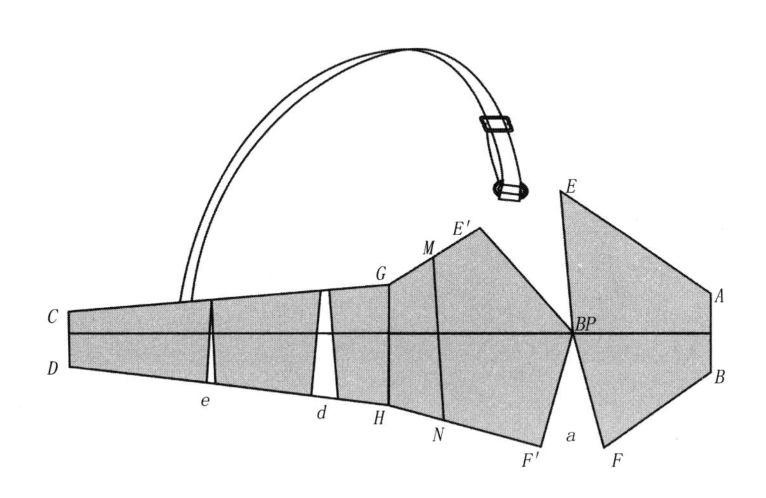

图2-19 文胸基础结构

（14）如图2-20所示，合并e省和d省，修顺文胸的上下边缘线，得到文胸基础样板。由于合并了e省和d省，胸围减小，后中加后背钩扣调节胸围大小。

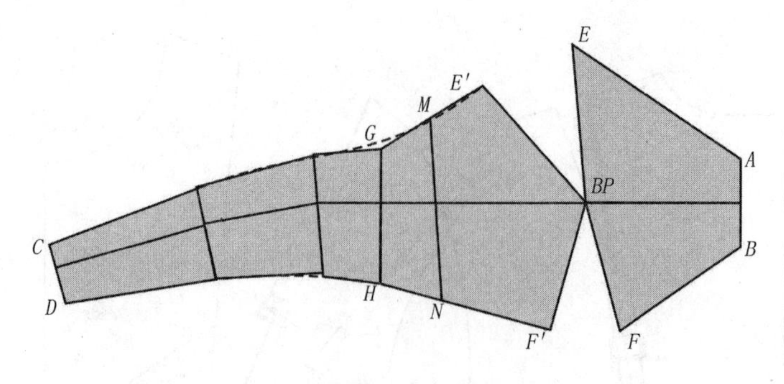

图2-20　文胸基础样板

（15）如图2-21所示，将文胸纸样剪开，画顺杯骨线。

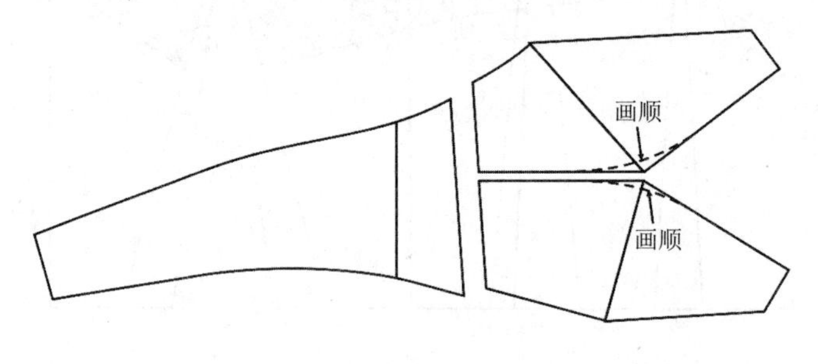

图2-21　画顺杯骨线

（16）如图2-22所示，将文胸纸样裁剪。

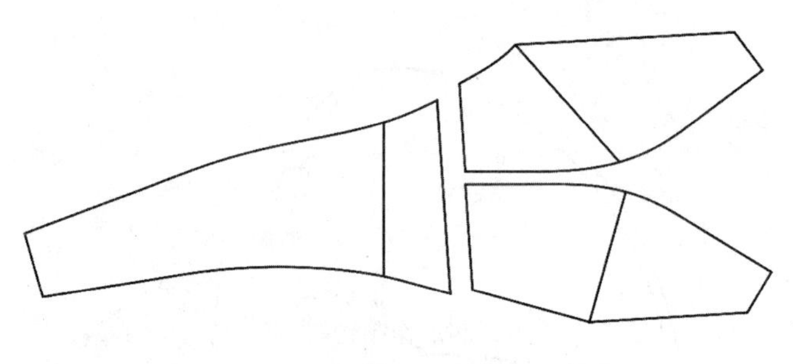

图2-22　完成图

（17）加放缝头，用白胚布进行裁剪，假缝，试身。

（18）检查合体度，如不合体进行适当调整，修正样板。

4. **文胸结构变化**

（1）无缝三角罩杯文胸。

①按图2-20所示，拓下文胸基础样板。

②如图2-23所示，将罩杯的省道全部转至罩杯下方，也就是将省线*BP*至*E*点与*BP*至*E*′点重合。

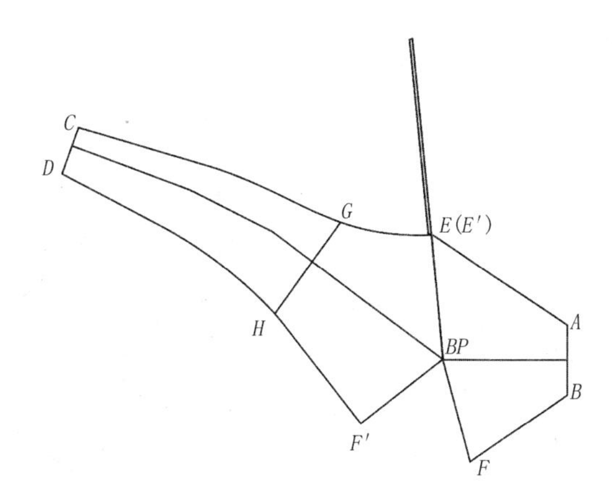

图2-23　合并省道

③如图2-24所示，连接点E与点B作为三角罩杯的前领线。

④连接点E与点H作为三角罩杯的侧边线。

⑤画顺三角杯的下边沿线。

⑥文胸的下边缘可以采用松紧带，松紧带的长度与其弹性有关，建议试身以舒适为宜。

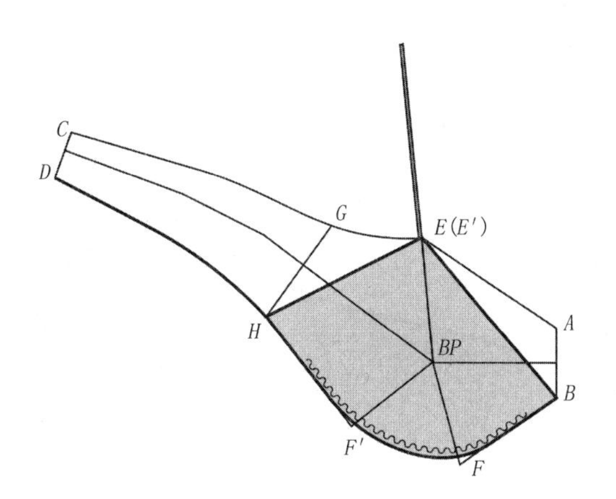

图2-24　作结构线

（2）无缝抽褶罩杯文胸。

①按图2-20所示，拓下文胸基础样板。

②如图2-25所示，根据文胸前中部分的款型，确定前中线的高度，如果是前中心左右是交叉，意味着前中线的高度为零，则应将点A和点B移至中心点O，如图虚线；如果是前中心左右不交叉，根据前中线的高度，可移动点A和点B至点A'和点B'；当然，根据前中线的高度，也可以不移动点A和点B，或者增加前中线AB的长度。

③根据文胸抽褶的位置，在抽褶位作切开线，如图2-25画出BP至S点和BP至T点。

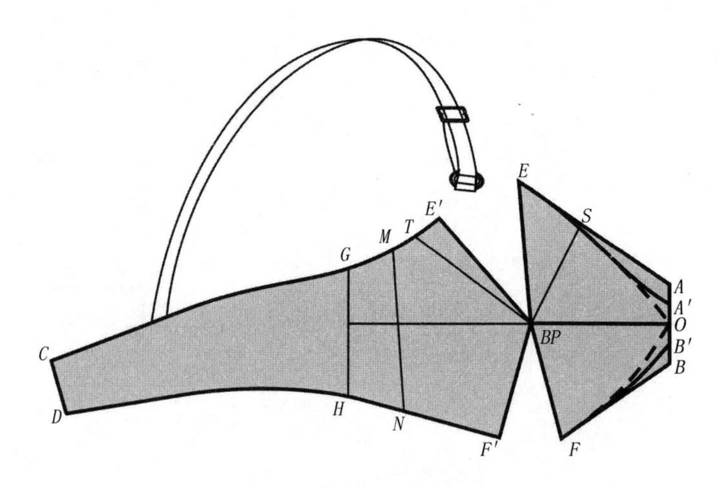

图2-25 确定抽褶位

④如图2-26所示，在直线BPS和直线BPT将纸样剪开，将省线BPE与BPE'重合。

⑤调整罩杯左右两侧的褶量。

⑥画顺罩杯的上边缘线和下边缘线。

⑦沿MN剪开，将后比和罩杯分开，并在缝缩位做标志点。

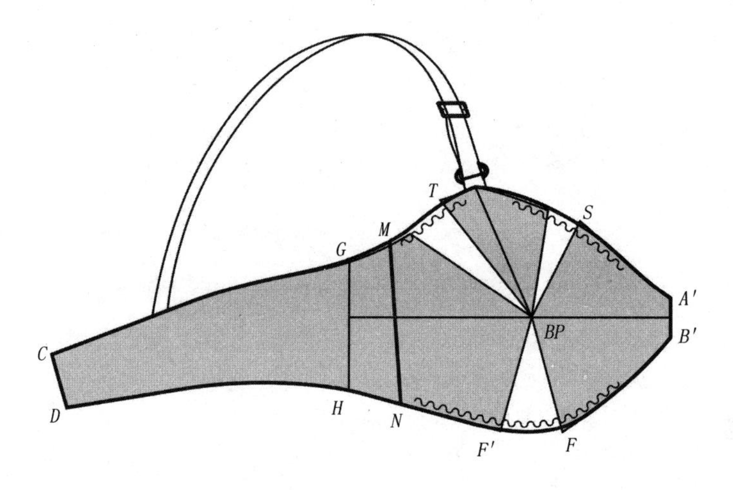

图2-26 画顺结构线

（3）1/2罩杯文胸。

①按图2-20所示，拓下文胸基础样板。

②如图2-27所示，分别距离AB和MN为1cm作平行线交罩杯外轮廓线于A'、B'、M'和N'，交直线OP与O'和P'。

③过 点O'向点B'、点F画弧线，交于点B'' 、A'与A、B、B'点，为鸡心部分。

④过点P'向点N'、点F'画弧线。

⑤分别沿弧线$A'B'$，如图2-28所示的虚线，将纸样分开。

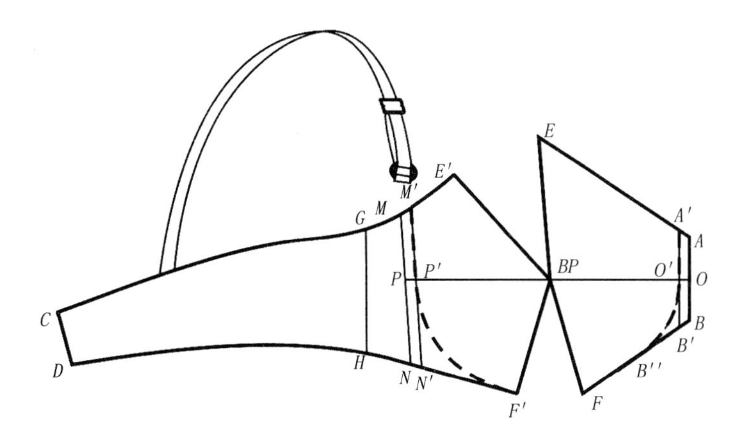

图2-27　确定鸡心和罩杯

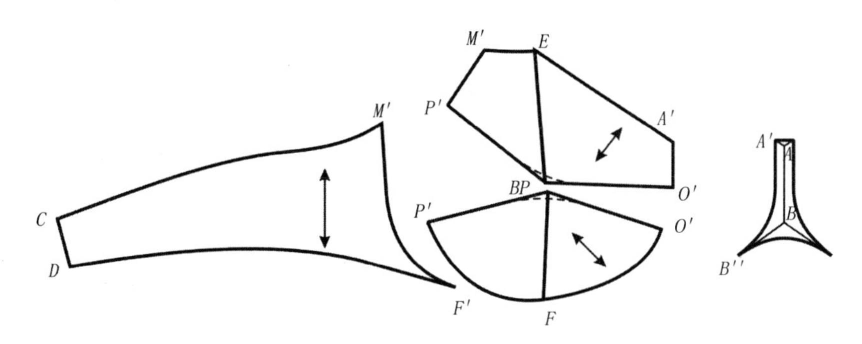

图2-28　分离罩杯、后比和鸡心

⑥图形*ABB′A′*为鸡心的一半部分，以*AB*为对称轴，将图形*ABB′A′*对称画在右侧，如图2–28所示，画顺鸡心上下边沿线。

⑦将直线*O′P′*剪开，将上、下杯片分别合并，分别画顺上下杯片的弧线*O′P′*。

⑧如图2–29所示，将上杯片的*M′P′*与后比拼合，画顺上杯片上边缘和后比上边缘线。

⑨*M′*处为前肩带位，后肩带位置与基础型相同。

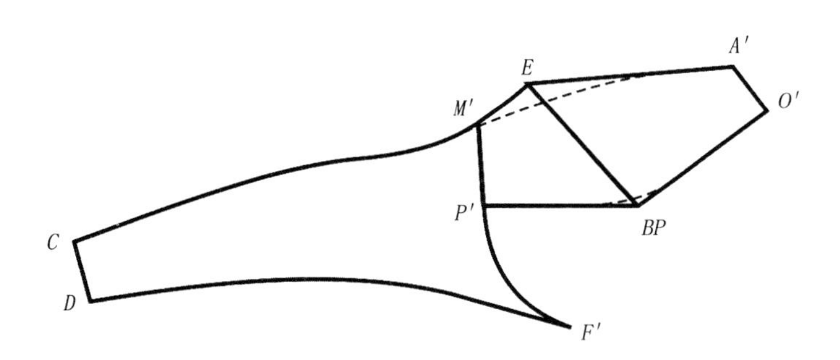

图2-29　画顺上杯片和后比上边缘线

（4）全罩杯文胸，如图2–30所示。

①制图过程与1/2罩杯文胸的①到⑦相同。

②如图2–31所示，将上杯片的夹弯和前领边画顺至前肩带位。

③后肩带位置与基础型相同。

④将鸡心中心线AB延长至点B'，$BB' \geq 1$cm。

⑤画顺弧线DHB'。

⑥延长直线BPF交弧线DHB'于F'，FF'为下扒的分割线。

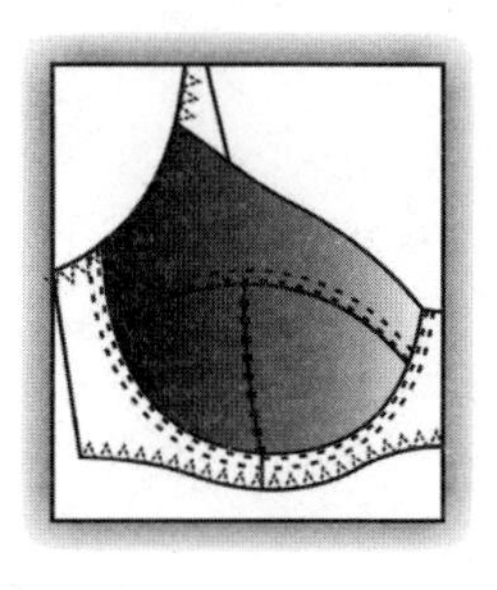

图2–30　全罩杯文胸

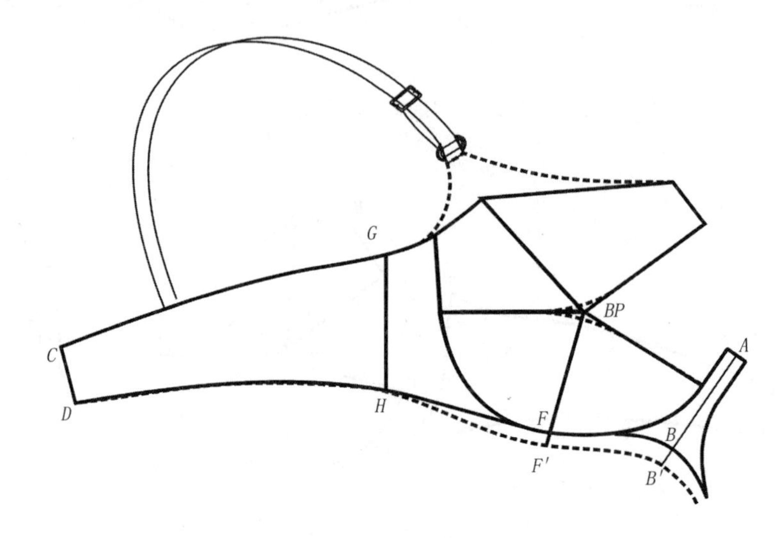

图2–31　调整边缘线

⑦如图2–32所示，将各部位分开。

⑧下罩杯如果需要做成T字分割线，就要将下罩杯在直线BPF'处剪开；如果要增加罩杯的容量，可将直线BPF'画成向外的弧线。

⑨罩杯做其他分割线，只要在相应的位置将罩杯剪开，然后将罩杯的省道转移，画顺即可。

⑩如果后比做成U字比，可以在后比的基础上画出U字比的形状即可。

⑪分离样板，如图2–33所示。

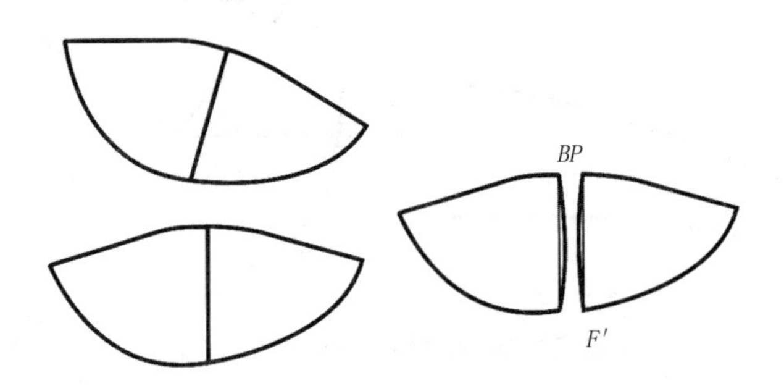

图2–32　分割杯片

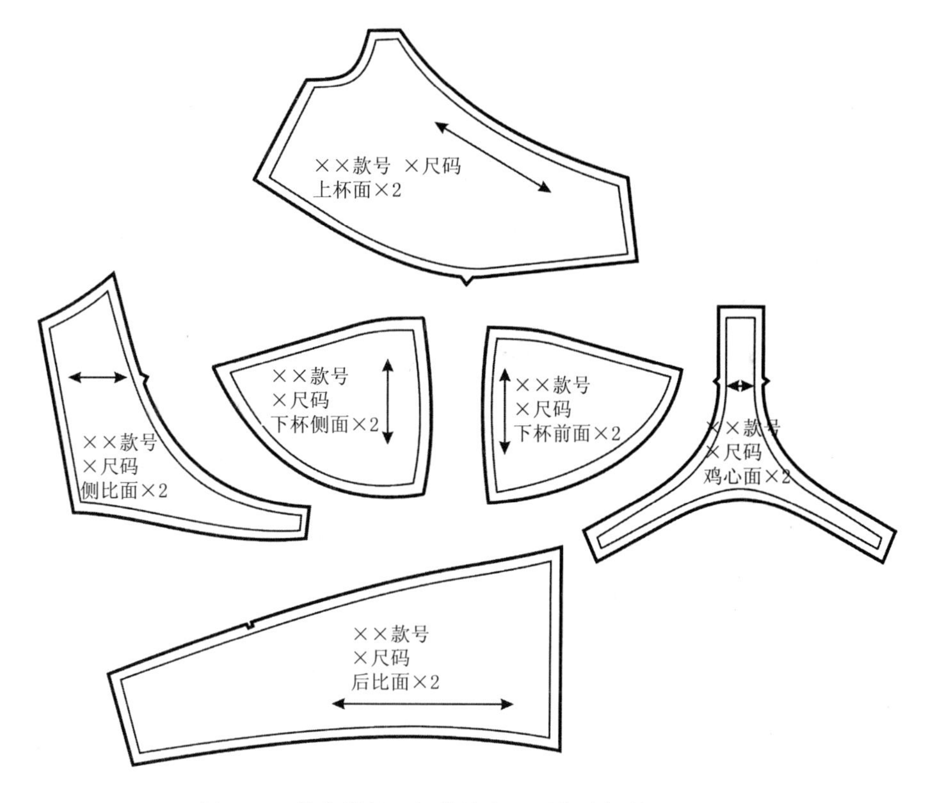

图2-33　分离样板、加放缝头和对位处打剪口

⑫根据缝制要求加放缝头。

⑬在对位处打对位剪口，剪口的打法一般有两种方法：凸剪口法在缝头外加三角，如图2-34所示；凹剪口法，向缝头内打剪口，如图2-35所示。

图2-34　凸剪口　　图2-35　凹剪口

二、比例制图法

1．制图规格

下围：60cm；下杯高：8.5cm；内杯长：9cm；外杯长：10cm。

2．制图步骤

（1）画坐标轴：如图2-36所示，画正交的X和Y两坐标轴，X轴方向为文胸围度方

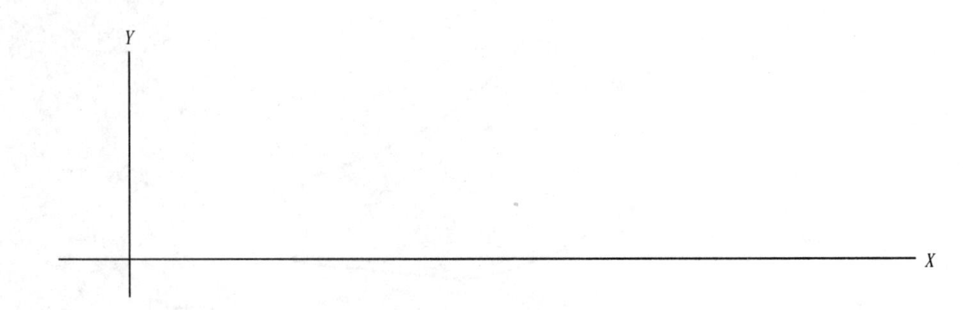

图2-36　画坐标轴

向，Y轴方向为文胸长度方向。

（2）摆放钢圈：如图2-37所示，将钢圈置于坐标轴上，钢圈侧端头向下1cm位置不可向内弯，与纵线平行或者少许向外。

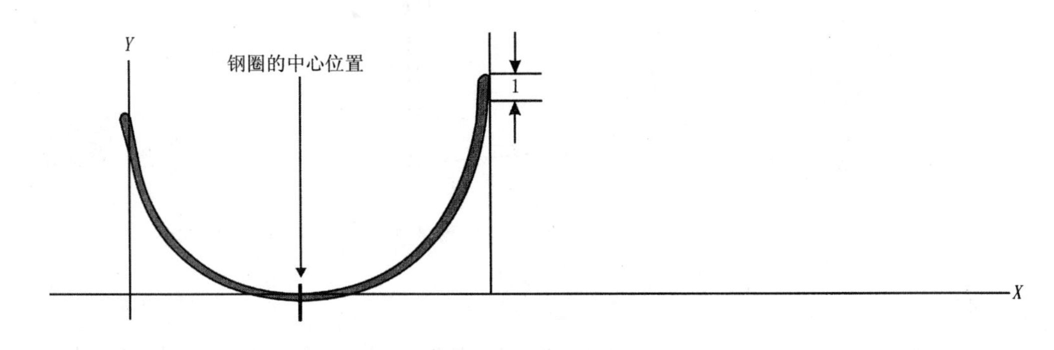

图2-37　摆放钢圈

（3）钢圈定位：如图2-38所示，压住钢圈的中心位置和前端，将钢圈侧端拉开a=1～2cm，这个值与钢圈相关。由于文胸鸡心部位有定型纱固定，左右两侧钢圈的内侧一般不会变形，外侧受后比的拉伸会发生一定的变形，为使文胸穿着平服，将钢圈外侧拉开一定的量。

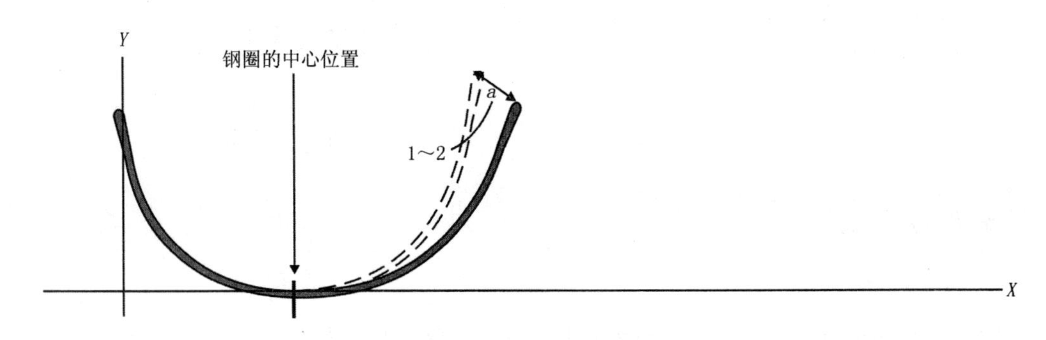

图2-38　钢圈定位

（4）确定钢圈活动量：如图2-39所示，沿着钢圈延伸方向，前端和侧端各取b=0.8cm作为钢圈的活动量和缝制过程中在钢圈两端打套结的量。

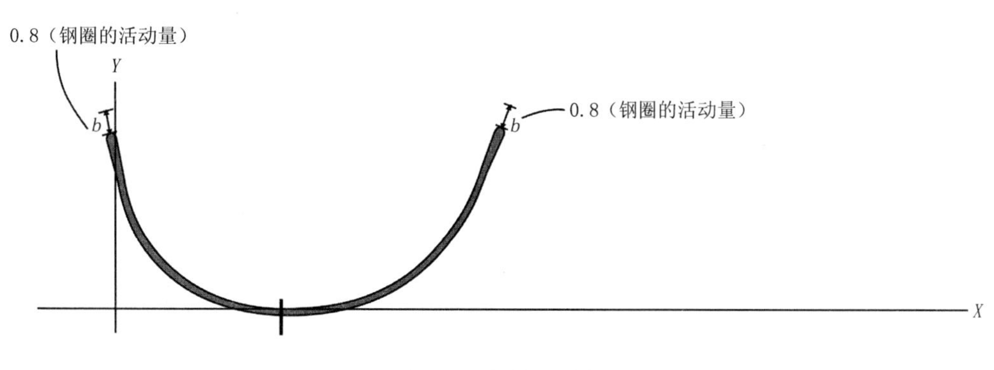

图2-39　钢圈活动量

（5）定鸡心中线：如图2-40所示，距离Y轴1cm作Y轴的平行线为鸡心宽。高鸡心的钢圈，鸡心宽度可以控制在0.3～0.6cm；中鸡心的钢圈，鸡心宽度可以控制在0.6～1cm；低鸡心的钢圈，鸡心宽度可以控制在1～1.3cm。

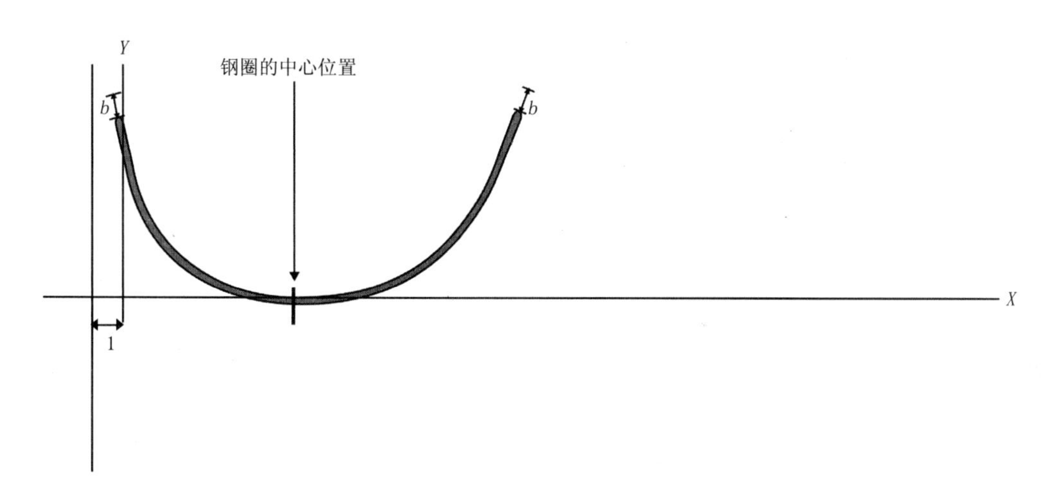

图2-40　鸡心中线

（6）确定绱碗线和鸡心上线：如图2-41所示，根据捆碗的方法不同（顺捆和倒捆），在距离钢圈外侧0.3cm或钢圈内侧c=0.6cm沿着钢圈画上碗线，鸡心上线垂直于上碗线。

（7）画下捆和侧骨辅助线：如图2-42所示，距离鸡心中线$\frac{\text{文胸下围尺寸}-\text{钩扣宽}+\text{缩缝量}}{2}$=29.5cm画垂直线，沿$Y$轴方向向下$e$=3.2cm画水平线，两线交点为下捆的端点。距离鸡心中线15cm画垂直线为侧骨辅助线。

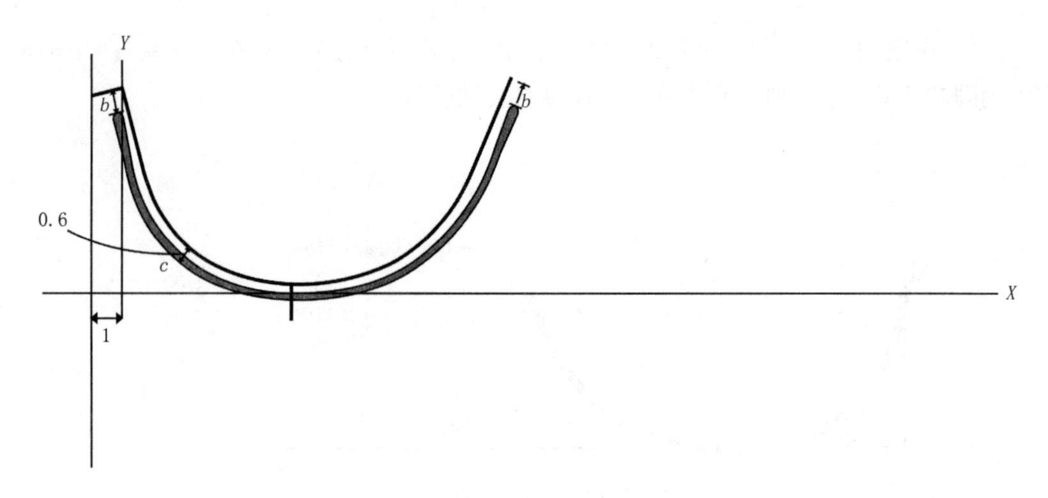

图2-41　绱碗线和鸡心上线

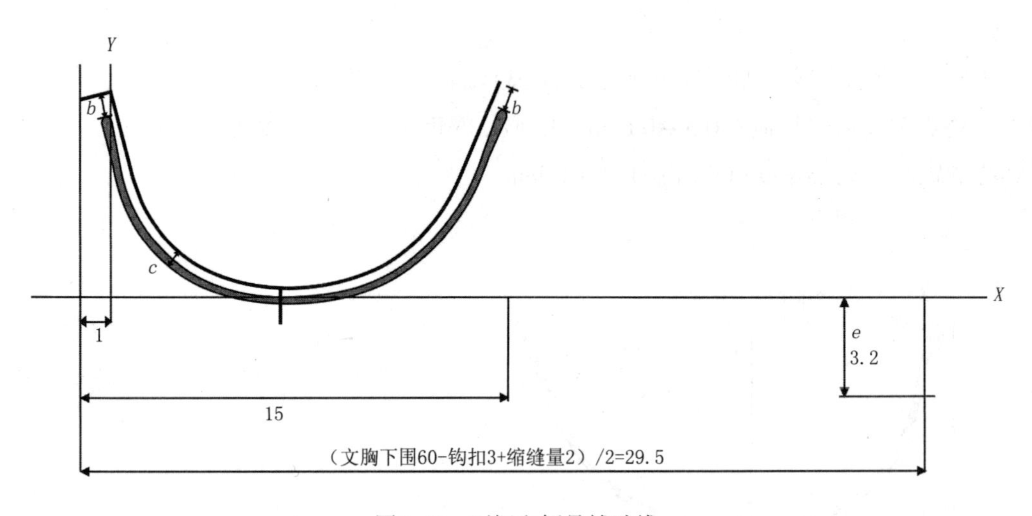

图2-42　下捆和侧骨辅助线

（8）画下捆线：如图2-43所示，沿鸡心中线向上0.6cm取一点，沿钢圈中心线向下d=1.3～1.5cm取点，过该两点及下捆的端点画顺下捆线。

高鸡心的钢圈，鸡心高度一般可以大于12.5cm；中鸡心的钢圈，鸡心高度一般在7.5～12.5cm；低鸡心的钢圈，鸡心高度一般在2.5～7.5cm。

（9）画上捆线和钩扣线：如图2-44所示，过下捆线的端点画垂直于下捆线的垂线为钩扣线的辅助线，取其长度为f=3.2cm，该线即为钩扣线，连接钩扣线的上端点和绱碗线的端点。

①一字比的画法：沿该直线方向画顺上捆线。上捆的两端分别垂直于绱碗线和钩扣线。

②U字比的画法：如图2-45所示，将钩扣线的上端点和绱碗线的端点的连线进行四等分，过四分之一等分点做垂线，取g=3cm，如图做辅助线及结构线。

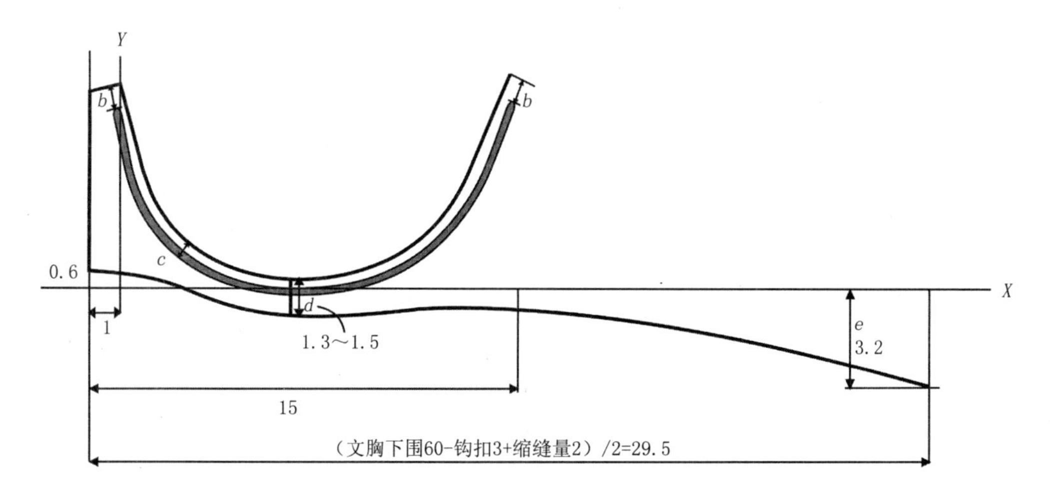

图2-43　下捆线

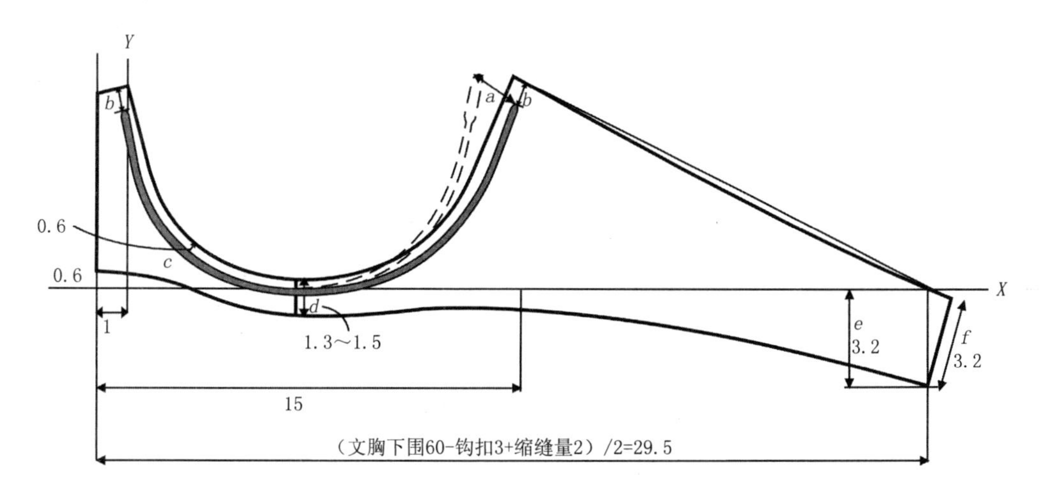

图2-44　画上捆和钩扣线

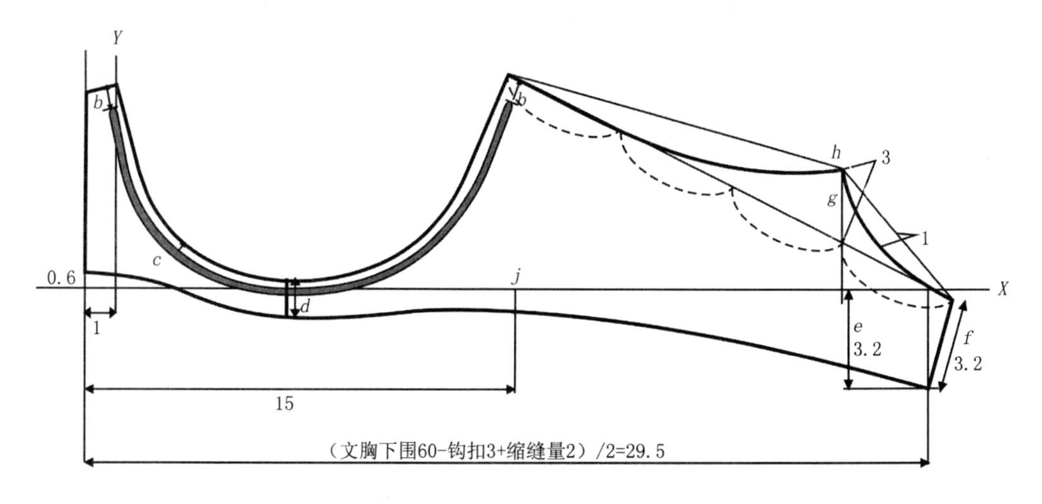

图2-45　画上捆和钩扣线

（10）画侧骨线：如图2-46所示，过侧骨线的辅助线与X轴的交点j做緔碗线上段的平行线，分别交上捆线和下捆线，该线即为侧骨线。

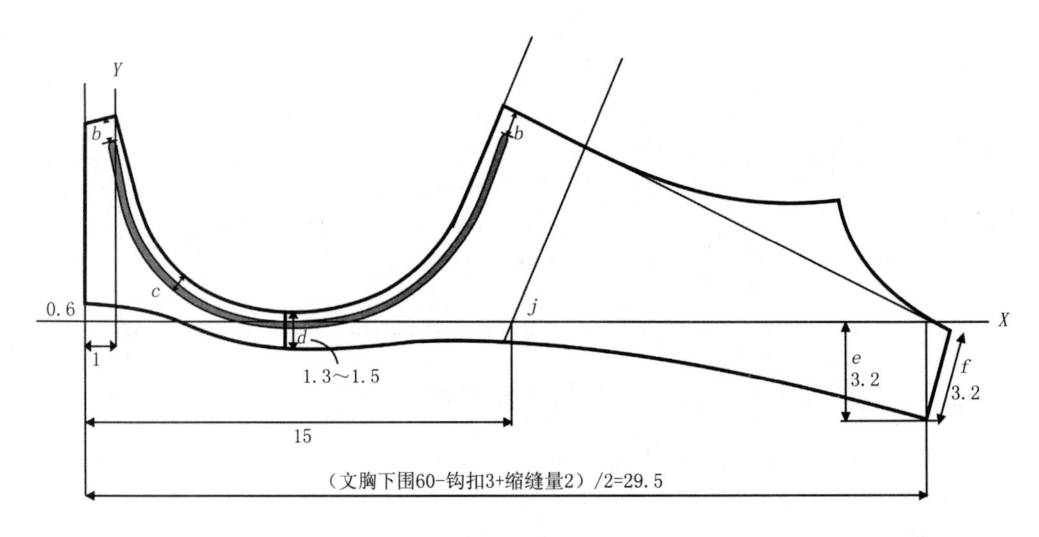

图2-46　侧骨线

（11）确定肩带位：一字比后肩带距单边为5~6.5cm，注意不计后背扣。

（12）测量緔碗线长：如图2-47所示，从緔碗线内侧上端点沿着緔碗线量至钢圈中心，记录该段长度为k，从緔碗线外侧上端点沿着緔碗线量至钢圈中心，记录该段长度为m。

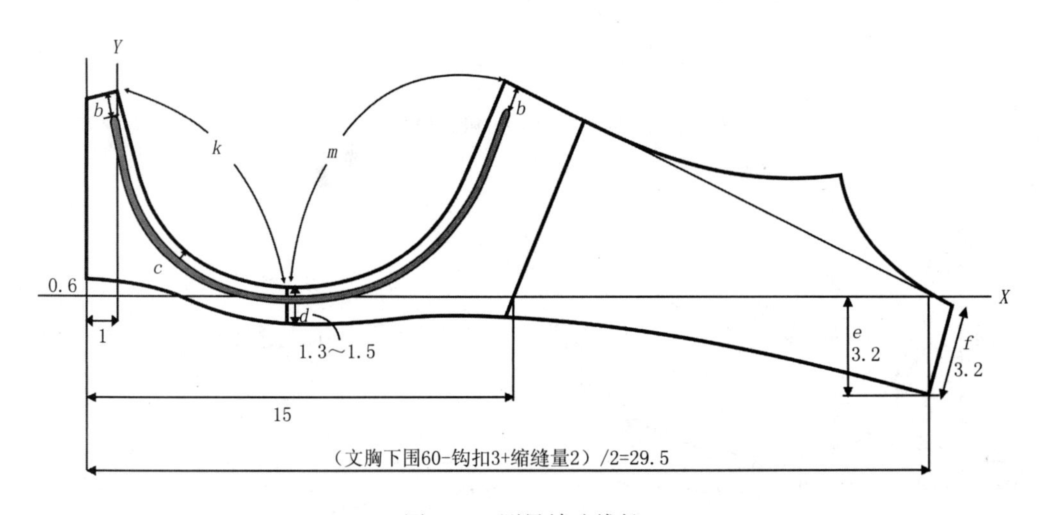

图2-47　测量緔碗线长

（13）画下杯辅助线：如图2-48所示，做十字正交线，沿垂直方向线分别向上5.5cm取一点，该点即为BP，向下3cm取一点，这两点间距离8.5cm即为下杯长。沿水平方向线分别向左6.7cm取一点，向右8.1cm取一点，这两点分别与BP（胸高点）连成直线为下杯片

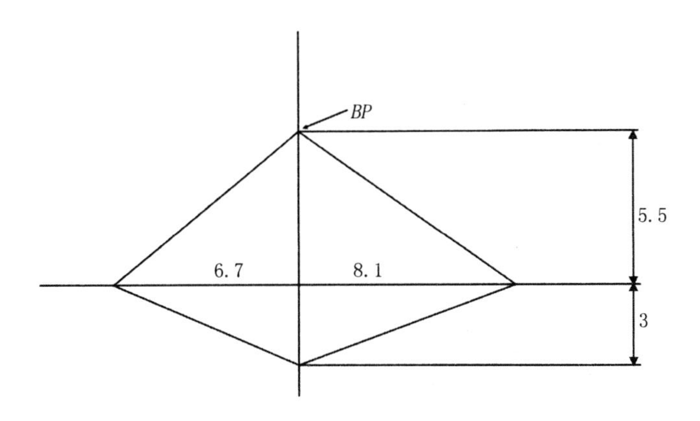

图2-48 夹碗和绱碗辅助线

骨线的辅助线，再与下端点连成直线为罩杯绱碗线的辅助线。

（14）画下杯骨线和绱碗线：如图2-49所示，将辅助线分别进行三等分和两等分，并过等分点，画辅助线的垂线，分别取1cm，0.7cm，0.9cm和0.8cm，画顺下杯骨线和绱碗线。9cm为内侧杯长，10cm为外侧杯长。取下杯长线的中点，分别向左和右量取0.4cm，然后画顺下杯里中线。

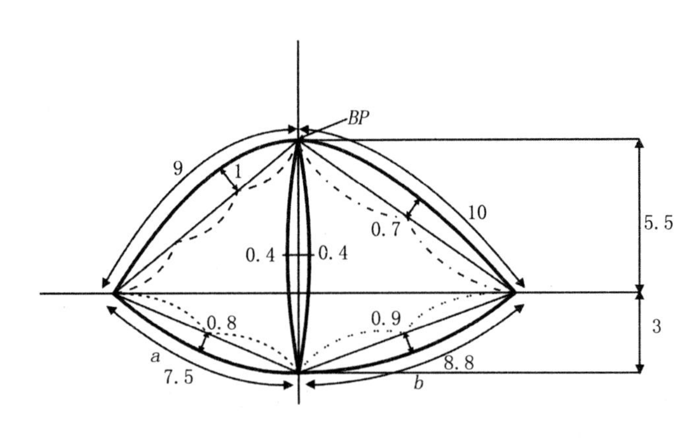

图2-49 下杯骨线和绱碗线

（15）画上杯骨线：如图2-50所示，画上杯骨线，使其与下杯骨线对应部分长度相等。

（16）画上杯绱碗线：如图2-51所示，过上杯骨线的端点分别画垂线，取n=k-7.5，r=m-8.8。

（17）画夹弯和前领边线：如图2-52所示，距离垂直线3cm做另一垂线，使其长度为9.5cm，做耳仔宽1cm，画顺夹弯和前领边线。

（18）分离样板：将所有的样板分别裁开。如图2-53所示，为上杯、鸡心、侧比的面与里，以及下杯的面。

如图2-54所示，下杯的里。

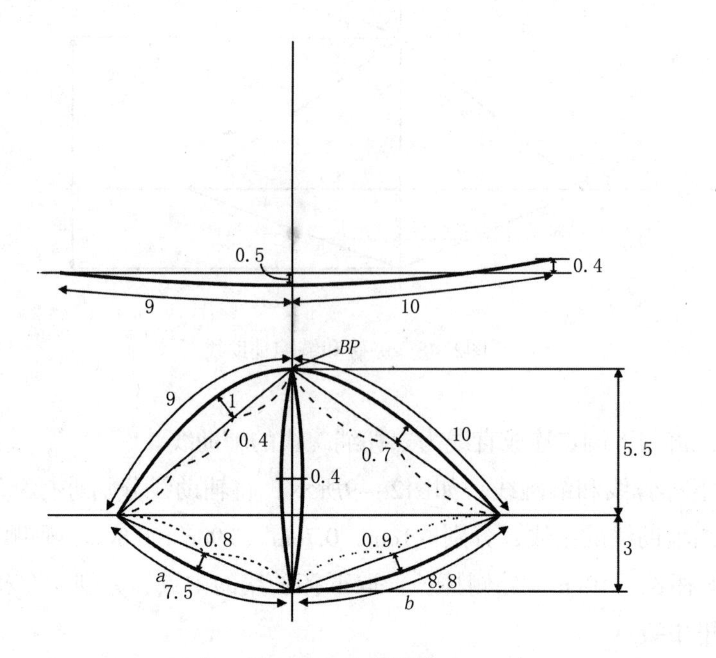

图2-50 上杯骨线

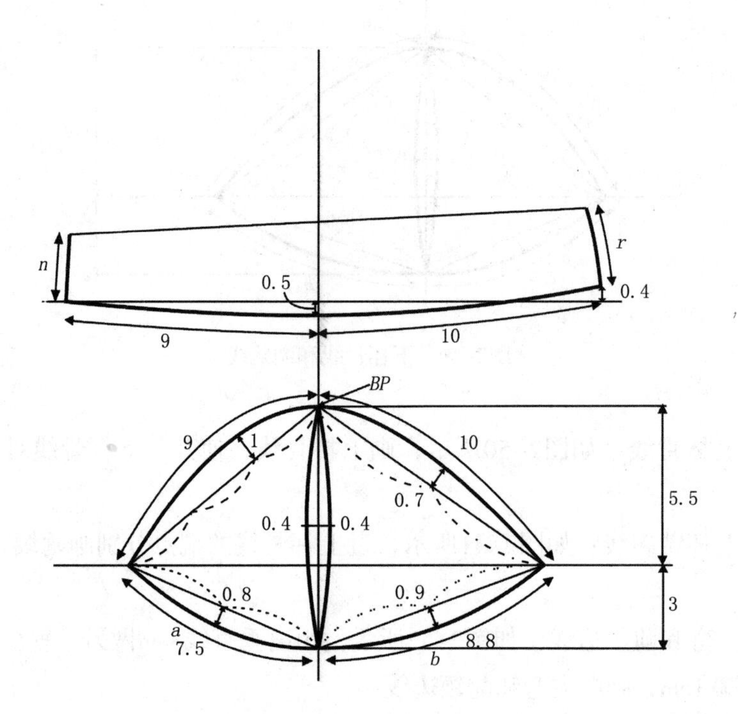

图2-51 上杯绱碗线

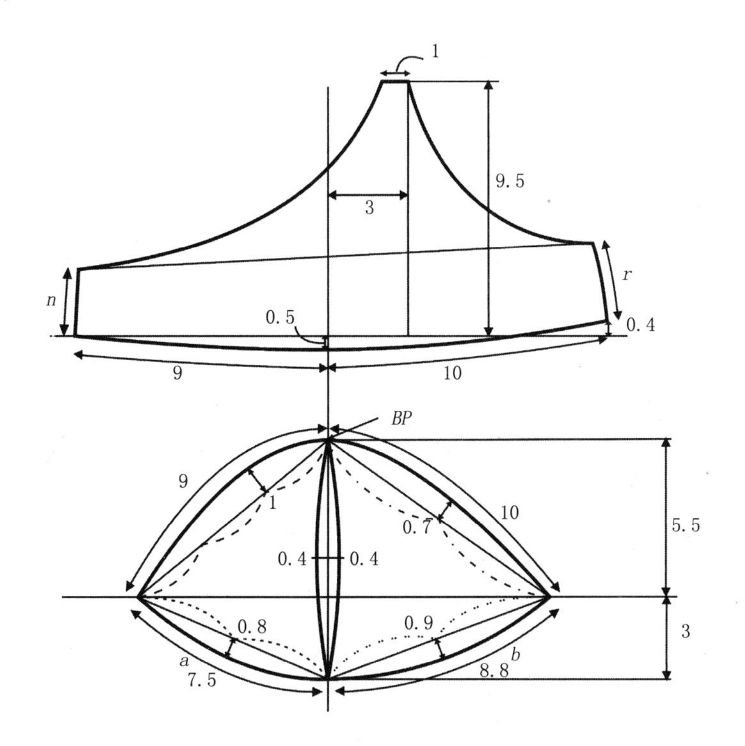

图2-52　夹弯和前领边线

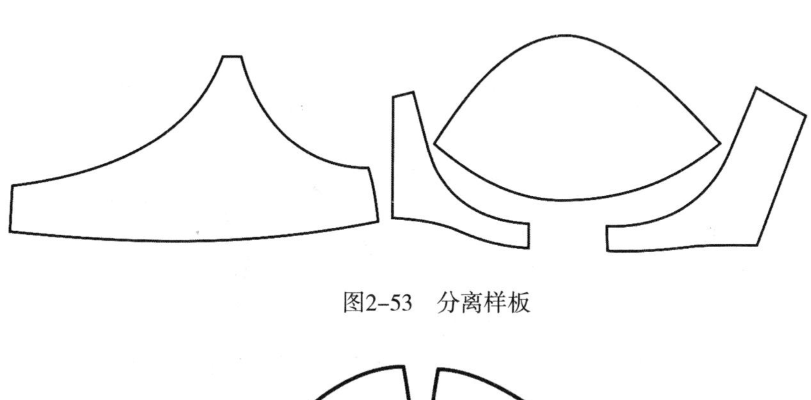

图2-53　分离样板

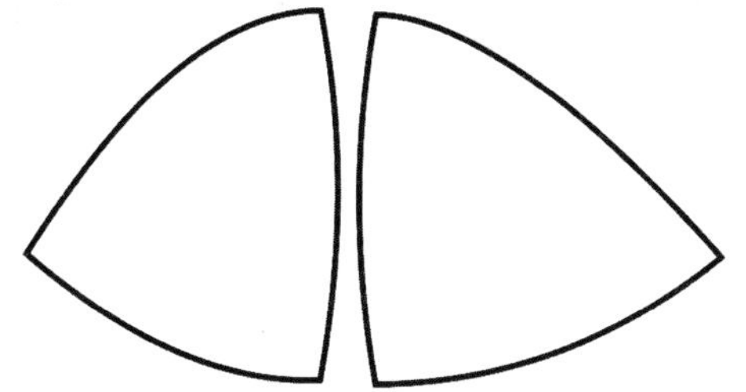

图2-54　下杯里

如图2-55所示，后比为一字比或U字比。

（19）对位检查：将缝合部位分别检查，修顺所有圆圈标出的缝合部位。

如图2-56所示，将上杯片分别与下杯对齐以及前、侧下杯对齐，然后修顺弧线。

如图2-57所示，将上杯片分别与鸡心和侧比对齐，然后修顺弧线。

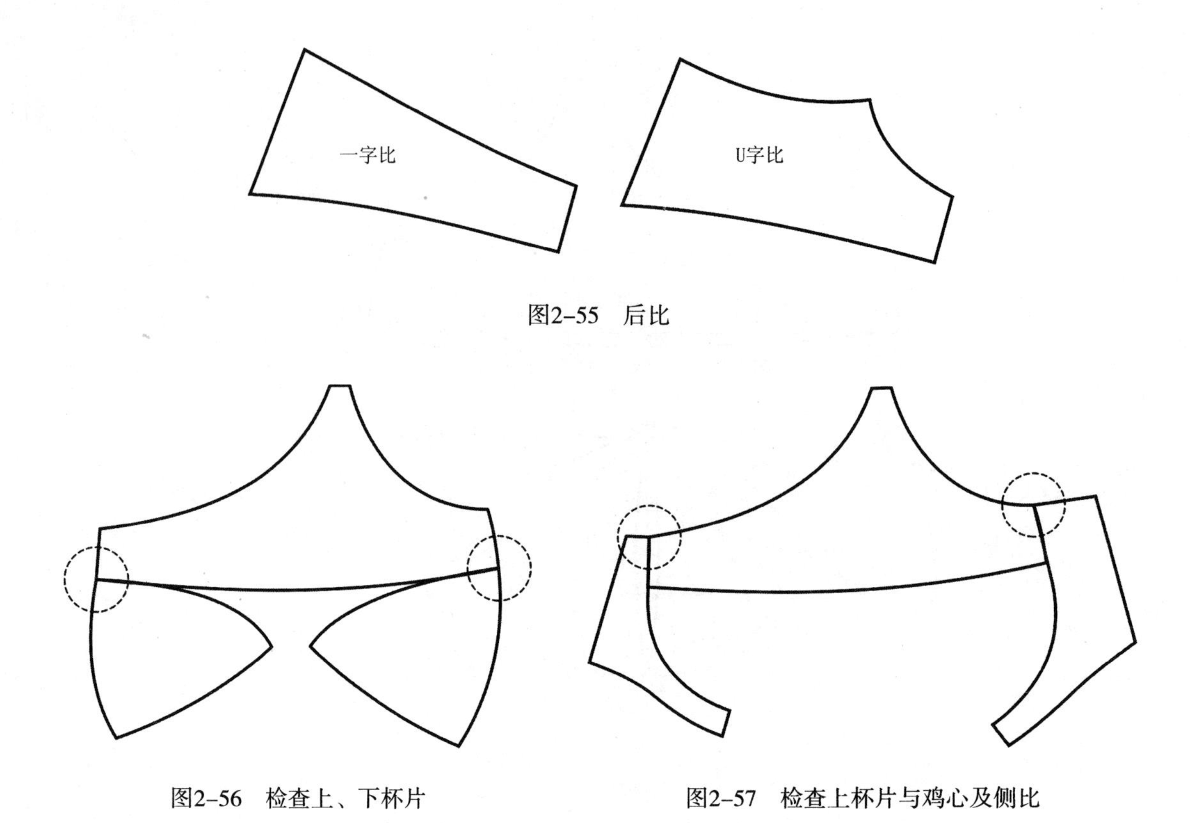

图2–55　后比

图2–56　检查上、下杯片

图2–57　检查上杯片与鸡心及侧比

如图2–58所示，将前下杯与侧下杯上端和下端分别对齐，然后修顺弧线。

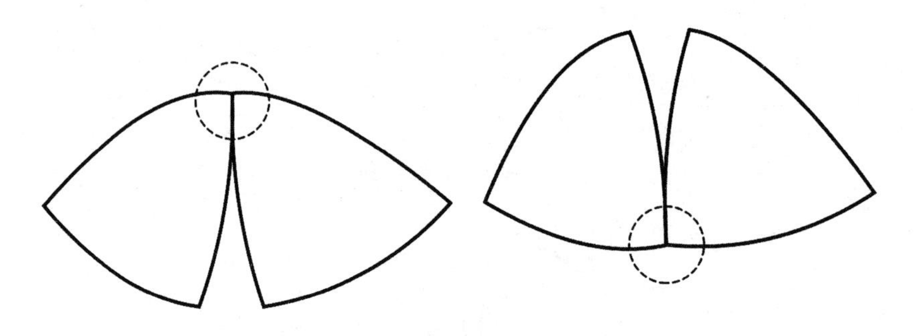

图2–58　检查下杯片

三、定寸制图法

这里主要以不同罩杯为例讲述如何用定寸法进行制图，文胸的其他部位制图参照比例分配法制图。制图前首先测量罩杯各部位的尺寸，然后通过这些尺寸进行制图。

该节所有图中的*O*点代表罩杯的胸高点（*BP*），*OE*垂直于杯边，*E*点是杯边上的点，如果是花边，*E*点则位于波底；用软尺从*E*点经过*O*点量至杯底交于点*F*，在制图中点*E*、*O*、*F*处于同一直线；*OP*是过*O*点沿罩杯表面量至杯底交点。为了便于测量，在*E*、*O*、*P*和*F*点处贴上标识点。所有的测量都是沿着表面弧线测量。

1. 单褶杯

如图2-59所示，这种杯型通常杯面用到蕾丝，裁剪时一般会注明要求杯边按照平底波裁剪。杯边利用波边裁剪，也就是说杯边为直线 。

以75B为例说明制图方法，测量各部位的尺寸，如表2-2所示。

表2-2 单褶杯各部位尺寸 单位：cm

部位	*AE*	*EB*	*AP*	*PF*	*FG*	*BG*	*OE*	*OP*	*OF*
规格	8.5	8.5	7	1.3	10.9	7.1	2.5	9.2	9

制图步骤：

（1）如图2-60所示，过*O*点向下画*OP*=9cm。

（2）以*O*点为圆心，9cm长为半径与*P*点为圆心，1.3cm长为半径分别画弧相交于*F*点；由于*OP*处开省道，省道线为弧线，弧线长度比直线长度要长，在画图时根据经验减去适当的量，在此减少0.2cm，如果最终画出的弧线长度与事先测量值有差距，可以再进行调整。以下相同不再赘述。

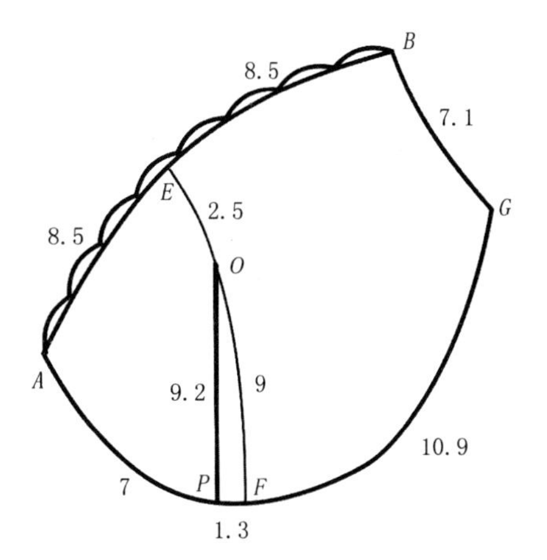

图2-59 单褶杯

（3）连接*OF*，延长*FO*到点*E*，使*OE*=2.5cm。

（4）过*E*点作*EO*的垂线*AE*=*BE*=8.5cm。

（5）以*A*点为圆心，6.8cm长为半径与*O*点为圆心，9cm长为半径分别画弧相交于P_1点。

（6）以*B*点为圆心，7cm长为半径与*F*点为圆心，10.7cm长为半径分别画弧相交于*G*点。

（7）如图画弧线AP_1、OP_1、*OP*、*PFG*和*BG*。

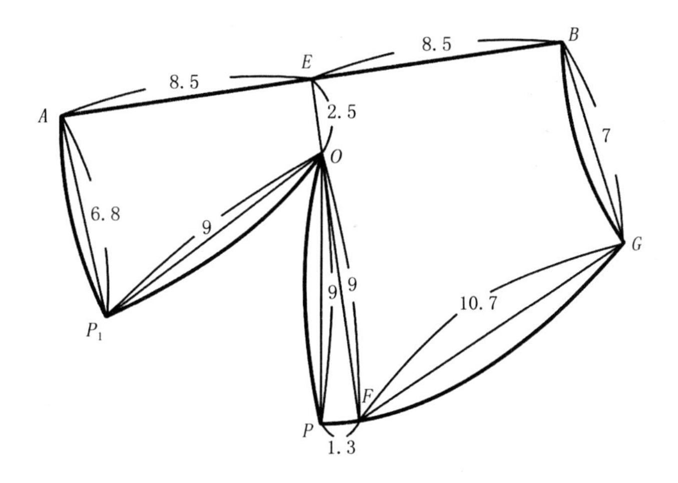

图2-60 单褶杯结构制图

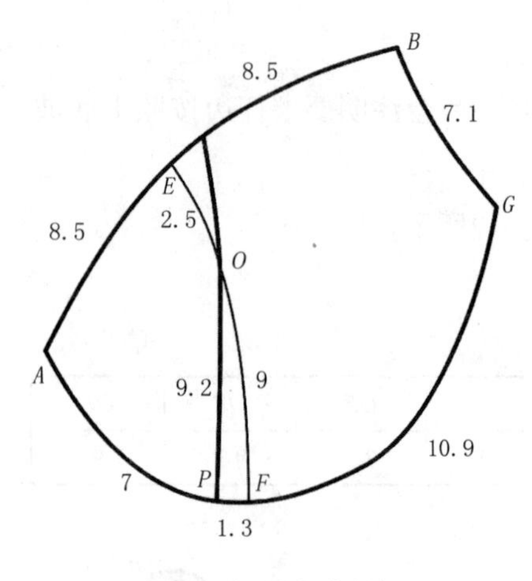

图2-61　纵向分割杯

（8）将弧线OP_1和OP进行假缝，修顺弧线AP_1PFG。

（9）检查所有线条的数值，是否与测量数值相同，如果不同做适当的调整。

2．纵向分割杯

如图2-61所示，该杯可以在单褶杯的基础上进行变换得到，规格与单褶杯相同。

制图步骤：

（1）如图2-62所示，画$\angle POP_1$的平分线并反向延长交AB于T点。

（2）过T点画MN垂直于OT，$MT=TN=0.5$cm（该值可以根据罩杯的合体度情况取值）。

（3）画顺弧线PON和P_1OM。

（4）假缝弧线PON和P_1OM，画顺弧线AM（N）B。

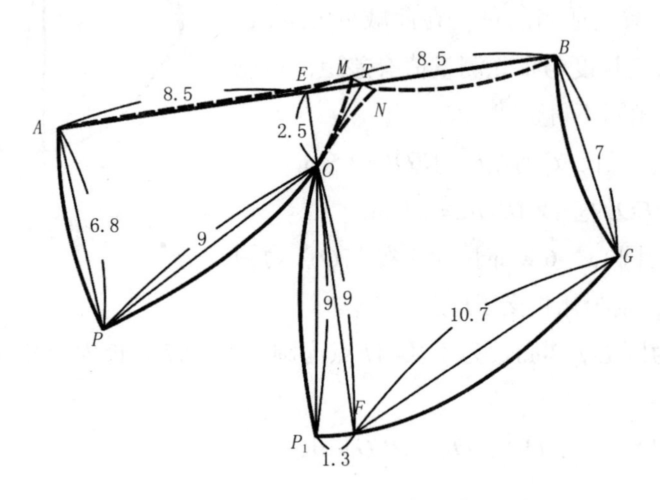

图2-62　纵向分割杯结构制图

3．斜向分割杯一

如图2-63所示，这种杯型通常杯面用蕾丝，裁剪时一般会注明要求杯边按照平底波裁剪。杯边利用波边裁剪，也就是说杯边为直线 。

以75B为例说明制图方法。首先测量各部位的尺寸，如表2-3所示。

表2-3　斜向分割杯一各部位尺寸　　单位：cm

部位	AE	EB	AC	CP	PF	FG	BD	DG	OE	OC	OP	OF	OD	OG
规格	6	9.5	5	2.3	4.4	8.7	3	2.5	4.5	8	8	8.2	10	10

制图步骤：

（1）如图2－64所示，过O点向下画OP=8cm。

（2）以O点为圆心，8.2cm长为半径与P点为圆心，4.4cm长为半径分别画弧相交于F点。

（3）连接OF，延长FO到点E，使OE=4.5cm。

（4）过E点作EO的垂线AE=6cm，BE=9.5cm。

（5）以A点为圆心，5cm长为半径与O点为圆心，8cm长为半径分别画弧相交于C_1点。

（6）以O点为圆心，7.9cm长为半径与P点为圆心，2.3cm长为半径分别画弧相交于C点。

（7）以B点为圆心，3cm长为半径与O点为圆心，9.9cm长为半径分别画弧相交于D_1点。

（8）以O点为圆心，10cm长为半径与F点为圆心8.6cm长为半径分别画弧相交于G点。

（9）以O点为圆心，9.7cm长为半径与G点为圆心，2.5cm长为半径分别画弧相交于D点。

（10）如图画顺各弧线。

（11）将弧线COD和C_1OD_1进行假缝，修顺弧线$ACPFG$和BDG。

（12）检查所有线条的数值，是否与测量数值相同，如果不同做适当的调整。

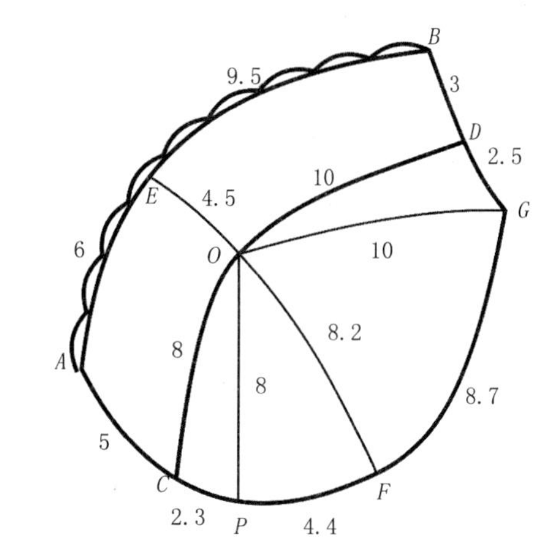

图2－63　斜向分割杯一

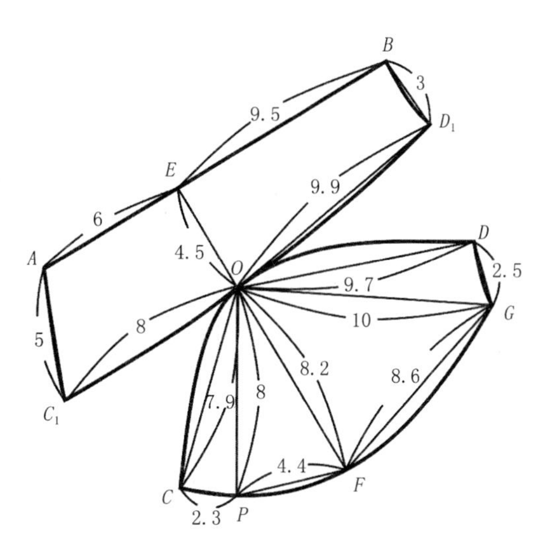

图2－64　斜向分割杯一结构制图

4. 斜向分割杯二

如图2－65所示，这种杯型通常杯面用蕾丝，裁剪时一般会注明要求杯边按照平底波裁剪。杯边利用波边裁剪，也就是说杯边为直线。

以75C为例说明制图方法。首先测量各部位的尺寸，如表2－4所示。

表2－4　斜向分割杯二各部位尺寸　　单位：cm

部位	*AE*	*EB*	*AC*	*CP*	*PF*	*FG*	*BD*	*DG*	*OE*	*OC*	*OP*	*OF*	*OD*	*OG*
规格	7.6	10	2	7	2.5	9	2.5	2.5	4	8.5	8.3	8.5	10.5	10

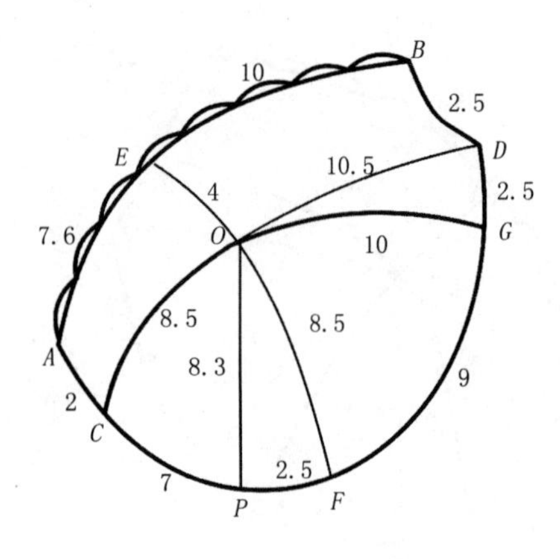

图2-65 斜向分割杯二

制图步骤：

（1）如图2-66所示，过O点向下画OP=8.3cm。

（2）以O点为圆心，8.5cm长为半径与P点为圆心2.5cm长为半径分别画弧相交于F点。

（3）连接OF，延长FO到E，使OE=4cm。

（4）过E点做EO的垂线AE=7.6cm，BE=10cm。

（5）以A点为圆心，2cm长为半径与O点为圆心，8.5cm长为半径分别画弧相交于C_1点。

（6）以O点为圆心，8.3cm长为半径与P点为圆心，6.8cm长为半径分别画弧相交于C点。

（7）以B点为圆心，2.4cm长为半径与O点为圆心，10.5cm长为半径分别画弧相交于D点。

（8）以O点为圆心，10cm长为半径与D点为圆心，2.5cm长为半径分别画弧相交于G_1点。

（9）以O点为圆心，9.8cm长为半径与F点为圆心，8.7cm长为半径分别画弧相交于G点。

（10）如图画顺各弧线。

（11）将弧线COG和C_1OG_1进行假缝，修顺弧线$ACPFGD$。

（12）检查所有线条的数值，是否与测量数值相同，如果不同做适当的调整。

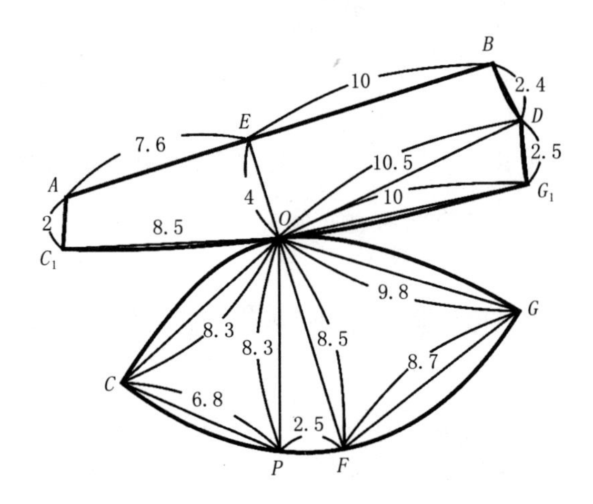

图2-66 斜向分割杯二结构制图

5. **斜向分割杯三**

如图2-67所示，这种杯型杯面用蕾丝，裁剪时要求杯边按照平底波裁剪。杯边利用波边裁剪，也就是说杯边为直线。

以75B为例说明制图方法。首先测量各部位的尺寸，如表2-5所示。

表2-5　斜向分割杯三各部位尺寸　　单位：cm

部位	AE	EM	AC	CP	PF	FD	BD	BN	MN	OE	OC	OP	OF	OD	OB	ON
规格	4	13	4	4	5	5.5	2.5	10	2	7	8	8	8.5	10	10	15

制图步骤：

（1）如图2-68所示，过O点向下画OP=8cm。

（2）以O点为圆心，8.5cm长为半径与P点为圆心，5cm长为半径分别画弧相交于F点。

（3）连接OF，延长FO到E，使OE=7cm。

（4）过E点做EO的垂线AE=4cm，ME=13cm。

（5）以A点为圆心，4cm长为半径与O点为圆心，8cm长为半径分别画弧相交于C_1点。

（6）以O点为圆心，15cm长为半径与M点为圆心，2cm长为半径分别画弧相交于N点。

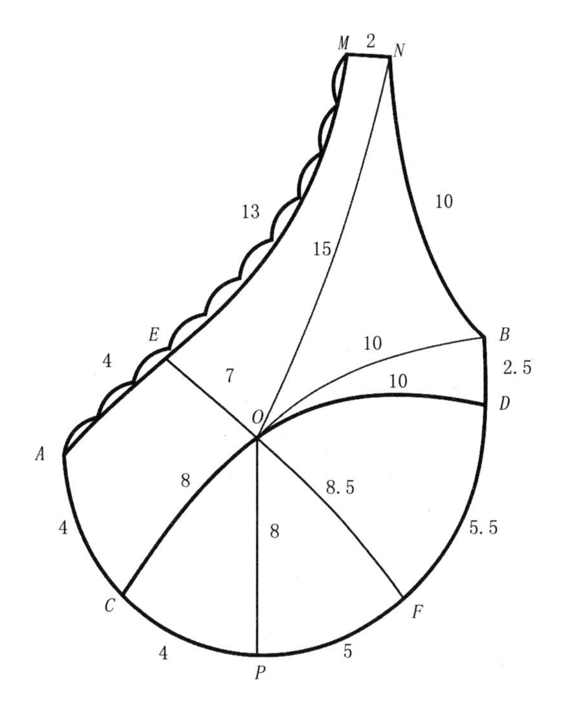

图2-67　斜向分割杯三

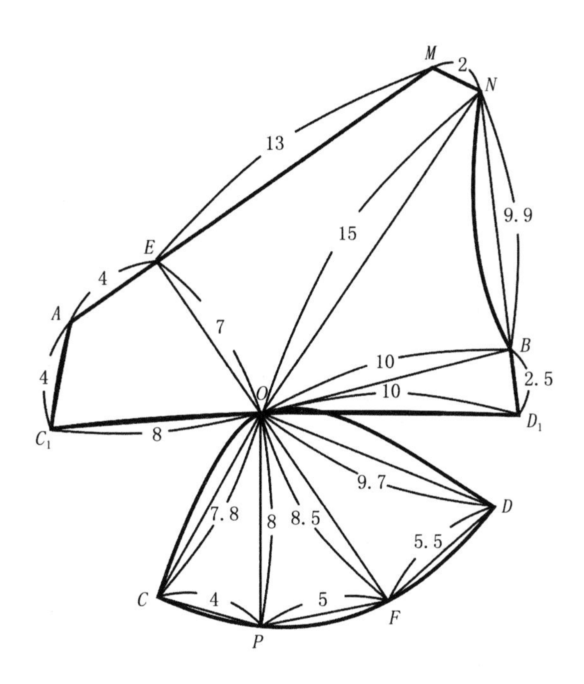

图2-68　斜向分割杯三结构制图

（7）以O点为圆心，10cm长为半径与N点为圆心，9.9cm长为半径分别画弧相交于B点。

（8）以O点为圆心，10cm长为半径与B点为圆心，2.5cm长为半径分别画弧相交于D_1点。

（9）以O点为圆心，7.8cm长为半径与P点为圆心，4cm长为半径分别画弧相交于C点。

（10）以O点为圆心，9.7cm长为半径与F点为圆心，5.5cm长为半径分别画弧相交于D点。

（11）如图画顺各弧线。

（12）将弧线COD和C_1OD_1进行假缝，修顺弧线$ACPFDB$。

（13）检查所有线条的数值，是否与测量数值相同，如果不同做适当的调整。

6. **横向分割杯**

如图2-69所示，这种杯型通常杯边为弧线。

以75B为例说明制图方法。首先测量各部位的尺寸，如表2-6所示。

表2-6 横向分割杯各部位尺寸 单位：cm

部位	AE	EB	AC	CP	PD	BD	OE	OC	OP	OD
规格	9.2	10.3	3	6.9	9.8	3	3	9.2	9	3

制图步骤：

（1）如图2-70所示，过O点向下画OP=9cm，OE=3cm。

（2）以O点为圆心，9cm长为半径与P点为圆心，6.8cm长为半径分别画弧相交于C点。

（3）以O点为圆心，10cm长为半径与P点为圆心，9.6cm长为半径分别画弧相交于D点。

（4）以E点为圆心，9.2cm长为半径与O点为圆心，9cm长为半径分别画弧相交于

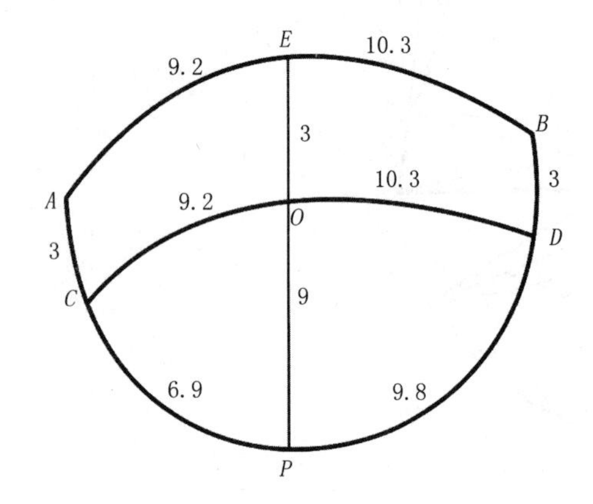

图2-69 横向分割杯

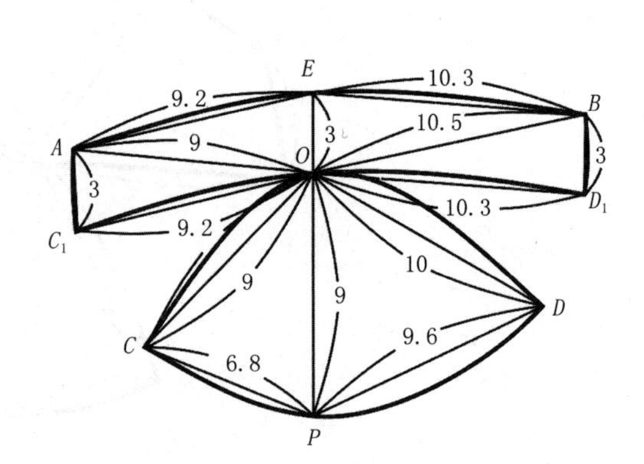

图2-70 横向分割杯结构制图

A点。

（5）以A点为圆心，3cm长为半径与O点为圆心，9.2cm长为半径分别画弧相交于C_1点。

（6）以E点为圆心，10.3cm长为半径与O点为圆心，10.5cm长为半径分别画弧相交于B点。

（7）以B点为圆心，3cm长为半径与O点为圆心，10.3cm长为半径分别画弧相交于D_1点。

（8）如图画顺各弧线。

（9）将弧线COD和C_1OD_1进行假缝，修顺弧线$ACPDB$。

（10）检查所有线条的数值，是否与测量数值相同，如果不同做适当的调整。

7. T字分割杯

如图2-71所示，该杯可以在横向分割杯的基础上进行变化得到，规格与横向分割杯相同。

制图步骤：

（1）如图2-72所示，将OP画成弧线。

（2）将左右杯片假缝。

（3）修顺下杯上线弧线。

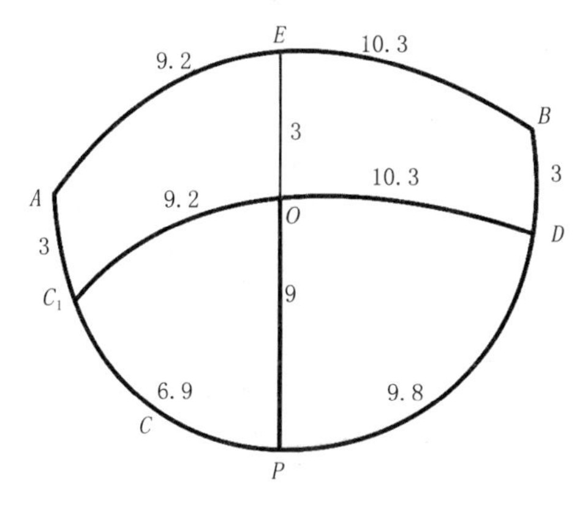

图2-71　T字分割杯

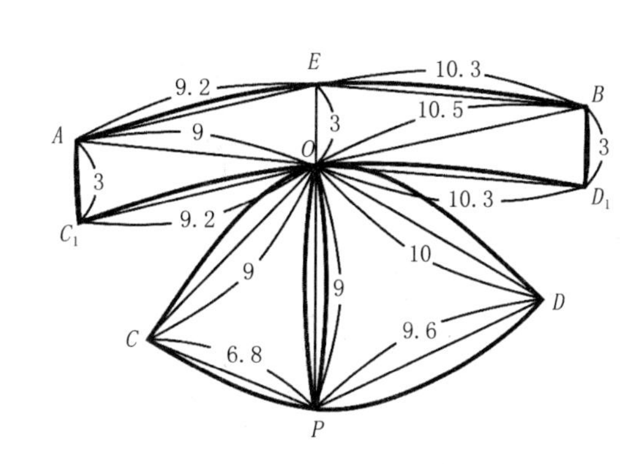

图2-72　T字分割杯结构制图

第五节　文胸试身与纸样修正

一、女性人体胸部形态分析

如图2-73所示，文胸尺码为75B的三位不同女性的人体胸部横切面（过胸高点），A体型与B体型相比，A体型的前后径比B体型的前后径要宽，A体型偏圆，B体型偏扁平；A

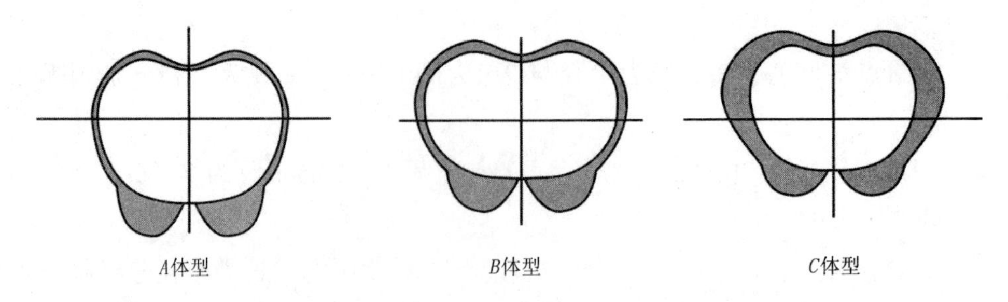

图2-73 女性胸部形态

体型和B体型与C体型相比，不难看出C体型的骨架相对较小，脂肪相对较厚。

将图2-73所示的三种体型胸部的横切面叠加在一起，从图2-74中能够看出其乳房的大小明显存在差异，这也就意味着三位女性穿同样尺码的文胸不一定都合适。对消费者来说，要选择适合自己的文胸尺码；对文胸设计生产商来说，就要对文胸进行修正。

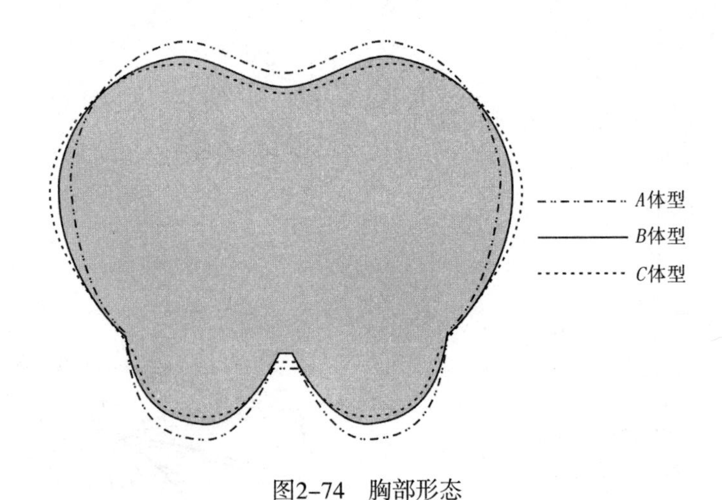

图2-74 胸部形态

乳房的形状如图2-75所示，分别为扁球形、球形和椭圆形，根据文胸尺码的规格，她们可以有相同的文胸尺码，但是从乳房的外形来看，她们罩杯的形状是不同的。

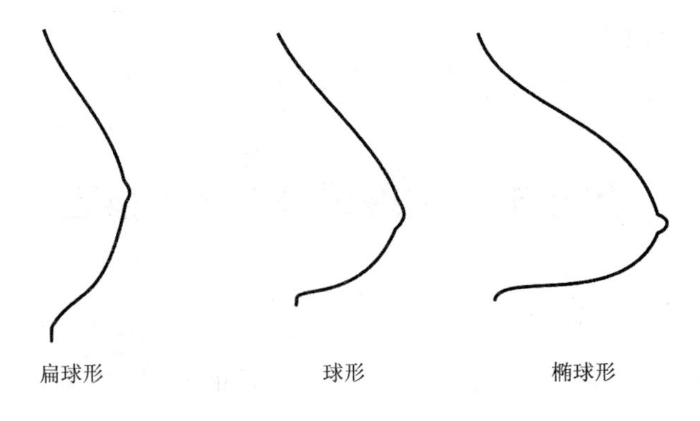

图2-75 乳房形状

基于以上对女性人体胸部形态的分析，对不同的个体或者说对不同的消费群体来说，要完成一件理想的文胸，文胸样板的修正是必然。需要修正的主要原因包括：人体体型的差异、文胸的设计和工艺等。下面针对文胸试身过程中经常出现的问题，介绍如何进行样板的修正。

二、文胸样板修正方法

1. 前领线偏高

（1）如图2-76所示，前领线偏高，首先用褪色笔在文胸上标出需要去除的部分，与之相关的部位有上杯片、鸡心和钢圈。

（2）如图2-77所示，将上杯片和鸡心相应位置进行修正。钢圈可以换成短一些的或者将钢圈截短。

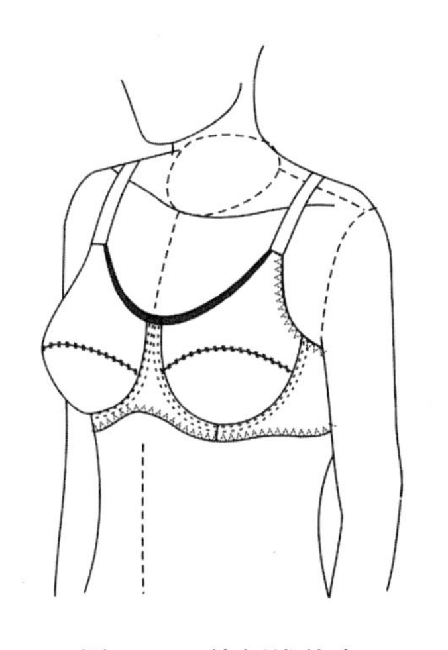

图2-76　前领线偏高

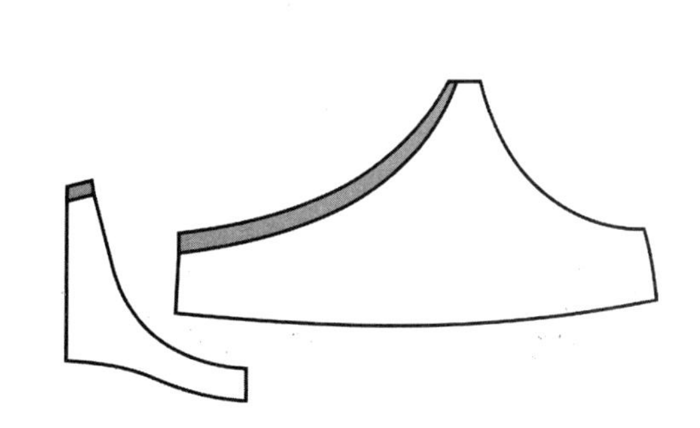

图2-77　修正鸡心和上杯片

2. 前领线偏低

操作方法与前领线偏高相反，偏低的部位增加需要的量，如图2-78、图2-79所示。

3. 夹弯和后比偏高

（1）如图2-80所示，用褪色笔在文胸夹弯及后比标出需要去除的部分，与之相关的主要部位有上杯片、下杯片、后比和钢圈。

（2）如图2-81所示，将上、下杯片和后比相应位置进行修正。钢圈可以换成短一些的，或者将钢圈截短。

4. 夹弯外扩偏大

方法一：

（1）如图2-82所示，用大头针将多余部分收起，并用褪色笔做标记。

（2）将大头针拔去，用划粉笔或褪色笔将要去除部分画清楚。

（3）如图2-83所示，将上杯片相应位置画出，虚线部分。

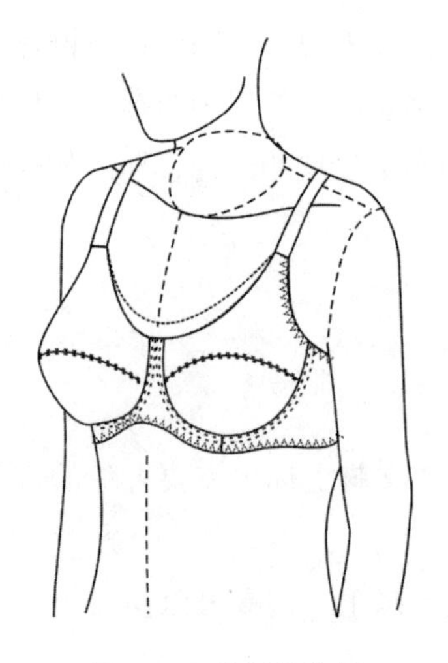

图2-78 前领线偏低

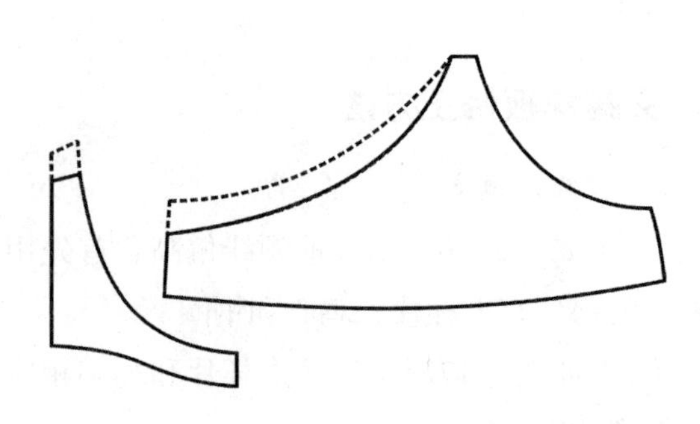

图2-79 修正鸡心和上杯片

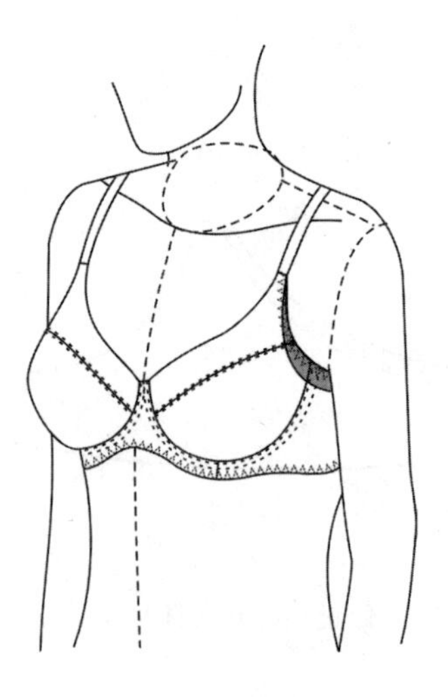

图2-80 夹弯和后比偏高

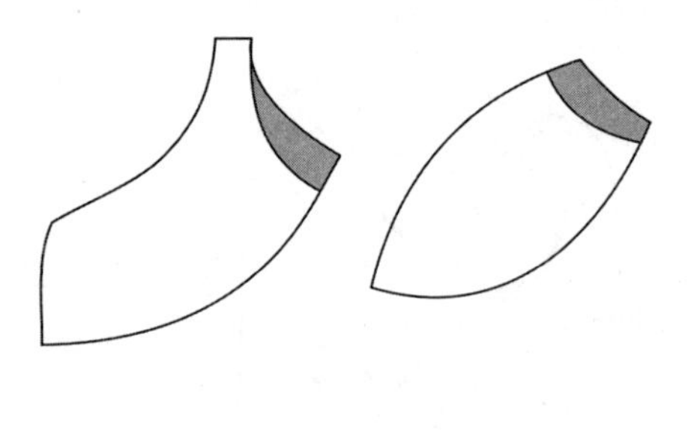

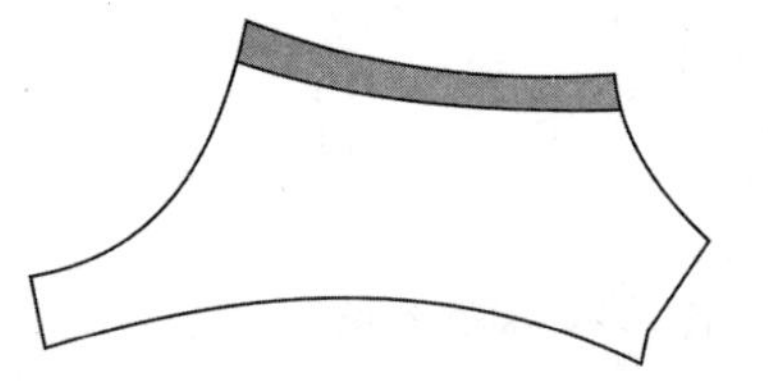

图2-81 修正上、下杯片和后比

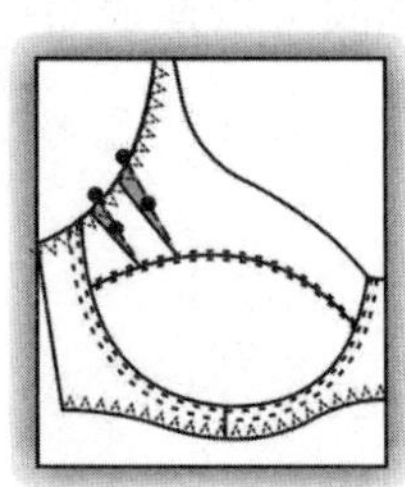

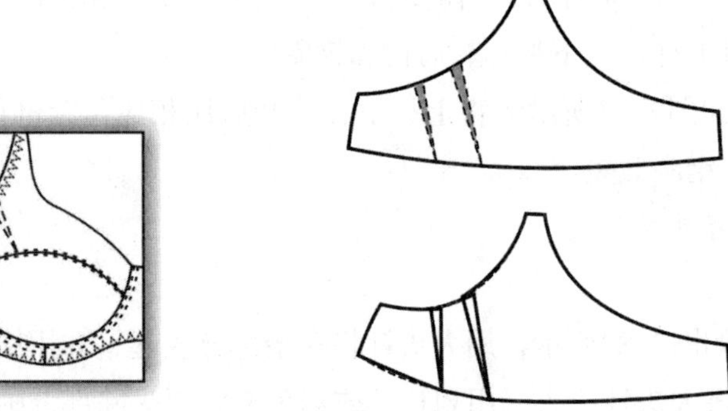

图2-82 折去夹弯外扩量并做标记

图2-83 修正上杯片

（4）将虚线部分折叠或者剪掉，画顺夹弯弧线。

方法二：

（1）如图2-84所示，用大头针将夹弯和下罩杯多余部分一同收起，并用褪色笔做标记。

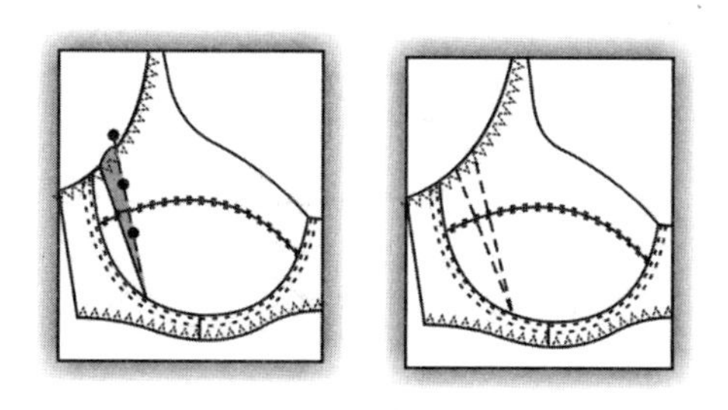

图2-84　折去夹弯外扩量并做标记

（2）将大头针拔去，用划粉笔或褪色笔将要去除部分画清楚。

（3）如图2-85所示，将上、下杯片相应位置画出，虚线部分。

（4）将虚线部分折叠或者剪掉，画顺夹弯弧线、上下杯的杯骨线和下罩杯的底边线。

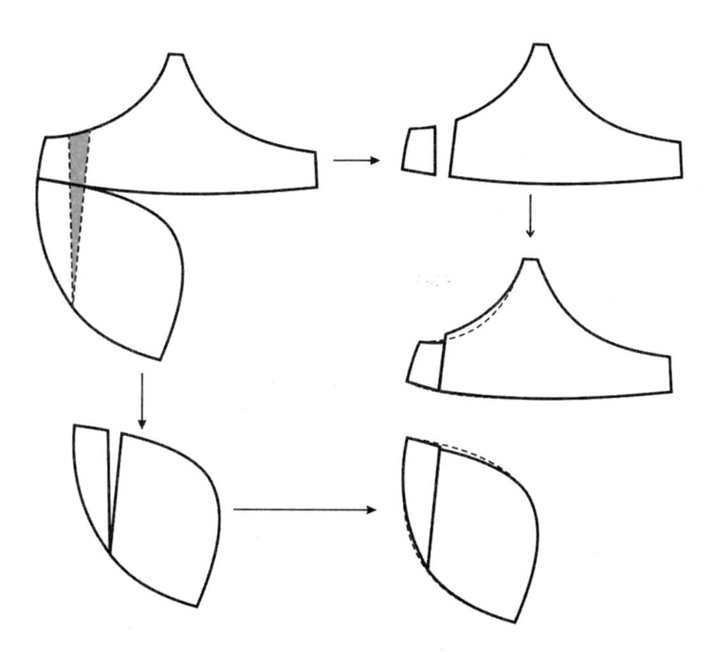

图2-85　修正上、下杯片

5. **钢圈偏离乳根**

（1）如图2-86所示，用褪色笔在文胸上标出乳根线，与之相关的部位主要有上杯片、下杯片、鸡心、侧比和钢圈。

（2）如图2-87所示的虚线部分，将上、下杯片、鸡心和侧比相应位置进行修正。钢圈可以换成外长小一些的与乳根曲线一致的钢圈。

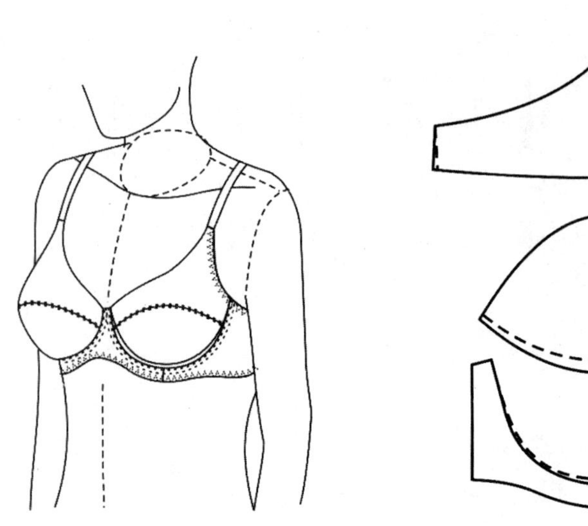

图2-86 钢圈偏离乳根

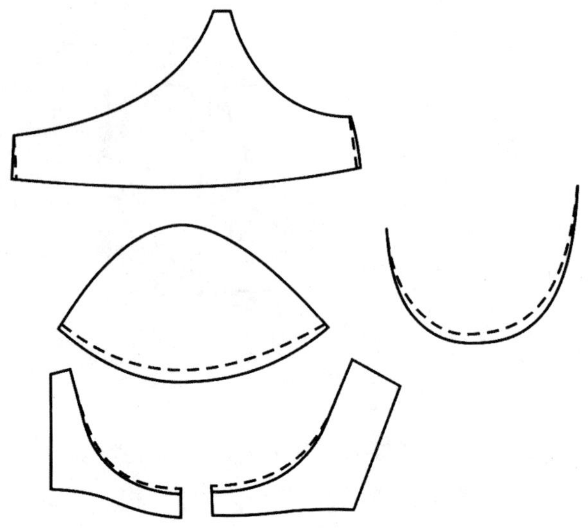

图2-87 修正上、下杯片、鸡心、侧比和钢圈

6. 钢圈压住乳房

（1）如图2-88所示，用褪色笔在文胸上标出乳根线，与之相关的部位主要有上杯片、下杯片、鸡心、侧比和钢圈。

（2）如图2-89所示，虚线部分表示上、下杯片需要增加的部分。灰色部分表示鸡心和侧比需要裁剪掉的部分。钢圈可以换成内径大一些的与乳根曲线一致的钢圈。

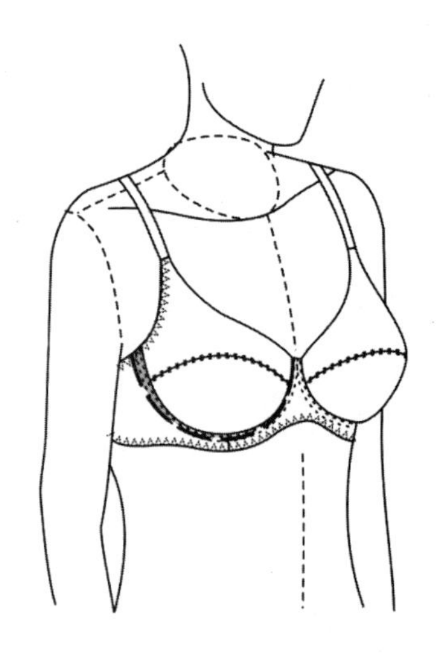

图2-88 钢圈压住乳房

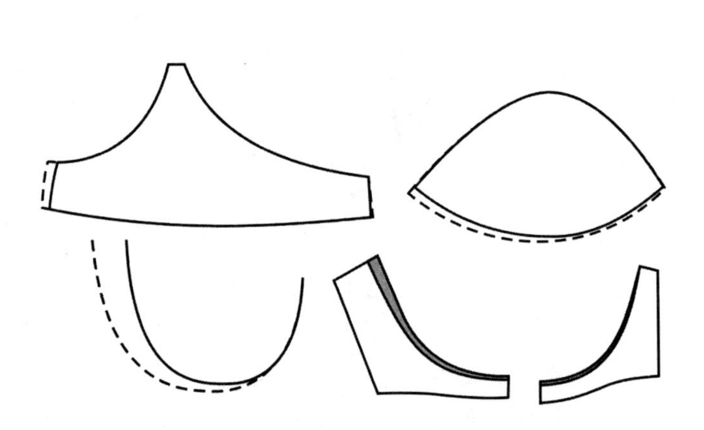

图2-89 修正杯片、鸡心、侧比和钢圈

7. 罩杯偏大

方法一：

（1）如图2-90所示，用大头针将罩杯多余部分收起，并用褪色笔做标记。

（2）移走大头针，用划粉笔或褪色笔将要去除部分画清楚。

（3）如图2-91所示，将上、下杯片相应位置画出，如虚线部分。

（4）将虚线部分剪掉，画顺前领线、上下罩杯的杯骨线。

方法二：

（1）如图2-92所示，用大头针将罩杯多余部分收起，并用褪色笔做标记。

（2）移走大头针，用划粉笔或褪色笔将要去除部分画清楚。

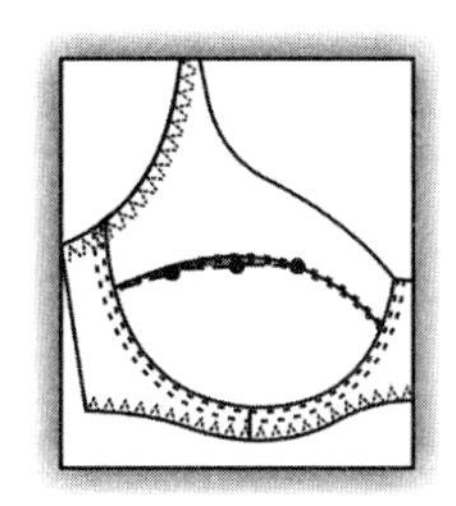

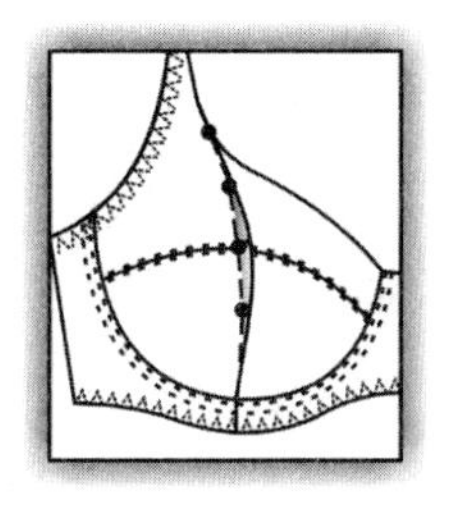

图2-90 折出罩杯的多余量并做标记

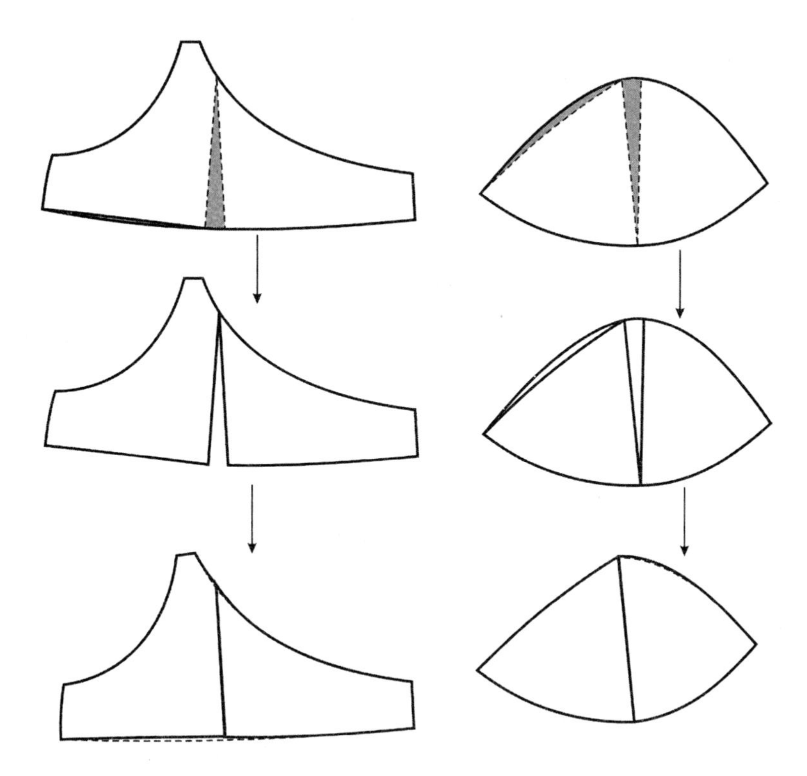

图2-91 修正上、下杯片

（3）如图2-93所示，将上、下杯片相应位置画出，虚线部分。

（4）将虚线部分剪掉，合并纸样。

（5）画顺前领线、上下罩杯的杯骨线、夹弯线。

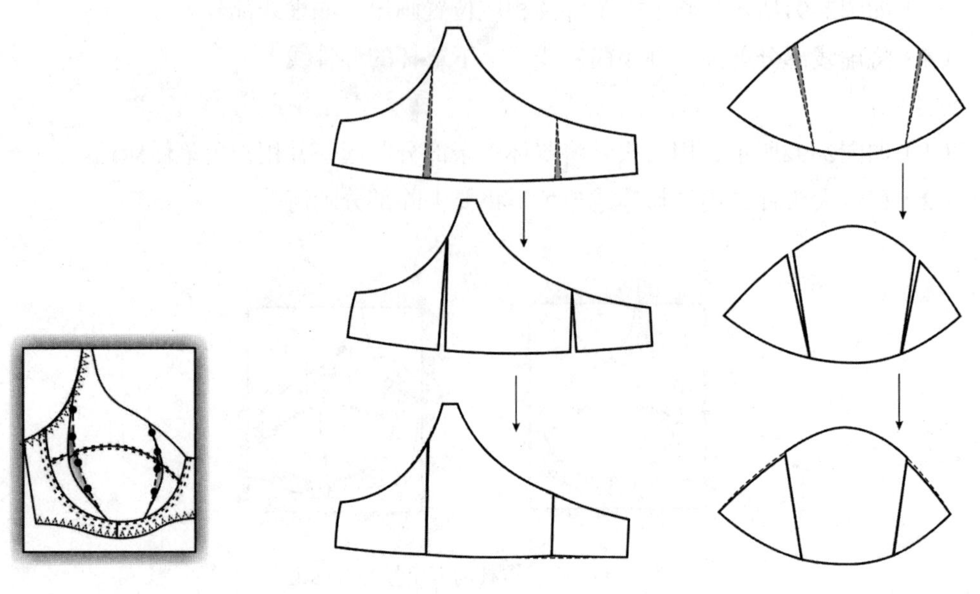

图2-92　折出罩杯的多余量并作标记

图2-93　修正上、下杯片

8. **罩杯偏小修正方法**

方法一：

根据罩杯穿着情况，确定在上、下杯片的杯骨线处增加量的位置，虚线部分，如图2-94、图2-95所示。

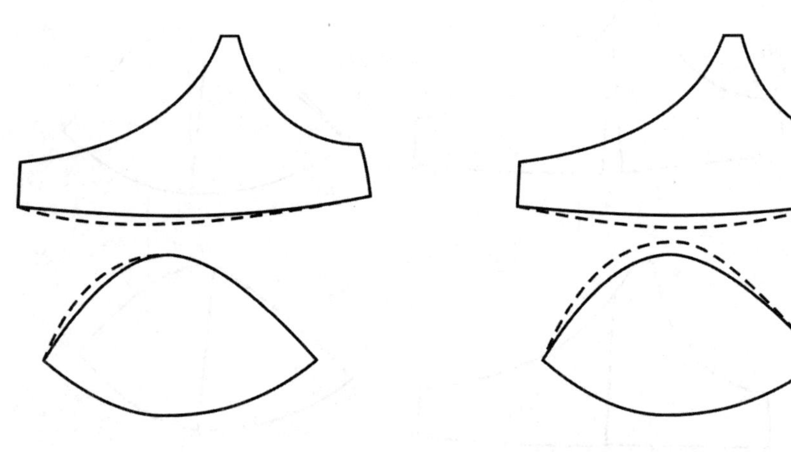

图2-94　增加上、下杯片的量

图2-95　增加上、下杯片的量

方法二：

如图2–96所示，将下杯片剪开，在剪开线处增加一定的量。

方法三：

如图2–97所示，将上、下杯片剪开，在剪开线处增加一定的量，然后画顺前领线、上下杯片的杯骨线和下杯片的边缘线。

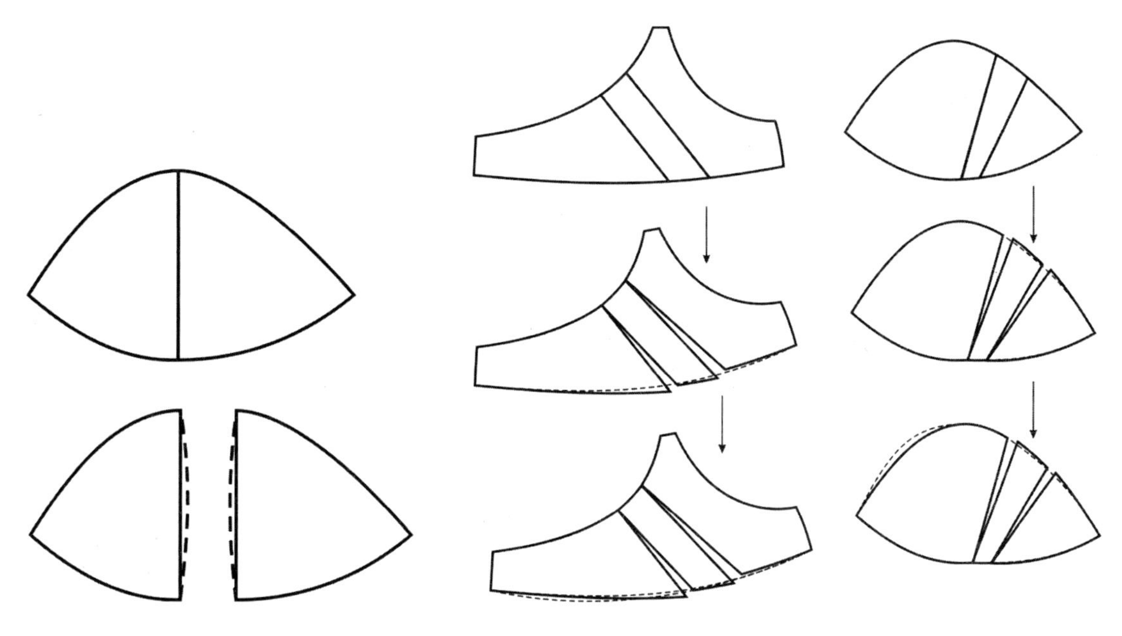

图2–96　分割下杯片增加松量　　图2–97　分割上、下杯片增加松量

9. **后比偏大修正方法**

如果后比上边缘偏大，如图2–98所示，将后比剪开，折叠上边缘多余的量，并画顺后比上、下边缘；或者直接修剪上边缘线。

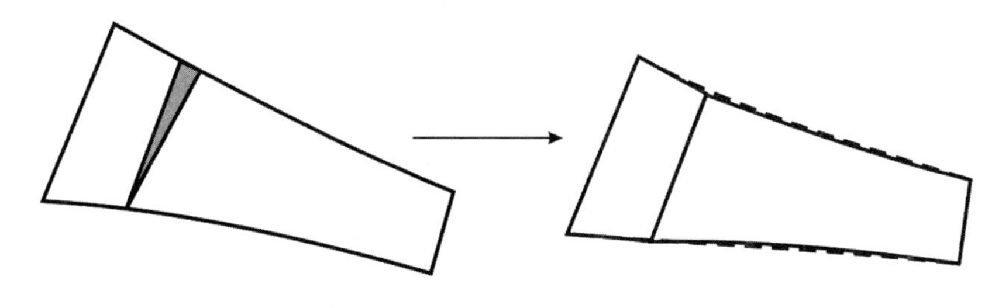

图2–98　修正后比

如果后比下边缘偏大，如图2–99所示，将后比剪开，折叠后比下边缘多余的量，并画顺后比上、下边缘；或者直接修剪下边缘线。

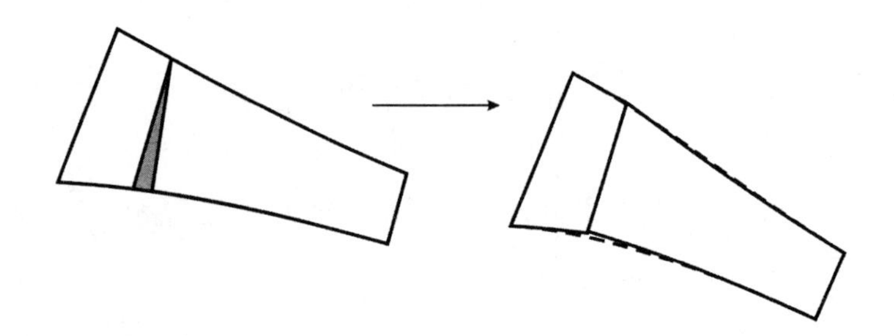

图2-99 修正后比

如果后比上、下边缘都偏大，如图2-100所示，可以直接将图示中的灰色部分修剪掉。

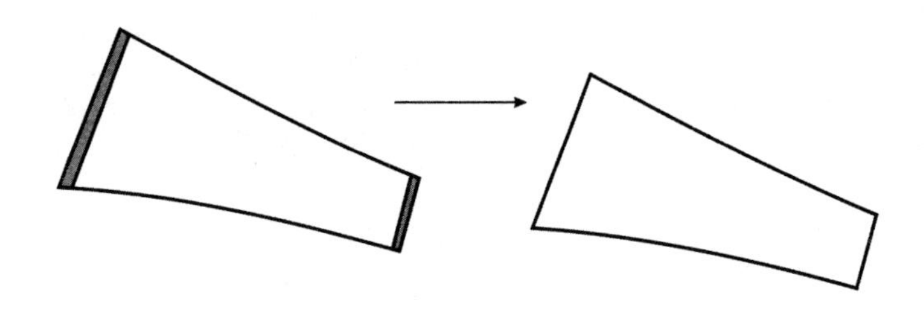

图2-100 修正后比

10. **后比偏小修正方法**

如果后比偏小，修正方法与其偏大相反，增加不足的量，如图2-101所示。

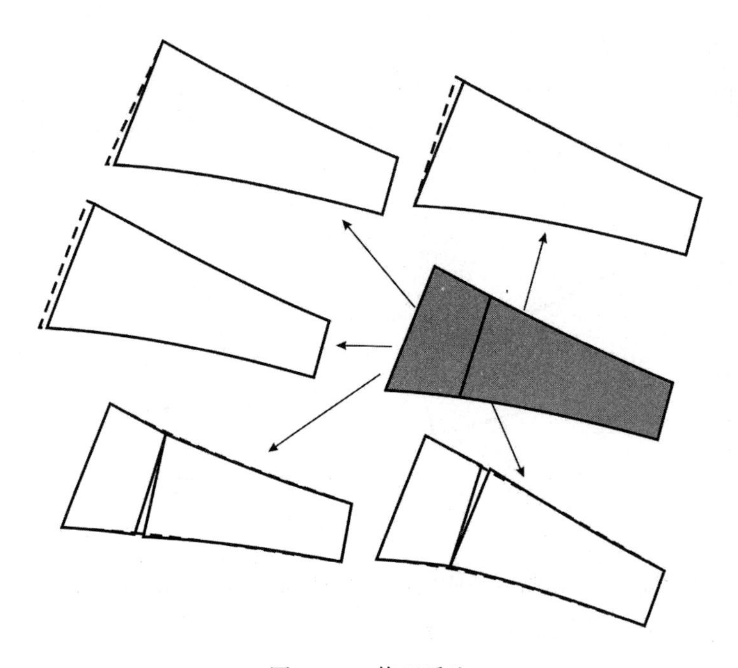

图2-101 修正后比

三、文胸样板修正技法

技法一：在做样板修正时，增加或减少的量的起始点尽量在分割缝上，如图2-102所示。

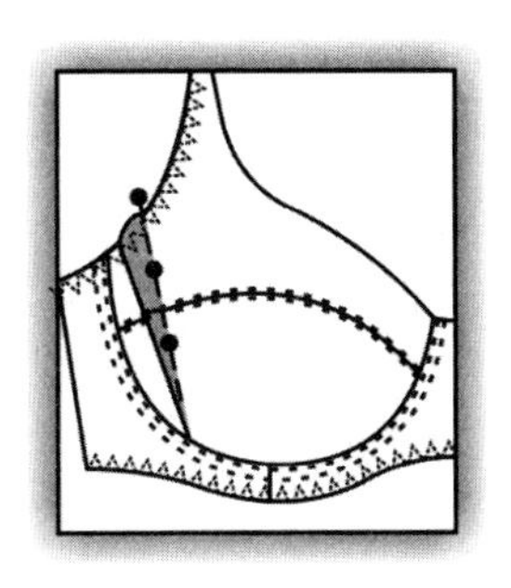
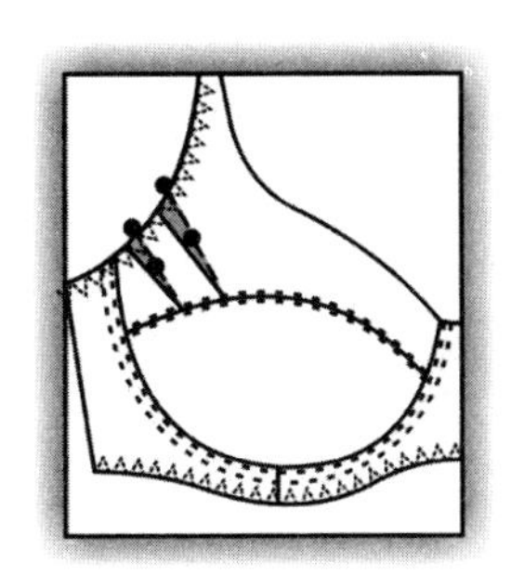
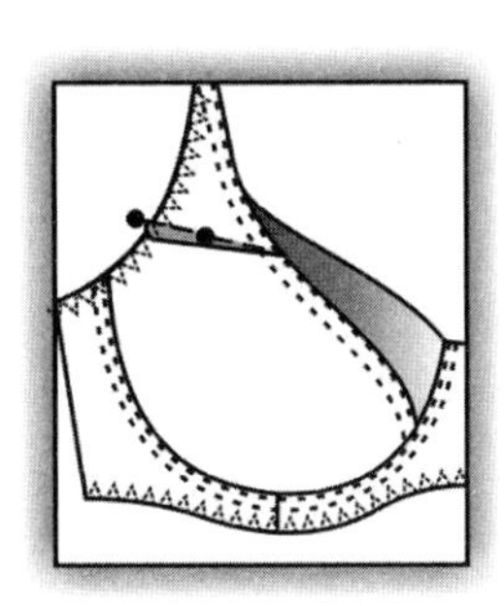

图2-102　罩杯的修正技法一

技法二：增加或减少的量，尽量分配到分割缝中，如图2-103所示。

技法三：如果增加或减少的量不能利用分割缝的话，如图2-104所示，减少的量可以通过收省的方法；增加或减少的量，可以通过增加分割缝的方法，在分割缝中增加或减少需要的量。

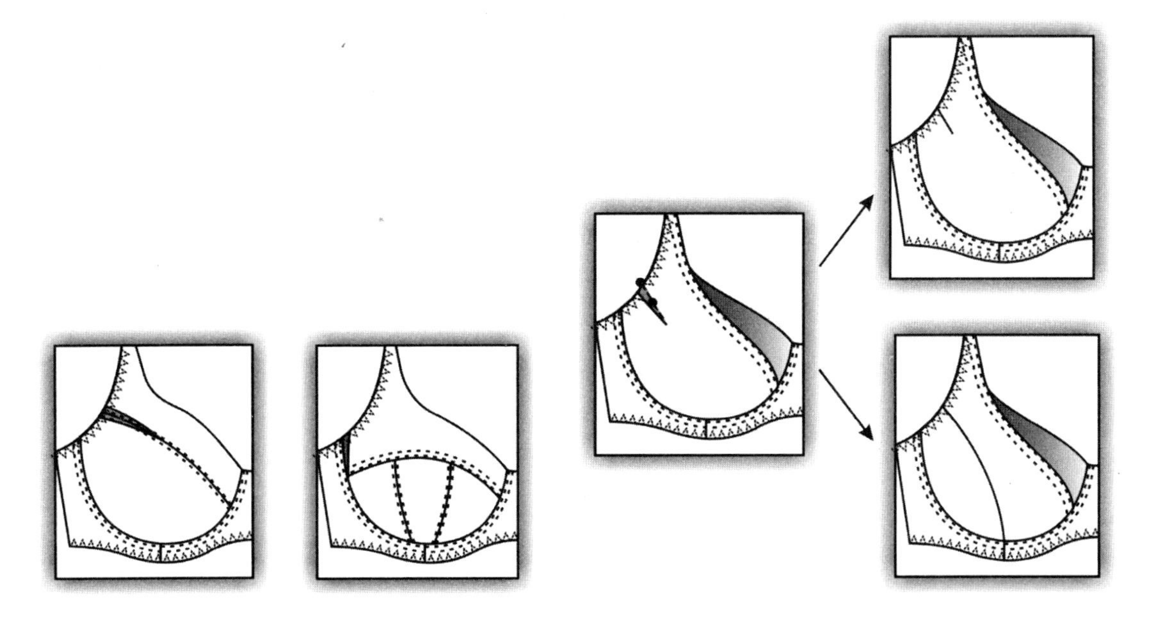

图2-103　罩杯的修正技法二

图2-104　罩杯的修正技法三

专业知识及技能——

内裤结构设计

课题名称： 内裤结构设计

课题内容： 1．内裤类别。

2．内裤结构与成品测量方法。

3．女式内裤结构设计。

4．男式内裤结构设计。

课题时间： 6学时

教学目的： 使学生了解内裤的测量方法，同时掌握男、女内裤的结构设计方法和技巧。

教学方式： 讲授

教学要求： 学生能独立完成男、女内裤的结构设计。

课前准备： 不同种类的男、女内裤。

第三章　内裤结构设计

第一节　内裤类别

内裤的分类

1．按腰位高低分类

可分为高腰内裤、中腰内裤和低腰内裤，如图3-1所示。

（1）高腰内裤，裤腰高度在肚脐或以上的内裤，一般称为高腰内裤。高腰内裤穿着时较为舒适，同时兼有保暖和保护臀部的作用。

（2）中腰内裤，裤腰高度在肚脐以下8cm以内的内裤，一般称为中腰内裤，是比较常见到的款式，穿着舒适，适合不同的年龄层。

（3）低腰内裤，又称迷你裤，裤腰高度在肚脐8cm以下的内裤，较为性感的内裤多为此款式。

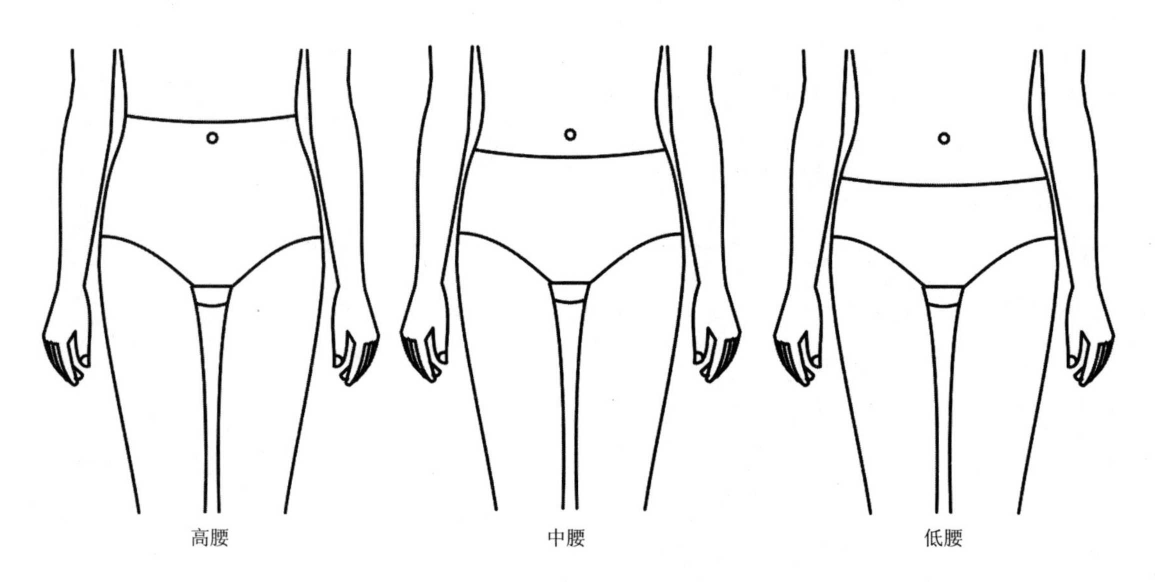

图3-1　腰位不同的内裤

2. 按外形分类

可分为丁字裤、三角裤、平角裤。

（1）三角裤，三角裤通常呈现“Y”字形状且没有裤腿部分的设计，常见的女式三角内裤如图3-2所示，男式三角内裤如图3-3所示。

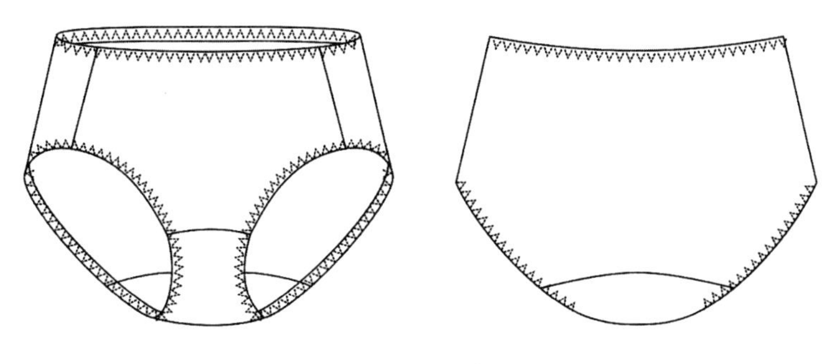

图3-2 女式三角内裤

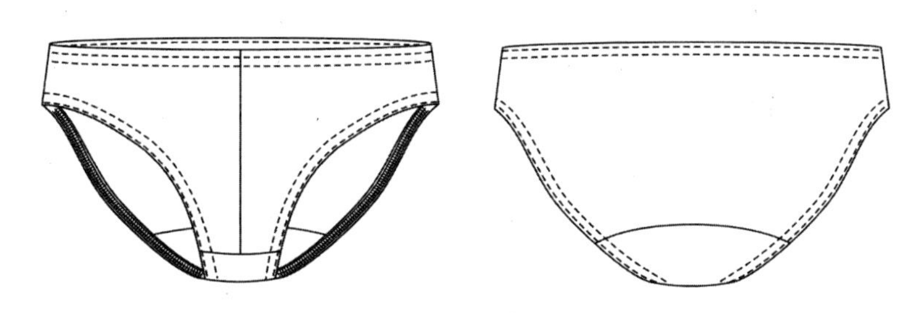

图3-3 男式三角内裤

（2）丁字裤，指露出臀部的短裤，因其形状似“丁”字而得名。常穿用于夏季，穿着外裤时臀部不露裤痕，但易导致臀部下垂，常见的女式丁字内裤如图3-4所示，男式丁字内裤如图3-5所示。

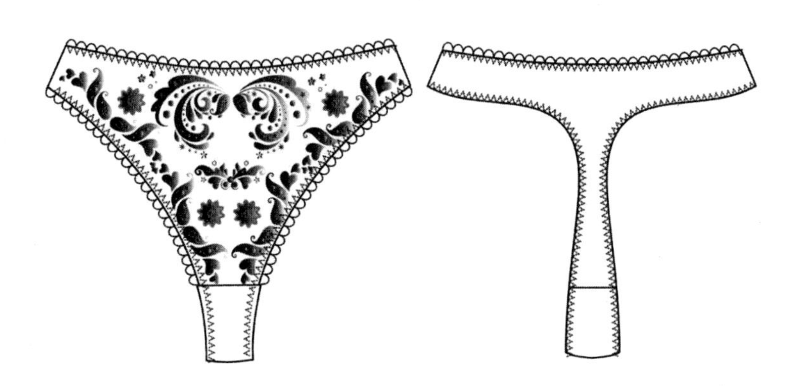

图3-4 女式丁字内裤

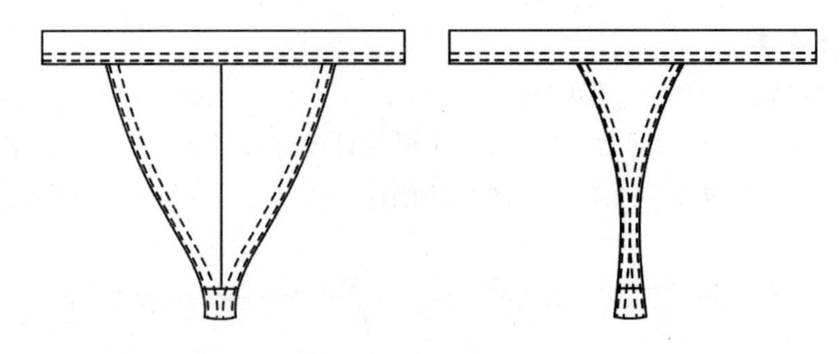

图3-5　男式丁字内裤

（3）平脚裤：又称四角裤、平口裤，男装内裤中较常见，也有女用类型，如图3-6所示。

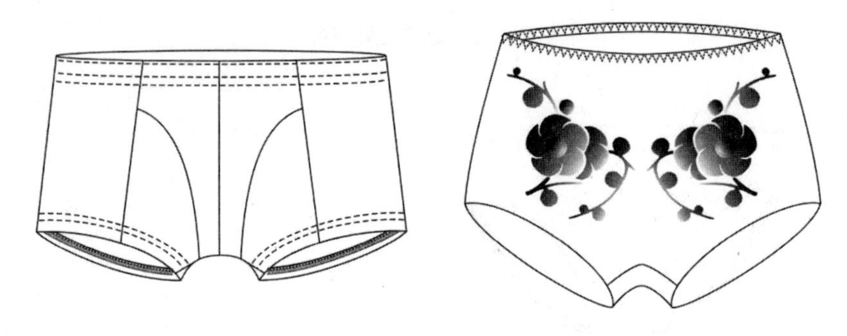

图3-6　平脚内裤

3. **按功能分类**

可分为孕妇型、运动型、情趣型、提臀束裤等。

（1）孕妇型内裤，主要是女性怀孕期间穿着，通常按不同月份的肚型进行设计，方便孕妇根据腹围的变化更换。裤长往往是加长的，高腰的设计可将整个腹部包裹，加强对胎儿的承托，同时也起到保护孕妇腰背部的作用。

（2）运动型内裤，运动型内裤样式三角裤居多，裤口的位置不是卡在大腿根部，而是稍稍向胯的部位提高，这种设计使人在运动时不会勒伤大腿，而又在腰口与裤口间保持了一定的距离，增加横向的拉力，起到固定裤子的作用，从而减少运动时裤子产生位移。

（3）情趣内裤，情趣型内裤通常花样讲究、设计大胆，裤型紧身，材料半透明，并有蕾丝滚边，以及缝装吊袜松紧带等。

（4）束裤型内裤：

①束裤按压力大小可分为：重型束裤、中型束裤和轻型束裤等。

②束裤按包裹的面积大小可分为：短束裤、高腰短束裤、长型束裤和高腰长束裤等。

短束裤：也就是一般常见的，具有一定的束缚力。

高腰短束裤：是一种裤长至股下4～6cm的典型束裤，对臀部、腹部有提升的效果。

长型束裤：是一种裤长至股下17～24cm的长型束裤，对大腿、臀部、腹部有较整体调整的功能，如图3-7所示。

高腰长束裤：这是一种普遍在腹部有菱形设计，有收缩胃部与小腹突出的效果。

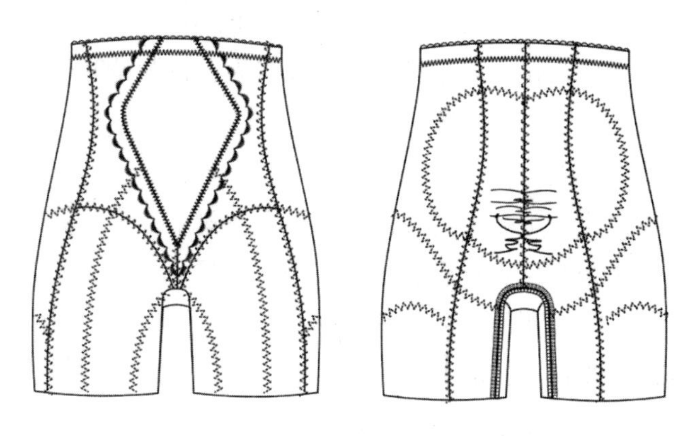

图3-7　长型束裤

此外，按性别来分，可分为男式内裤和女式内裤。按年龄来分，可分为儿童内裤和成人内裤等。

第二节　内裤结构与成品测量方法

一、内裤的结构

内裤的结构比较简单，通常由腰、前片（前幅）、后片（后幅）、底裆（底浪）构成，如图3-8所示。

二、内裤测量

内裤成品测量方法，如图3-9所示。

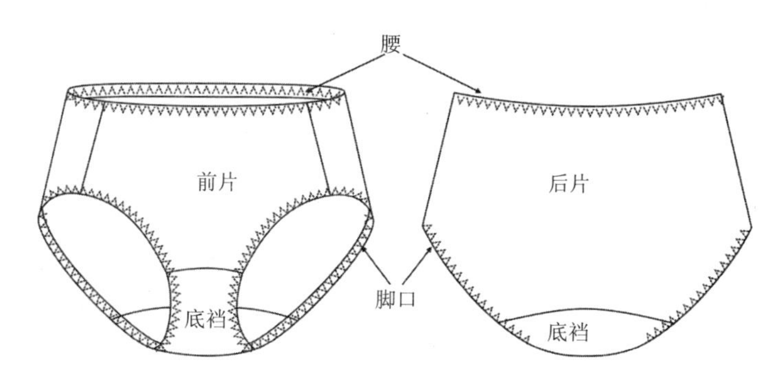

图3-8　三角裤结构

①1/2腰头完成长：将内裤放平，沿内裤腰头边弧线测量的长度。

②1/2腰头伸展长：将腰头拉展至布料没有缩皱时为止，测量其长度。

③前腰完成长：将内裤放平，测量前腰头自然状态下的长度。

④前腰伸展长：将前腰头拉展至布料没有缩皱时为止，测量其长度。

⑤后腰完成长：将内裤放平，测量后腰自然状态下的长度。

⑥后腰伸展长：将后腰头拉展至布料没有缩皱时为止，测量其长度。

⑦腰头宽：平量腰的宽度。

⑧侧缝长：侧缝线的长度。

⑨前中长：以腰头中线为准量至前底裆线，垂直测量。

⑩后中长：以腰头中线为准量至后底裆线，垂直测量。

⑪前裆宽：沿前裆位骨线测量。

⑫后裆宽：后裆位骨线长度，沿弧线测量。

⑬裆最窄处：裆底最窄部位水平测量。

⑭裆长：裆的长度，放平测量。

⑮脚口长：沿脚口弧线边线测量一周。

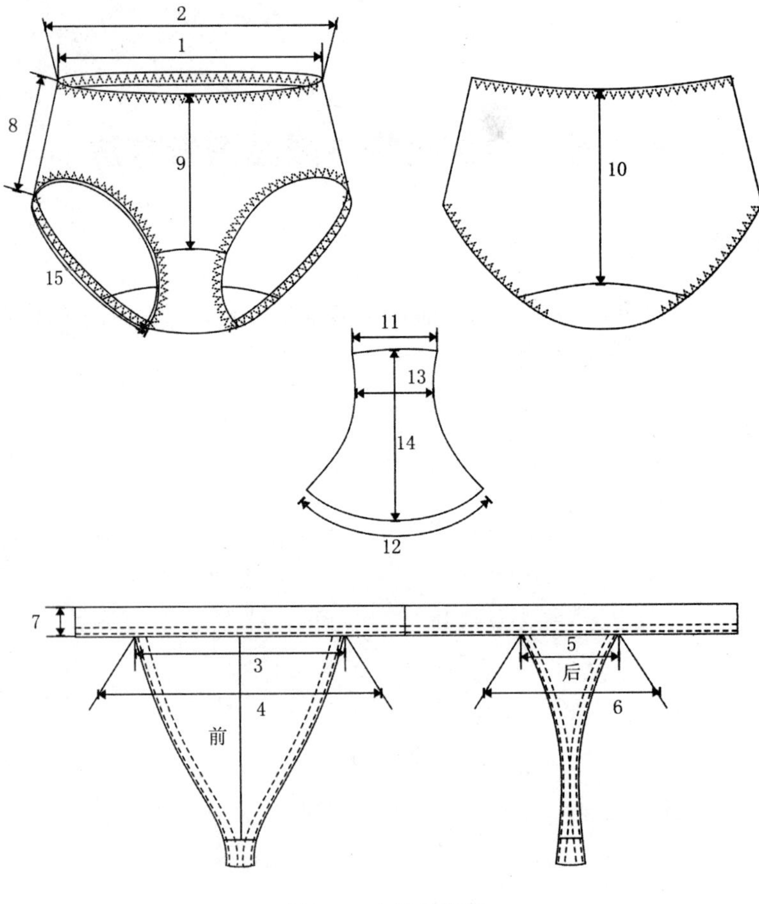

图3-9 内裤的测量

第三节 女式内裤结构设计

一、三角内裤结构设计

内裤制图主要以比例制图法，定寸制图法进行讲解。

1. 比例制图法

以图3-10所示的款式讲解内裤的比例制图法。

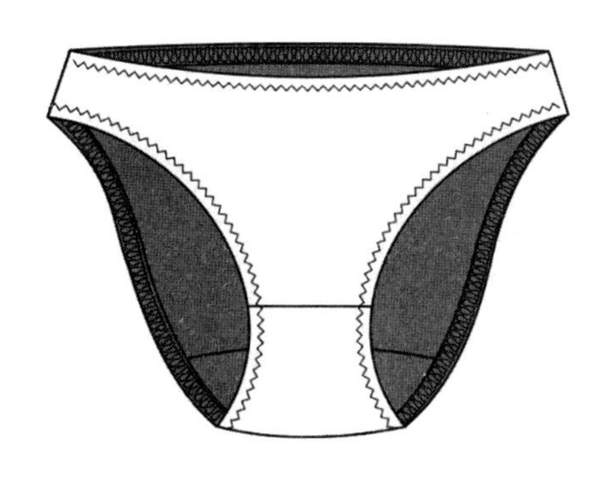

图3-10 三角内裤款式图

（1）制图规格，腰围（W）：64cm；臀围（H）：92cm；侧缝长：5cm；前裆宽：7cm；后裆宽：13cm。

（2）制图步骤，如图3-11所示。

①画矩形。$ABCD$，使$AB=W/4\times90\%$，$AC=H/2$，如图3-11所示。

②作腰线。在AC线上，以A、C两点量长2.5cm取点E和F，分别过E、F点画AC的垂线交BD线，然后取两垂线段的中点Y、Z，再分别与B、D相连，画顺腰线EB和FD。

③画侧骨线。分别过点B、D画连接线段YB和ZD的垂线，垂线长为侧骨长$BG=DH=5$cm。

④画底裆。过线段EF的中点O，画矩形$OMNI$，取$OM=H/12$，$MN=3.5$cm（即为1/2前裆宽）；取$OP=7$cm，由P点向上1cm取点，过该点画水平线，其长度为6.5cm（即为1/2后裆宽）。

⑤画脚口弧线。连接GN，并将其三等分，过等分点K画GN的垂线，该垂线长为2cm；分别连接NI和IQ，将其二等分，再过等分点画NI和IQ的垂线，两条垂线长均为0.3cm；过H点做HR垂直于DB，$HR=2$cm，连接RQ，取$RS=2$cm，等分QS，过等分点画QS的垂线，该垂线长为1cm；过G、N、I、Q、S、H以及各垂线上的取点画光滑弧线。

⑥弧线修正。如图3-12所示，对齐前、后侧缝线，分别修顺腰口线和脚口线。

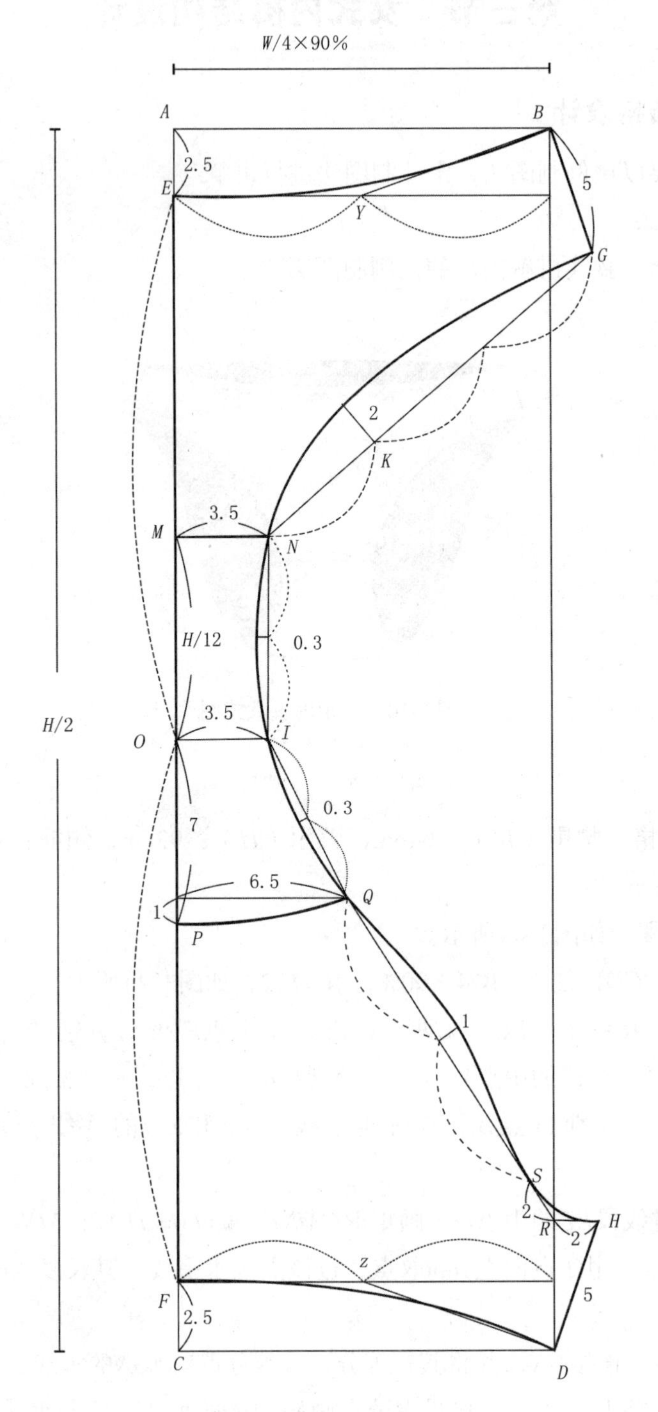

图3-11 三角内裤结构制图

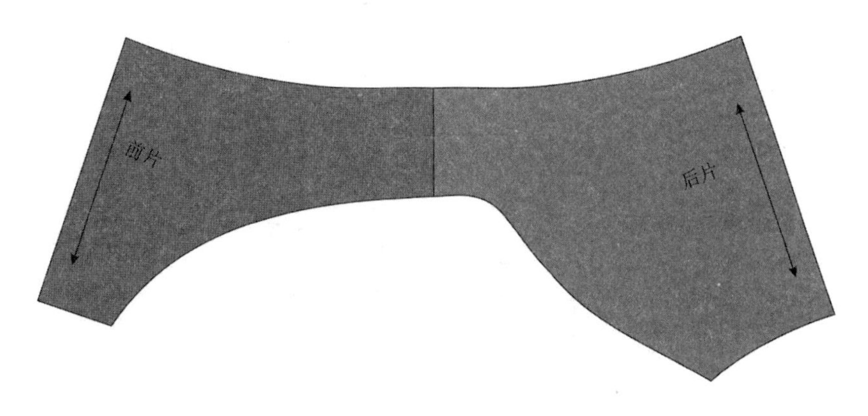

图3-12　修顺腰口线和脚口线

2. **定寸制图法**

款式一。款式如图3-13所示。

（1）制图规格，腰围（W）：64cm；前中长：15.5cm；底裆长：12.5cm；后中长：17.5cm；侧缝长：10cm；前裆宽：7cm；后裆宽：16cm。

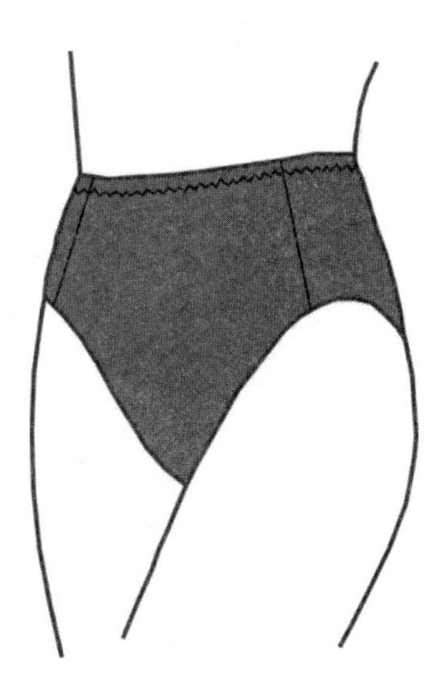

图3-13　款式图

（2）款式一制图方法如图3-14所示。

款式二。款式如图3-15所示。

（1）制图规格，腰围（W）：64cm；前中长：15cm；底裆长：13cm；后中长：20cm；侧缝长：8cm；前裆宽：7.5cm；后裆宽：14cm。

（2）款式二制图方法如图3-16所示。

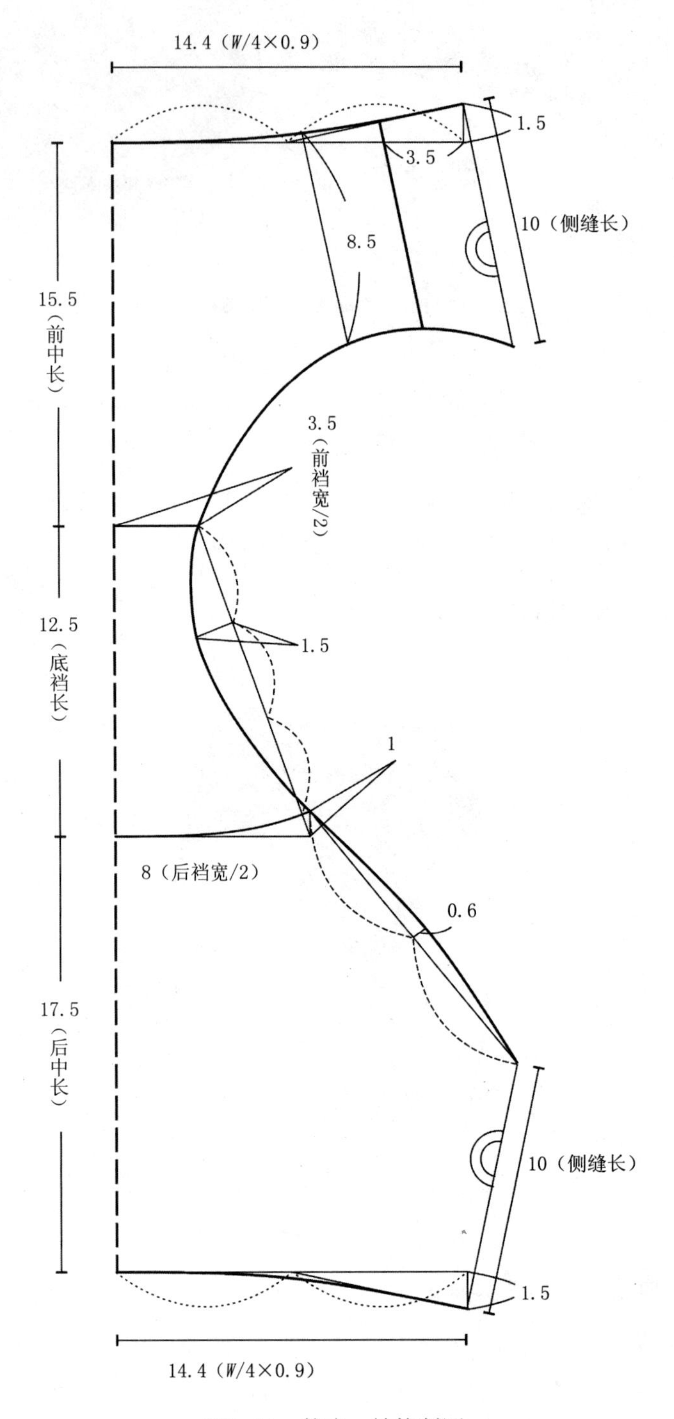

图3-14 款式一结构制图

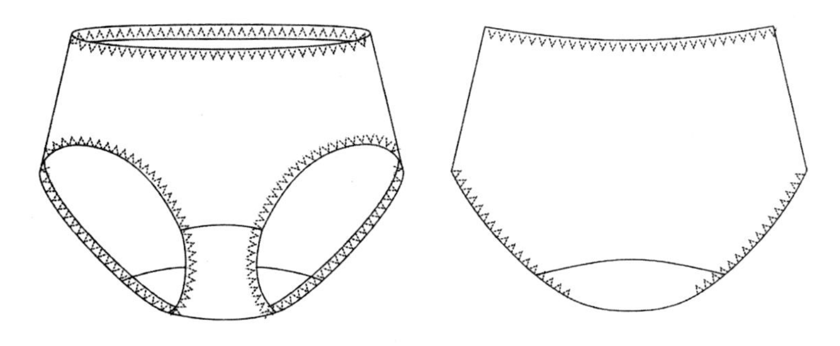

图3-15　款式二

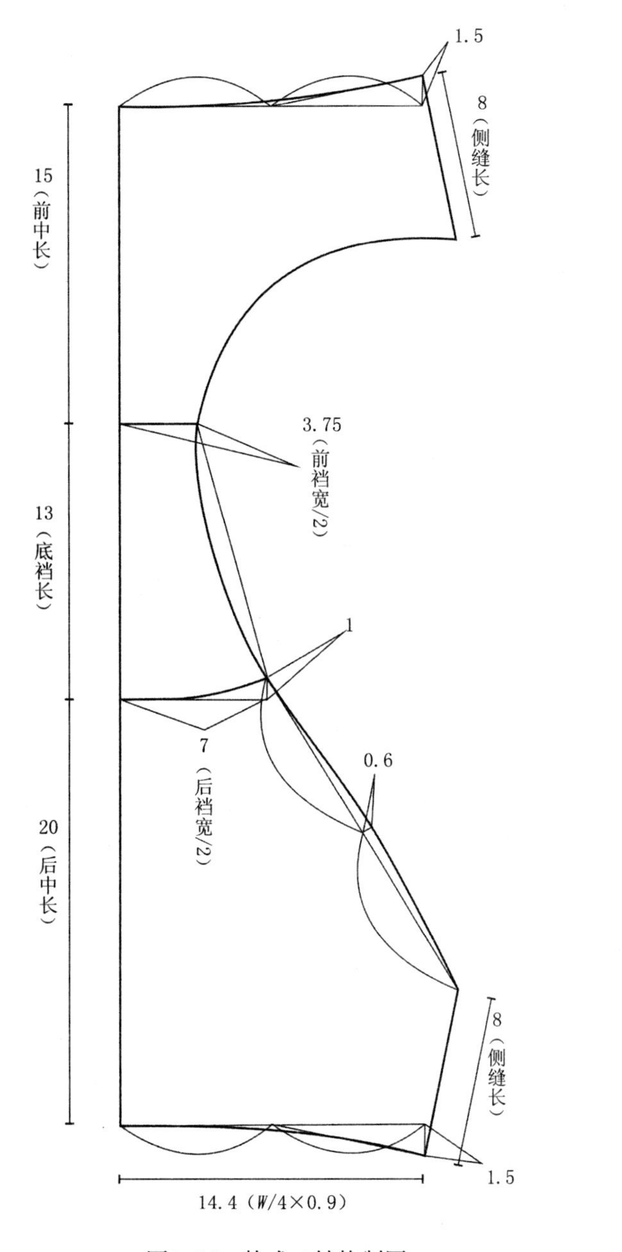

图3-16　款式二结构制图

3．结构变化

在定寸制图款式二的基础上进行变换，基础结构制图与款式二相同。

变化款式一：款式如图3-17所示。

图3-17　变化款式一图

（1）制图规格，制图规格与定寸制图款式二相同。

（2）结构变化说明，将定寸制图款式二纸样的前、后侧缝拼合在一起，如图3-18所示，*A*点与前腰的三分之一点*B*点连成直线，该线的平行线*CD*，间距4cm，4cm是花边的宽度，如图虚线所示，后片向外延伸0.3cm作为臀部的舒适量。底裆与款式二相同。

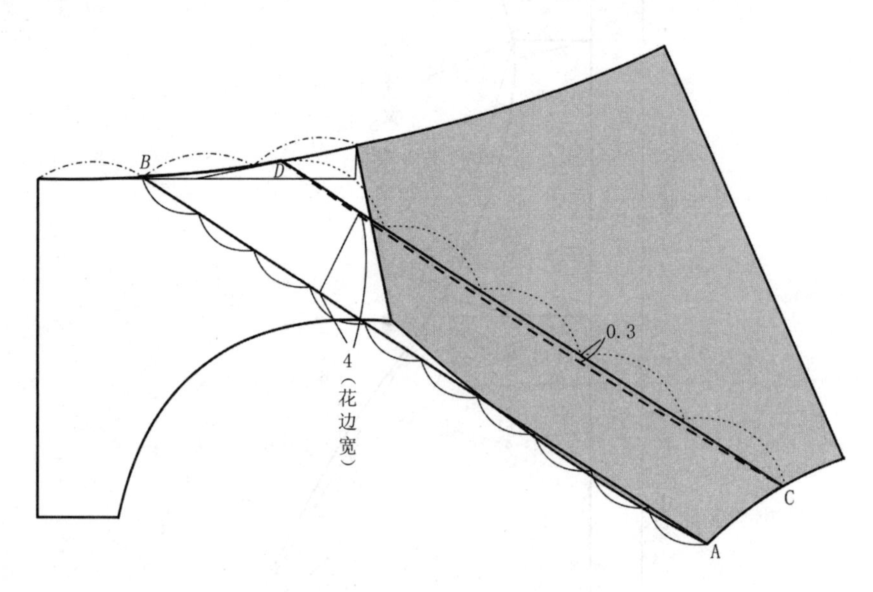

图3-18　变化款式一结构图

变化款式一纸样分解如图3-19所示。

变化款式二：款式如图3-20所示。

（1）制图规格，制图规格与定寸制图款式二相同。

（2）结构变换说明，将定寸制图款式二纸样的前、后侧缝交前脚口于*B*，拼合在一起，如图3-21所示，距离前侧缝线4cm，画平行于侧缝线的平行线，连接*A*、*B*两点，画距

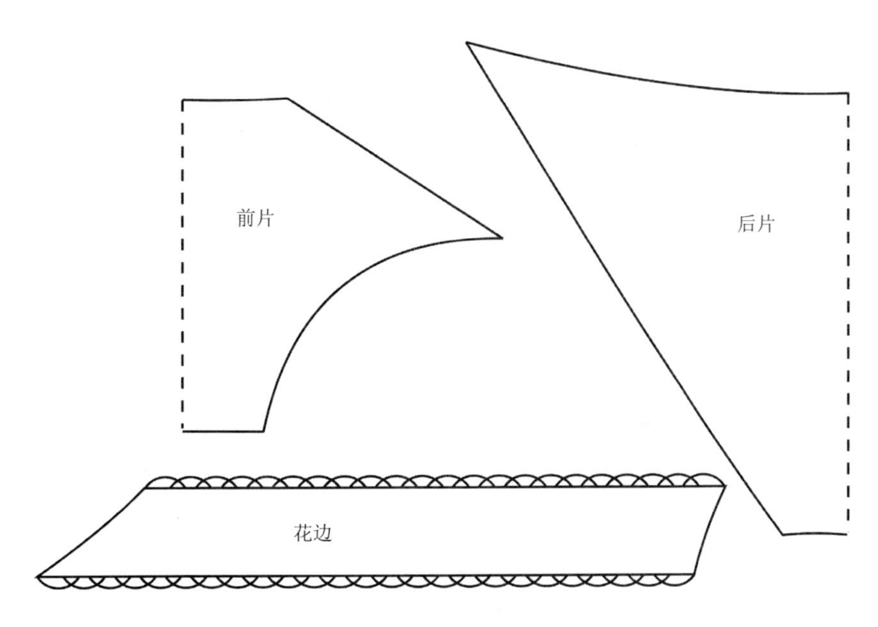

图3-19　变化款式一纸样分解图

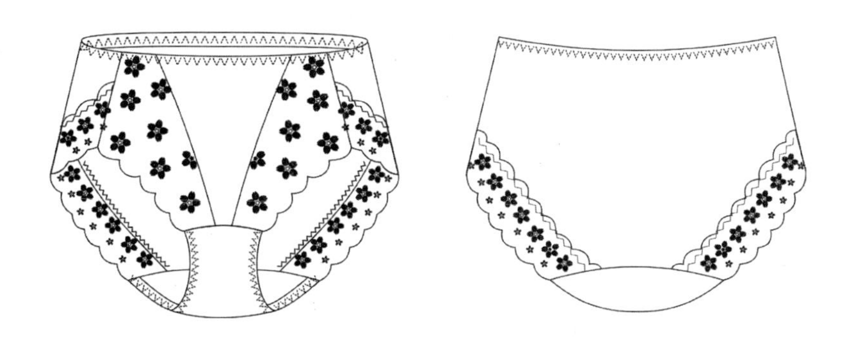

图3-20　变化款式二图

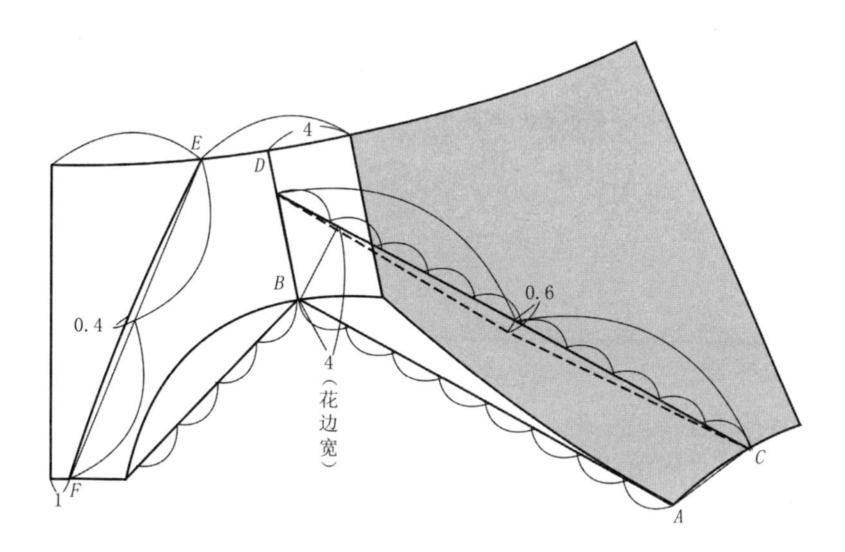

图3-21　变化款式二结构图

离AB为4cm的平行线CD，4cm是花边的宽度，如虚线所示，后片向外延伸0.6cm作为臀部的舒适量。确定前中片，将前腰线进行等分定E点，前裆底取1cm定F点，连接EF，美观的需要，在EF中点处向内弧进0.4cm。底裆不变，与款式二相同。

变化款式二纸样分解如图3-22所示。

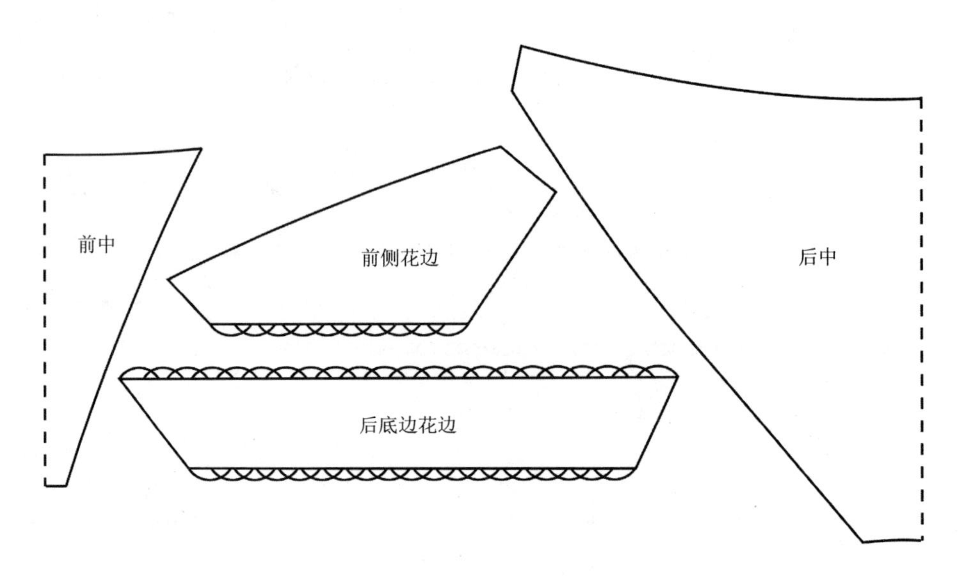

图3-22　变化款式二纸样分解图

二、丁字内裤结构设计

1. 比例制图

丁字内裤款式，如图3-23所示。

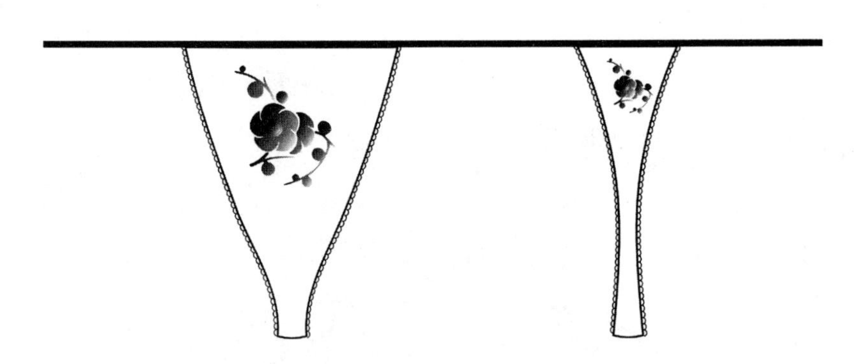

图3-23　丁字内裤款式图

（1）制图规格，臀围（H）：92cm；底裆长：11cm；前裆宽：7cm；后裆宽：1.2cm。

（2）丁字内裤制图，如图3-24所示。

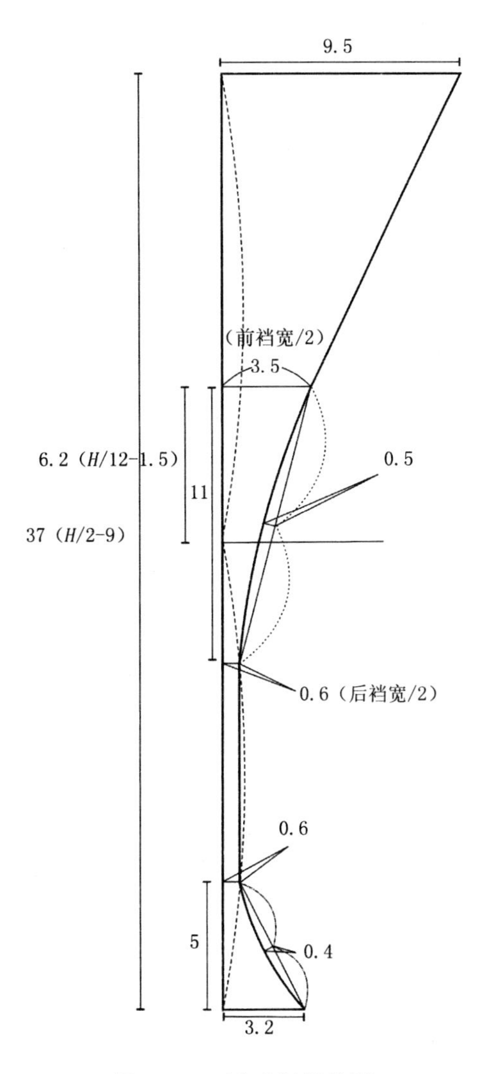

图3-24　丁字内裤结构图

2. 定寸制图法

丁字内裤款式，如图3-25所示。

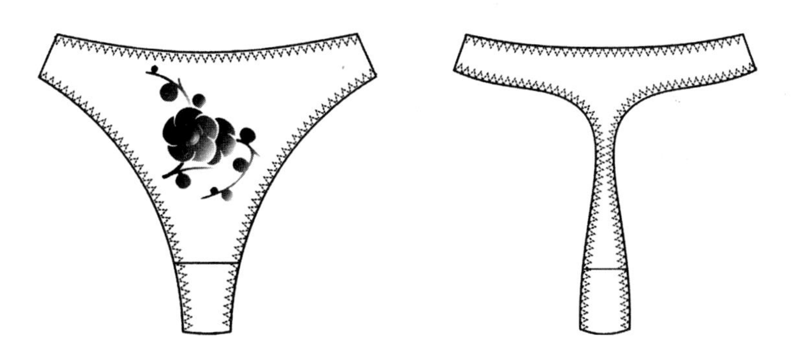

图3-25　丁字内裤款式图

（1）制图规格，腰围（W）：64cm；前中长：18cm；底裆长：12cm；后中长：20cm；侧缝长：3cm；前裆宽：6cm；后裆宽：2.5cm。

（2）丁字裤结构制图，如图3-26所示。

3. **结构变化**

丁字内裤结构变化款式，如图3-27所示。

（1）制图规格，腰围（W）：64cm；前中长：18cm；底裆长：12cm；后中长：20cm；侧缝长：3cm；前裆宽：6cm；后裆宽：1.5cm。

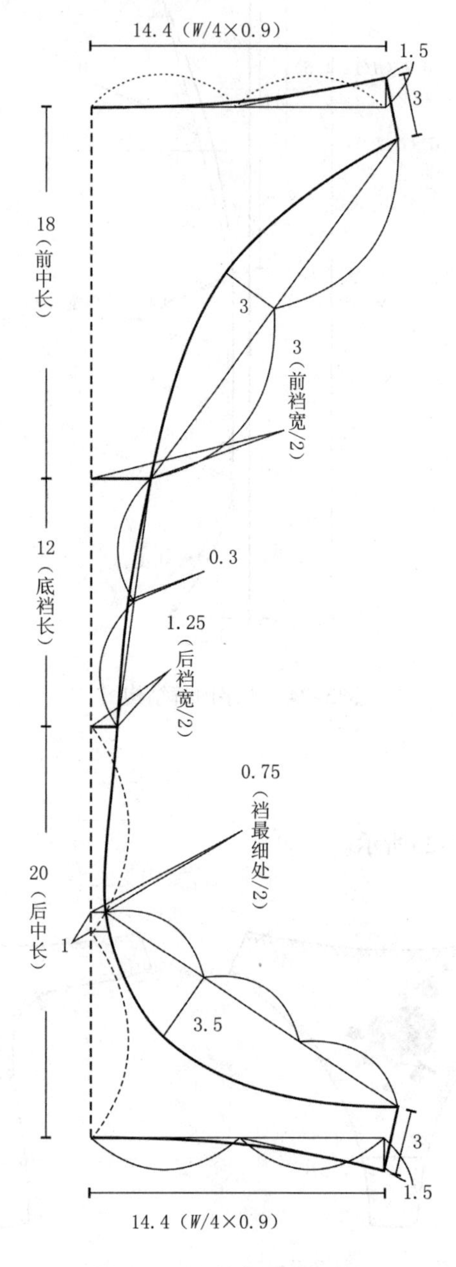

图3-26　丁字内裤结构制图

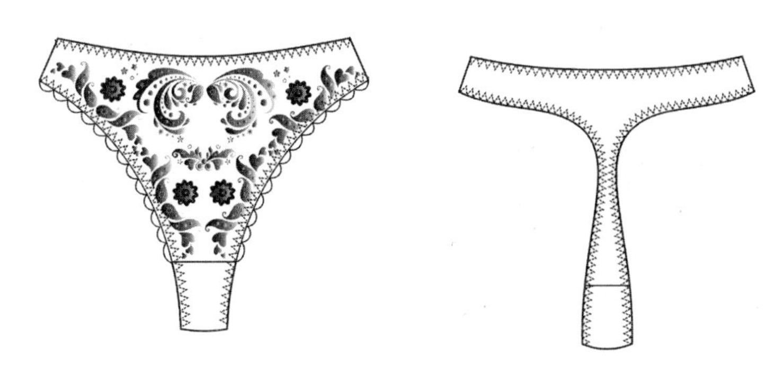

图3-27　丁字内裤结构变换款式图

（2）结构变换说明，将*C*、*D*两点与花边边缘对齐，该情况下弧线*CD*变成直线*CD*，裤片就出现了多余的量，为了让内裤保持合体，则将前中线也就是直线*AB*向内画成弧线，形成新的前中线（虚线），如图3-28所示，保持腰口线和裆底线不变。

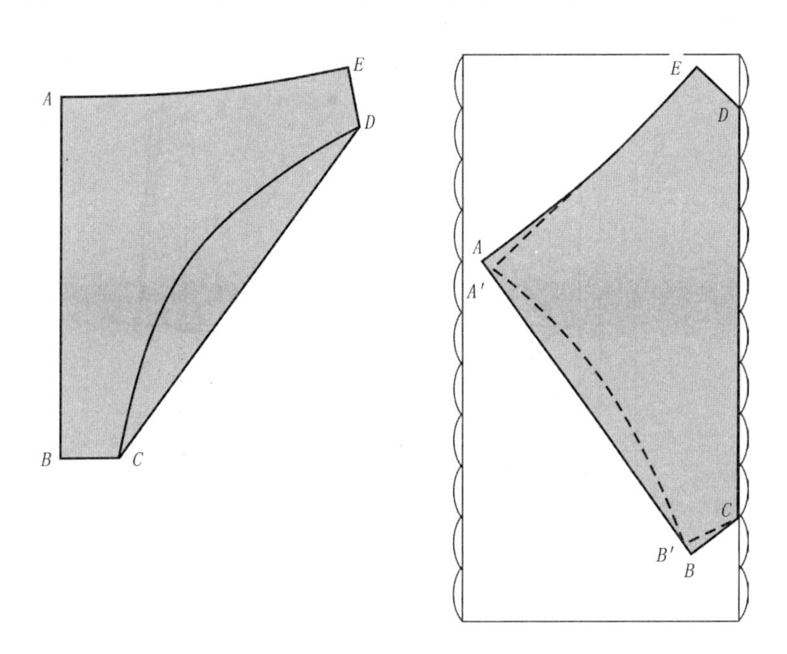

图3-28　丁字内裤结构变换

三、平角内裤

1. **定寸法**

平角内裤款式，如图3-29所示。

（1）制图规格，腰围（*W*）：64cm；前中长：16.5cm；后中长：19cm；侧缝长：18cm。

（2）结构制图，如图3-30所示。

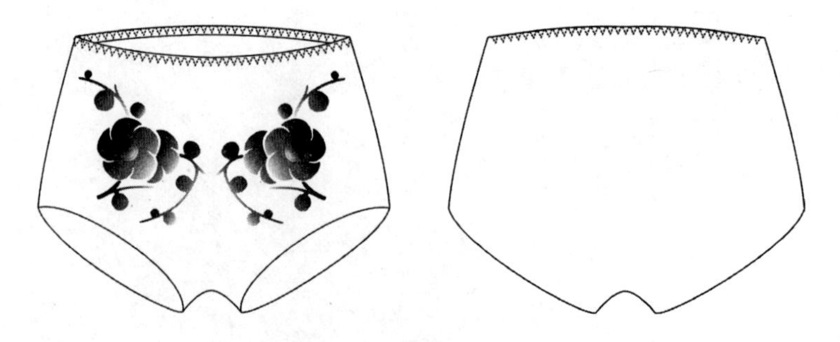

图3-29 平角内裤款式图

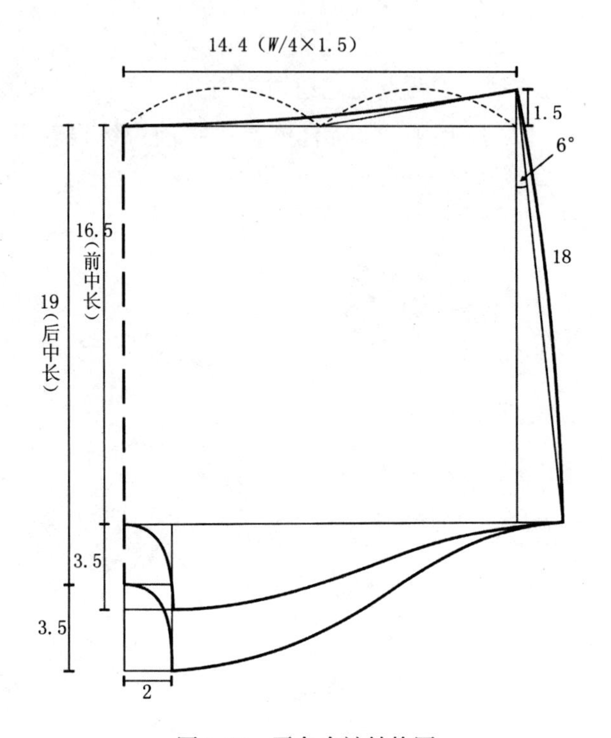

图3-30 平角内裤结构图

2. **比例法**

平角内裤款式，如图3-31所示。

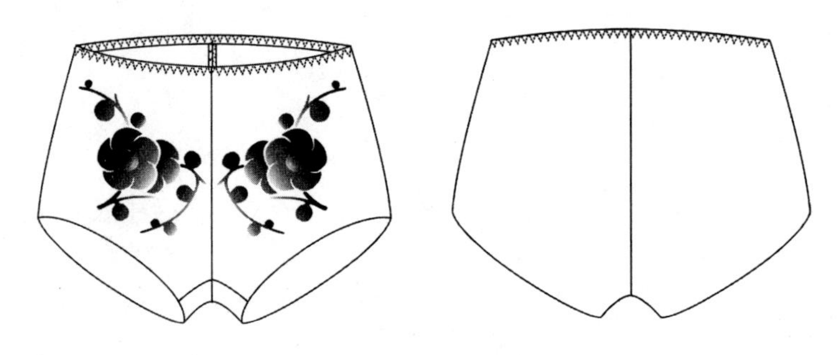

图3-31 平角内裤款式图

（1）制图规格，腰围（W）：64cm；臀围（H）：92cm；裆宽：7.6cm。

（2）结构制图，如图3-32所示。

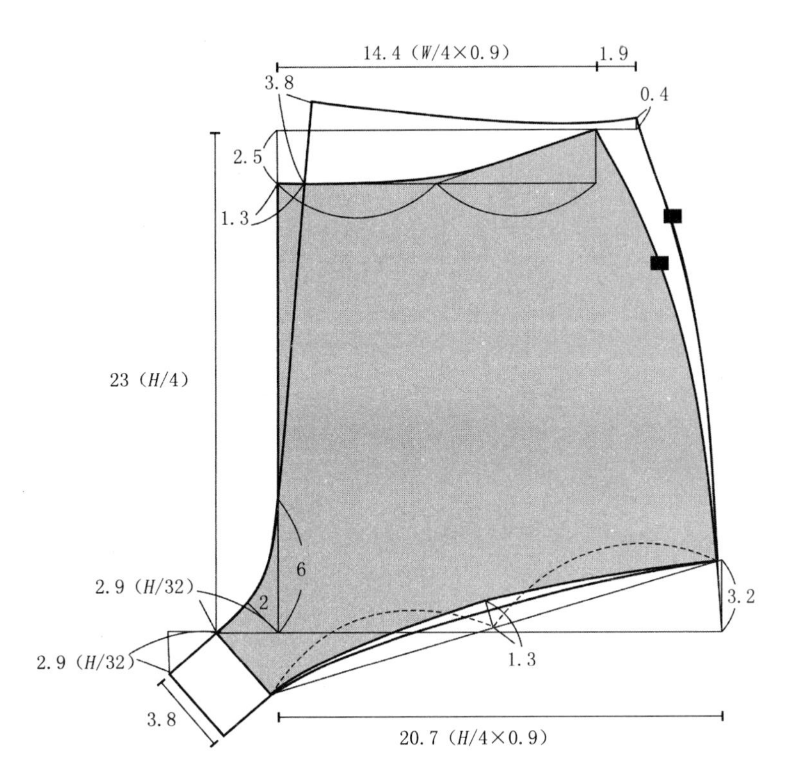

图3-32　平角内裤结构图

3. 结构变化一

平角内裤结构变化款式一，如图3-33所示。

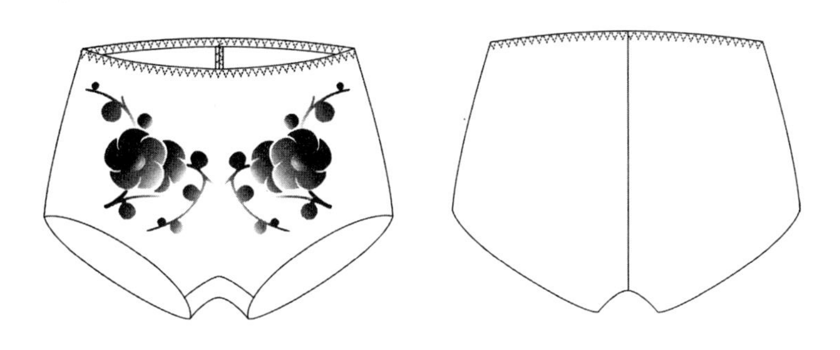

图3-33　平角内裤变化款式一图

（1）制图规格，腰围（W）：64cm；臀围（H）：92cm；裆宽：7.6cm。

（2）结构变化，如图3-34所示。

（3）结构变化说明：将图3-32前后片画在另一张纸上，后片不变，前片过A点沿后上裆线向下延长，使$AB'=AB$，过B'做AB'的垂线，底裆宽不变，画顺脚口线。

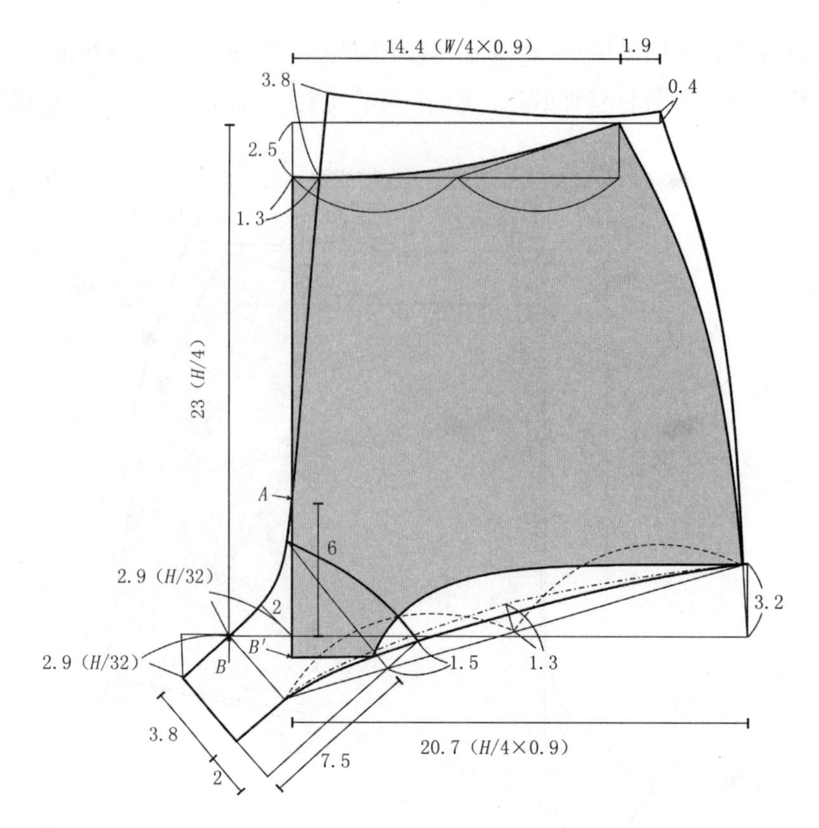

图3-34　平角内裤变化款式一结构图

4. 结构变化二

平角内裤结构变化款式二，如图3-35所示。

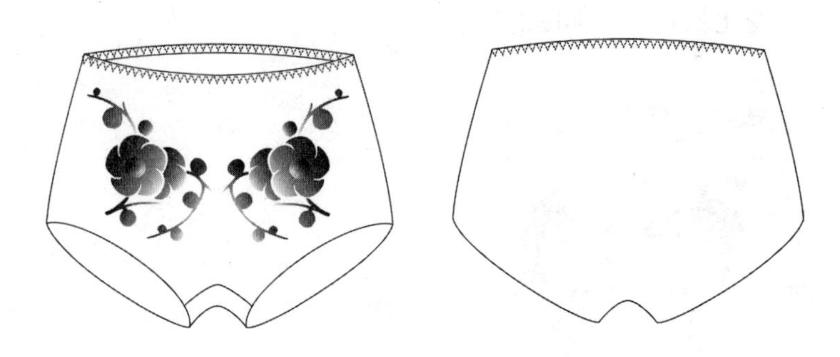

图3-35　平角内裤变化款式二图

（1）制图规格，腰围（W）：64cm；臀围（H）：92cm；裆宽：7.6cm。

（2）结构变化，如图3-36所示。

（3）结构变化说明，将图3-34前、后片画在另一张纸上，前片与平角内裤变化一结构图相同，后片过A点沿后上裆线向下延长，取$AC'=AC$，过点C'做AC'的垂线，底裆宽不变，画顺脚口线。

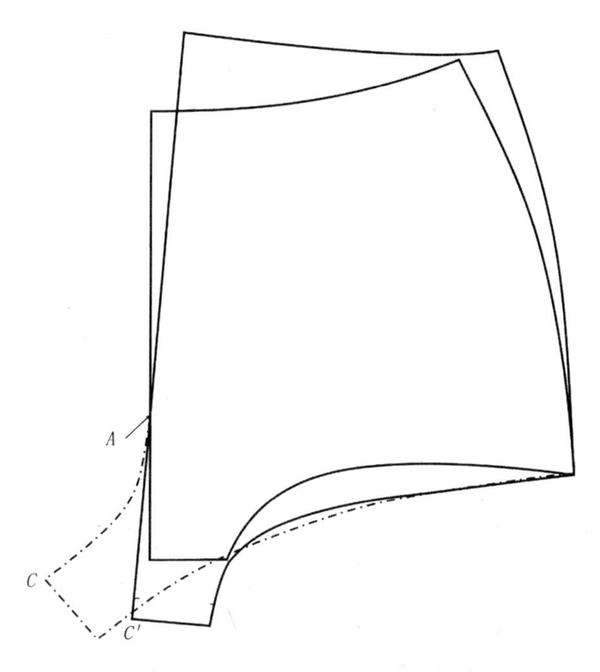

图3-36　平角内裤变化款式二结构变换

四、花边内裤结构设计

1. 花边内裤一

花边内裤一，款式如图3-37所示。

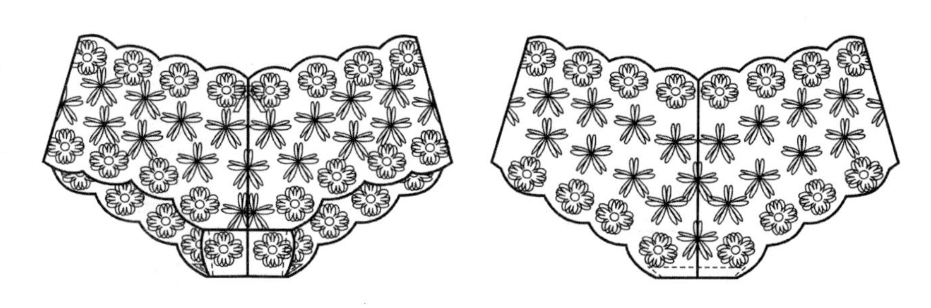

图3-37　花边内裤一款式图

（1）制图规格，腰围（W）：60cm；前中长：14cm；后中长：22cm；侧缝长：15cm；前裆宽：7cm；脚口：46cm。

（2）花边内裤一结构制图，如图3-38所示。弧线AG=22为后中长。

2. 花边内裤二

花边内裤二，款式如图3-39所示。

（1）制图规格，腰围（W）：60cm；前中长：15cm；后中长：18.5cm；侧缝长：12.5cm；裆宽：8cm。

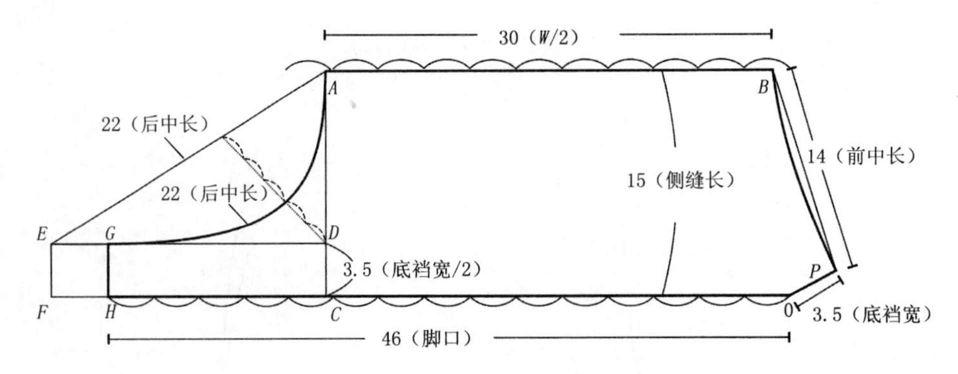

图3-38　花边内裤一结构图

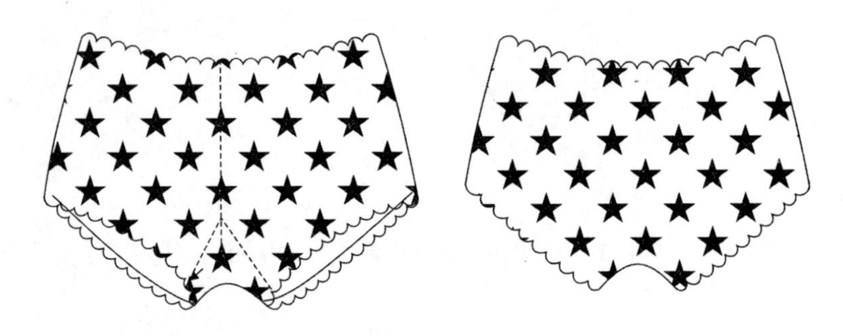

图3-39　花边内裤二款式图

（2）花边内裤二结构制图，如图3-40所示。弧线AJ=15为前中长；弧线AH=18.5为后中长。

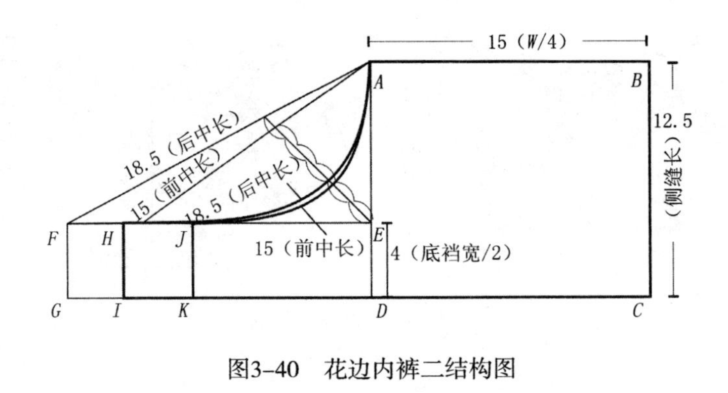

图3-40　花边内裤二结构图

第四节　男式内裤结构设计

一、三角内裤

三角内裤款式，如图3-41所示。

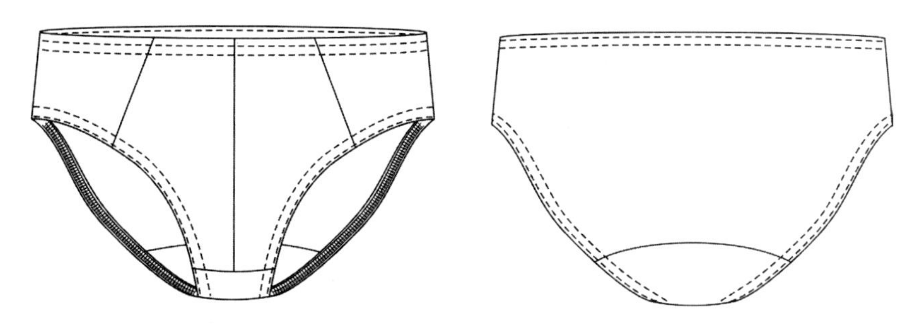

图3-41 三角内裤款式图

（1）制图规格，腰围（*W*）：64cm；侧缝长：9cm；裆宽：9cm；前中长：26.5cm，后中长：28.5cm。

（2）三角内裤结构图，如图3-42、图3-43所示。

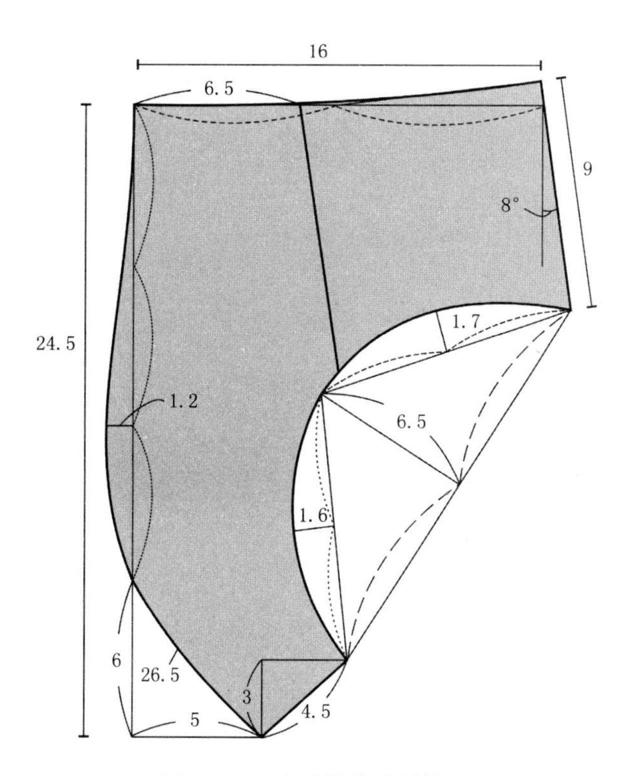

图3-42 三角内裤前片结构图

修顺脚口线和腰线，如图3-44所示。

二、平角内裤

1. 平角内裤一

平角内裤款式一，如图3-45所示。

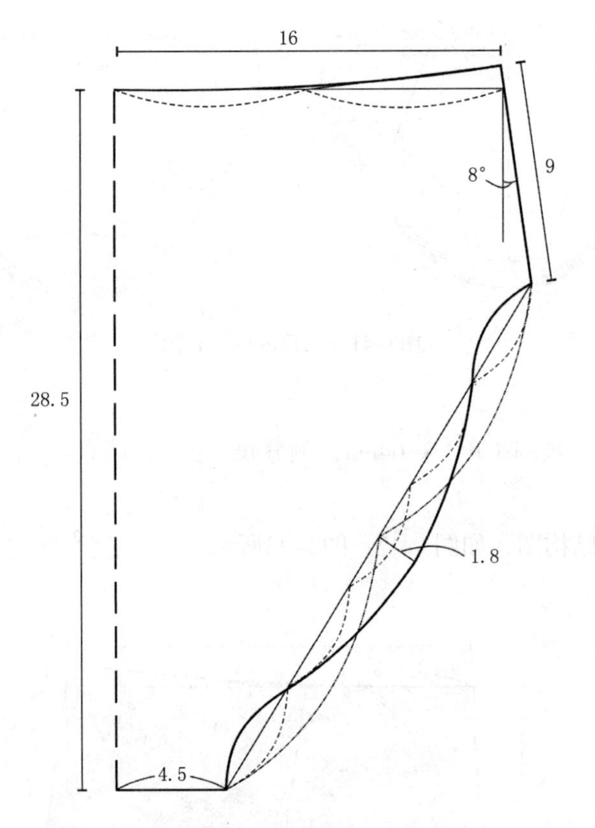

图3-43 三角内裤后片结构图

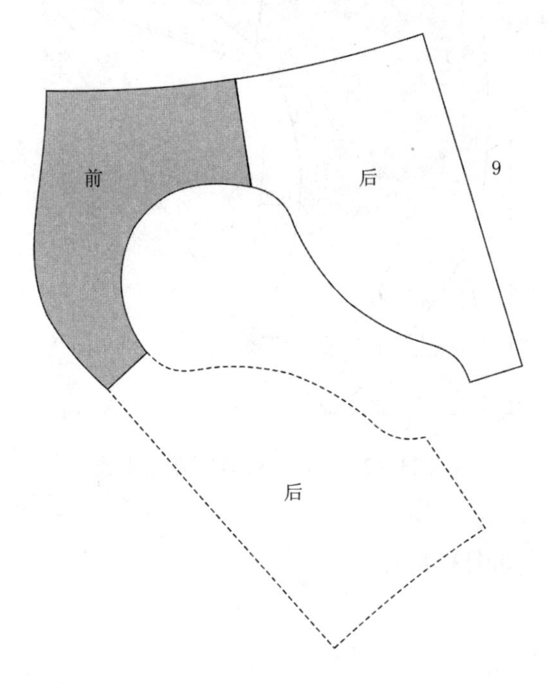

图3-44 修顺脚口线和腰线

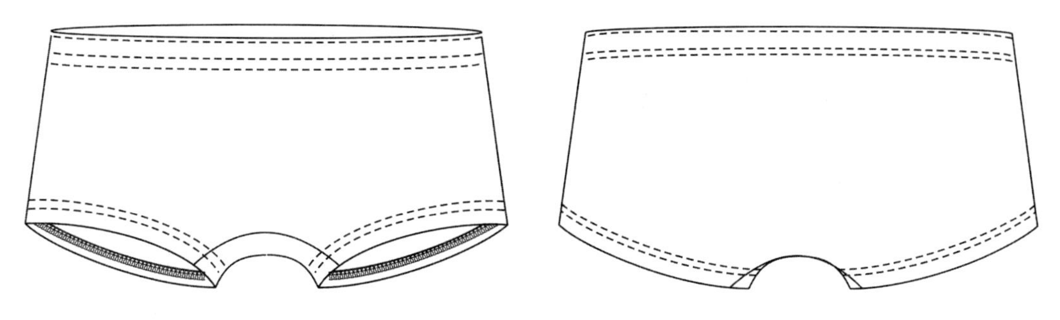

图3-45 平角内裤款式一图

（1）制图规格，腰围（W）：64cm； 臀围（H）：92cm；侧缝长：13.5cm；前裆宽：7cm；后裆宽：10cm。

（2）平角内裤一结构图，如图3-46所示。

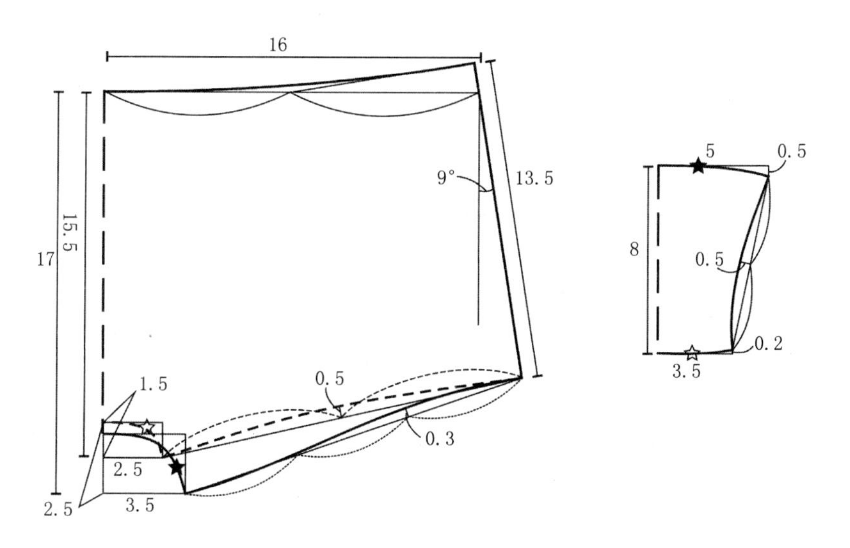

图3-46 平角内裤一结构图

修顺脚口线如图3-47所示。

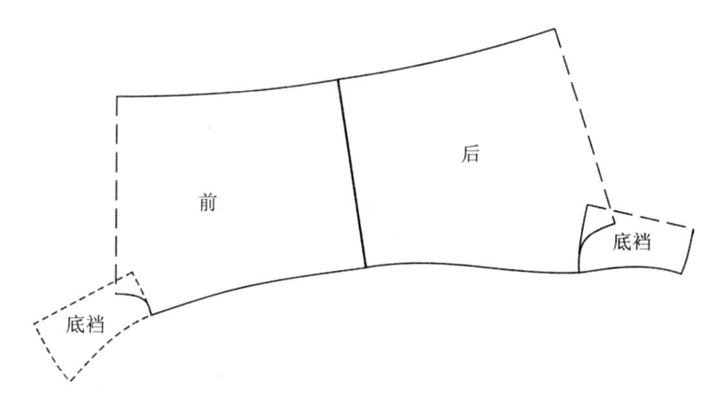

图3-47 修顺脚口线

2. 平角内裤二

平角内裤款式二，如图3-48所示。

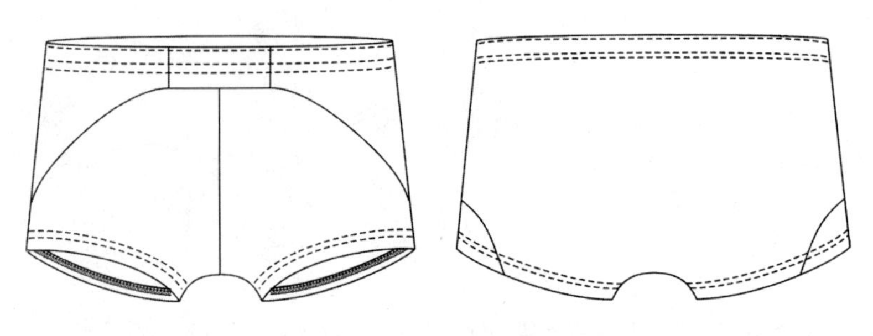

图3-48 平角内裤二款式图

（1）制图规格，腰围（W）：64cm；臀围（H）：92cm；侧缝长：22.5cm；前裆宽：13cm；后裆宽：13cm。

（2）平角内裤二结构图，如图3-49所示。

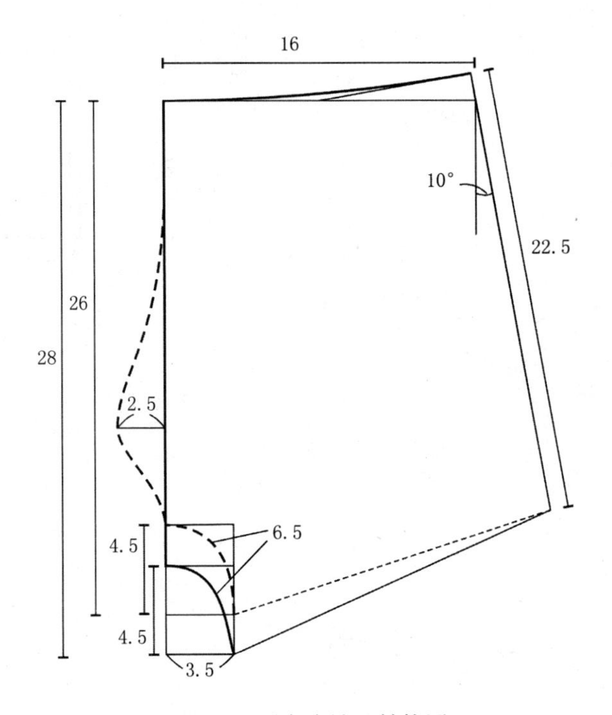

图3-49 平角内裤二结构图

画顺脚口线，并画分割线，如图3-50所示。

3. 平角内裤三

平角内裤款式三，如图3-51所示。

（1）制图规格，腰围（W）：64cm；臀围（H）：92cm；侧缝长：21.5cm；前裆宽：13cm；后裆宽：15cm。

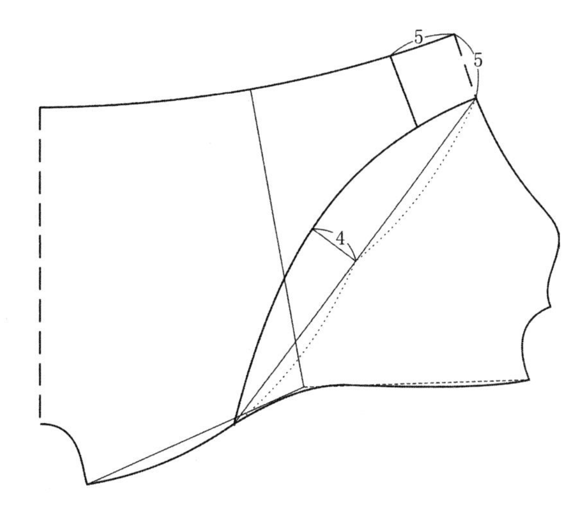

图3-50　画顺脚口线、分割线

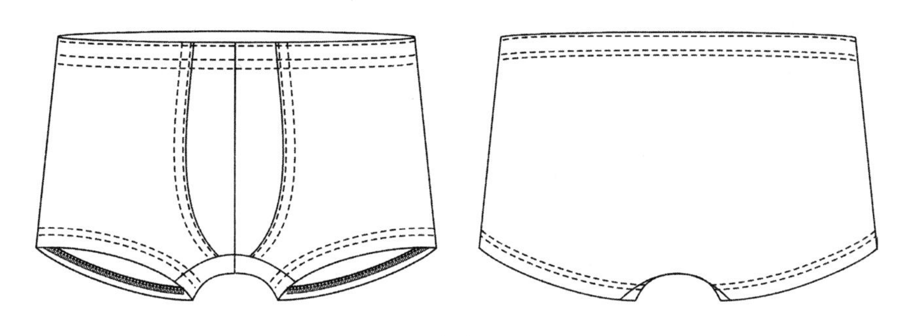

图3-51　平角内裤三款式图

（2）平角内裤三结构图，如图3-52所示。

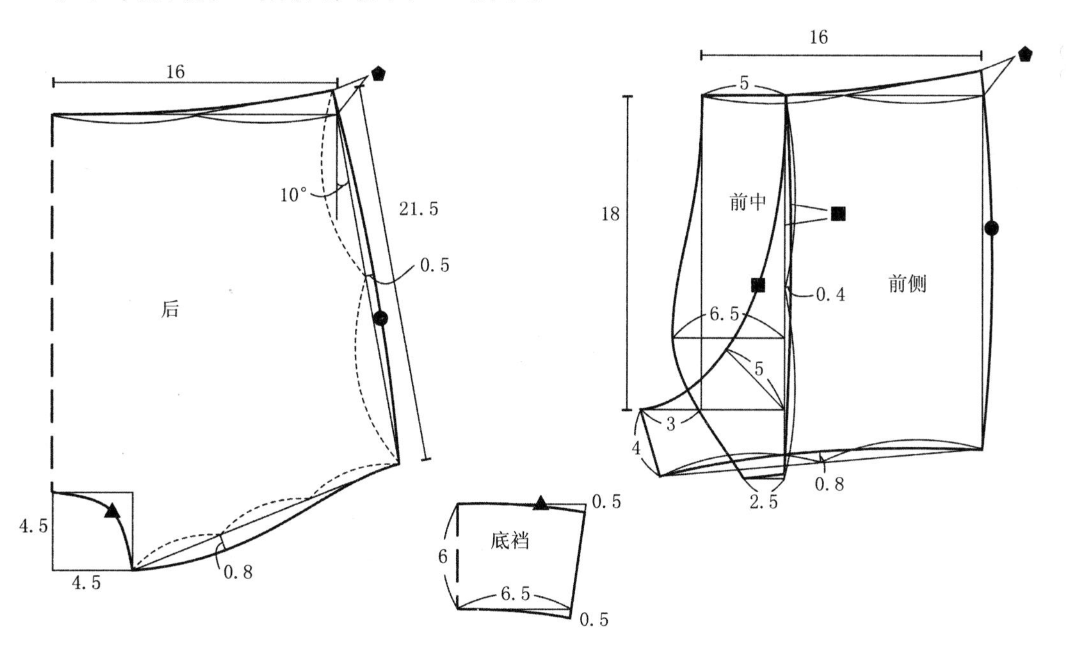

图3-52　平角内裤三结构图

如图3-53所示，修顺腰口线。

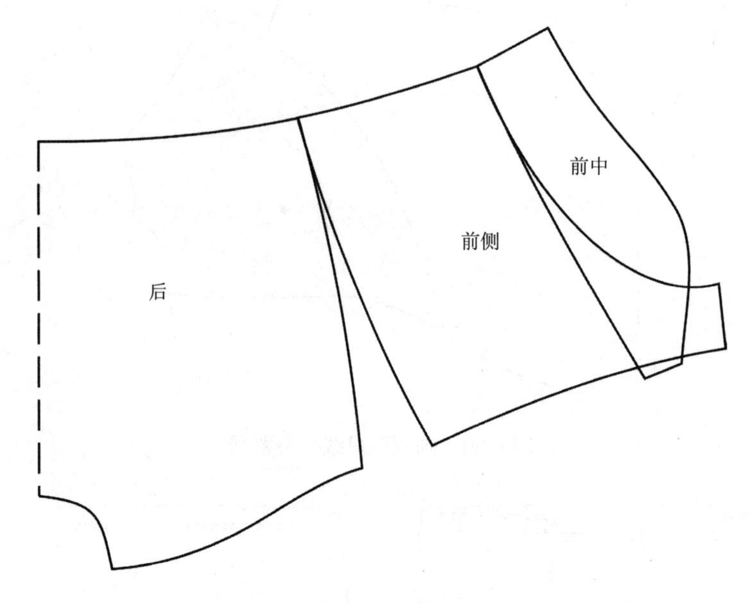

图3-53 修顺腰口线

修顺下裆线，如图3-54所示。

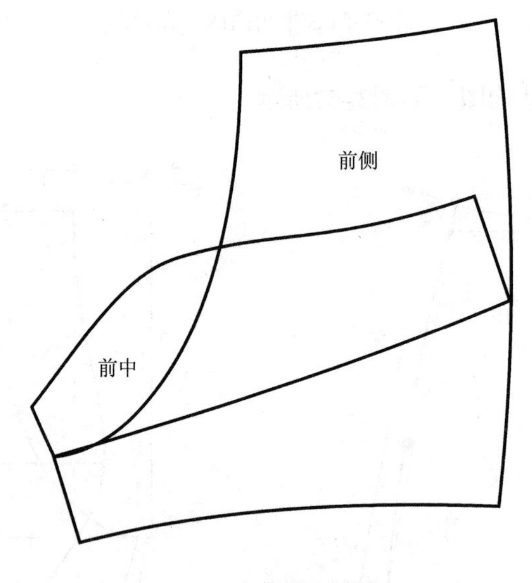

图3-54 修顺下裆线

如图3-55所示，将前、后片分别在脚口处与底裆对齐，修顺脚口线。

如图3-56所示，将前、后侧缝在脚口处对齐，修顺脚口线。

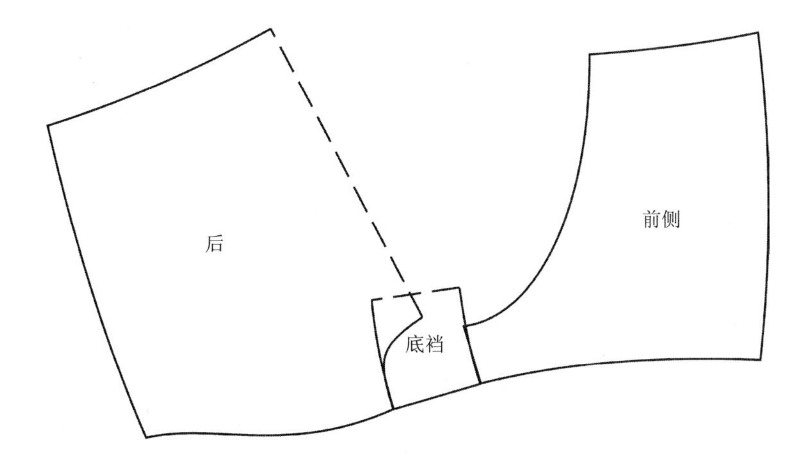

图3-55　修顺脚口线

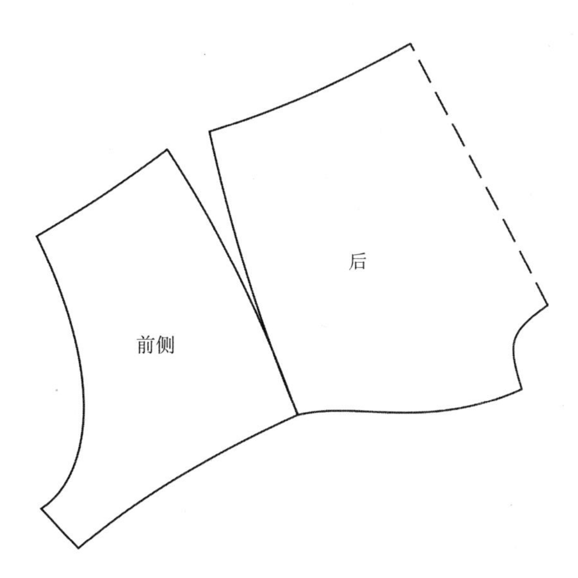

图3-56　修顺脚口线

专业知识及技能——

束身衣结构设计

课题名称：束身衣结构设计

课题内容：1．束身衣型号与成品测量。

2．束衣结构设计。

3．束裤结构设计。

4．连体束衣结构设计。

课题时间：8学时

教学目的：使学生了解束身衣的测量方法,同时掌握束身衣的结构设计方法和技巧。

教学方式：讲授

教学要求：学生能独立完成束身衣的结构设计。

课前准备：不同种类的束身衣。

第四章　束身衣结构设计

第一节　束身衣型号与成品测量

束身内衣是通过合体的结构、衬垫、骨架支撑，对人体特定部位进行约束，从而保持或调整人体特定部位的尺寸和形态。

一、束身衣的型号

束身内衣按款式可以分为束身胸衣、连体束身衣、束身内裤、束身腰封等不同种类。

束身内衣的型号以罩杯代码和适合于人体胸围（下胸围）、腰围的厘米（cm）数表示。

束身胸衣：标注罩杯代码和下胸围，如：B75，表示B型胸罩，下胸围75cm。

连体束身衣：标注罩杯代码、下胸围、腰围，下胸围与腰围之间以“/”分割，如：A75/64，表示A型胸罩，下胸围75cm，腰围64cm。也可标产品适合的人体身高。

束身内裤、束身腰封：通常标注腰围，如：标注为64，表示腰围64cm。

二、束身衣测量

1. 束衣成品测量（图4–1）

①衣长：自然平摊，从侧颈点垂直量至底边线的长度。

②前中长：自然平摊，从领口前中点垂直量至底边线的长度。

③后中长：自然平摊，从领口后中点垂直量至底边线的长度。

④肩宽：自然平摊，从左肩点量至右肩点的长度。

⑤领宽：自然平摊，从左侧颈点量至右侧颈点的长度。

⑥前领口深：侧颈点到前领口中点的垂直距离。

⑦后领口深：侧颈点到后领口中点的垂直距离。

⑧1/2胸围大：自然平摊，从左腋点到右腋点的长度。

⑨1/2腰围：自然平摊，腰围最细处水平测量。

⑩1/2底摆围：自然平摊，水平测量底边线的长度。

⑪前袖窿弧线长：从肩点沿着前袖窿弧线量至腋点的长度。

⑫后袖窿弧线长：从肩点沿着后袖窿弧线量至腋点的长度。

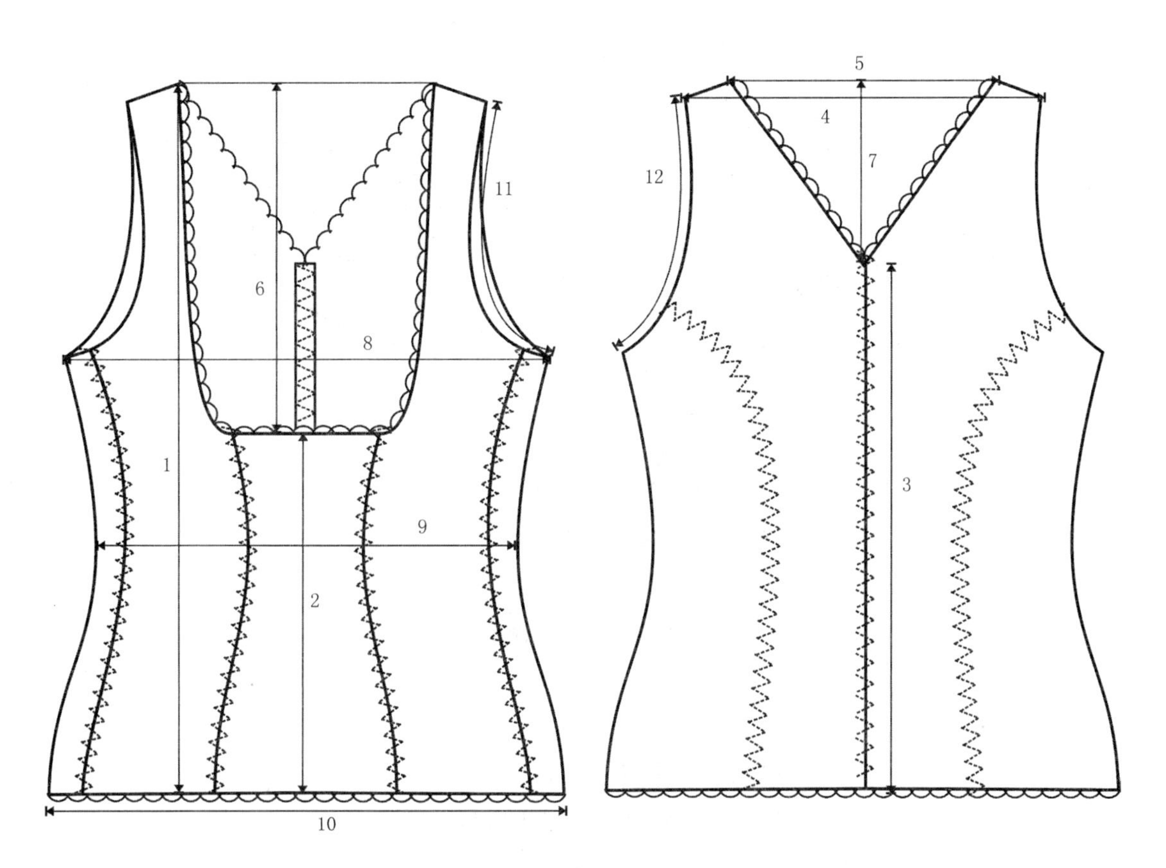

图4-1　束衣的测量

2. **束裤测量（图4-2）**

①1/2腰头完成长：以裤头布边计，束裤放平，沿弧线量。

②1/2腰围：腰围最细处水平测量。

③前中长：以腰头中线为准至前裆线，垂直测量。

④后中长：以腰头中线为准至后裆线，垂直测量。

⑤前裆宽：沿前裆位骨线测量。

⑥后裆宽：后裆位骨线长度，沿弧线测量。

⑦裆最窄处：裆底最窄处水平测量。

⑧裆长：裆的长度，放平测量。

⑨侧缝长：在侧缝处从腰头开始沿曲线量至脚口线。

⑩脚口大：沿脚口曲线测量一周。

⑪后中缩褶长：缩褶起点至缩褶结束点。

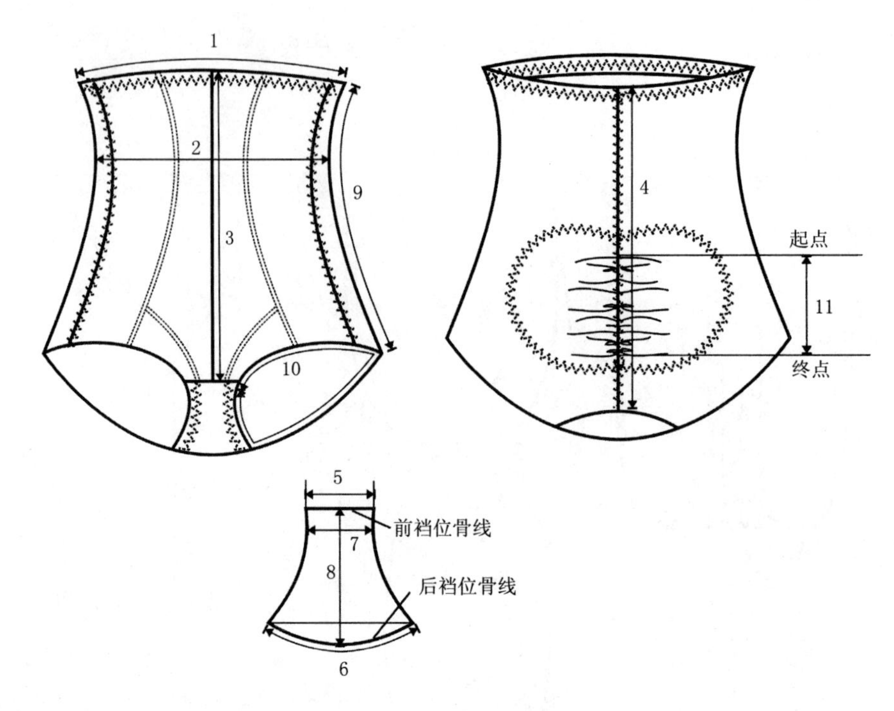

图4-2　束裤的测量

3. **连体束衣成品测量（图4-3）**

①前腰节长：从前肩带根部量至腰围线，垂直测量。

②后腰节长：从后肩带根部量至腰围线，垂直测量。

③1/2胸围大：自然平摊，从左腋点到右腋点的水平长度。

④1/2腰围：自然平摊，腰围最细处水平测量。

⑤1/2臀围：自然平摊，臀围最大处水平测量。

⑥领宽：自然平摊，从左肩带根部内侧点量至右肩带根部内侧点的水平长度。

⑦前领口深：侧颈点到前领口中点的垂直距离。

⑧后领口深：侧颈点到后领口中点的垂直距离。

⑨前袖窿弧线长：从肩带根部内侧点沿着前袖窿弧线量至腋点的长度。

⑩后袖窿弧线长：从肩带根部内侧点沿后袖窿弧线量至腋点的长度。

⑪前中长：由前领口中点垂直量至前裆中点。

⑫后中长：由后领口中点垂直量至后裆中点。

⑬裤长：腰线到脚口线的长度。

⑭脚口大：沿脚口曲线测量一周。

⑮后裆宽：后裆位骨线长度，沿弧线测量。

⑯裆长：裆的长度，放平测量。

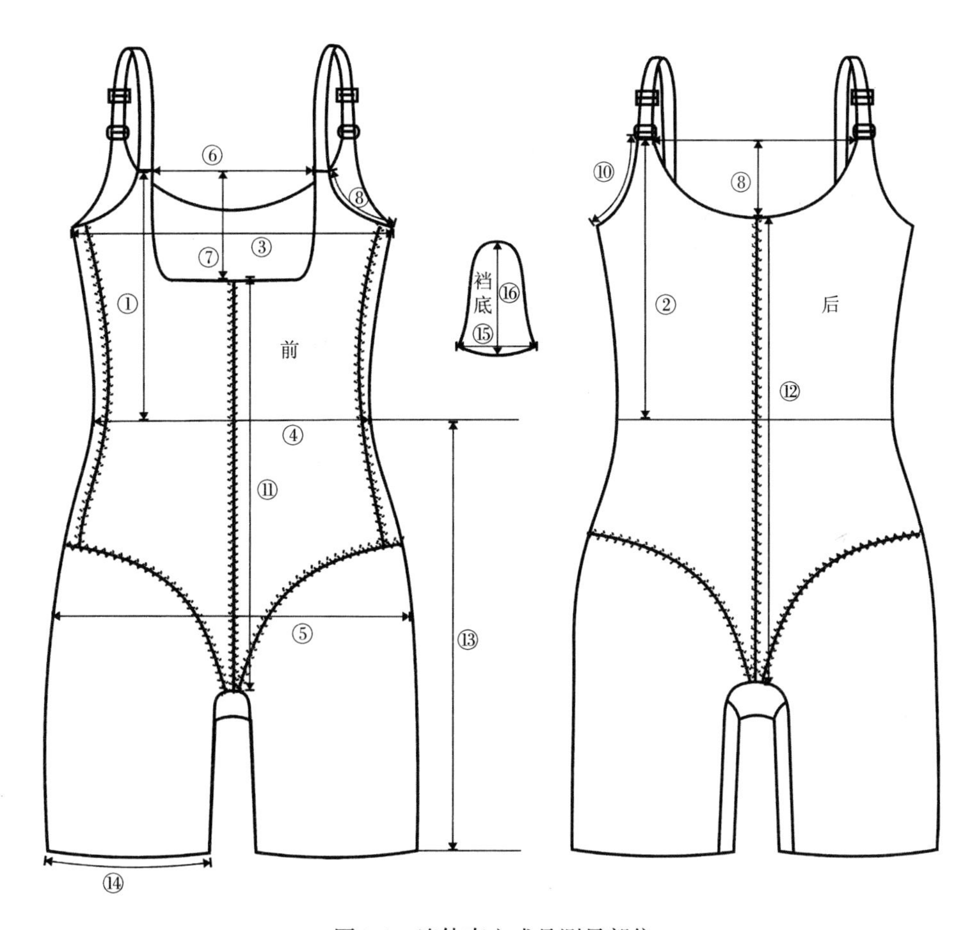

图4-3　连体束衣成品测量部位

第二节　束衣结构设计

一、束衣一

1. 款式特点分析

该束衣款式如图4-4所示，由吊带、罩杯、长度及腰线的后片组成，后片加松紧带既能调节围度尺寸又方便穿脱。

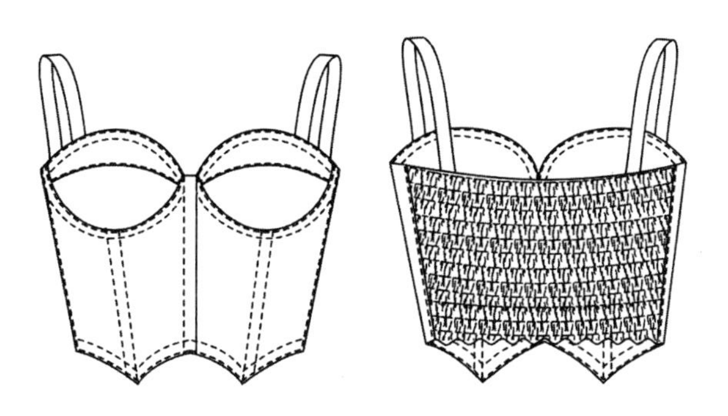

图4-4　束衣一款式图

2. 作图方法

（1）画原型样板：如图4–5所示，根据人体的背长、胸围和腰围，作出相应的新文化式原型的衣身样板。

（2）为了便于束衣结构的变化，首先将袖窿省转至前肩省，前肩省的位置与后肩省位置相对。

（3）将前、后衣片侧缝对齐。

（4）分别从前、后中线沿胸围线向侧缝量取$B/4$，确定前、后胸围大点A和A'。

（5）分别从前、后中线沿腰围线向侧缝量取$W/4$+3cm和$W/4$+4cm，确定前、后腰围大点B和B'，连接AB和$A'B'$。

（6）过胸围线与前中线的交点O，沿前中线向上量取1.5cm和6.5cm，得到O'和P点。

（7）过P点作水平线交前肩省于P'点，取$P'M$=0.5cm；连接MO'，取$O'N$=1cm，将$O'M$进行三等分，过第二等分点向上做MO'的垂线，并取其长度为0.7cm于S点，分别连接MS和SN。

（8）在前肩省上取$BPM'= BPM$，连接AM'，并将其进行三等分，过第二等分点向上做AM'的垂线，并取其长度为0.5cm于S'点，分别连接$M'S'$和$S'A$。

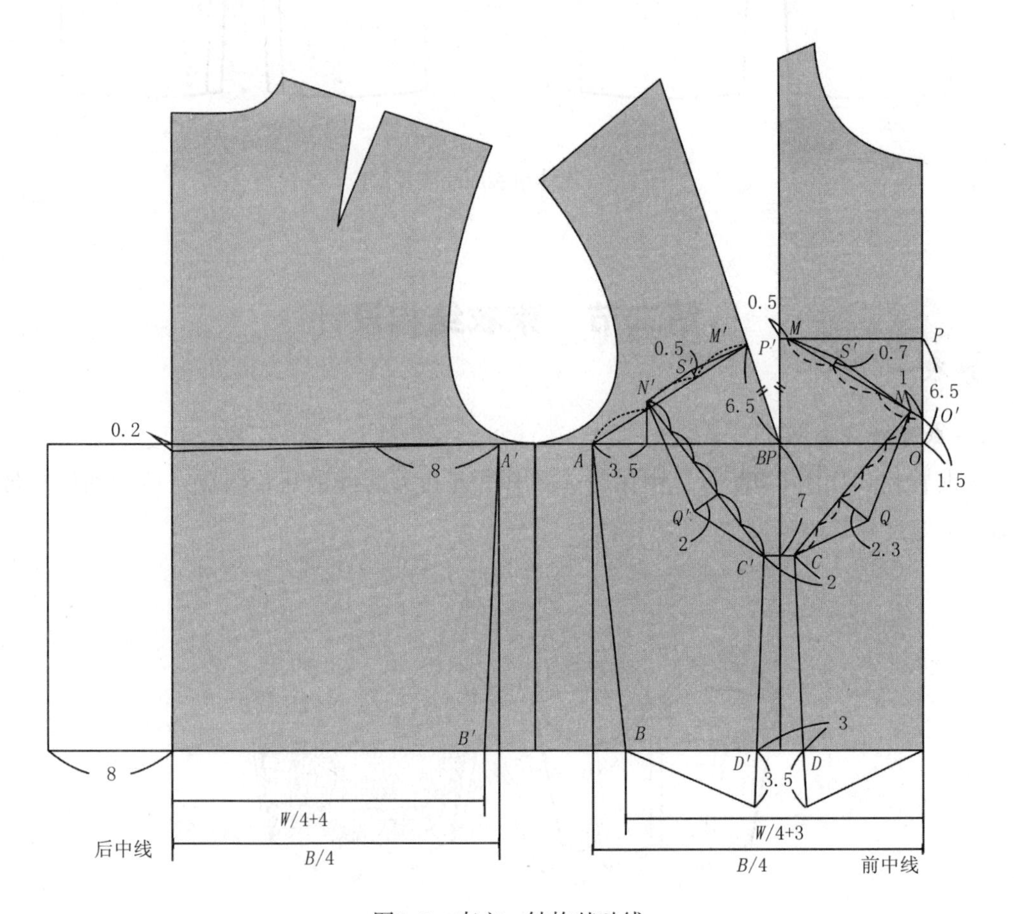

图4–5 束衣一结构基础线

（9）过A点沿胸围线向右量取3.5cm定点，过该点并向上作垂线，与$S'A$交于N'点。

（10）过BP，向下做垂线，沿该垂线向下量取7cm定点作水平线，取CC'=2cm，DD'=3cm，分别连接CD和$C'D'$并延长3.5cm，如图连接前片底边基础线。

（11）连接CN和$C'N'$，并将其分别进行五等分，在第二等分处分别向下作CN和$C'N'$的垂线，并取其长度分别为2.3和2cm于Q和Q'点。

（12）后中线向外延长8cm作为松紧带的抽缩量，胸围线在后中线处向下0.2cm。

（13）如图4-6所示，画顺罩杯、前底摆弧线。

（14）作罩杯分割线，并确定前、后肩带位置。

（15）后中线用点划线画出，其他轮廓线用粗实线画出。

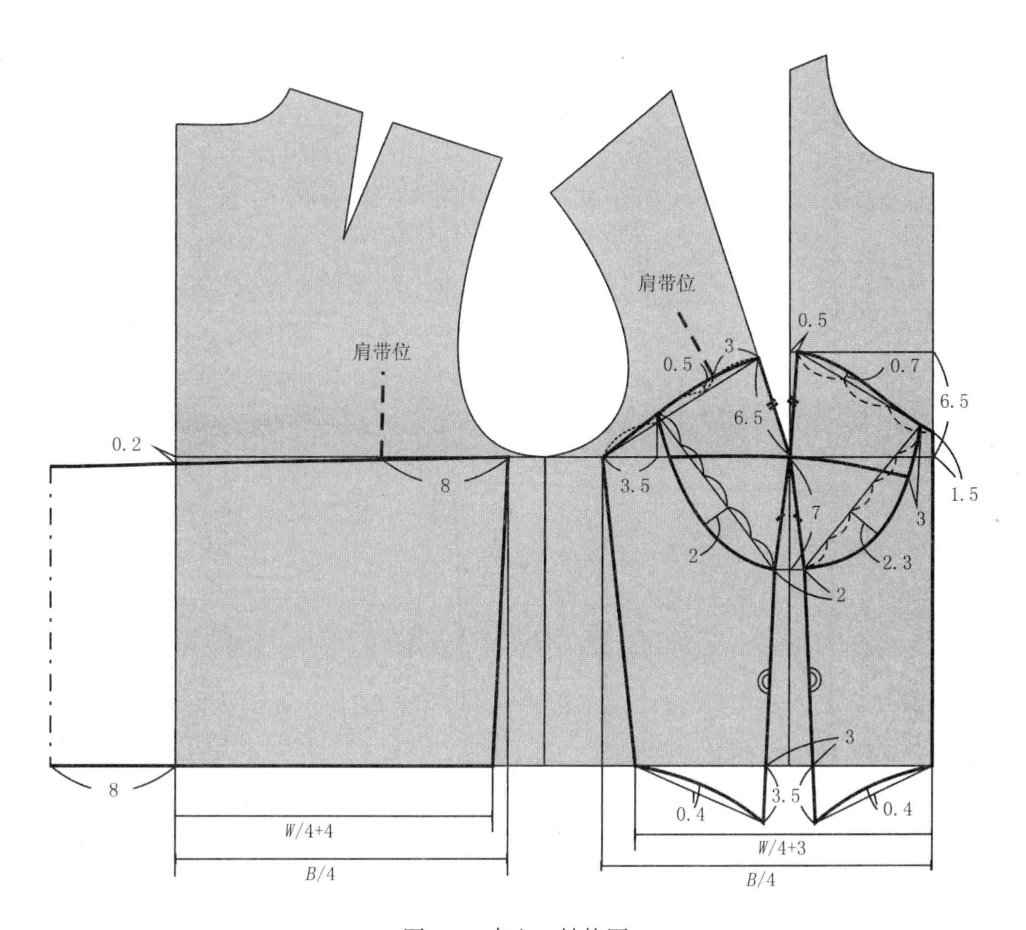

图4-6 束衣一结构图

（16）如图4-7所示，修正上、下罩杯的轮廓线，将前中片和前侧片合并。

（17）如图4-8所示，分离所有衣片，然后根据缝制要求加放缝头和做对位记号。

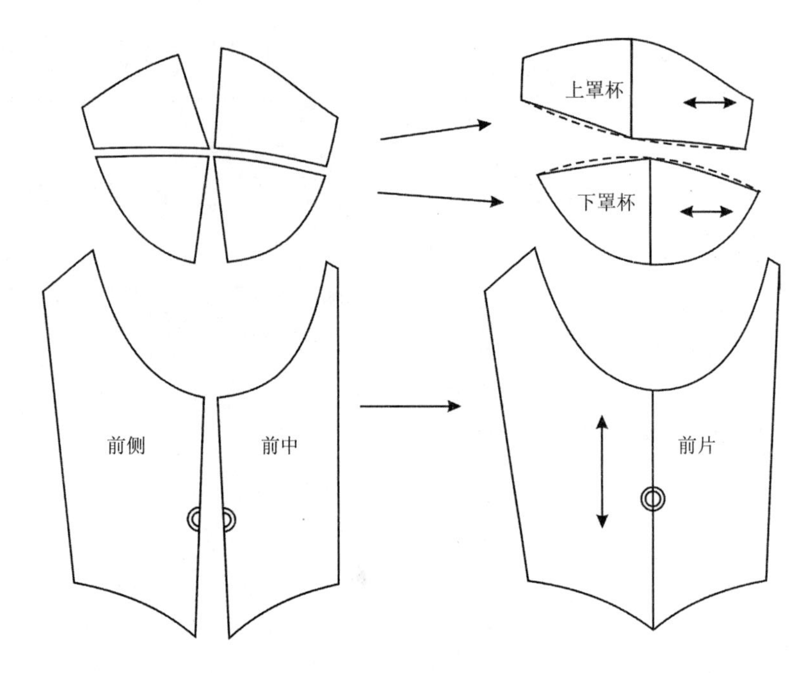

图4-7　束衣一纸样修正

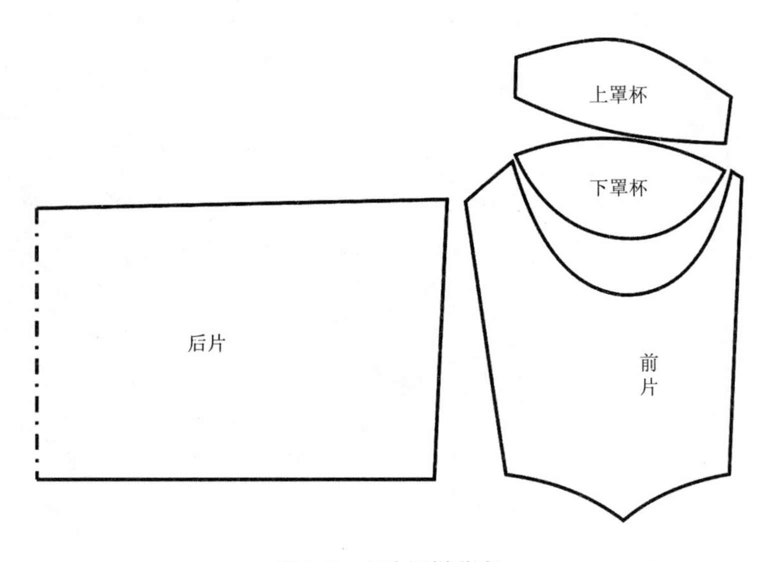

图4-8　衣片纸样分离

二、束衣二

1. **款式特点分析**

该束衣款式如图4-9所示，长度到腰围线，侧面加拉链，胸部造型通过分割线和腰部省道实现。裁剪时，束衣裁片底边可利用布的光边。

2. **作图方法**

（1）画原型样板，如图4-10所示，根据人体的背长、胸围和腰围，作出相应的新文

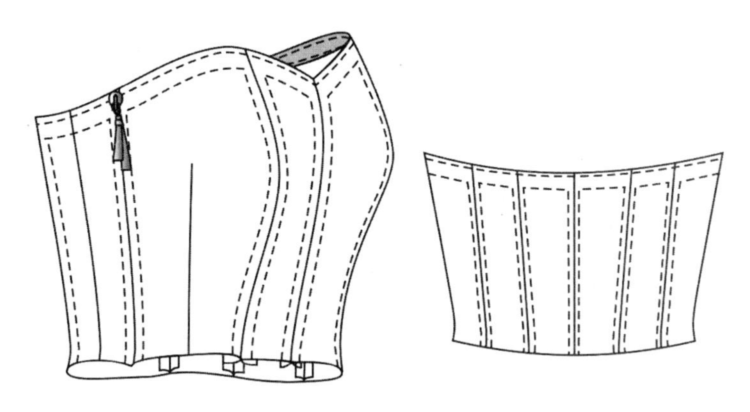

图4-9　束衣二款式图

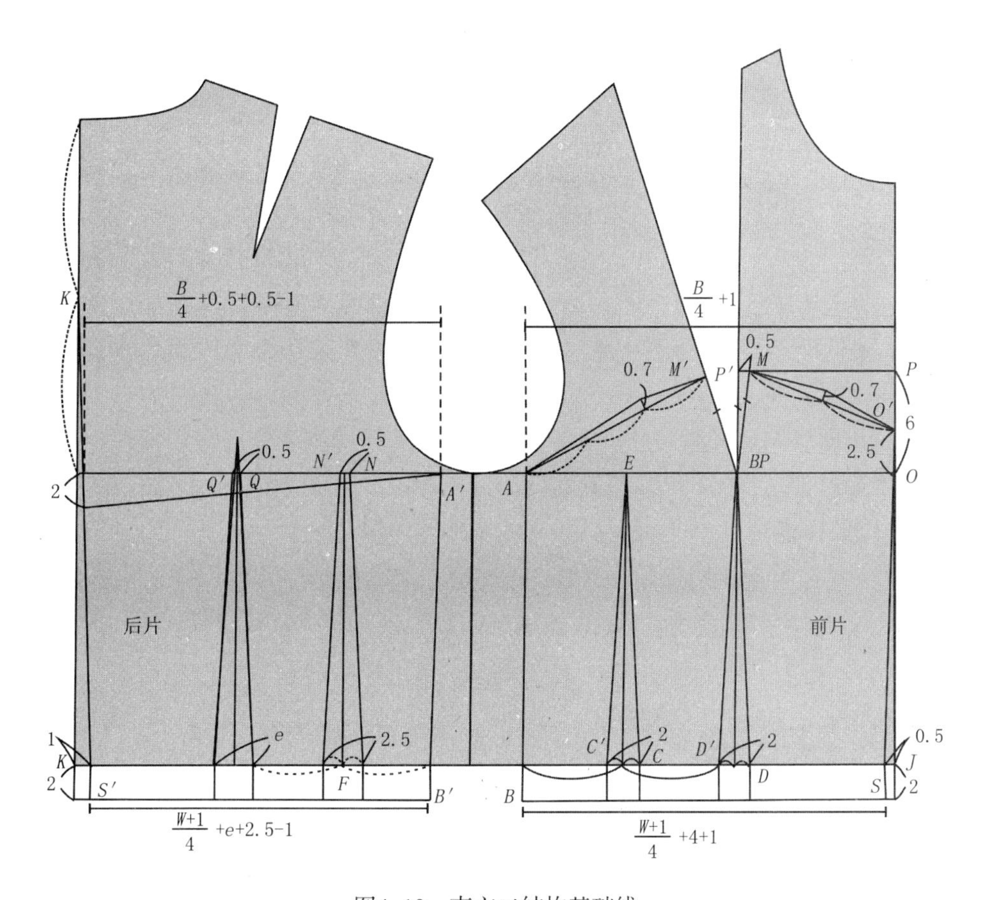

图4-10　束衣二结构基础线

化式原型的衣身样板。

（2）为了便于束衣结构的变化，首先将袖窿省转至前肩省，前肩省的位置与后肩省位置相对。

（3）将前、后衣片侧缝对齐。

（4）分别从前、后中线沿胸围线向侧缝量取$B/4+1$cm和$B/4$cm，确定前、后胸围大点

A和A'。

（5）将前、后中线分别向下延长2cm，作水平线并与前、后侧缝线相交，该水平线为底边线。

（6）前、后中线分别在腰线处向内0.5cm和1cm定两点，这两点分别与J点和K点连接，同时过这两点向下作垂线交底边线于S点和S'点。

（7）如图，过S点和S'点沿底边线向侧缝量取（W+1cm）/4+4cm+1cm和（W+1cm）/4+e+2.5cm−1cm，确定前、后腰围大点B和B'点。

（8）过B和B'点向上作垂线与腰围线相交，交点分别与A和A'点相连，得到侧缝线。

（9）过胸围线与前中线的交点O，沿前中线向上量取2.5cm和6cm，得到O'点和P点。

（10）过P点作水平线交前肩省于P'点，取$P'M$=0.5cm；连接MO'，将MO'进行两等分，过等分点向上做MO'的垂线，并取其长度为0.7cm定点，该点与M点和O'点连成直线。

（11）在前肩省上取$BPM'= BPM$，连接AM'，并将其进行三等分，过第二等分点向上做AM'的垂线，并取其长度为0.7cm定点，过该点与M'点和A点连线。

（12）过BP点，向下做垂线与腰线相交，在交点的两侧分别量取1cm定D点和D'点，过D点和D'点向下作垂线与底边线相交。

（13）将D'点到侧缝间的线段进行等分，过等分点向上作垂线交胸围线于E点，在等分点左右两侧分别量取1cm定C点和C'点，过这两点向下作垂线与底边线相交。

（14）胸围线在后中线处向下2cm定点，该点与A'点连成直线。

（15）在e省中线与胸围线的交点的两侧分别量取0.25定Q和Q'点，并将这两点分别与e省与腰线的交点相连。

（16）将e省右侧点到侧缝间的线段进行等分，等分点为F点，过F点向上作垂线与胸围线相交，交点两侧在胸围线上各取0.25定N与N'点，在F点两侧在腰线上分别量取1.25cm定两点；这两点分别与N与N'点相连，并过这两点向下作垂线与底边线相交。

（17）如图4-11所示，画顺前片上边缘线。

（18）画顺前片分割线。

（19）将轮廓线用粗实线画出。

（20）如图4-12所示，分离所有衣片，然后根据缝制要求加放缝头和做对位记号。

三、束衣三

1. 款式特点分析

该束衣款式如图4-13所示，与束衣二款式相近，长度到臀围线，侧面加拉链，胸部造型通过分割线和腰部省道实现，后片造型通过省道和分割线完成。裁剪时，束衣裁片底边可利用布的光边。

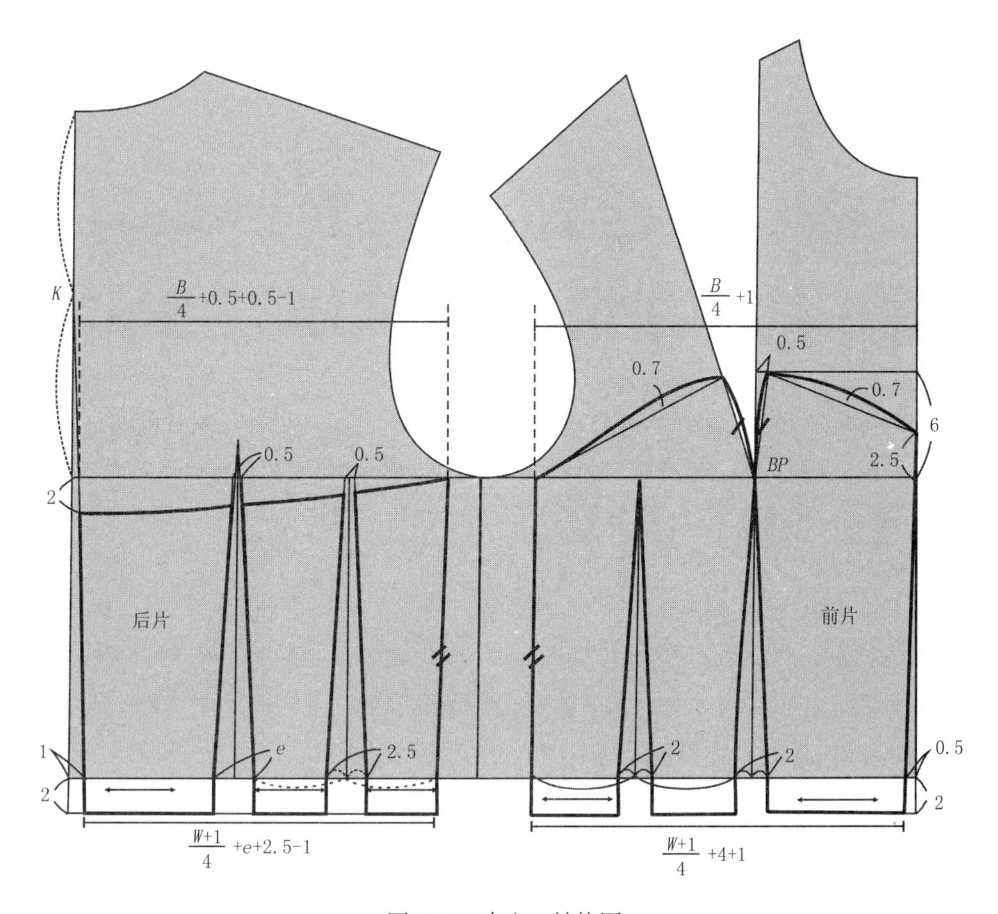

图4-11　束衣二结构图

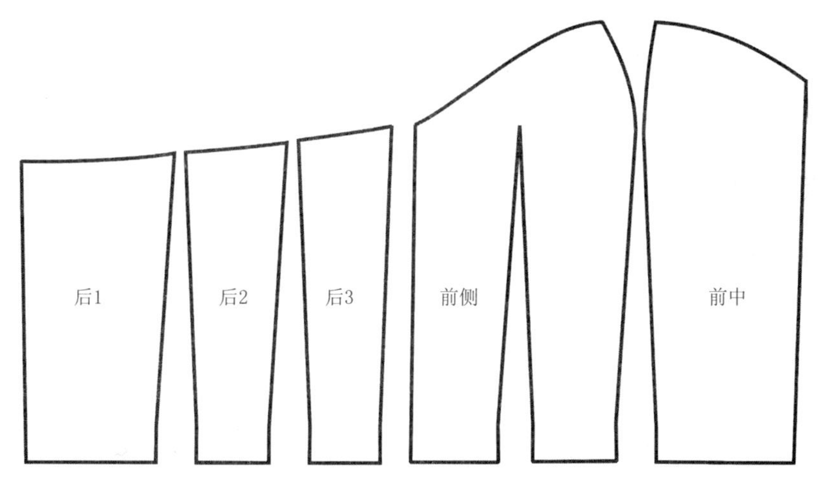

图4-12　衣片纸样分离

2. 作图方法

（1）画原型样板，如图4-14所示，根据人体的背长、胸围和腰围，作出相应的新文化式原型的衣身样板。

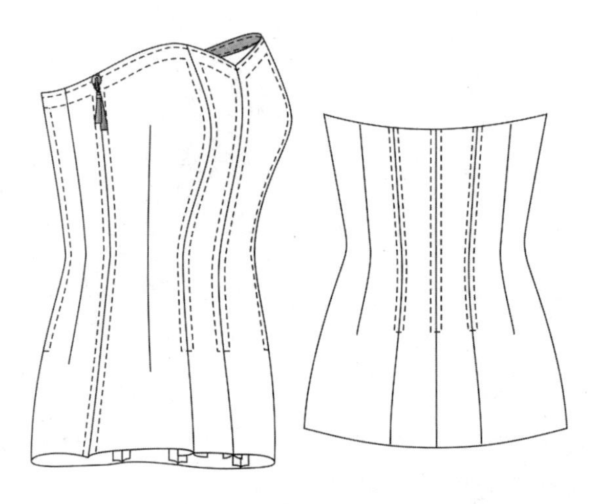

图4-13　束衣三款式图

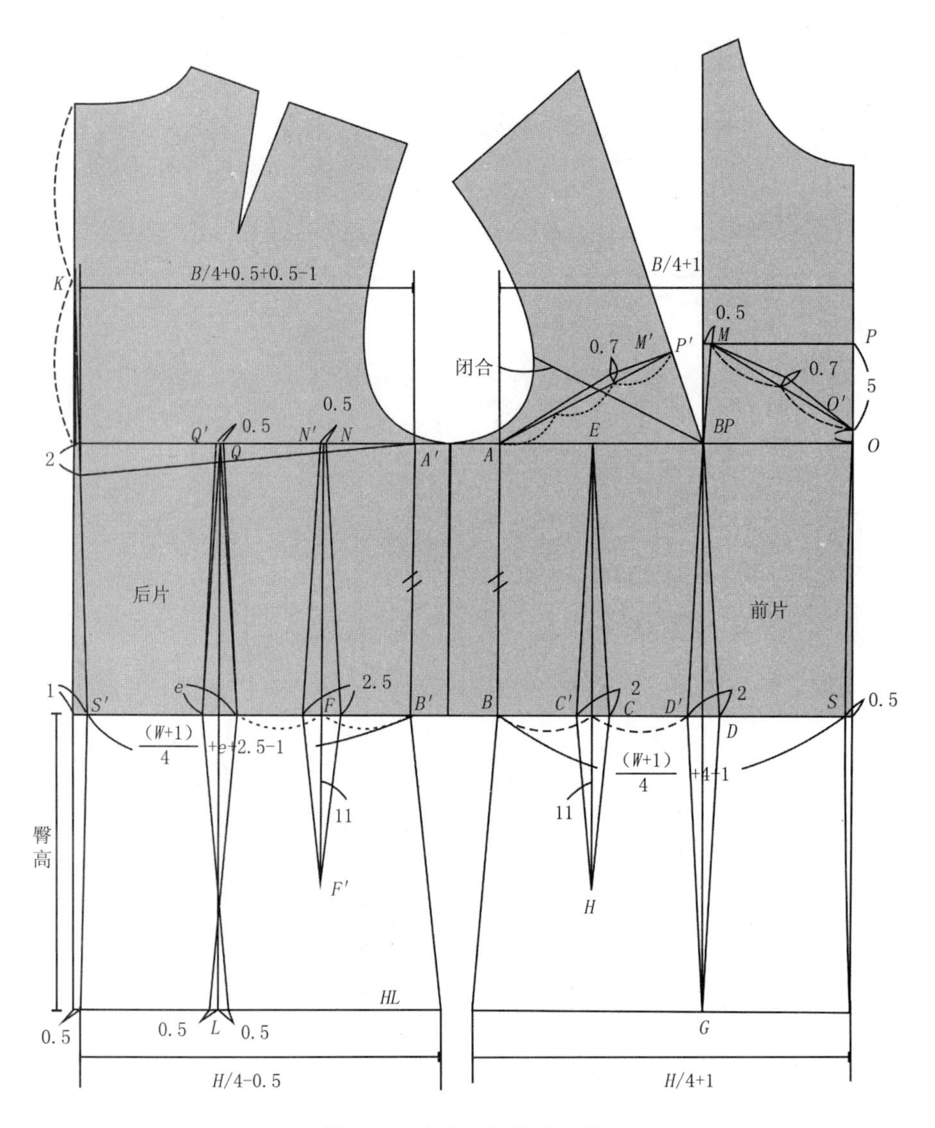

图4-14　束衣三结构基础线

（2）为了便于束衣结构的变化，首先将袖窿省转至前肩省，前肩省的位置与后肩省位置相对。

（3）将前、后衣片侧缝对齐。

（4）将前、后中线分别向下延长臀高的长度，作水平线即为底边线。

（5）分别从前、后中线沿胸围线向侧缝量取$B/4$+1cm和$B/4$cm，确定前、后胸围大点A和A'。

（6）前、后中线分别在腰线处向内0.5cm和1cm定S点和S'点，连接O点与S点和连接K点与S'点。

（7）过S点和S'点沿腰线分别向侧缝量取（W+1cm）/4+4cm+1cm和（W+1cm）/4+e+2.5cm−1cm定点B和点B'。

（8）过前中线与底边线的交点沿底边线量取长度为$H/4$+1cm定点；在底边线上距离后中线0.5cm量取$H/4$−0.5cm定点；这两个定点分别与点B和点B'相连。

（9）过胸围线与前中线的交点O，沿前中线向上量取1cm和5cm，得到点O'和点P。

（10）过P点作水平线交前肩省于P'点，取$P'M$=0.5cm，连接MO′，将MO'进行两等分，过等分点向上做MO'的垂线，并取其长度为0.7cm定点，该点与M点和O'点连成直线。

（11）在前肩省上取$BPM'= BPM$，连接AM'，并将其进行三等分，过第二等分点向上做AM'的垂线，并取其长度为0.7cm定点，过该点与M'点和A点连线。

（12）过BP，向下作垂线与腰围线相交，与底边线交于G点；在腰围线交点两侧沿腰线分别量取1cm定D点和D'点；相交这两点分别与G点相连。

（13）等分BD'，过等分点向上作垂线交胸围线于E点，在等分点两侧在腰线上分别量取1cm定C点和C'点；过等分点向下垂直量取11cm定H点。

（14）胸围线在后中线处向下2cm定点，该点与A'点连成直线。

（15）在e省中线与胸围线的交点的两侧分别量取0.25定Q和Q'点，并将这两点分别与e省与腰线的交点相连。

（16）在e省中线与底边线的交点L的两侧分别量取0.5定两点，并将这两点分别与e省与腰线的交点相连。

（17）等分e省右侧点与B'点之间的距离，等分点为F点，过F点向上作垂线与胸围线相交，交点两侧在胸围线上各取0.25定N与N'点，在F点两侧在腰线上分别量取1.25cm定点，过等分点向下垂直量取11cm定F'点。

（18）如图连接相关各线段；

（19）如图4−15所示，画顺前片上边缘线；

（20）画顺前、后片分割线。

（21）将轮廓线用粗实线画出。

（22）如图4−16所示，分离所有衣片。

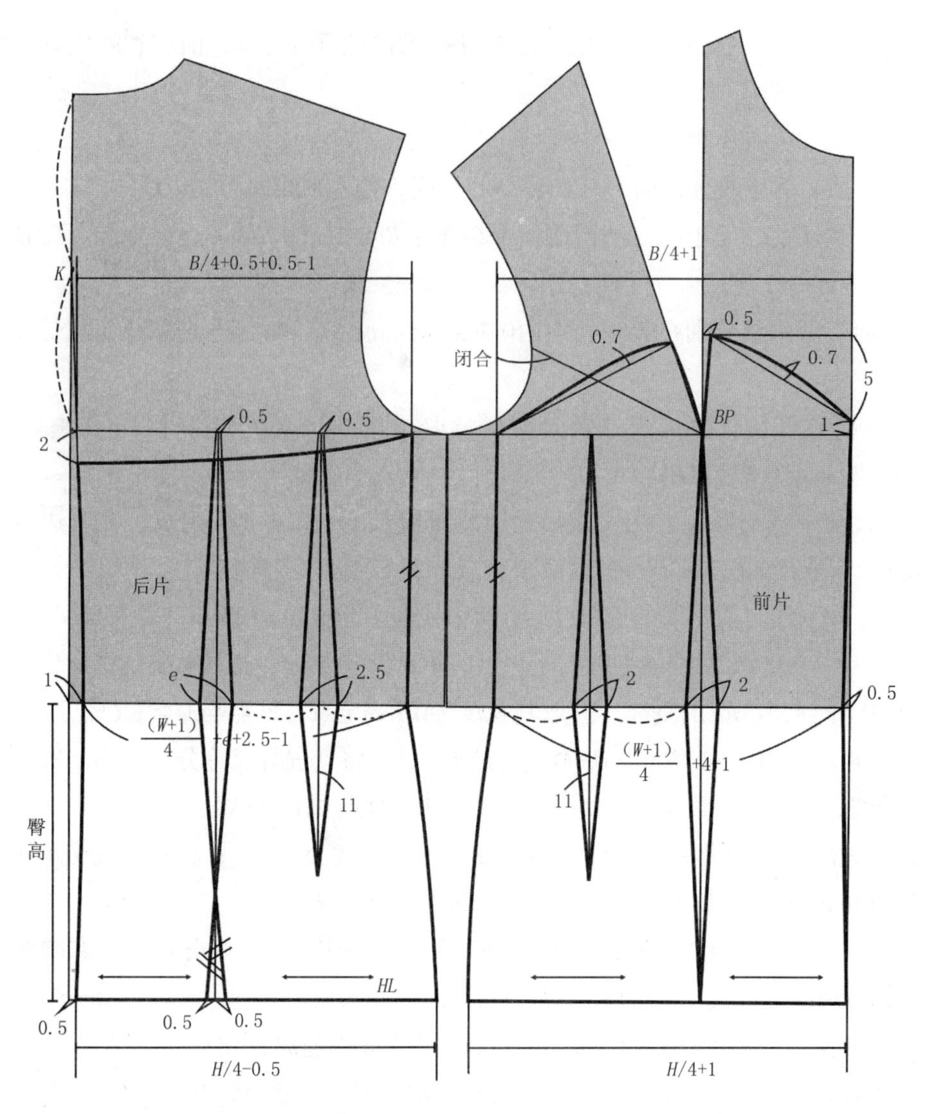

图4-15 束衣三结构图

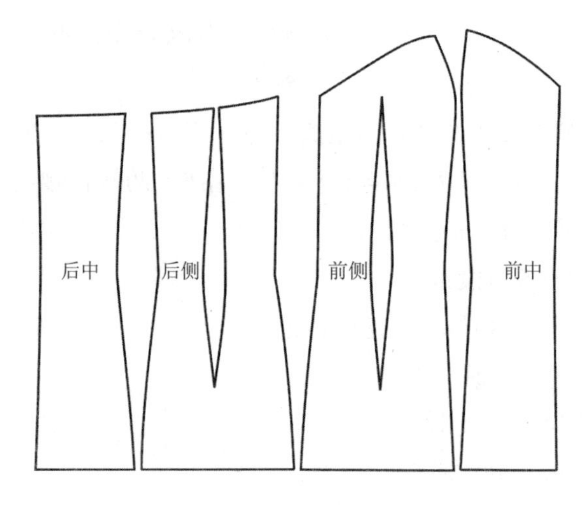

图4-16 衣片纸样分离

四、束衣四

1. **款式特点分析**

该束衣款式如图4-17所示，长度到臀围线，侧面加拉链，胸部造型通过罩杯和腰部省道实现，后片造型通过省道和分割线完成。裁剪时，束衣裁片底边利用布的光边部分。

图4-17 束衣四款式图

2. **作图方法**

（1）画原型样板，如图4-18所示，根据人体的背长、胸围和腰围，作出相应的新文化式原型的衣身样板。

（2）为了便于束衣结构的变化，首先将袖窿省转至前肩省，前肩省的位置与后肩省位置相对。

（3）将前、后衣片侧缝对齐。

（4）将前、后中线分别向下延长臀高的长度，作水平线即为底边线。

（5）分别从前、后中线沿胸围线向侧缝量取$B/4+2$cm和$B/4$，确定前、后胸围大点A和A'。

（6）前、后中线分别在腰线处向内0.5cm和1cm定S点和S'点，连接O点与S点和连接K点与S'点；O点为胸围线与前中线的交点，K点为颈后中点到胸围线的中点。

（7）过S点和S'点沿腰线分别向侧缝量取（W+1cm）/4+4.5cm+1cm和（W+1cm）/4+e+2.5cm−1cm定点B和点B'。

（8）过前中线与底边线的交点沿底边线量取长度为$H/4$+1.5cm定点；在底边线上距离后中线0.5cm量取$H/4$−0.5cm定点；这两个定点分别与点B和点B'相连。

（9）过胸围线与前中线的交点O，沿前中线向上量取6.5cm，沿胸围线量取0.3cm，得到P点和O'点。

（10）过P点作水平线交前肩省于P'点，取$P'M$=0.5cm；连接MO'，将MO'进行两等分，过等分点向上做MO'的垂线，并取其长度为1cm定点，该点与M点和O'点连成直线。

（11）在前肩省上取$BPM'=BPM$，连接AM'。

（12）过A点沿胸围线量取4cm定N点，过N点向上作垂线交AM'与N'点，将$M'N'$进行等分，过等分点向上作AM'的垂线，并取其长度为0.7cm定点，过该点与M'点和N'点相连。

（13）过BP，垂直向下量取6.5cm定点，过该点作水平线分别量取1.5cm定C与C'点。

（14）过BP，向下作垂线与腰线相交，在交点两侧在腰线上分别量取1.5cm定D点和D'点；垂线交底边线于G点，过G点沿底边线向侧缝量取0.5cm定G'点；连接C、D、G点，再连接C'、D'、G'点。

（15）连接O'点与C点，并进行等分，过等分点作直线CO'的垂线取1.8cm定Q点，连接$O'Q$和QC。

（16）连接N点与C'点，并进行等分，过等分点作直线NC'的垂线取1.8cm定Q'点，连接NQ'和$Q'C'$。

（17）过B点沿腰线量取3.5cm定E点，再量取1.5cm定E'点，过EE'的中点向下垂直量取11cm定H点，连接N、E、H点，再连接N、E'、H点。

（18）胸围线在后中线处向下2cm定点，该点与A'点连成直线。

（19）在e省中线与胸围线的交点的两侧分别量取0.25定R和R'点，并将这两点分别与e省与腰线的交点相连。

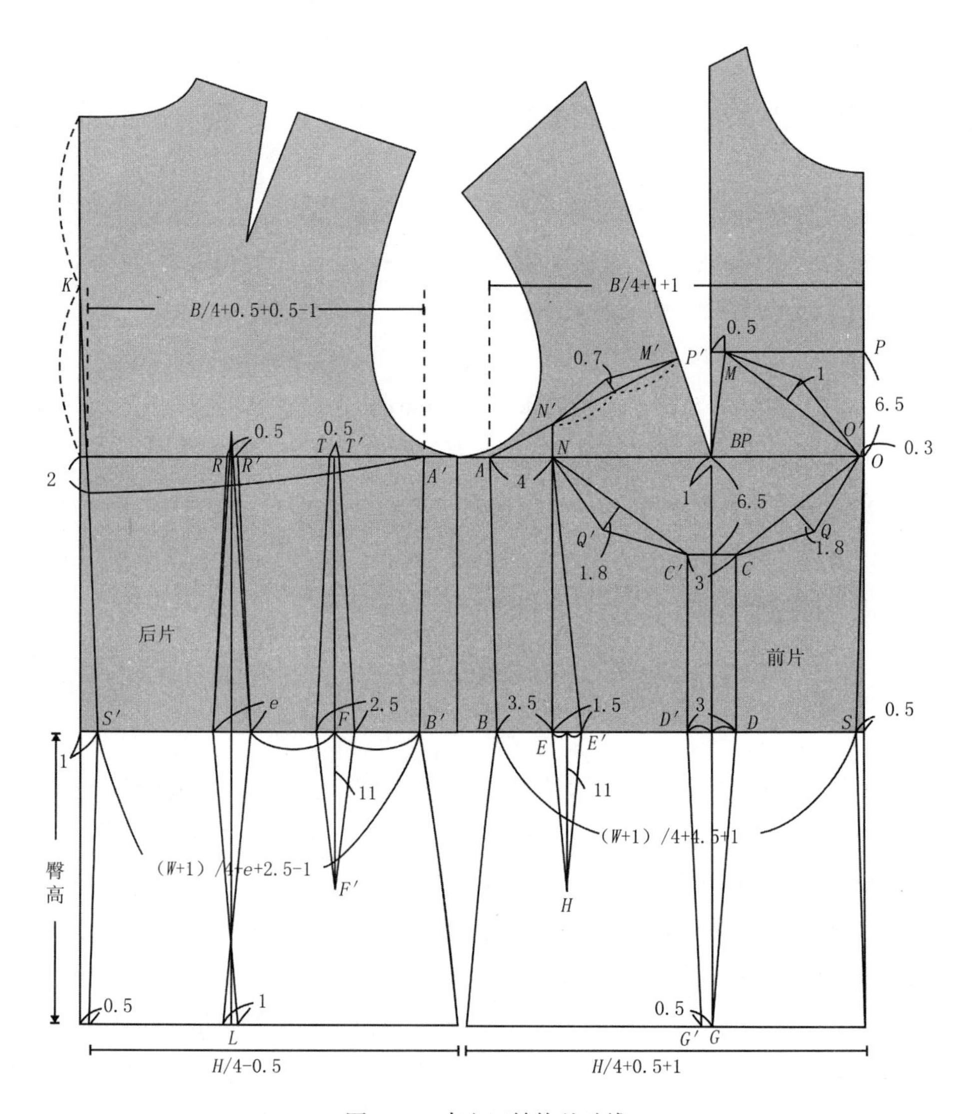

图4-18　束衣四结构基础线

（20）在e省中线与底边线的交点的两侧分别量取0.5定两点，并将这两点分别与e省与腰线的交点相连。

（21）等分e省右侧点与B'点，等分点为F点，过F点向上作垂线与胸围线相交，交点两侧在胸围线上各取0.25定T与T'点，在F点两侧在腰线上分别量取1.25cm定点；分别与T与T'点相连。

（22）过F点向下作垂线，取其长度为11cm定点F'，点F'分别与F点两侧的定点相连。

（23）如图4-19所示，画顺罩杯弧线、前底摆线。

（24）作罩杯分割线。

（25）将轮廓线用粗实线画出。

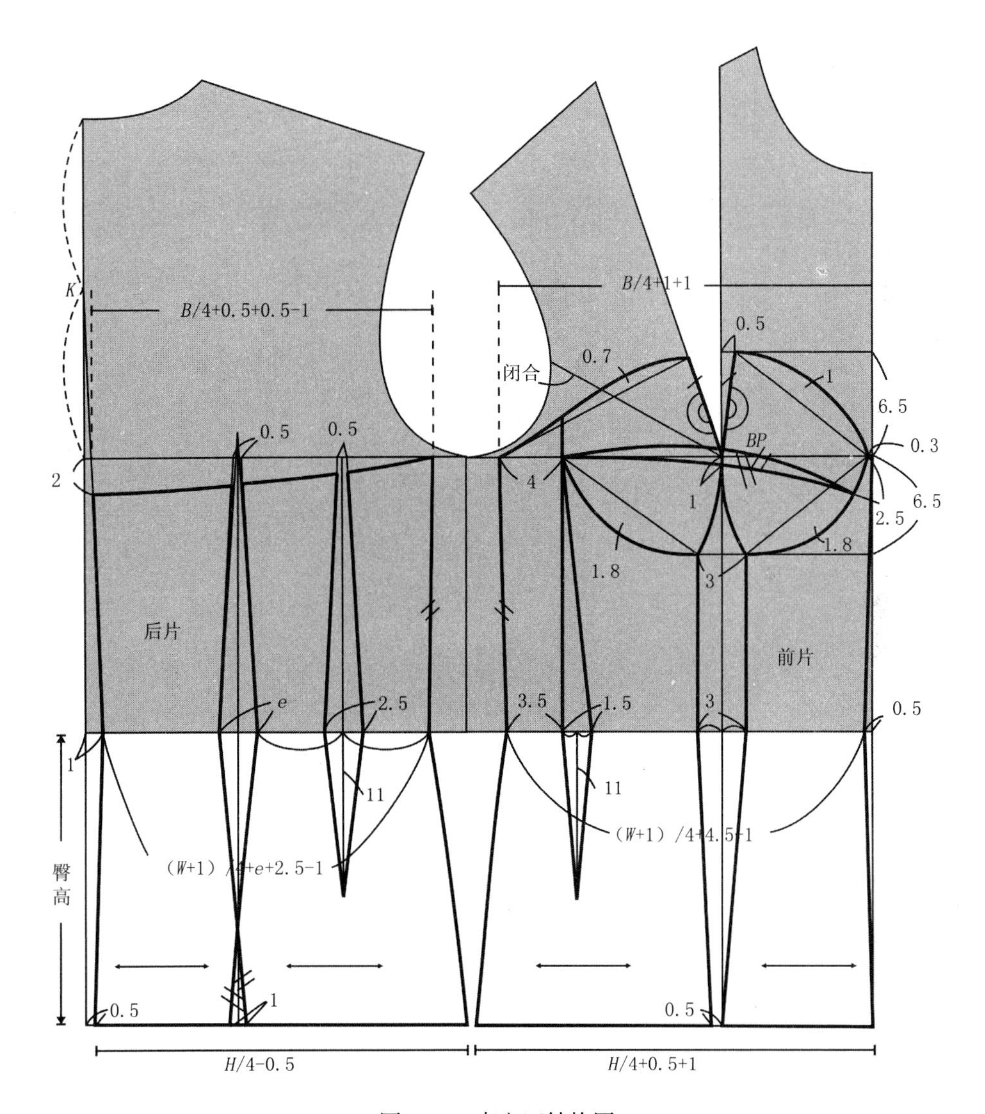

图4-19　束衣四结构图

（26）如图4-20所示，修正上下罩杯的轮廓线。

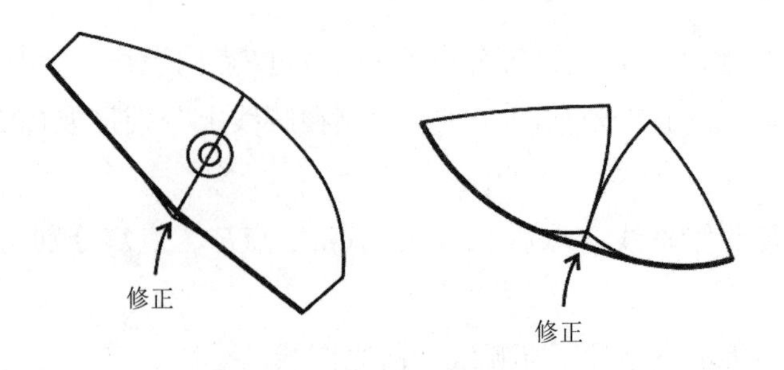

图4-20 罩杯修正

（27）如图4-21所示，分离所有衣片，然后根据缝制要求加放缝头和做对位记号。

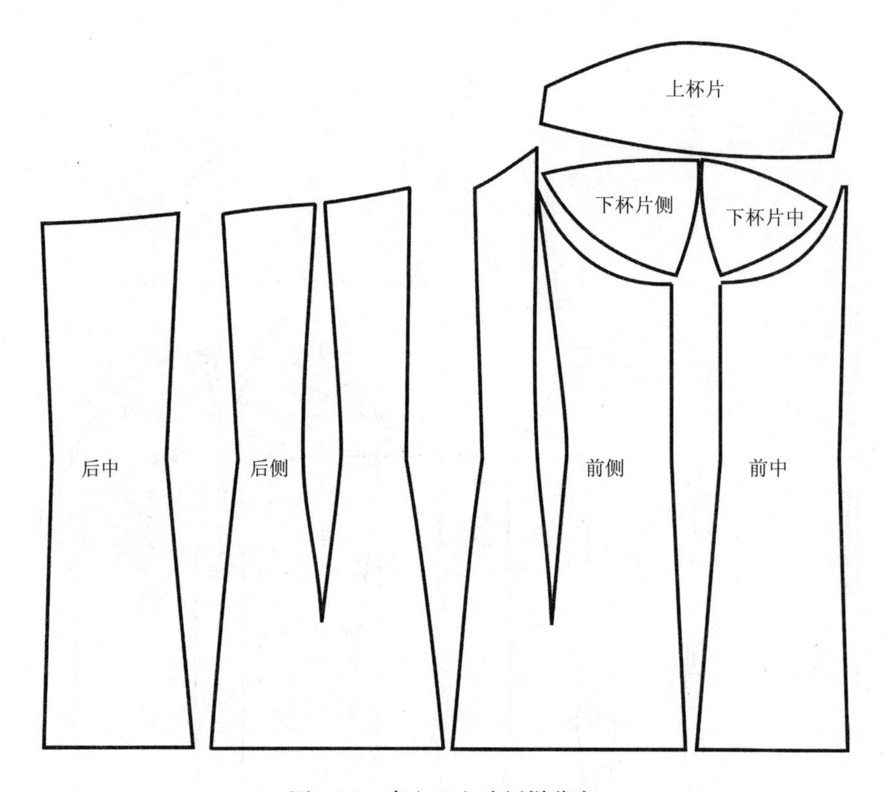

图4-21 束衣四衣片纸样分离

五、束衣五

1. 款式特点分析

该束衣为背心式，俗称背背佳，款式如图4-22所示。

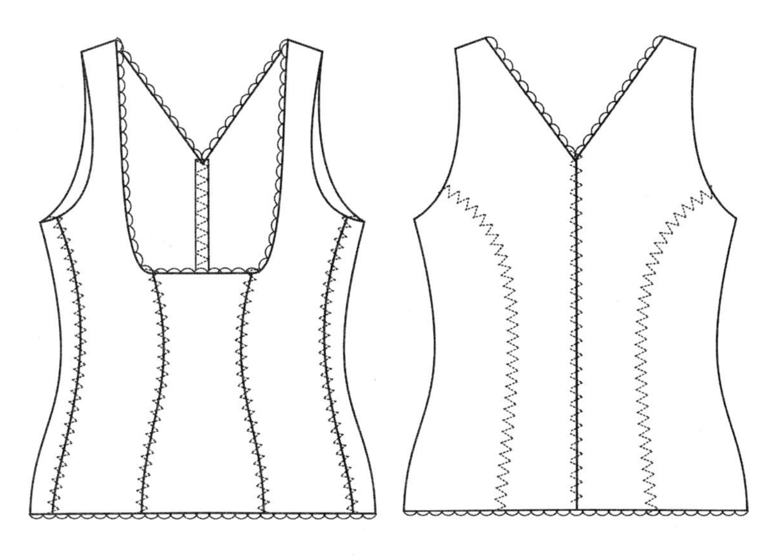

图4-22　束衣五款式图

2. **制图规格（表4-1）**

表4-1　束衣五制图规格　　单位：cm

部位	规格	部位	规格
衣长	64	后领口深	19.5
前中长	38	1/2胸围大	40
后中长	46	1/2腰围	32
肩宽	32.5	1/2底摆围	44
领宽	25.5	前袖窿弧线长	19.5
前领口深	24.5	后袖窿弧线长	21.5

3. **作图方法**

该款采用定寸制图法。

（1）如图4-23所示，作水平线OO_5=50，该线为腰围线；过O_5点作垂线，向上量取17.5cm定C_5点，过C_5点作水平线C_5 C_1=40，该线为胸围线。

（2）先作前中片，沿OO_5量取3.5cm定O_1点。

（3）过O点作垂线，分别向上、向下量取10.5cm和27.5cm定A点和B点。

（4）过A、B点分别作水平线，量取5.5cm和7.5cm定A_1点和B_1点；连接A_1、O_1、B_1点。

（5）再作前侧片，过C_1点作垂线，与腰线交于O_2点。

（6）过C_1点向上量取17.5cm定D_1点，过D_1点作水平线取4cm定N_1点，过N_1点水平量取3.5cm再垂直向下0.7cm定D_2点。

（7）过C_1点水平取2.3cm定C_3点，过C_3点水平量取9.5cm定C_2点。

（8）连接点C_2、D_2，并将连线进行三等分，在第一等分点作C_2D_2的垂线，取3.6cm定P_1点。

（9）过O_2点沿腰线量取7.7cm定O_3点。

（10）过O_2点向下量取28cm定点，过该点作水平线取3cm定点，过该点向上量取0.5cm定B_2点，向右量取5.5cm定B_3点。

（11）如图，将相应的点连接。

（12）过C_5点向上量取19.5cm定D_5点，过D_5点作水平线取12.8cm定N_2点，过N_2点水平量取3.5cm在垂直向下0.7cm定D_3点。

（13）过C_5点水平取23cm定C_4点。

（14）过C_5点向上量取2.5cm再水平量取2.8cm定M点。

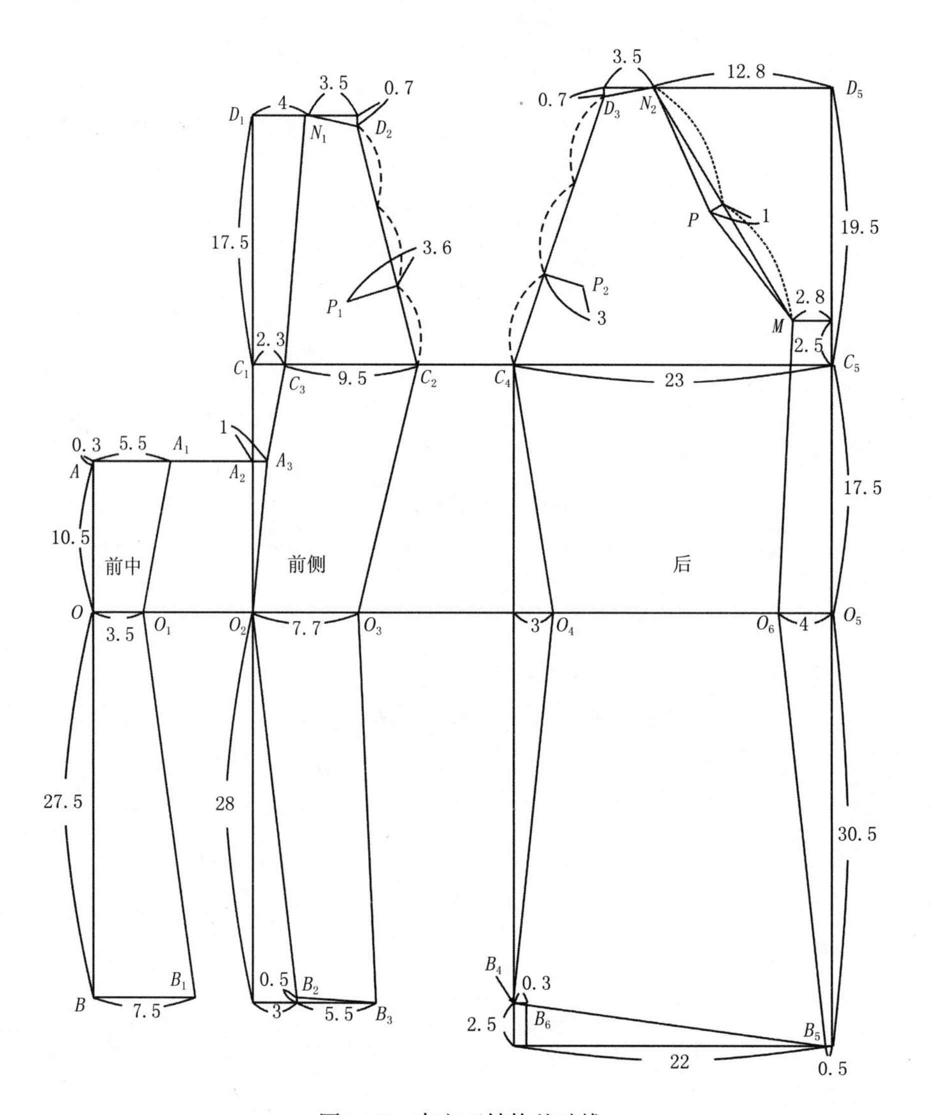

图4-23　束衣五结构基础线

（15）连接点M、N_2，并将连线进行两等分，在等分点作MN_2的垂线，取1cm定P点。

（16）连接点C_4、D_3，并将连线进行三等分，在第一等分点作C_4D_3的垂线，取3cm定P_2点。

（17）过O_5点沿腰线量取4cm定O_6点。

（18）过O_5点向下量取30.5cm定点，过该点作水平线取0.5cm定B_5点，再过该点水平量取22cm后向上量取2.5cm定B_4点，过B_4点水平向右量取0.3cm定B_6点。

（19）连接点C_4、B_4，与腰线的交点向右量取3cm定O_4点。

（20）如图，将相应的点连接。

（21）如图4-24所示，画顺各结构线。

（22）如图4-25所示，将衣片纸样进行分离，然后根据缝制要求加放缝头和做对位记号。

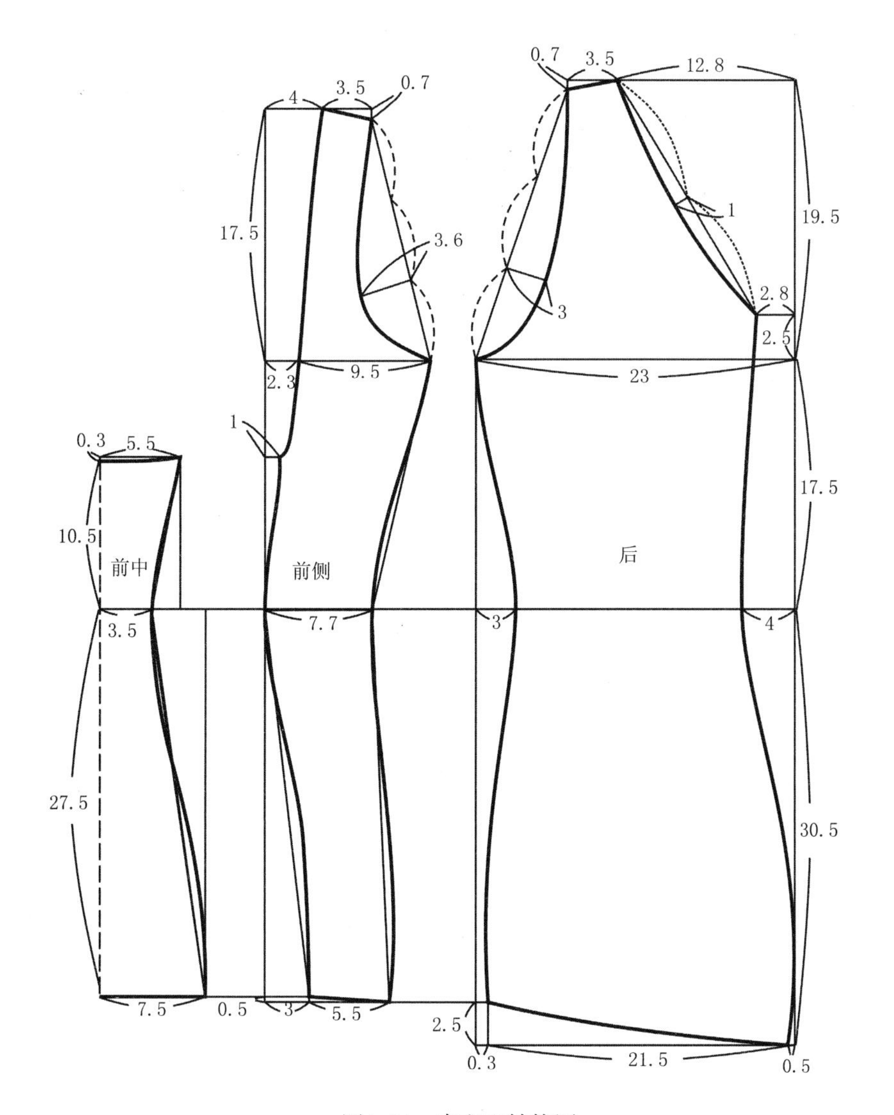

图4-24　束衣五结构图

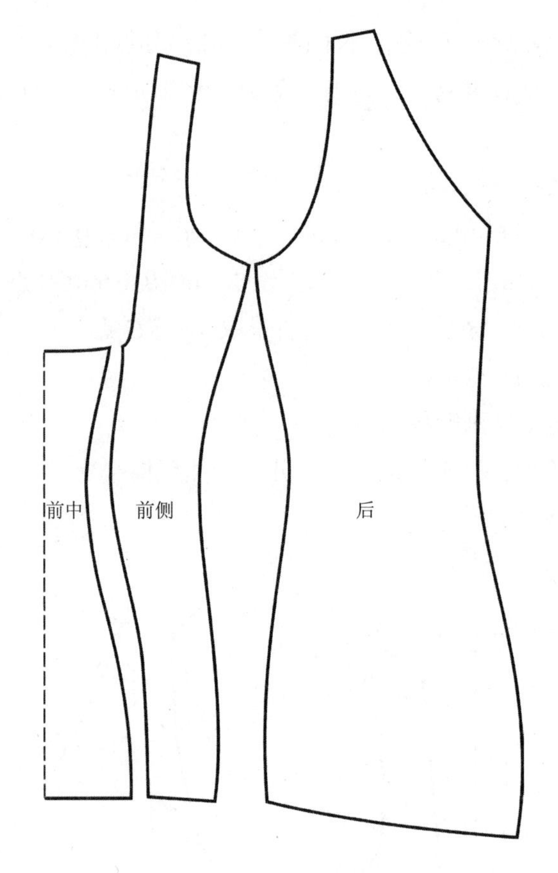

图4-25　束衣五衣片纸样分离

第三节　束裤结构设计

束裤使用的材料一般是比较厚重，腰头、脚口的缩率不会太大，正常情况下在95%～98%之间，脚口的花边选料必须是有较大的拉伸力，以确保脚口穿着的舒适性。

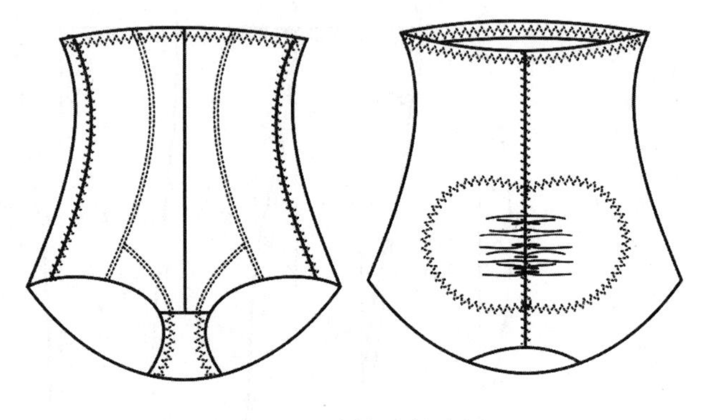

图4-26　束裤一款式图

一、束裤一

1. 款式特点分析

该束裤为高腰型，束裤款式如图4-26所示。

2. 制图规格，如表4-2所示

表4-2　束裤一制图规格　　单位：cm

部位	规格	缩率
1/2腰头完成长	29.5	95%～98%
前中长	36.8	
后中长	38	
前裆宽	7.4	
后裆宽	16	
裆长	14.5	
脚口完成长	43	95%～98%

3. 作图方法

如图4-27所示，先作基础线，确定前后中长、前后裆宽、裆长和其他细部尺寸。

如图4-28所示，画顺各结构线。

如图4-29所示，将束裤一纸样进行分离，然后根据缝制要求加放缝头和做对位记号。

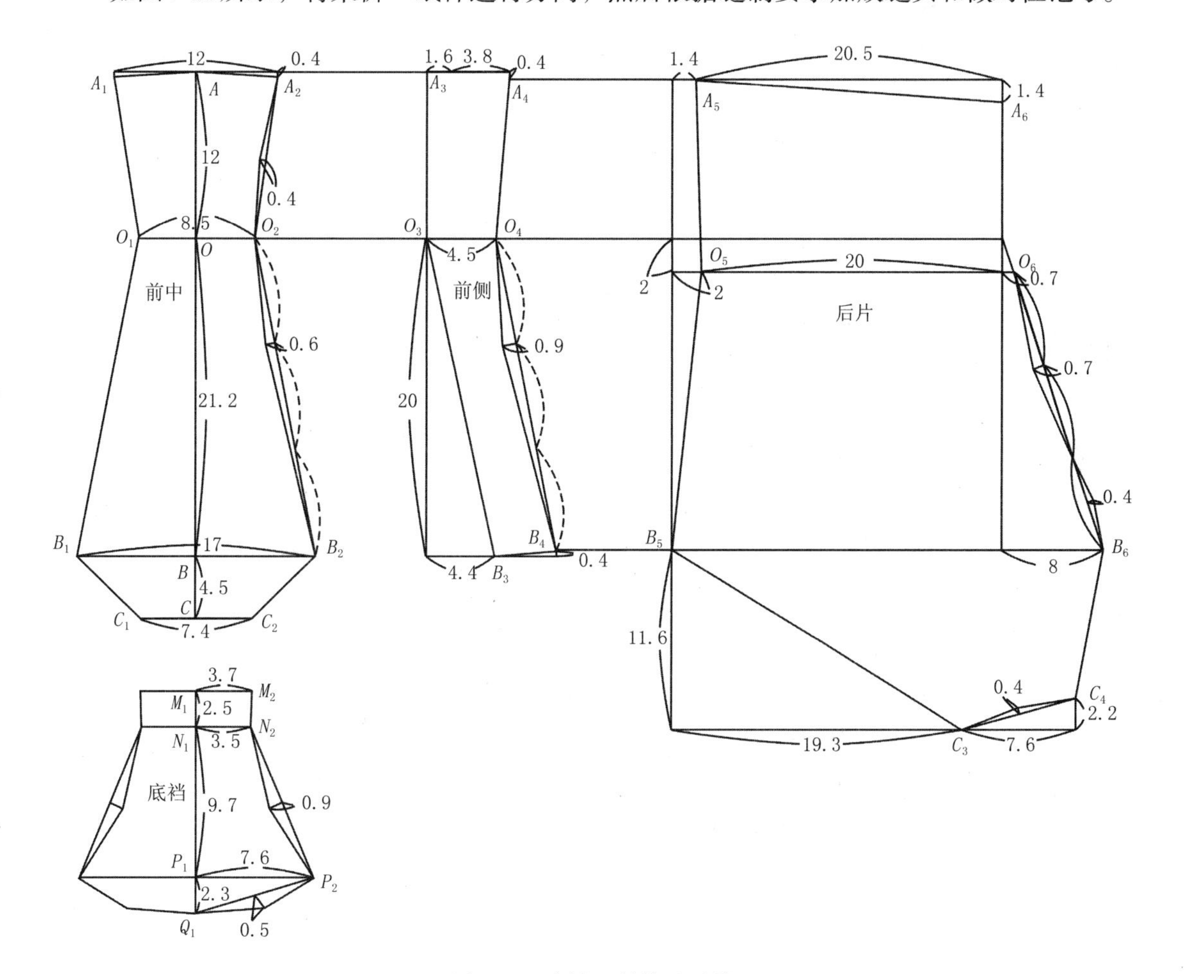

图4-27　束裤一结构基础线

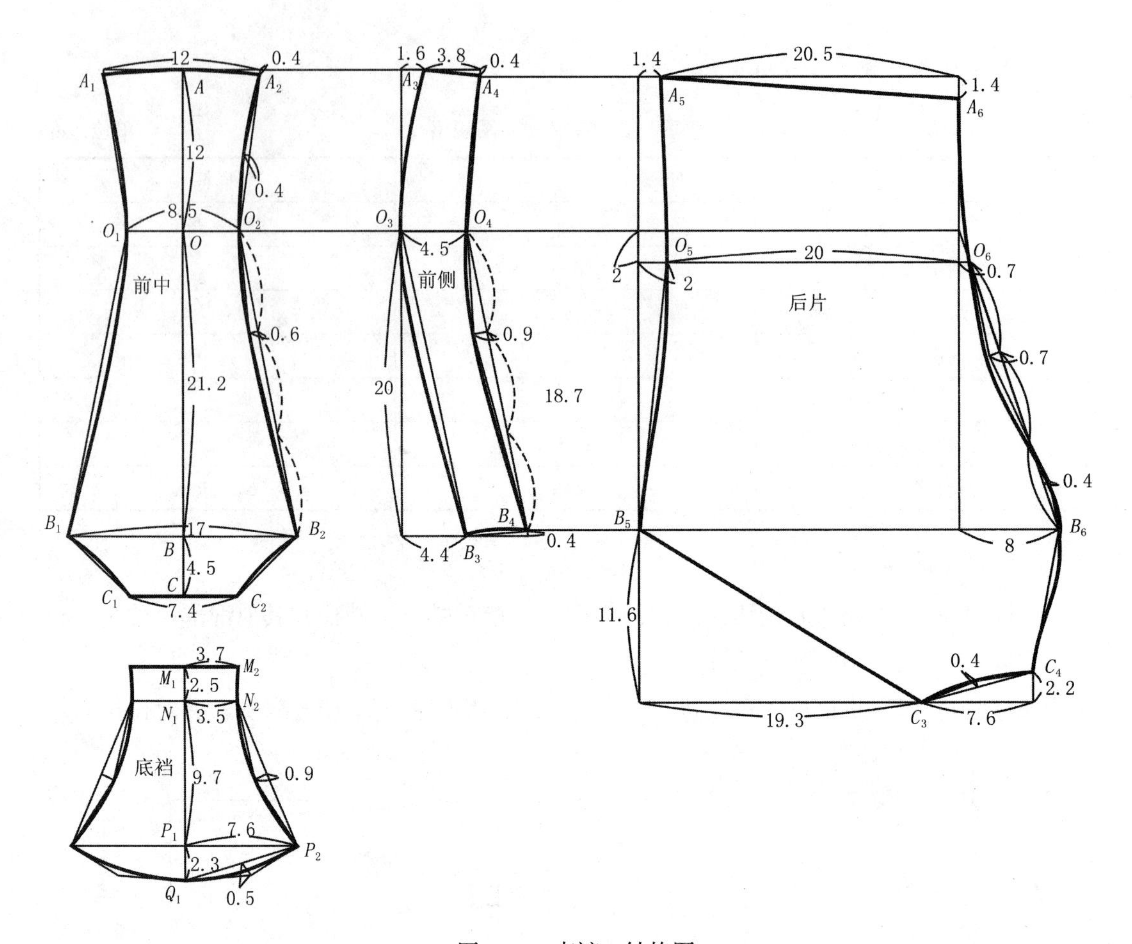

图4-28 束裤一结构图

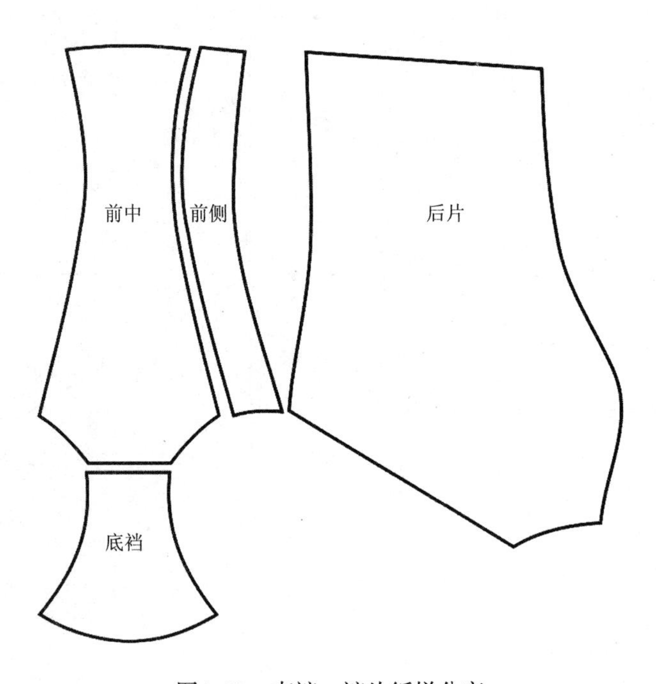

图4-29 束裤一裤片纸样分离

二、束裤二

1. 款式特点分析

该束裤为高腰型，腰部采用花边，裆底前后分开，用暗扣，束裤款式如图4-30所示。

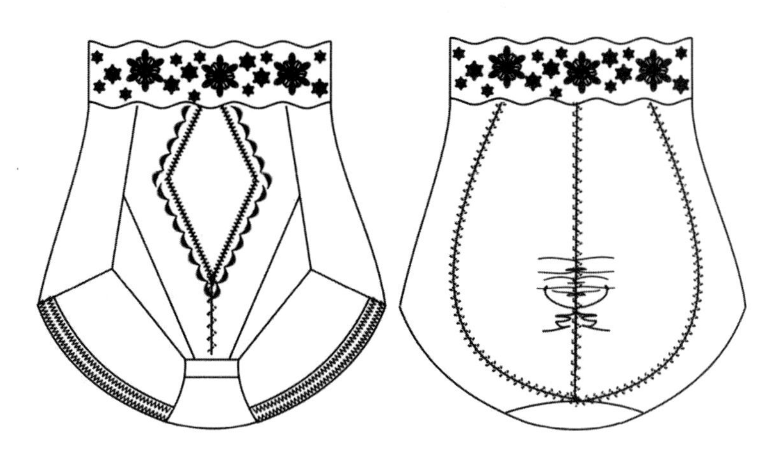

图4-30　束裤二款式图

2. 制图规格，如表4-3所示

表4-3　束裤二制图规格　　单位：cm

部位	规格	缩率
1/2腰头完成长	31	
前中长	29	
后中长	30	
前裆宽	5.5	
后裆宽	16.8	
裆长	13	
脚口完成长	42	95%～98%

3. 作图方法

如图4-31所示，先作基础线，确定前前后中长、前后裆宽、裆长和其他细部尺寸。

如图4-32所示，画顺各结构线。

如图4-33所示，将束裤二裤片面纸样分离。

如图4-34所示，将束裤二花边纸样分离。

如图4-35所示，将束裤二裤片里纸样分离。

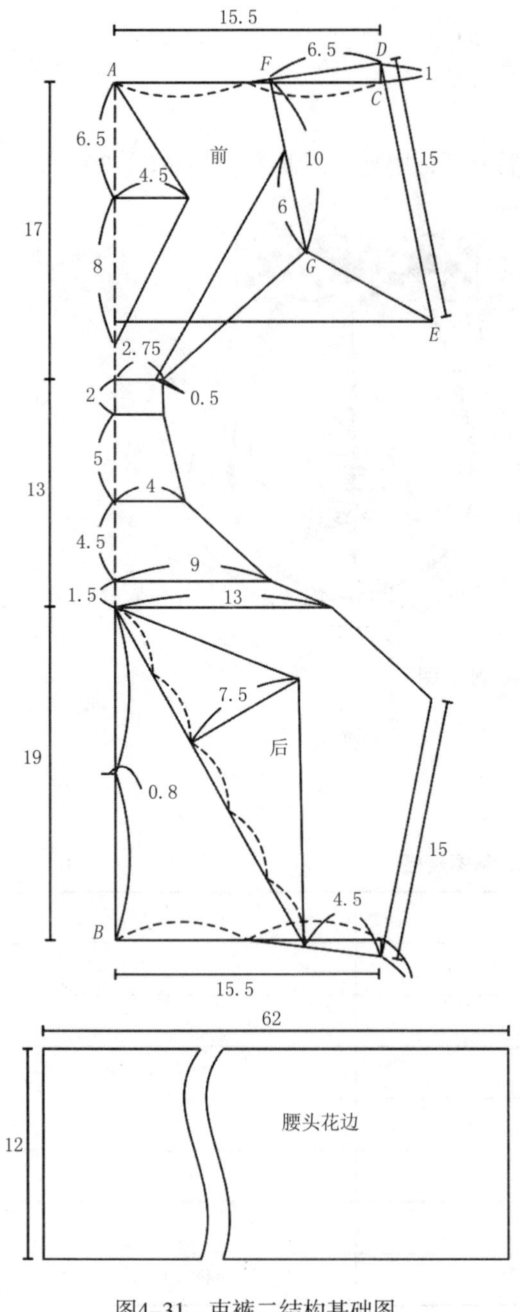

图4-31　束裤二结构基础图

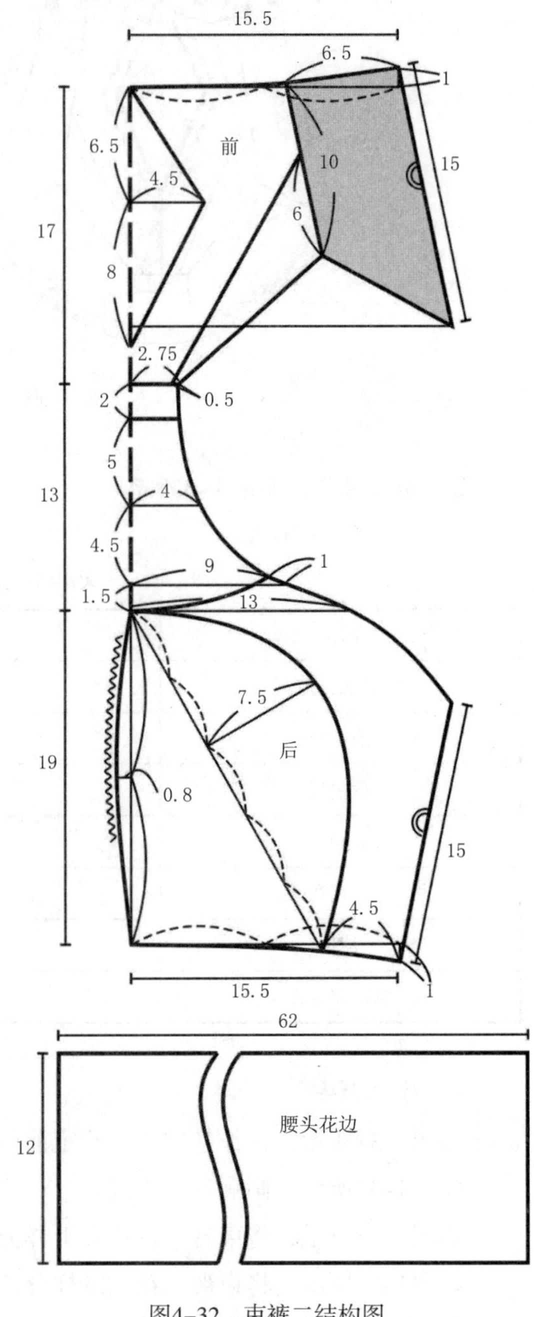

图4-32　束裤二结构图

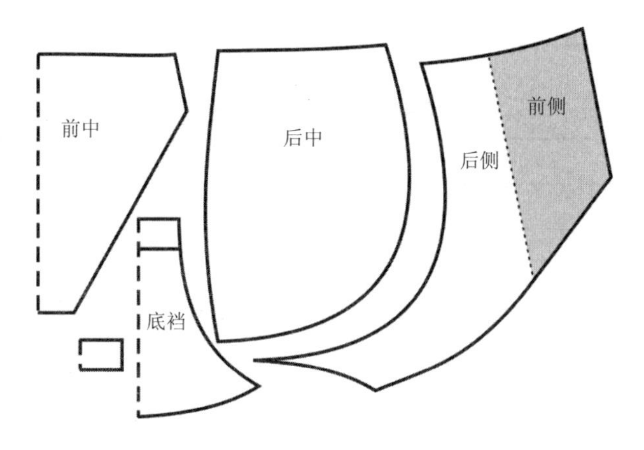

图4-33　束裤二裤片面纸样分离

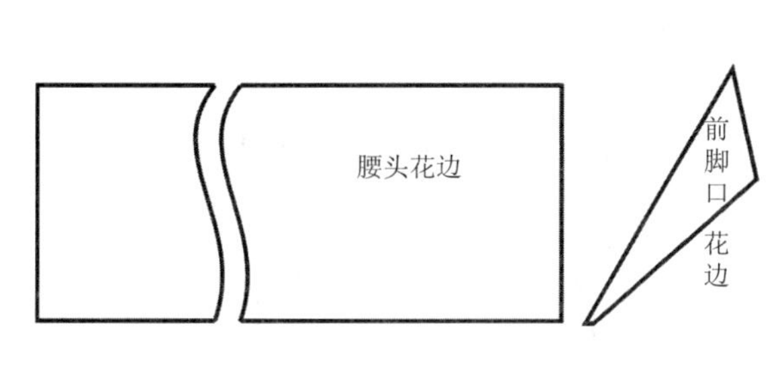

图4-34　束裤二花边纸样分离

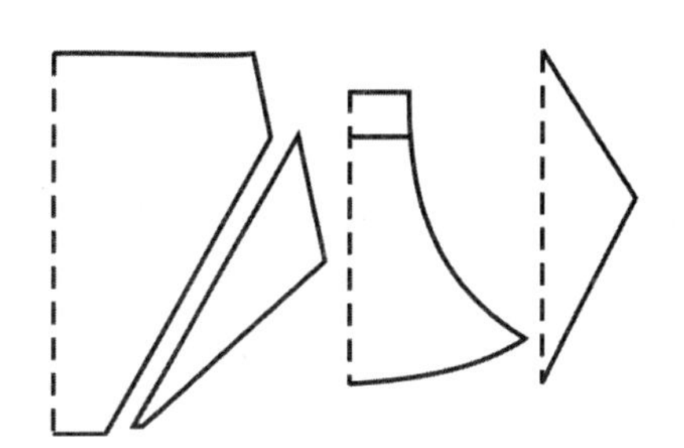

图4-35　束裤二裤片里纸样分离

三、束裤三

1. 款式特点分析

该束裤为高腰型长腿型，束裤款式如图4-36所示。

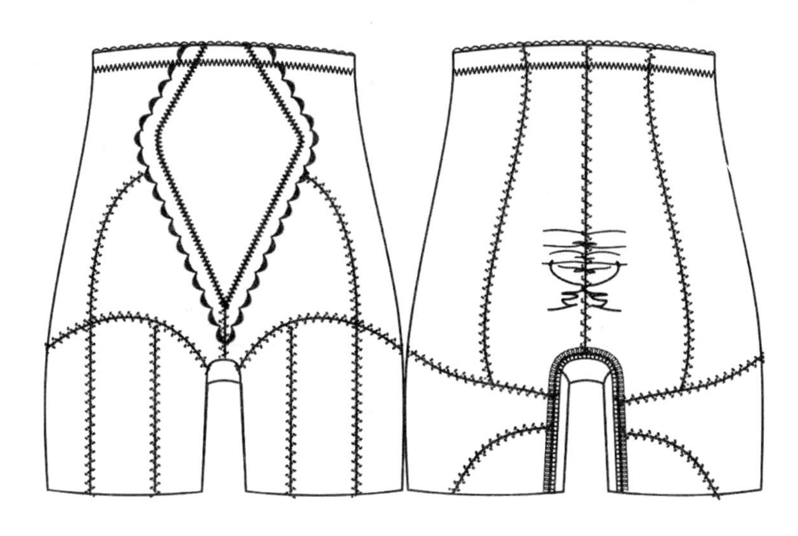

图4-36　束裤三结构图

2. 制图规格，如表4-4所示

表4-4 束裤三制图规格 单位：cm

部位	规格	缩率
1/2腰头完成长	29	
前中长	21	
后中长	26	
裆宽	7	
裆长	12.5	
脚口完成长	40	95%～98%

3. 作图方法

如图4-37所示，先作基础线，确定前前后中长、前后裆宽、裆长和其他细部尺寸。

如图4-38所示，画顺各结构线。

如图4-39所示，将束裤三纸样进行分离，然后根据缝制要求加放缝头和做对位记号。

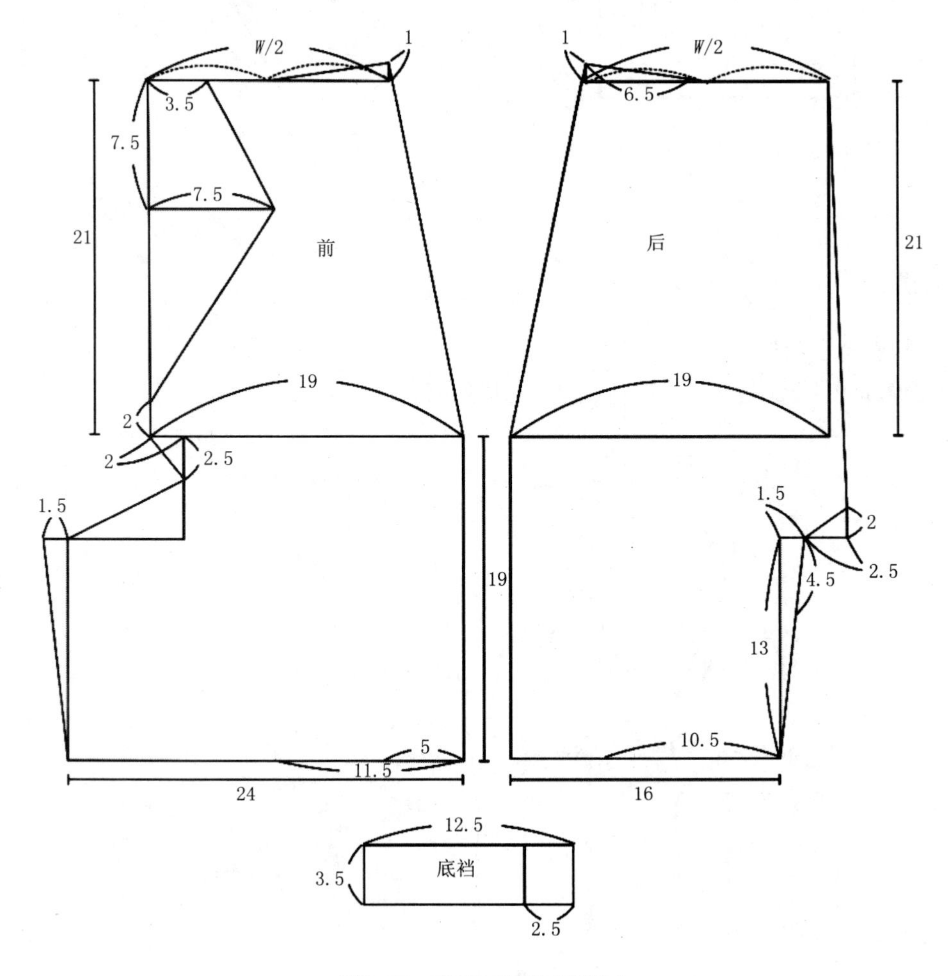

图4-37 束裤三结构基础图

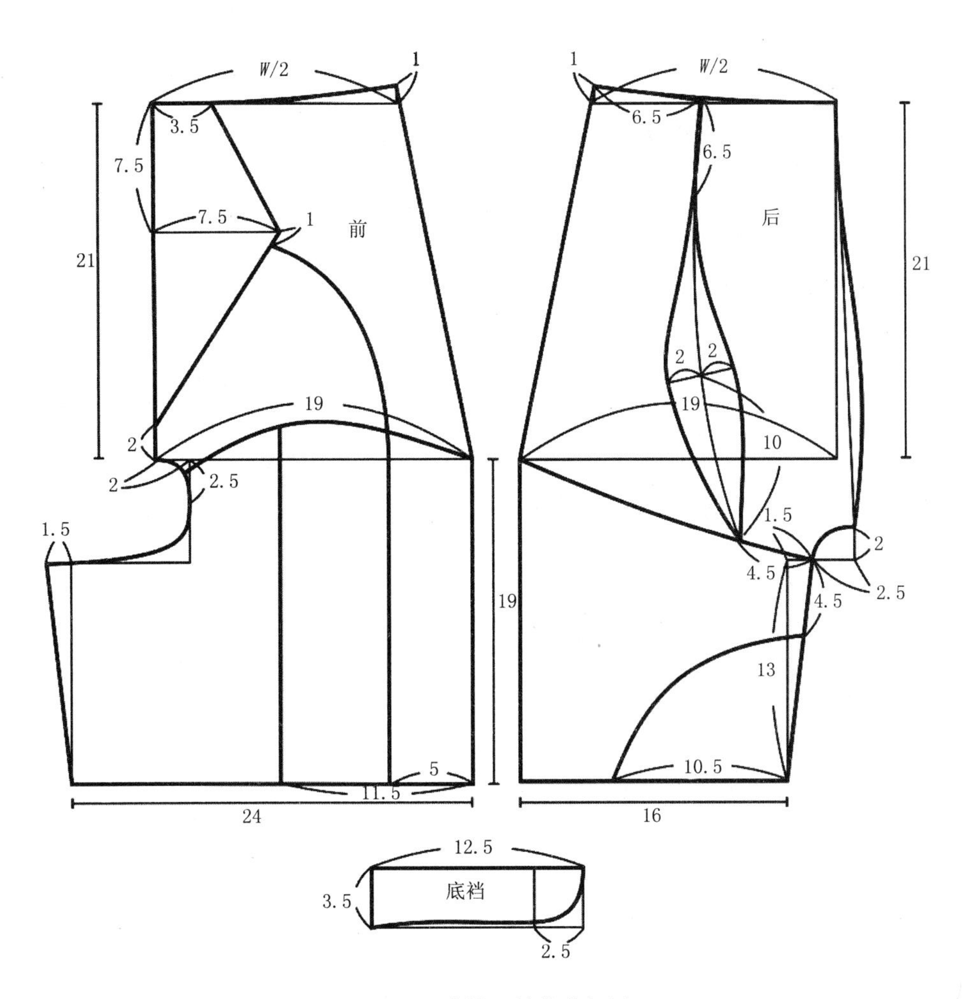

图4-38　束裤三结构分解图

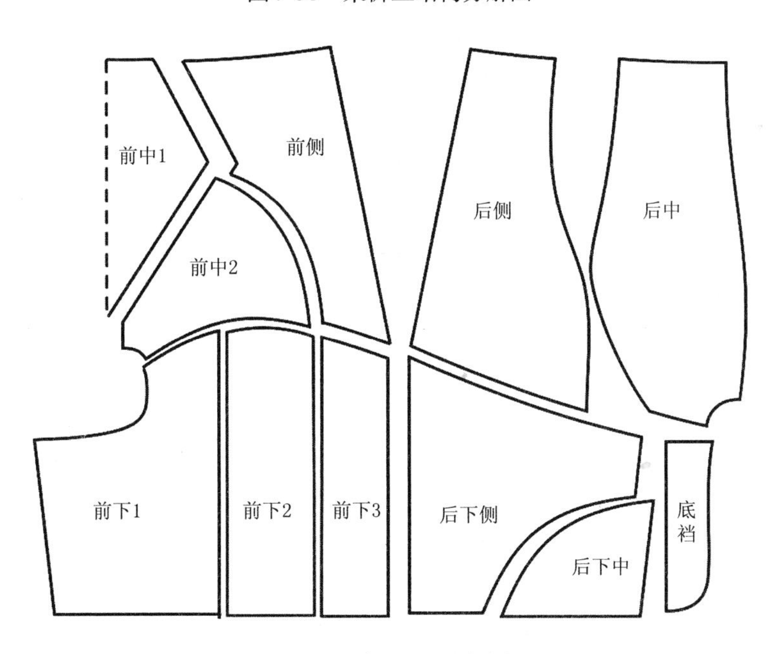

图4-39　束裤三纸样分离

第四节　连体束衣结构设计

连体束衣有多种类型，包括吊带背心加束裤型、文胸加束裤型等。其中束裤可以为三角形束裤、四角短束裤或长束裤等。

1. **款式特点分析**

该连体束裤为吊带加长腿型束裤，无裆底，束裤款式如图4-40所示。

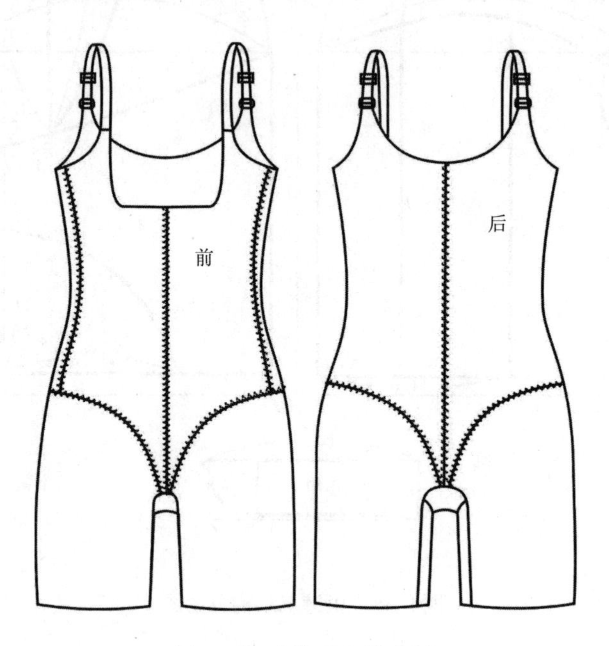

图4-40　连体束衣款式图

2. **制图规格，如表4-5所示**

表4-5　连体束衣制图规格　　单位：cm

部位	规格	部位	规格
前腰节长	20.5	后领深	8.5
后腰节长	23	前袖窿弧线长	9
1/2胸围	34	后袖窿弧线长	14.5
1/2腰围	25.5	前中长	33.5
1/2臀围	35	后中长	36
领宽	17	裤长	43
前领深	12.5	脚口大	18.8

3. **作图方法**

如图4-41所示，先作基础线，确定前后腰节长、领宽、前后领深、裤长、脚口大和其他细部尺寸。

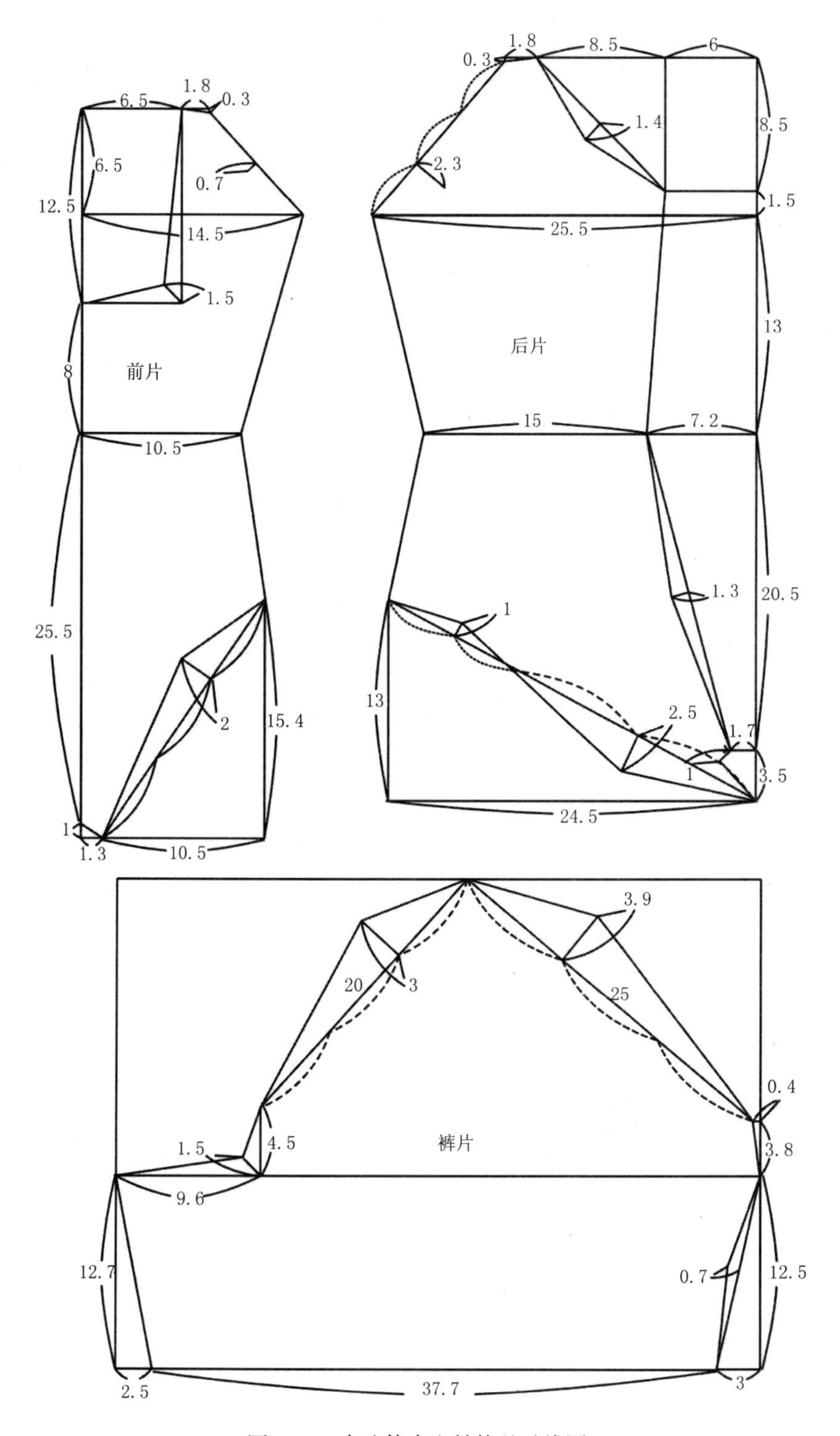

图4-41　束连体束衣结构基础线图

如图4-42所示，画顺各结构线。

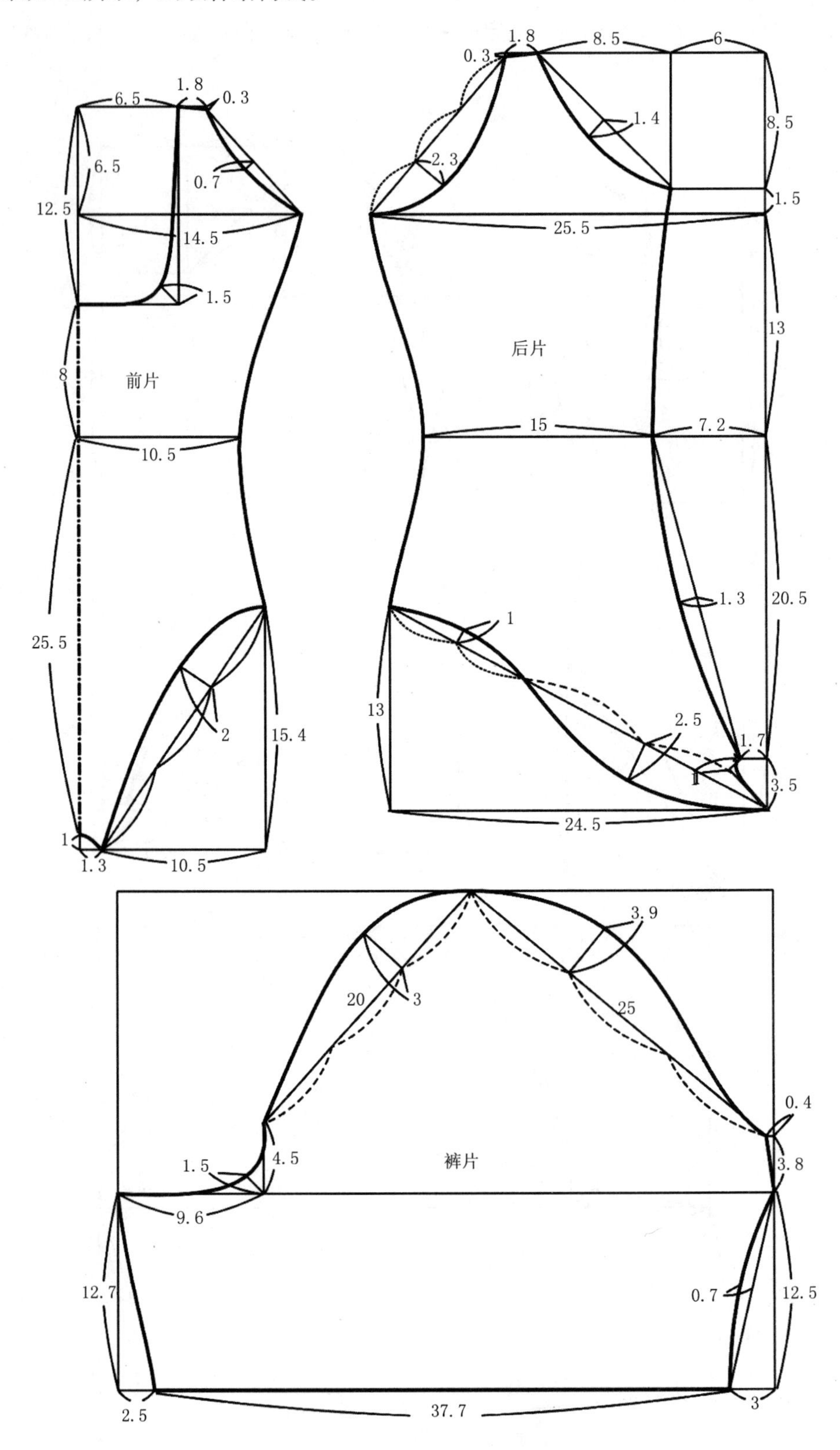

图4-42 连体束衣结构图

如图4-43所示，将连体束衣纸样进行分离，然后根据缝制要求加放缝头和做对位记号。

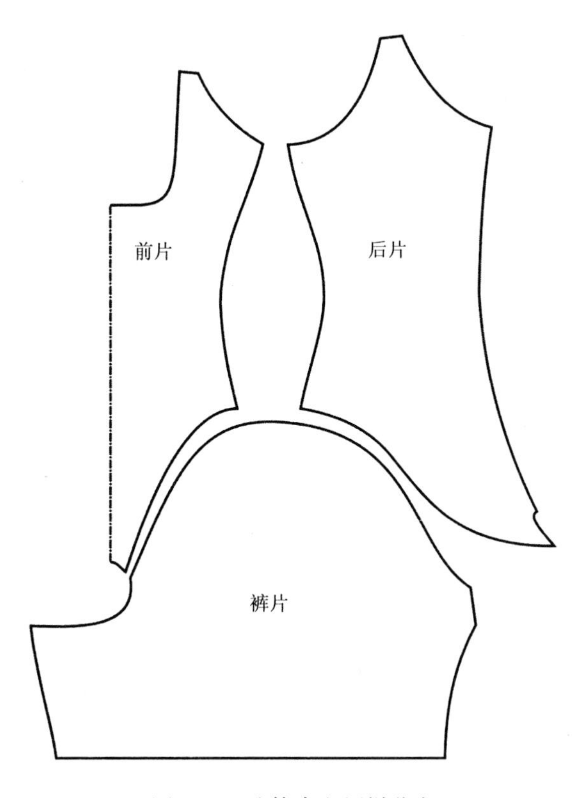

图4-43　连体束衣纸样分离

专业知识及技能——

衬裙结构设计

课题名称： 衬裙结构设计

课题内容： 1．衬裙分类与测量。

2．衬裙结构设计。

课题时间： 8学时

教学目的： 使学生掌握衬裙的测量方法，不同衬裙结构设计的方法和技巧。

教学方式： 讲授

教学要求： 1．学生能独立完成衬裙的测量。

2．学生能完成各类衬裙的结构设计。

课前准备： 准备不同类型的衬裙。

第五章　衬裙结构设计

第一节　衬裙分类与测量

一、衬裙的分类

衬裙是内衣的一种，穿在半身裙或连衣裙内，突出裙子的外形，也避免裙下摆向内卷边。可以分为齐腰衬裙和连身衬裙。

1. *齐腰衬裙*

齐腰衬裙是从腰部开始，按需要长度设计的短衬裙。从合体程度来分主要有三种类型：

（1）紧身衬裙：紧身衬裙穿着于直裙下，臀围加放量较小，基本满足人体活动需要。为便于行走，通常紧身衬裙两侧做开衩。

（2）合体衬裙：合体衬裙穿着于半身裙或连衣裙下，臀围加放量相对于紧身衬裙要大一些，有一定的活动量。

（3）宽松衬裙：宽松衬裙穿着于宽大的半身裙或连衣裙下，臀围及下摆的加放量比较宽大的一类衬裙。

2. *连身衬裙*

连身衬裙穿着于连衣裙下，按其结构可以分为简单结构、一般结构和复杂结构衬裙。

（1）简单结构：简单结构衬裙通常指结构变化相对简单，前后各一片。

（2）一般结构：一般结构衬裙通常指在结构上做一些变化，如可以做成四片式、公主线式、胸罩式等衬裙。

（3）复杂结构：复杂结构衬裙通常是指由多片组成或者是结构变化复杂的一类衬裙。

衬裙按长度来分可分为：短衬裙、中长衬裙和长衬裙等。

二、衬裙测量

1. *齐腰衬裙*（图5–1）

①1/2腰头完成长：以衬裙腰头边计，衬裙放平，沿弧线测量。

②1/2腰头伸展长：将腰头拉展至布料没有缩进时为止，测量其长度。

③裙长：从裙子的腰口线垂直量至底边线的长度。

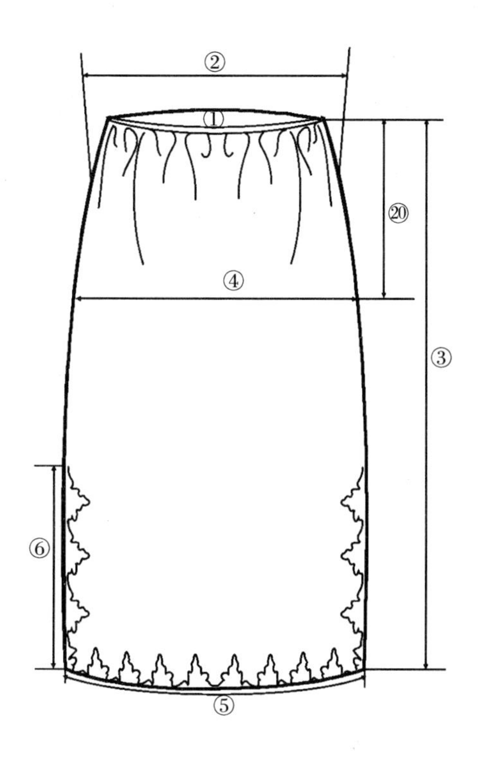

图5-1 齐腰衬裙的测量

④臀围：将裙子展平，从腰口线垂直向下量取20cm，然后水平测量。

⑤下摆围：沿着裙子的底边线测量其长度。

⑥开衩长：从裙子的底边线测量至开衩止点。

2. **连衣裙**（图5-2）

①前裙长：从鸡心中点量至裙子底边的长度。

②后裙长：从上边缘中点量至裙子底边的长度。

③1/2腰围：在裙子腰部的最细部位水平测量。

④1/2下摆围：沿着裙子的底边线测量。

⑤前肩带间距：测量两根肩带前根部的距离。

⑥后肩带间距：测量两根肩带后根部的距离。

⑦鸡心高：中心位置的杯边到碗脚，垂直测量。

⑧碗脚长：沿碗脚线测量。

⑨杯面长：从杯底沿着杯面过胸高点到侧夹边的长度。

⑩杯骨宽：也叫夹碗线长，是罩杯横骨线的长度，沿弧线测量。

⑪杯边长：罩杯近中间的位置至侧幅边位，测量时以布边为准，有花边的款式以花边低波计。

⑫省长：省道的长度。

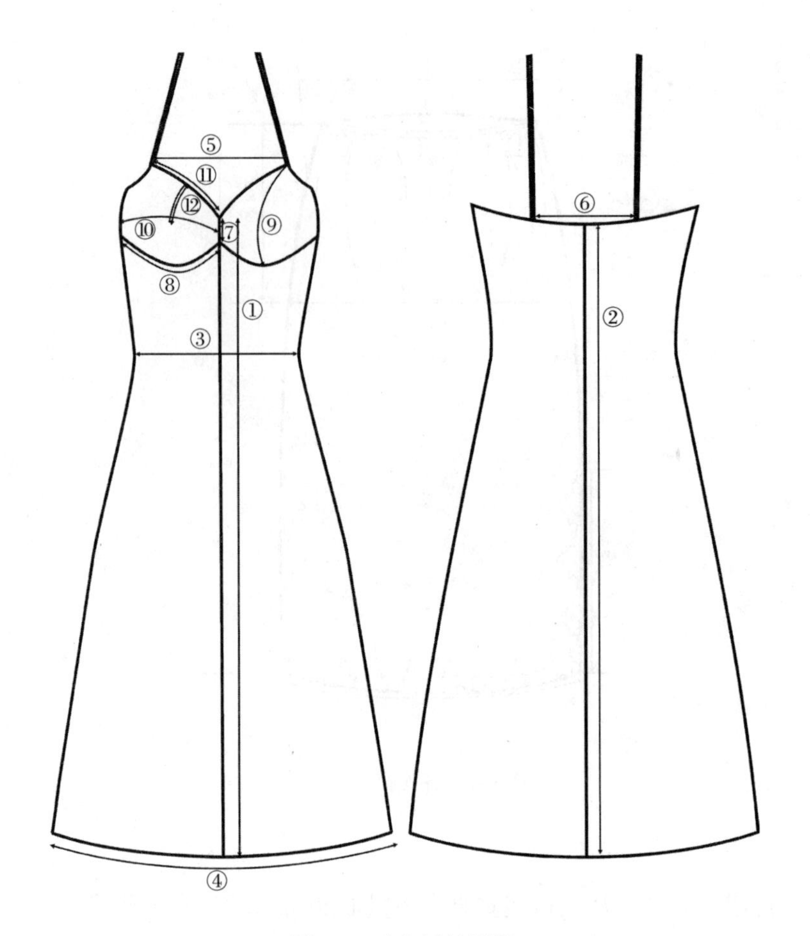

图5-2 连衣裙的测量

第二节 衬裙结构设计

一、裙子原型

1. **制图规格**

腰围（W）：66cm；净臀围（H）：90cm；臀高：20cm；裙长：60cm。

2. **制图步骤**

（1）作基础线

①如图5-3所示，画长方形：长为裙长60cm；宽为裙宽$H/2+2$cm（松量）=47cm。长方形的上边为上平线，下边为下平线。

②臀围线：从上平线向下量取臀高20cm作臀围线。

③侧缝线：臀围取中向后片移动1cm（前后差），作垂线。

（2）确定前、后腰围尺寸：

①前腰围尺寸：（W+1）/4+2cm（前后差），其中，腰围松量为1cm。

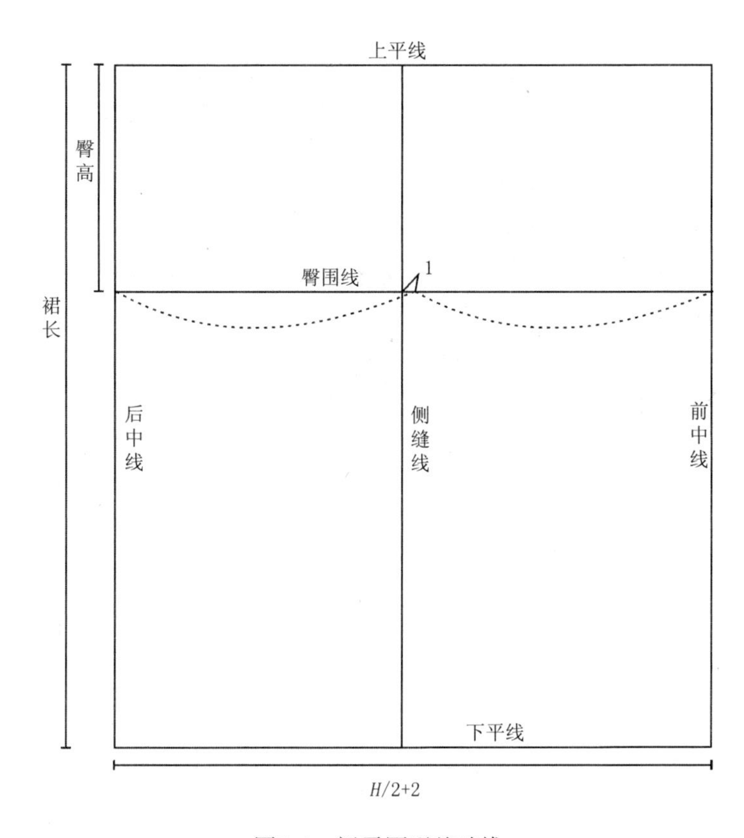

图5-3　裙子原型基础线

②后腰围尺寸：（W+1）/4−2cm（前后差）。

（3）绘制侧缝线和腰围线：如图5-4所示，在上平线上量前腰围大取点A，将点A到侧缝的距离进行三等分，从侧缝线分别向前、后中线方向量取其中一份的量作前、后侧缝与上平线的交点，用弧线从该点画顺至侧臀点，分别将前、后侧缝线过上平线向上起翘1.2cm，然后再画顺前、后腰围线。注意后腰围线在后中线处向下0.5cm。

（4）定腰省的位置：为了让裙子更有立体感，通常将前、后臀围线三等分，在三分之一处的位置作为基准线确定腰省，如图5-4所示。

（5）确定腰省的大小：前省大为前侧缝线与上平线的交点到前腰围大点A的差量，一般将其分为两个省道，前中省为其差量的一半减0.5cm，前侧省为其差量的一半加0.5cm。如果差量较小时，可以设置为一个省道。

后省大为后侧缝线与上平线的交点到后腰围大点B的差量，一般将其分为两个省道，两个省道为其差量的一半。如果差量较小时，也可以设置为一个省道。

（6）确定腰尖点并画省：前省尖点位于臀高的1/2位置，后省尖点在臀围线向上5～6cm处。省长通常与体型和省量的大小有关，一般中臀围的松量控制在臀围松量的1/2，如图5-4所示，画出省道线。

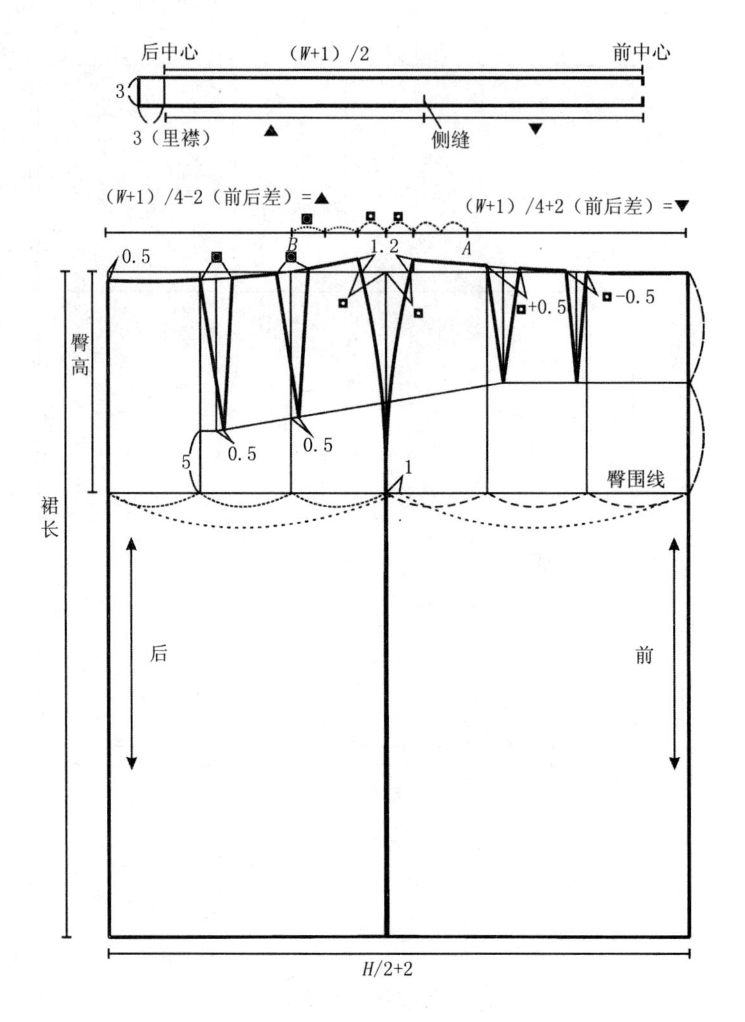

图5-4 裙子原型结构线

（7）修顺腰口弧线：

①用拷贝纸拓下裙子原型的结构线。

②如图5-5所示，过省尖点向下作垂线，并沿着垂线、侧缝线、省线剪开。

③如图5-6所示，将省尖点相对，前、后省线分别重合。

④对齐前、后侧缝线。

⑤画顺腰口弧线。

注：也可以用折叠法和旋转法来修顺腰口弧线。折叠法：就是通过将省道折叠合并后，对齐前、后侧缝线，然后画顺腰线。旋转法：一是使用拷贝纸拷贝纸样，然后进行旋转，合并省道和对齐前、后侧缝。二是在服装打板软件中，可以通过旋转转移工具来实现。

⑥延长省道线至修顺后的腰线。

⑦将延长后的省道线和修顺后的腰线复制到裙子原型轮廓线图上。

（8）绘制腰头：如图5-4所示，腰头宽为3cm。

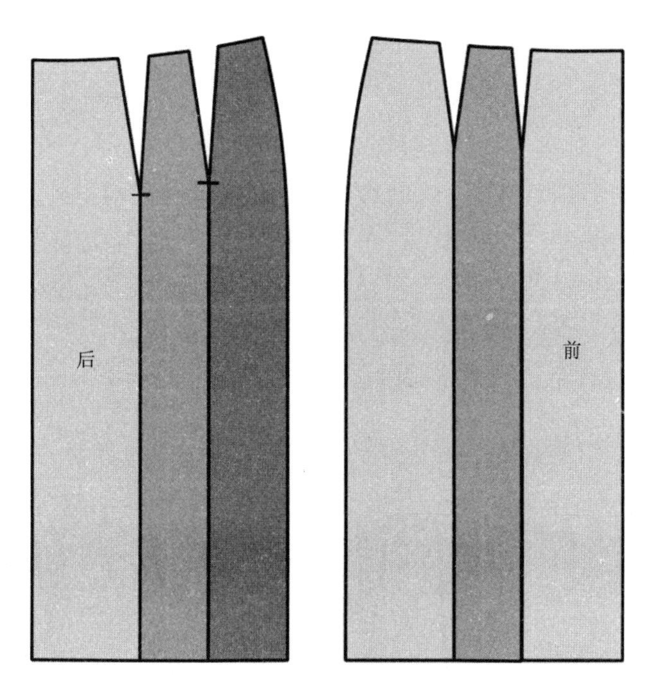

图5-5　省尖点向下作垂线

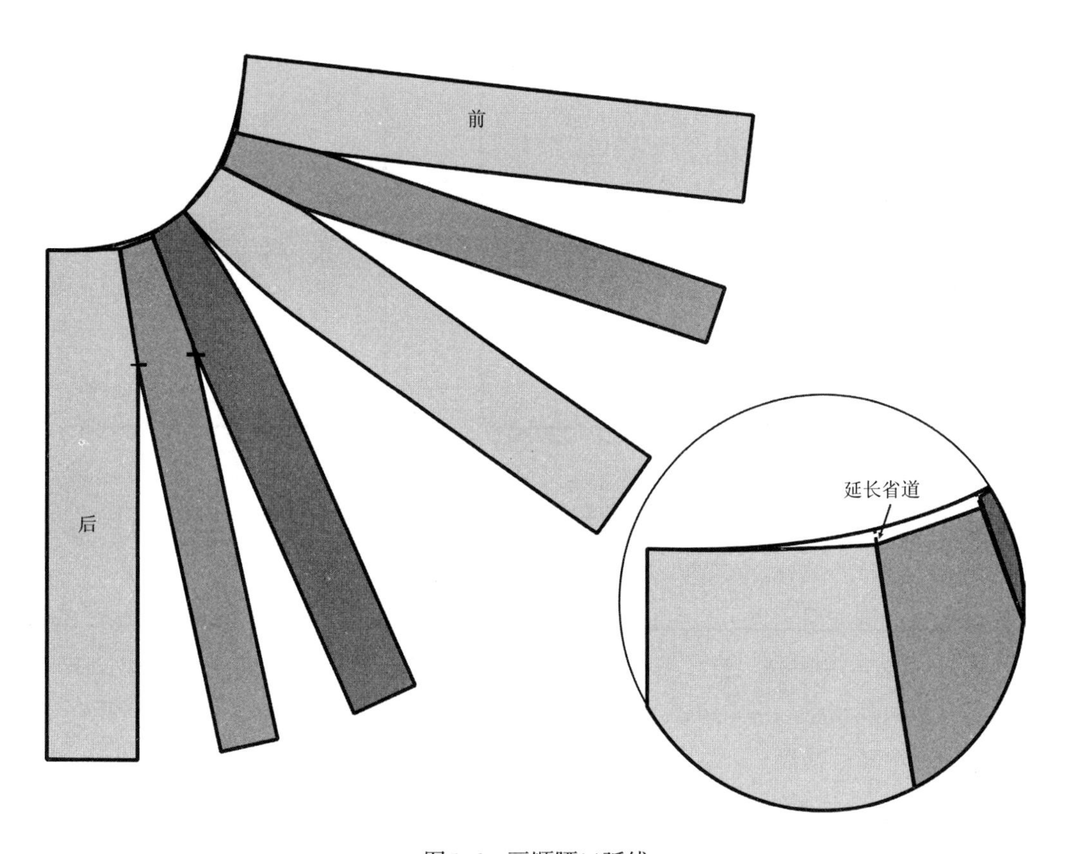

图5-6　画顺腰口弧线

二、齐腰衬裙

这类衬裙可以通过对裙子原型样板展开获得纸样，当然也可以用比例分配法或立体裁剪法获得，在这里主要讲述用原型法制作纸样。衬裙的长度根据外部裙子的长度进行调整，通常可以比外部裙子短1.5～2.5cm，也可以视具体情况确定其长度。

1．**直身衬裙**

（1）紧身型直衬裙：款式如图5-7所示。

制图说明：如图5-8所示，直接使用裙子原型样板，为便于行走，在侧缝处开衩，开衩点距离腰口线40cm左右。

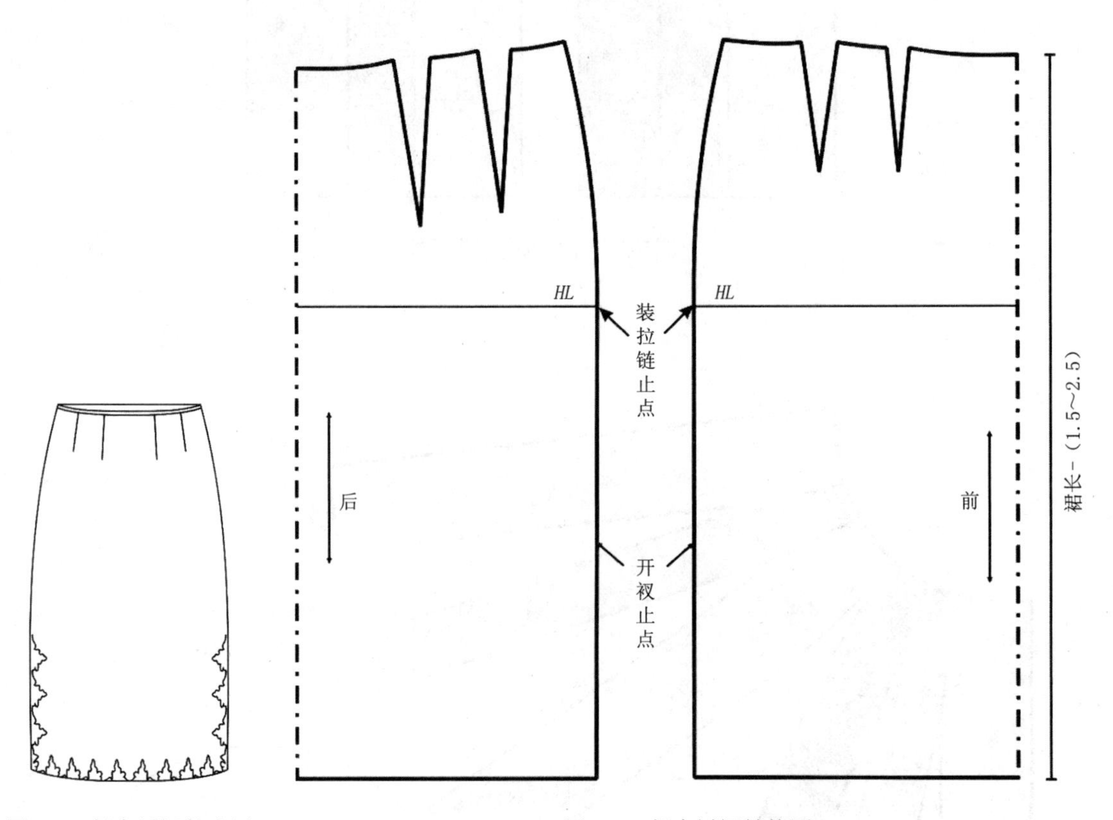

图5-7　紧身衬裙款式图　　图5-8　紧身衬裙结构图

（2）合体型直衬裙：款式如图5-9所示。

制图说明：这类裙子也可以直接使用裙子原型样板，衬裙的长度根据外部裙子的长度进行调整。如图5-10所示，围度是在原型的基础上在前、后中线处各向外增加1.5cm，在前、后侧缝各向外增加1cm，画顺新的前、后侧缝线和前、后中心线，再将新的前、后侧缝线对齐，画顺腰口弧线。

为便于行走，在侧缝处开衩，开衩点距离腰口线40cm左右。这类衬裙通常在腰部使用松紧带，需要确认伸展后的腰口线长度能否很容易通过人体的臀部，如果不能的话，需

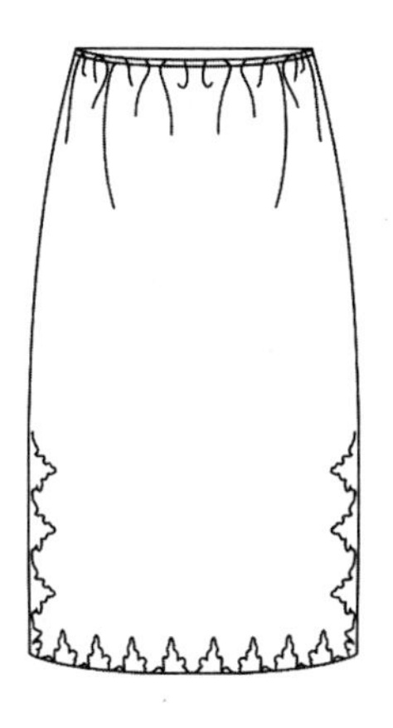

图5-9 合体型直衬裙款式图

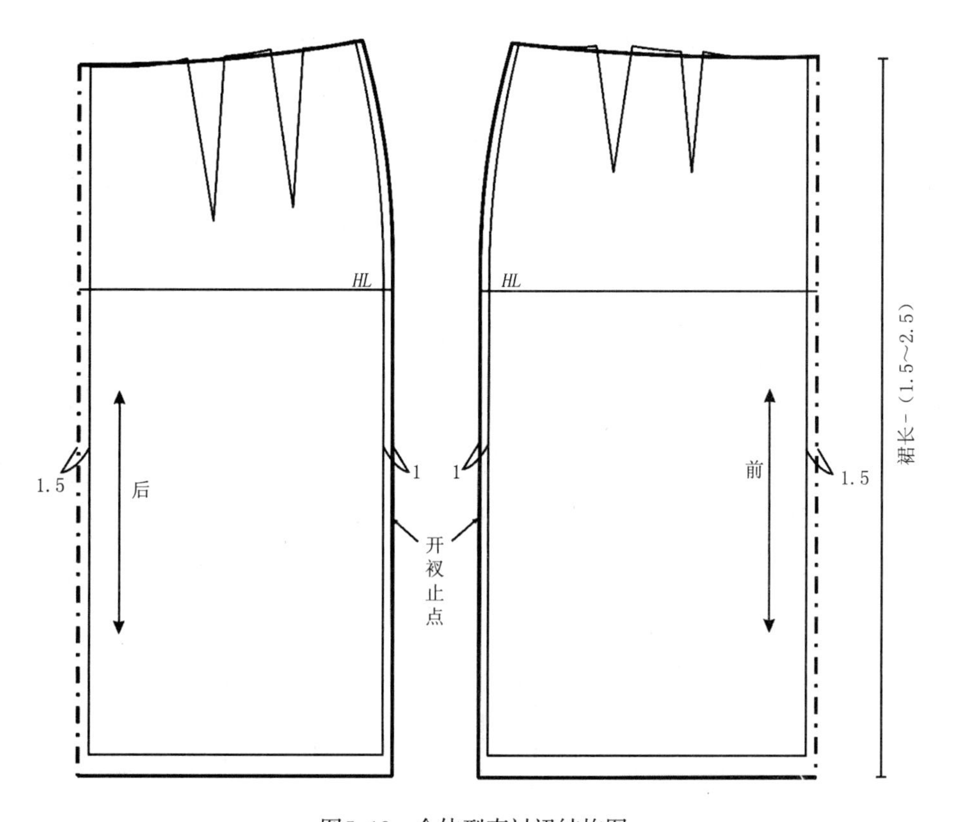

图5-10 合体型直衬裙结构图

要调节腰部侧缝线的位置，增加腰口线的长度。

（3）宽松型直衬裙：款式如图5-11所示。

制图说明：宽松型直衬裙的处理方法与合体型相似，可以在前、后中心、前、后侧缝处向外的加放量增大即可；如图5-5所示，过省尖点向下作垂线，并沿着垂线将裙子原型剪切，然后如图5-12所示，再平行展开。如果裙摆围度不影响大步行走，就不需要加开衩了。

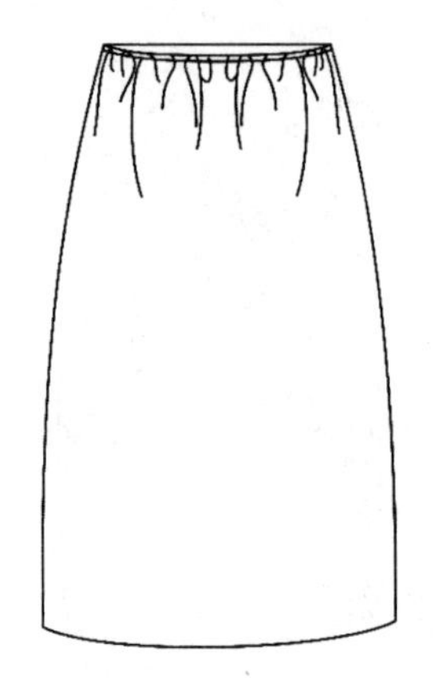

图5-11　宽松型直衬裙款式图

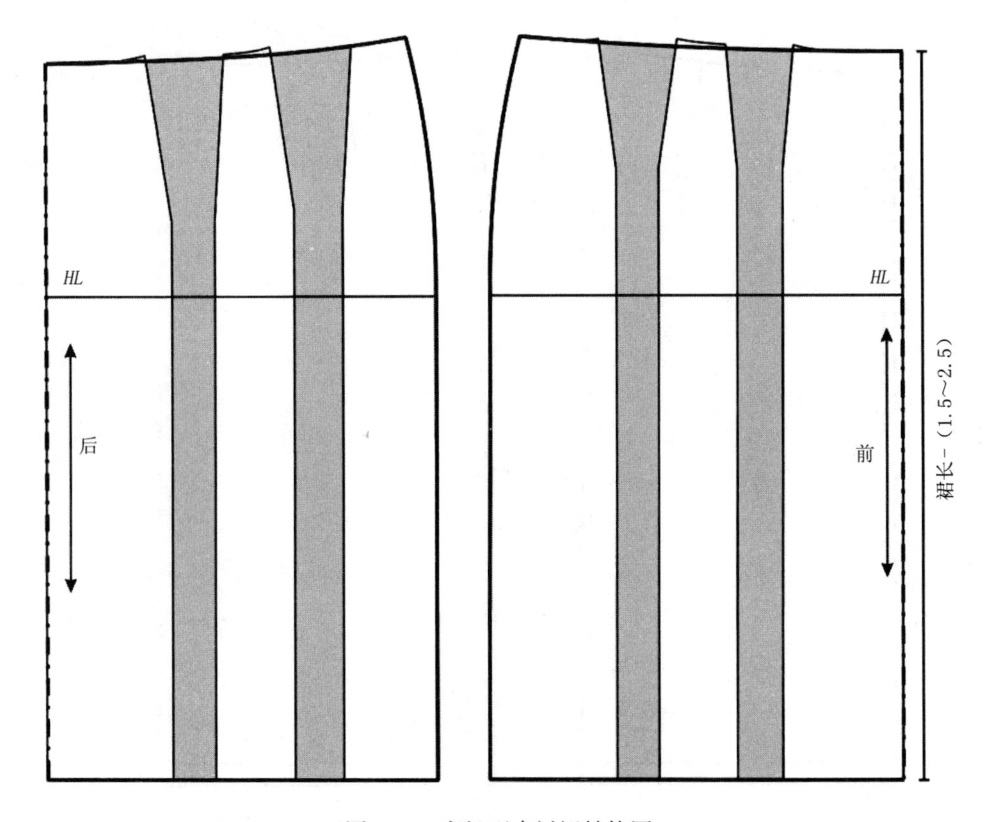

图5-12　宽松型直衬裙结构图

2. A字型衬裙

（1）腰部加省道：款式如图5-13所示。

制图步骤：

①复制裙子原型，长度根据外部裙子的长度进行调整，如图5-5所示，过省尖点向下作垂线，然后沿着垂线将裙子原型剪切。

②将前、后裙片的纸样平铺在另一张纸上，如图5-14所示，根据下摆的大小确定省道

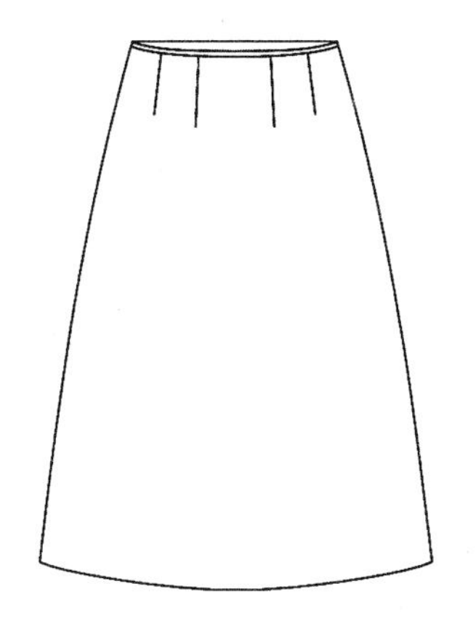

图5-13 腰部加省道A字型衬裙款式图

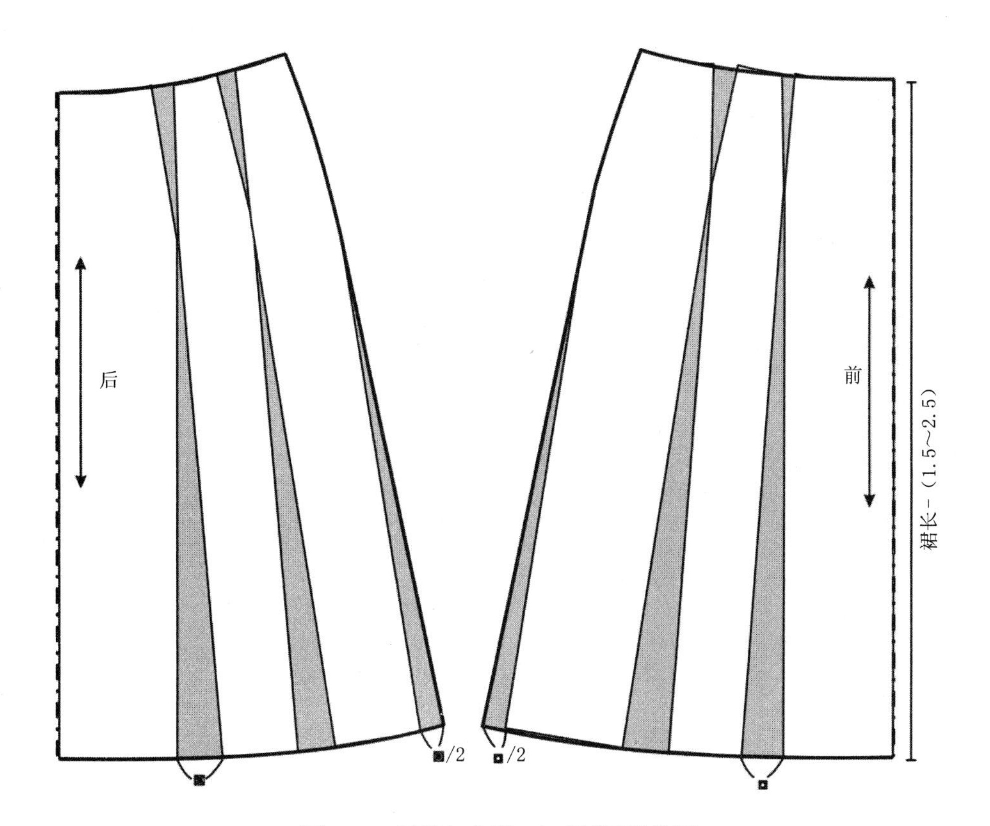

图5-14 腰部加省道A字型衬裙结构图

的闭合量。

③侧缝下摆处向外加放省道处展开量的1/2。

④画顺腰口线、侧缝线和底边线。

⑤检查省道，如果两个省量都偏小的话，可以将两个省道合并为一个省道。

⑥用原型腰口线的画法，画顺A字裙腰口弧线。

注：这类裙子通常在侧缝或后中缝加拉链便于穿脱。

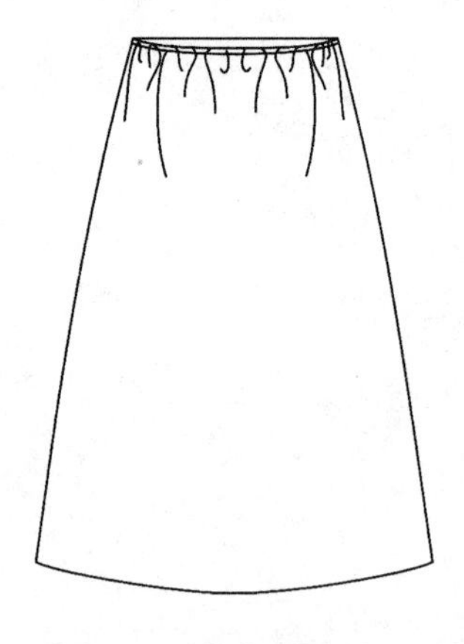

图5-15 腰部抽松紧带A字型款式图

（2）腰部抽松紧带：款式如图5-15所示。

制图说明：腰部抽松紧带，穿着较为方便，这要求腰口线的长度在净臀围的基础上至少加放5cm，这样才能保证裙子穿脱方便。如果腰口不开衩或不装拉链，裙子原型的腰口线长度是不能满足裙子穿脱时需要宽松量，这就需要在加大衬裙下摆的同时，增长裙子的腰口线长度。

制图步骤：

①复制裙子原型，长度根据外部裙子的长度进行调整，如图5-5所示，过省尖点向下作垂线，然后沿着垂线将裙子原型剪切。

②将剪切的前、后裙片的纸样平铺在另一张纸上，根据下摆的大小，将纸样按梯形状展开，注意要确保腰口线的长度比净臀围大尺寸至少大5cm。

③如图5-16所示，侧缝下摆处向外加放省道处展开量的1/2。

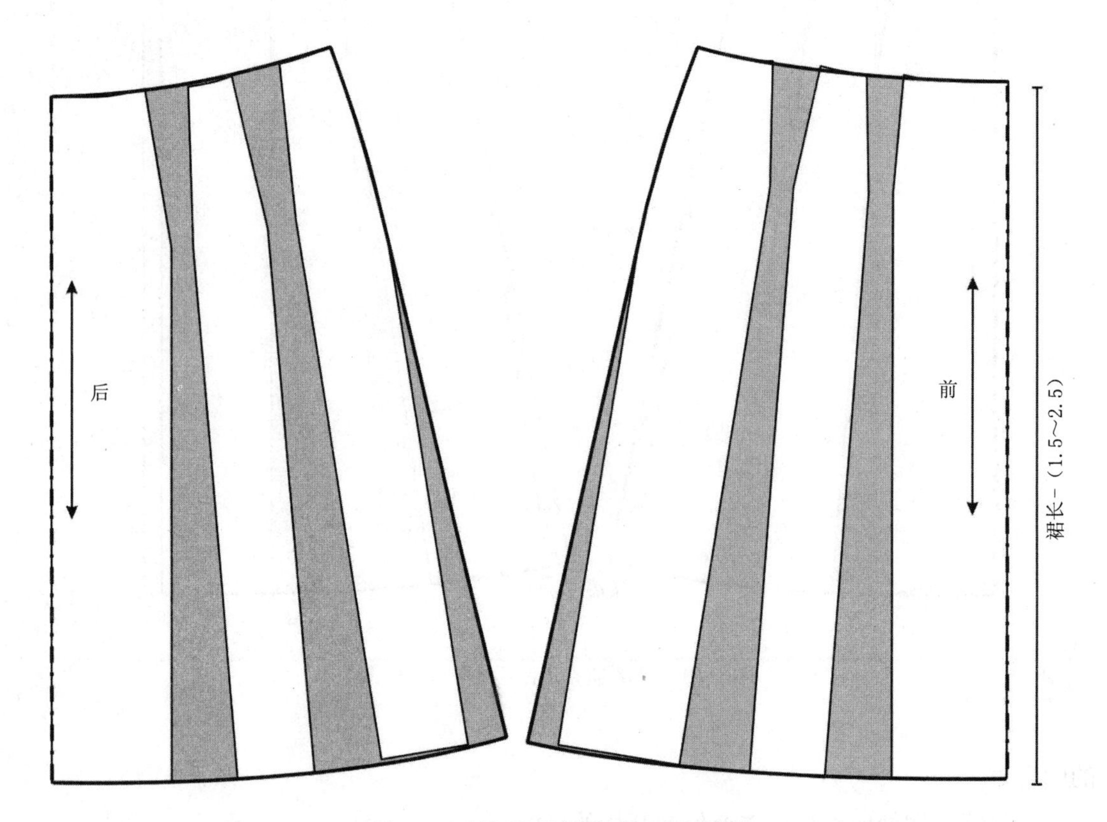

图5-16 腰部抽松紧带A字型结构图

④画顺腰口线、侧缝线和底边线。

3. 喇叭型衬裙

（1）腰部抽松紧带喇叭型衬裙：操作方法参见腰部抽松紧带A字裙方法，只需将下摆加大即可。

（2）有饰边的喇叭型衬裙：款式如图5-17所示。

制图步骤：

①复制裙子原型，长度根据外部裙子的长度再减去饰边的宽度，再进行调整。

②如图5-18所示，将腰省全部合并，如果下摆量还需要再增加的话，腰口线长度不变，继续拉大下摆即可。

③饰边可裁成直条形，其长度为新裙摆的周长的1.5~3倍，也可以视具体情况进行增减。

图5-17　有饰边的喇叭型衬裙款式图

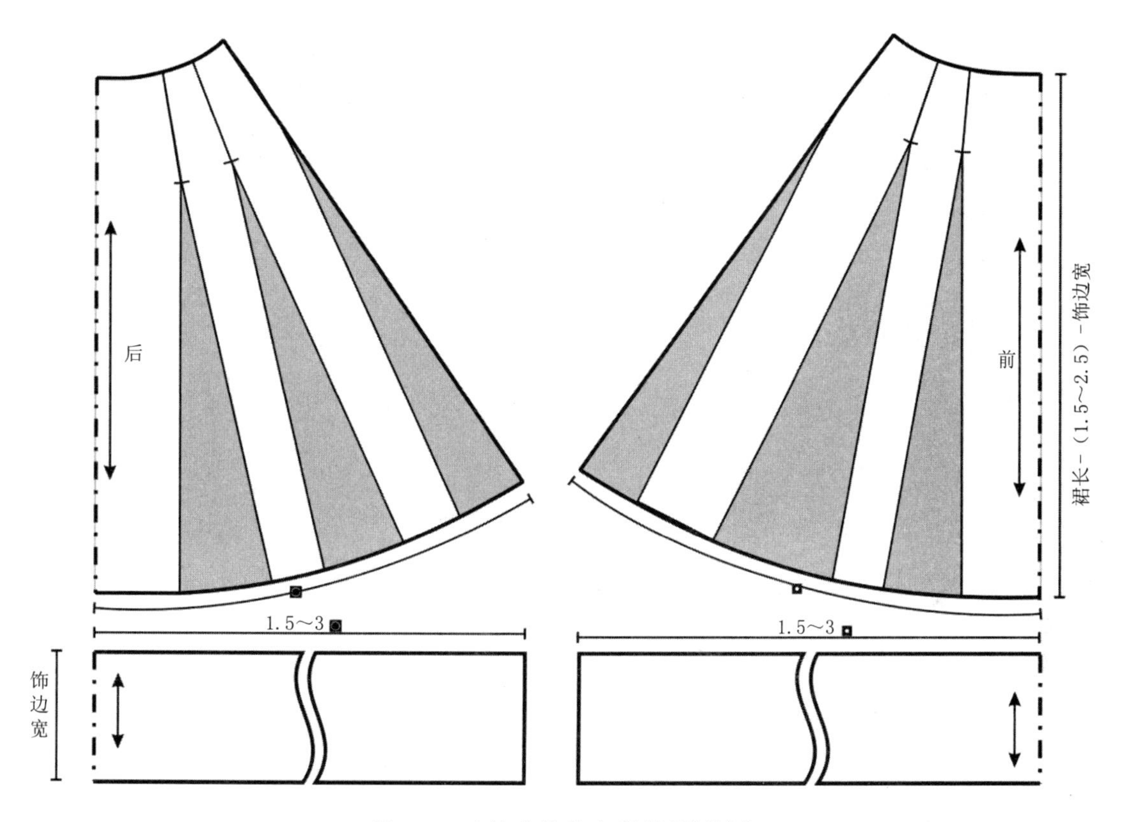

图5-18　有饰边的喇叭型衬裙结构图

4. **有育克宽大衬裙**

有育克宽大衬裙，款式如图5-19所示。

制图步骤：

①复制裙子原型，长度根据外部裙子的长度进行调整，如图5-5所示过省尖点向下作垂线，然后沿着垂线将裙子原型剪切。

图5-19 有育克宽大衬裙款式图

②将前、后裙片的纸样平铺在另一张纸上，将腰省完全合并。

③如图5-20所示，作出育克线，通常是过省尖点作腰口线的平行线，或者根据设计作出育克线。

④将育克与其以下部分剪开。

⑤将裙摆画顺，并将下半部分进行三等分（如图虚线）。

⑥按梯形将下半部分剪开，然后展开，如图5-21所示，上下展开量的大小按设计而定，画顺各弧线。

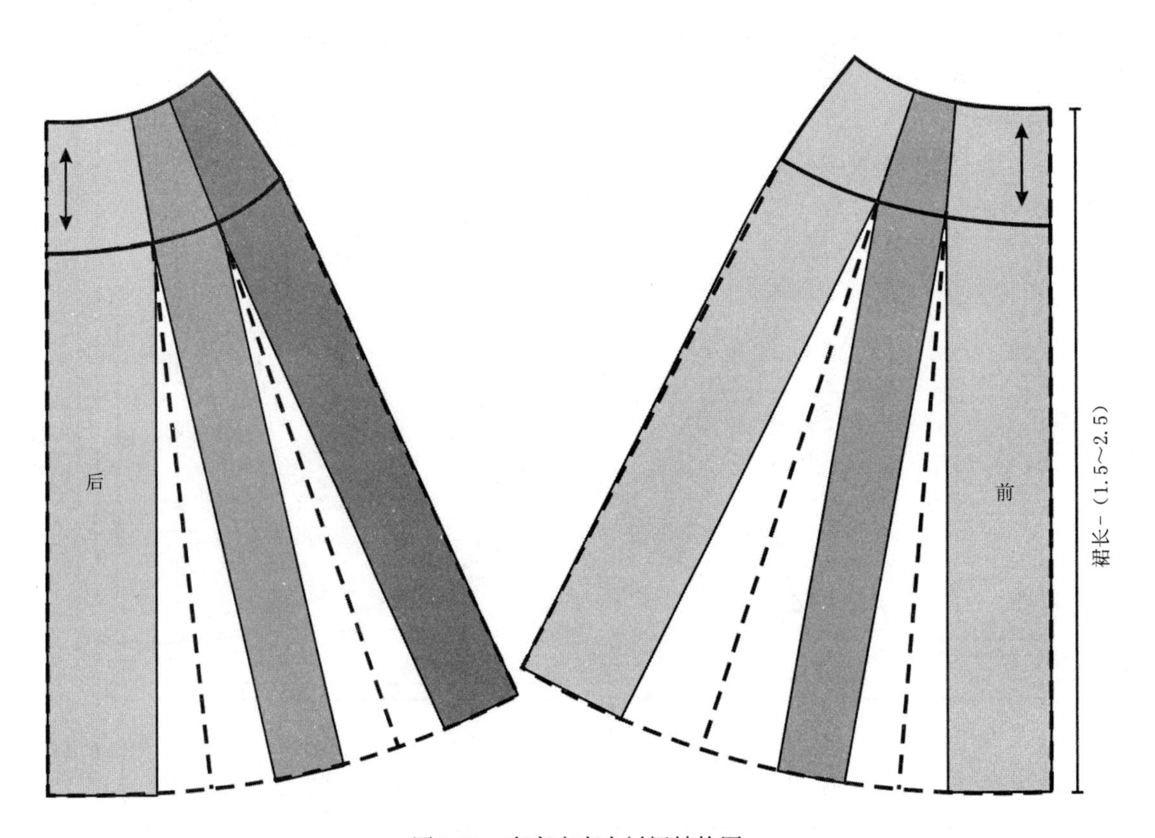

图5-20 有育克宽大衬裙结构图

三、连身衬裙

连身衬裙的款式变化较多，本节用原型法讲解连身衬裙的结构设计及其变化。

1. 袖窿省转移至腋下

制图说明：将原型的袖窿省转移为腋下省，下半身裙长比外裙裙长短1.5～2.5cm，也可以视具体情况增减。

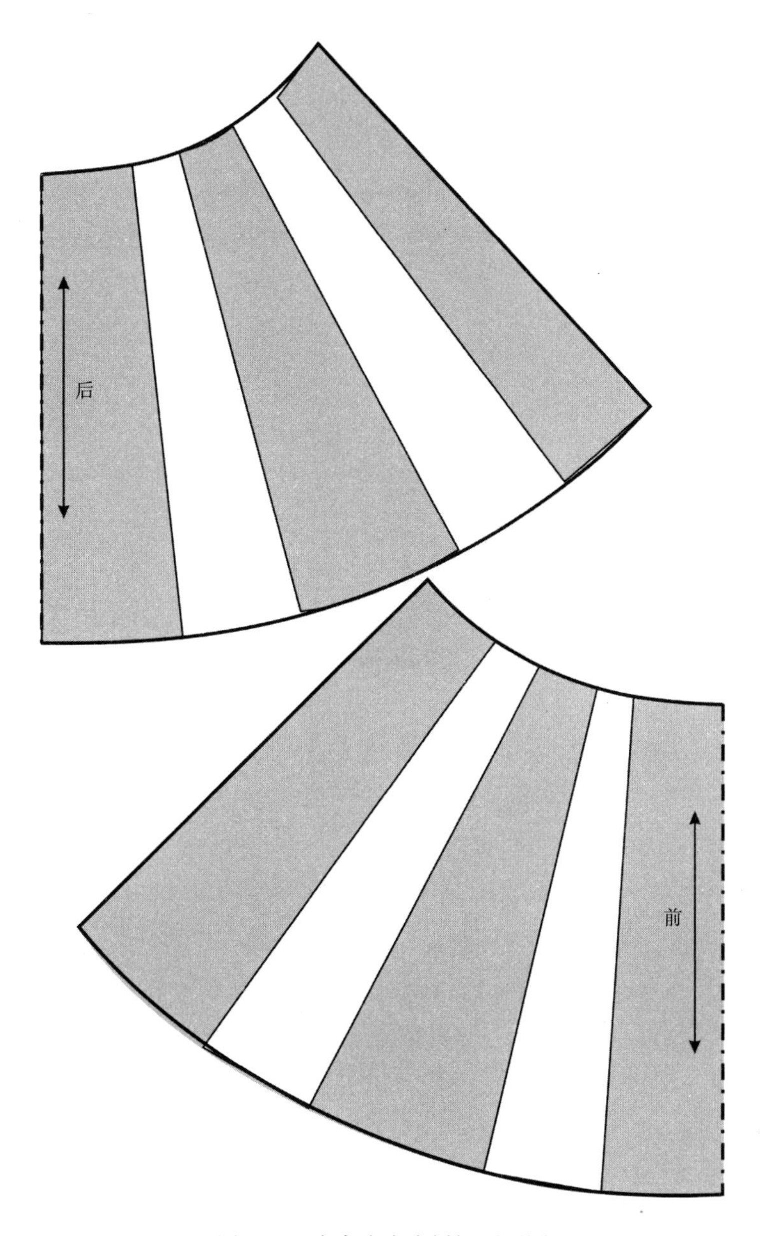

图5-21　有育克宽大衬裙展开图

（1）合体背心连身衬裙：款式如图5-22所示。

制图说明：如图5-23所示，将衣身原型的袖窿省转移至腋下，再将衣身原型的前、后片复制在另一张纸上，如图5-24所示，在原型进行制图。制图过程中，领口的大小及肩带的宽度可以根据设计需要自行设定。结构线完成后，应将前、后肩线对齐，如图5-25所示，检查领口线和袖窿弧线是否圆顺，如果不圆顺需要调整前、后领口弧线或袖窿弧线。此外，本章的例子中，裙摆都采用10：1来控制其大小，如图5-24所示，如需增加或减少下摆的尺寸，可以增大或减少该比例，当然也可以用定寸法或其他方法来确定裙摆的大小。

图5-22 合体背心连身衬裙款式图

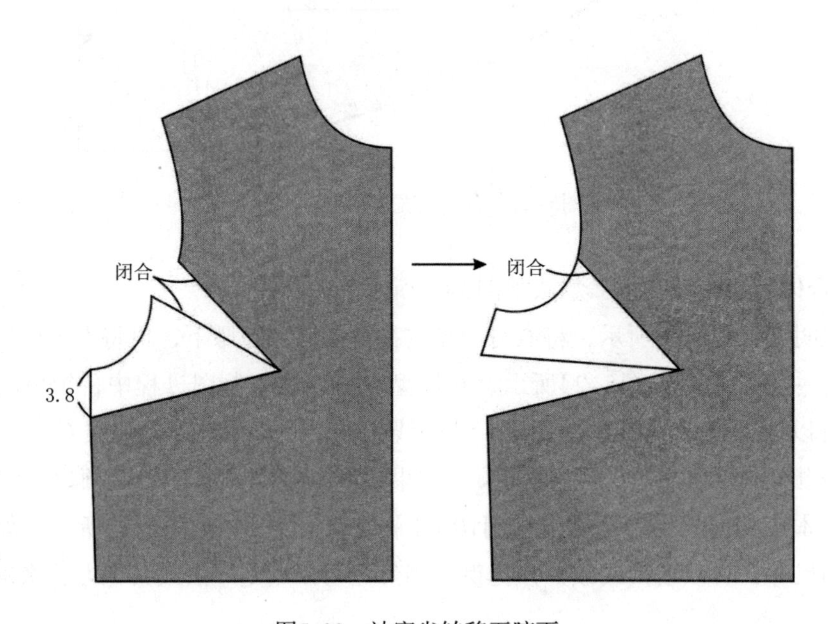

图5-23 袖窿省转移至腋下

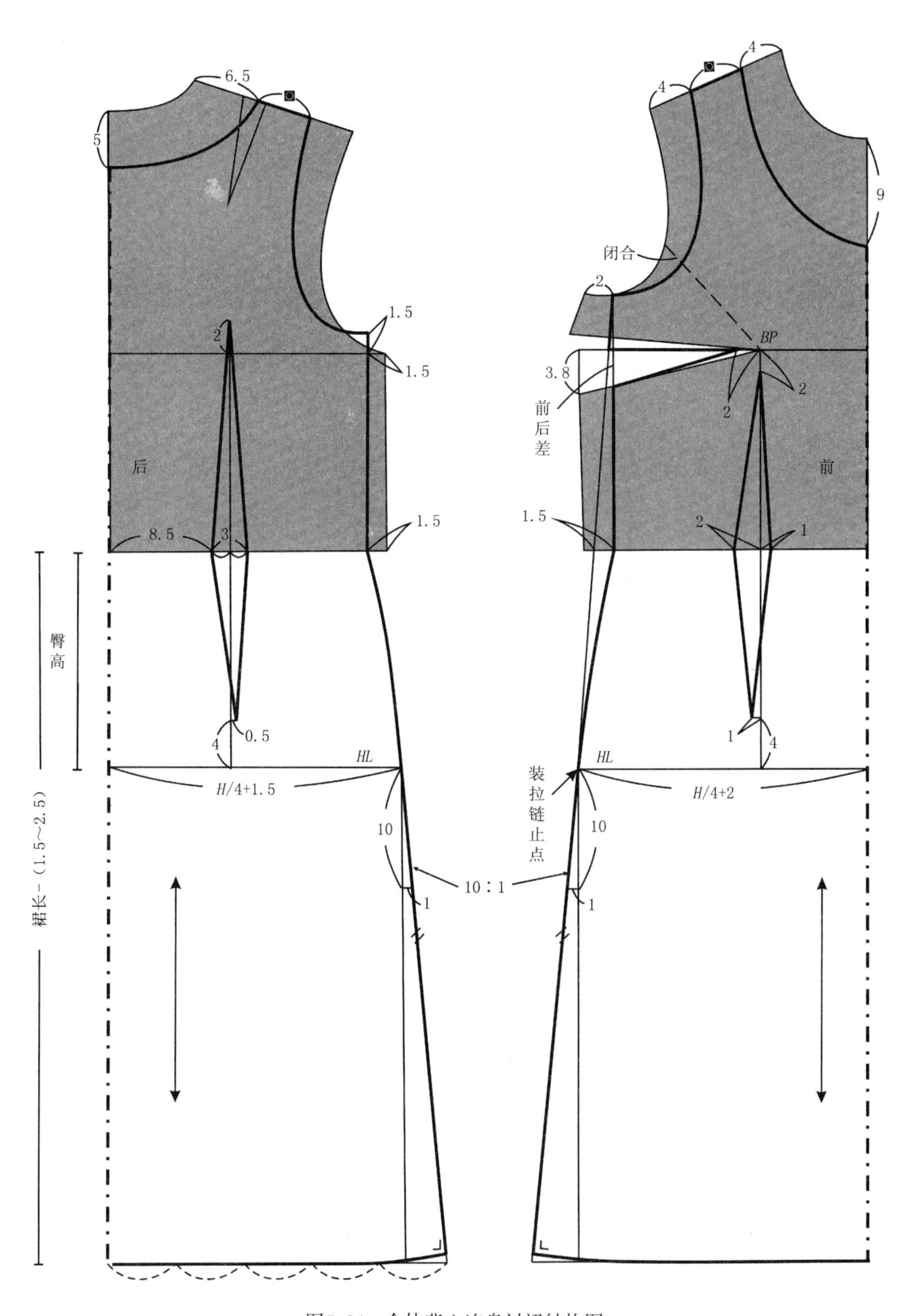

图5-24　合体背心连身衬裙结构图

（2）吊带连身衬裙：款式如图5-26所示。

图5-25　合体背心连身衬裙修正图

图5-26　吊带连身衬裙款式图

制图说明：该款衬裙在背心连身衬裙制图的基础上进行结构设计，如图5-27所示，前、后片将背心部分设计为吊带形式即可。如果背部不贴体，可以适当增加后片省道的开口量。胸部和背部上边缘线的位置及其造型可以自行设定，但需要注意的是胸部上边缘线的设定要考虑乳房的位置。

（3）吊带背心与齐腰衬裙组合型衬裙：款式如图5-28所示。

制图说明：该款组合型衬裙可以在吊带连身衬裙制图的基础上进行结构设计，臀围线以上为吊带背心部分，为保证吊带背心的下摆圆顺，下摆需要进行起翘处理，如图5-29、图5-30所示，齐腰衬裙腰围线以下部分，由于吊带背心腰至臀部覆盖在衬裙的外部，可将衬裙前、后臀围各减少0.5cm，侧缝起翘1.2cm，后中缝下落0.5～1cm，衬裙另加腰头。

2. 袖窿省转移至肩省

将衣身原型的袖窿省转移为肩省，为使前胸更贴体，做吊带类衬裙，可以将肩省量增

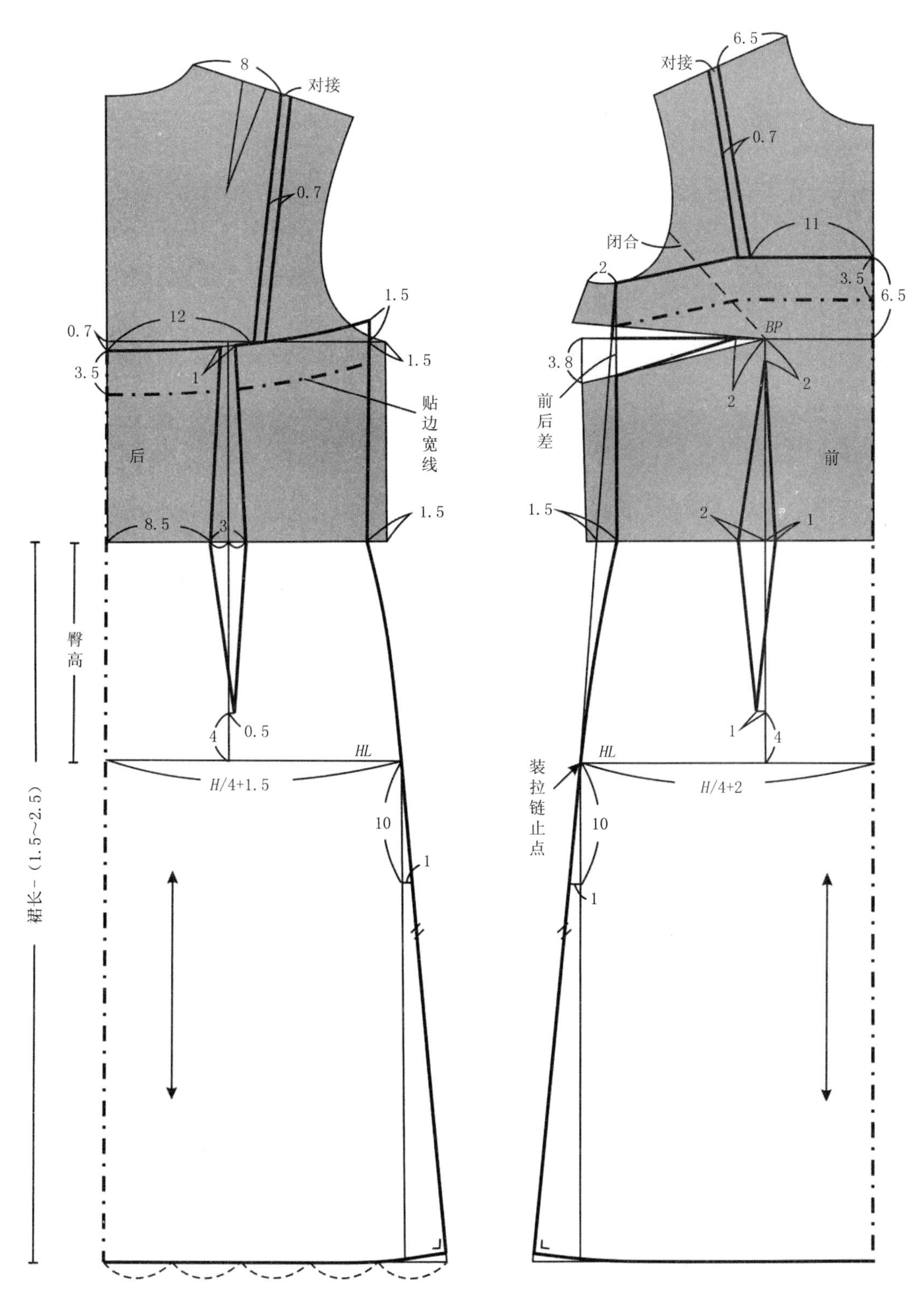

图5-27　吊带连身衬裙结构图

图5-28 吊带背心与齐腰衬裙组合型衬裙款式图

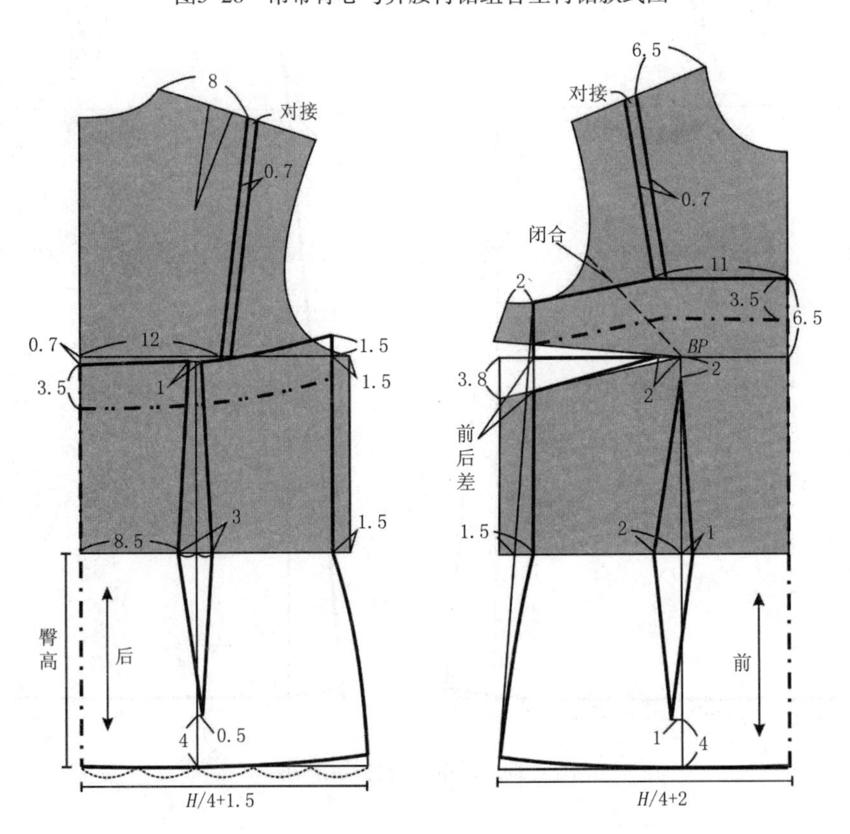

图5-29 齐腰衬裙组合型吊带背心结构图

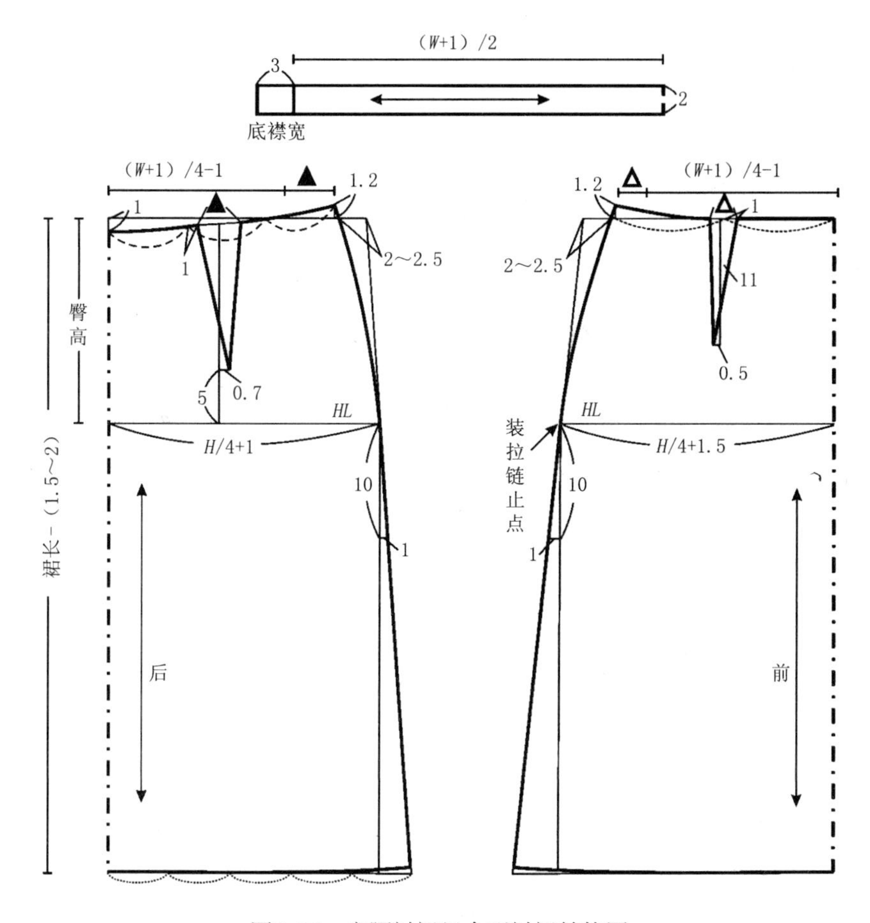

图5-30　齐腰衬裙组合型衬裙结构图

加50%，下半身裙长比外裙裙长短1.5～2.5cm，也可以视具体情况酌情增减。

（1）合体普通吊带连身衬裙：款式如图5-31所示。

制图说明：如图5-32所示，该款将肩省与腰省连接，形成一条线，肩带的位置也位于该线上。后片制图参见图5-27。

（2）合体蕾丝吊带连身衬裙：款式如图5-33所示。

制图说明：如图5-34所示，先做图（a），然后将图（a）中的虚线部分按图（b）进行转移，按图（b）作出裙片上下部分的分割线。如图5-35所示，分开前裙片的上下部分，上部分可以采用蕾丝，下部分采用衬裙的主体面料，后片制图如图5-27所示。

图5-31　合体普通吊带连身衬裙款式图

图5-32　合体普通吊带连身衬裙结构图

图5-33　合体蕾丝吊带连身衬裙款式图

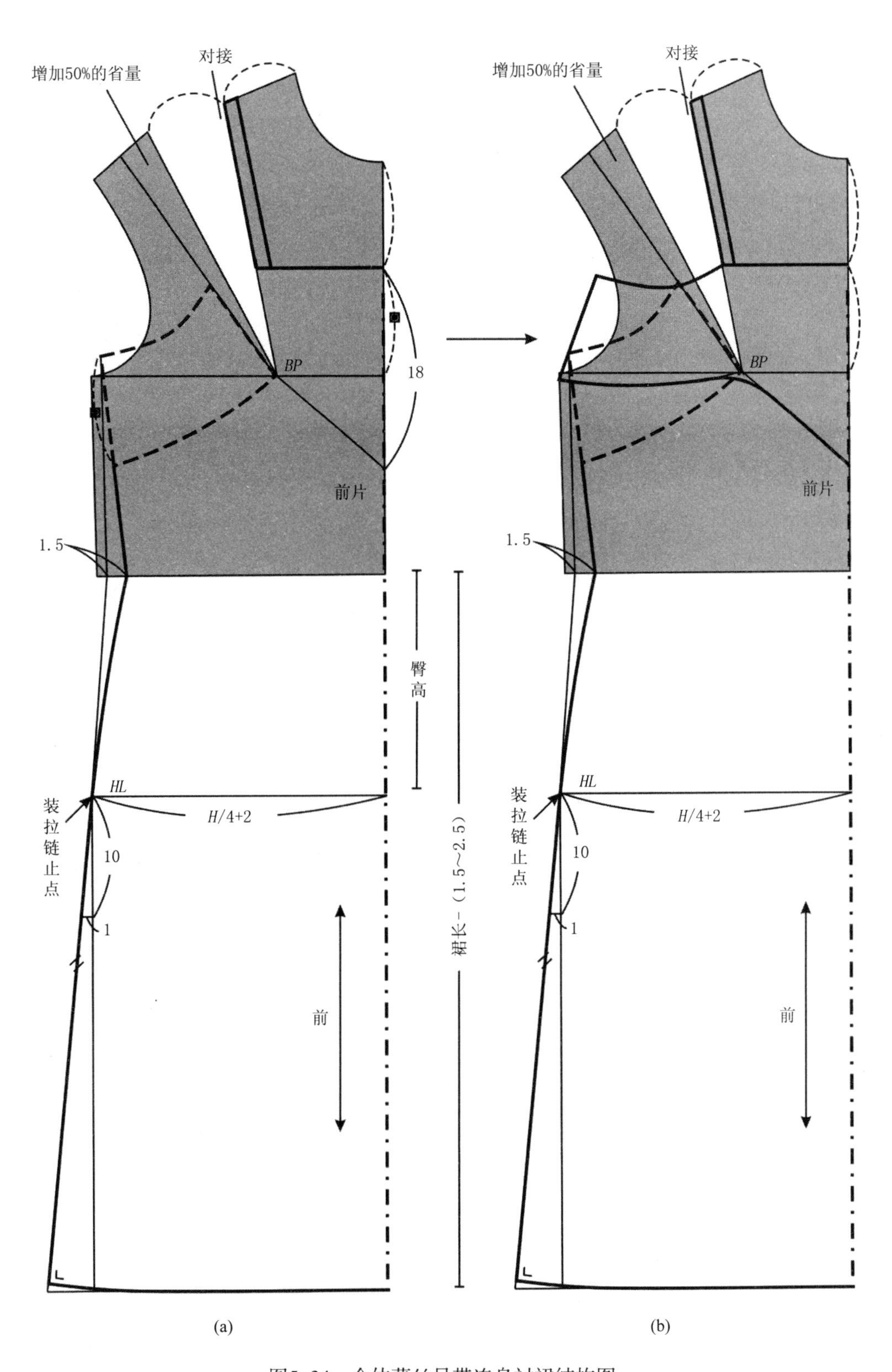

图5-34　合体蕾丝吊带连身衬裙结构图

（3）罩杯型吊带连身衬裙：款式如图5-36所示。

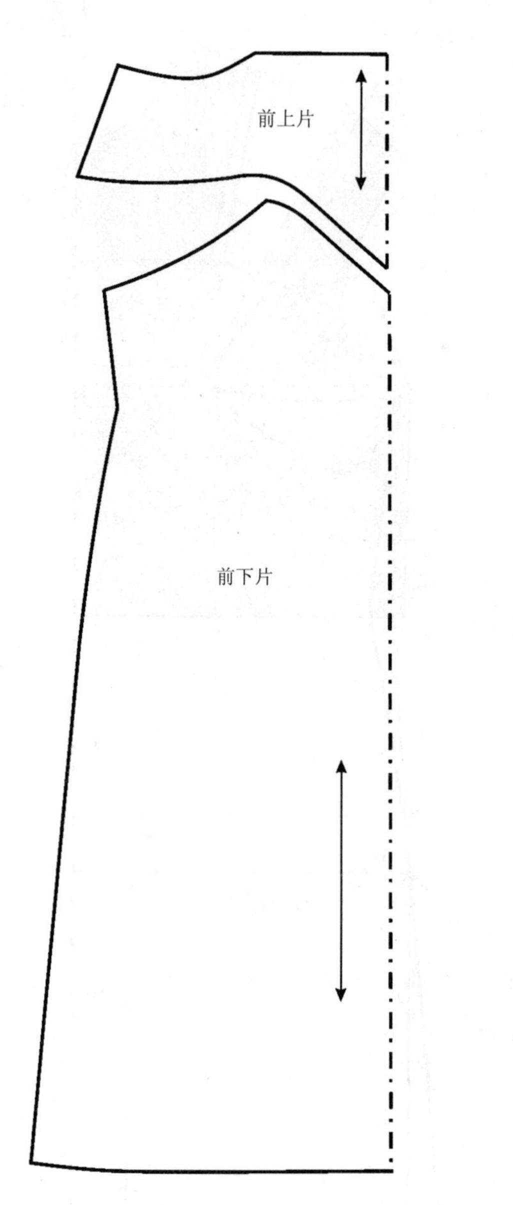

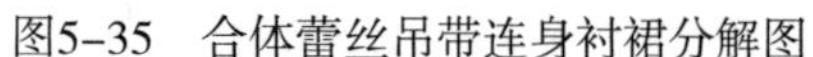

图5-35　合体蕾丝吊带连身衬裙分解图

图5-36　罩杯型吊带连身衬裙款式图

制图说明：前片上部分设计成罩杯形式，为了使罩杯更符合人体乳房根部，可将下罩杯的省道在原有的腰省的基础上再增加一倍，如图5-37所示。后片制图如图5-27所示。也可以将后腰省分配到后侧缝和后中缝，后上部设计成U字形。

（4）合体公主线吊带连身衬裙：款式如图5-38所示。

制图说明：前、后片制图上半部分与合体普通吊带连身衬裙相同，下半部分如图5-39所示，增加裙下摆的尺寸。图中是将腰省线向下延长来增加裙摆的量，也可以根据设计要

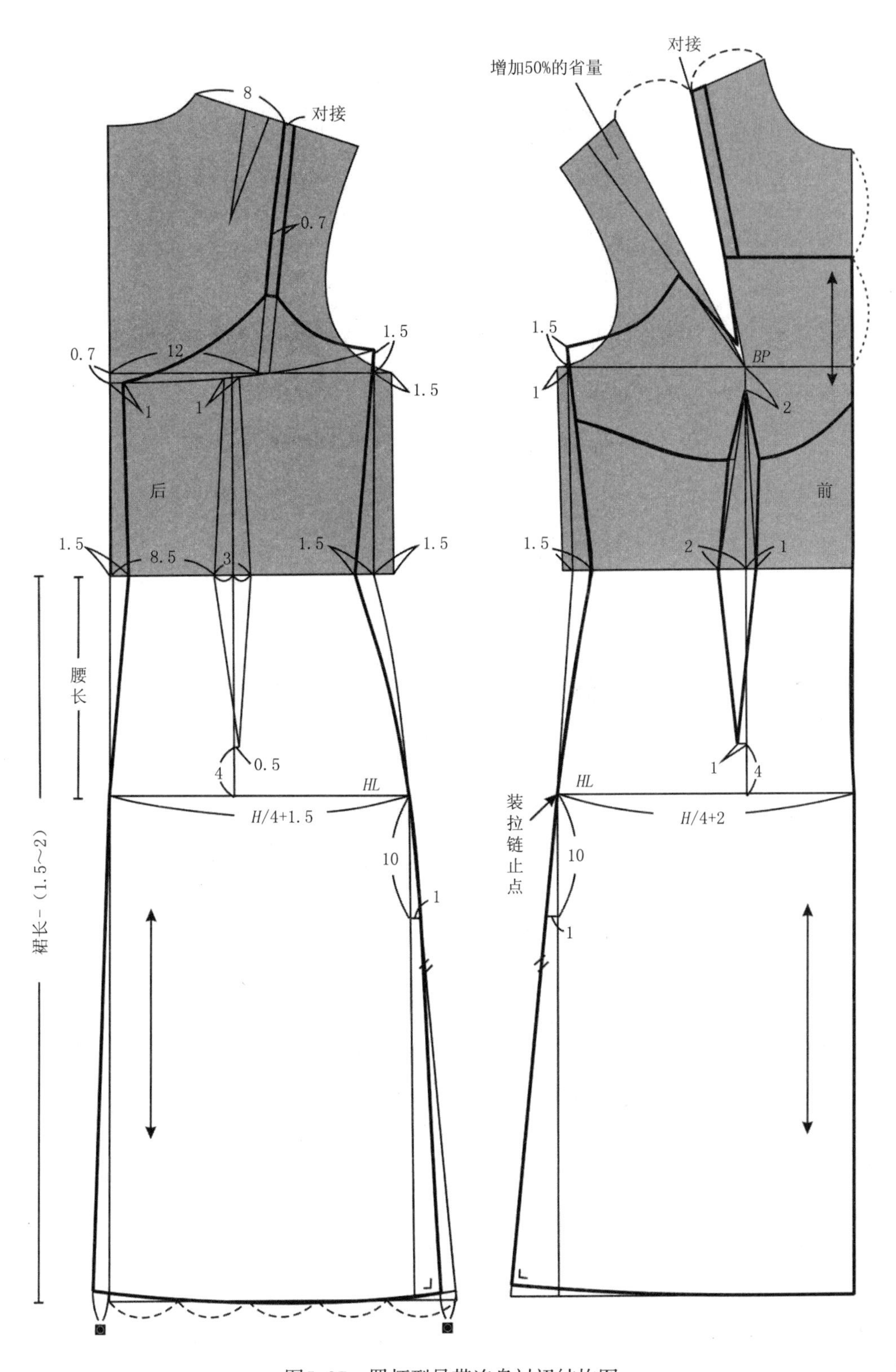

图5-37　罩杯型吊带连身衬裙结构图

图5-38　合体公主线吊带连身衬裙款式图

求进行裙摆量的增减，在侧缝处也可以进行适当的增减。如图5-40所示，该衬裙为8片。

（5）合体无腰省吊带连身衬裙：款式如图5-41所示。

制图说明：在合体普通吊带连身衬裙制图的基础上，如图5-42所示，将前、后腰省的省量分别分配到前、后侧缝及前后中缝处，为使前、后中缝及侧缝线条更加流畅，将裙摆侧缝的部分量转移至前后中缝下摆处。前领口可以做成水平线，或做成斜线，也可以设计成其他造型线。

（6）合体无腰省文胸式吊带连身衬裙：款式如图5-43所示。

制图说明：如图5-44所示，为了使罩杯更符合人体乳房根部，可将下罩杯的省道在原有的腰省的基础上再增加一倍，将前、后腰省部分转移至前、后中线和侧缝线，按虚线将腰省省尖点分别与前、后片文胸部分连接；过省尖点向下作垂线；然后沿虚线剪开，合并

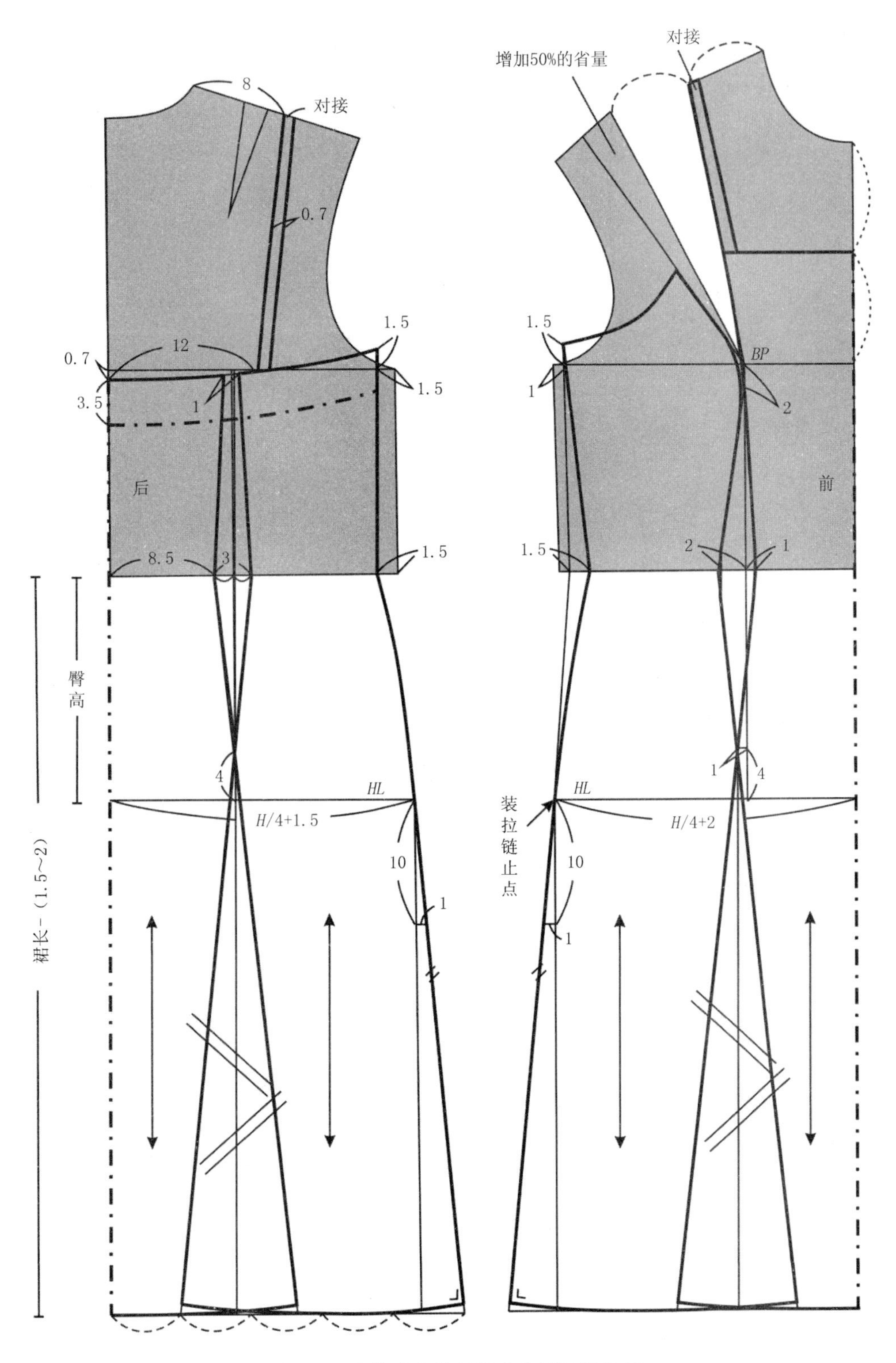

图5-39 合体公主线吊带连身衬裙结构图

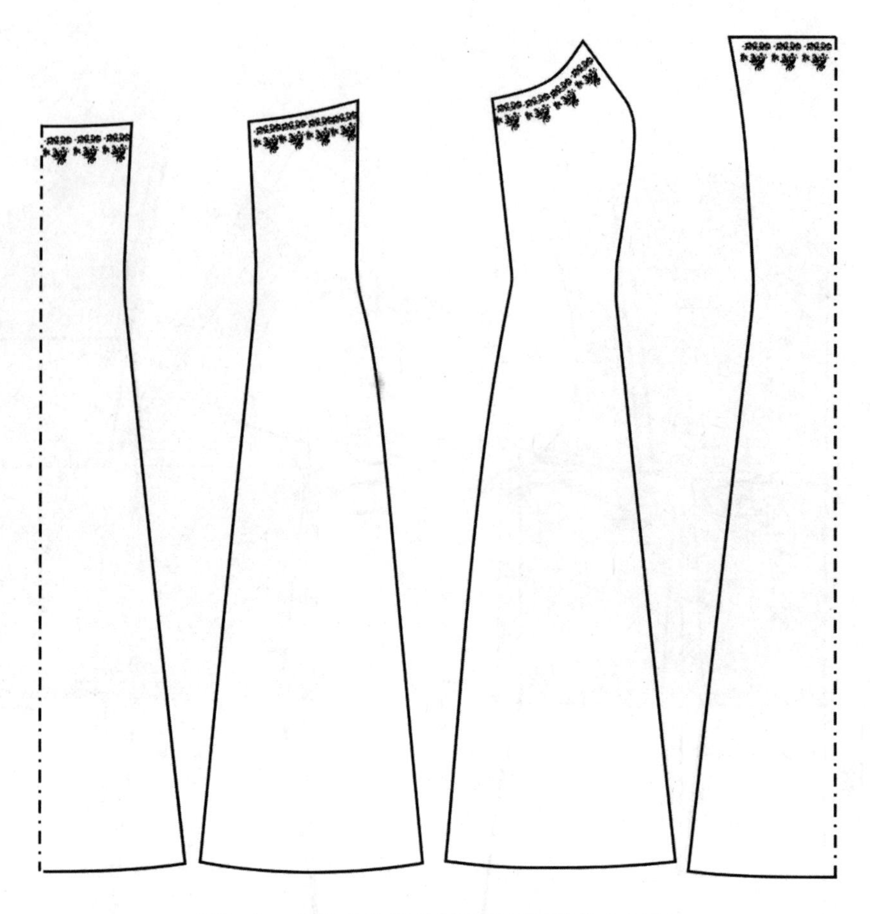

图5-40 合体公主线吊带连身衬裙结构分解图

图5-41 合体无腰省吊带连身衬裙款式图

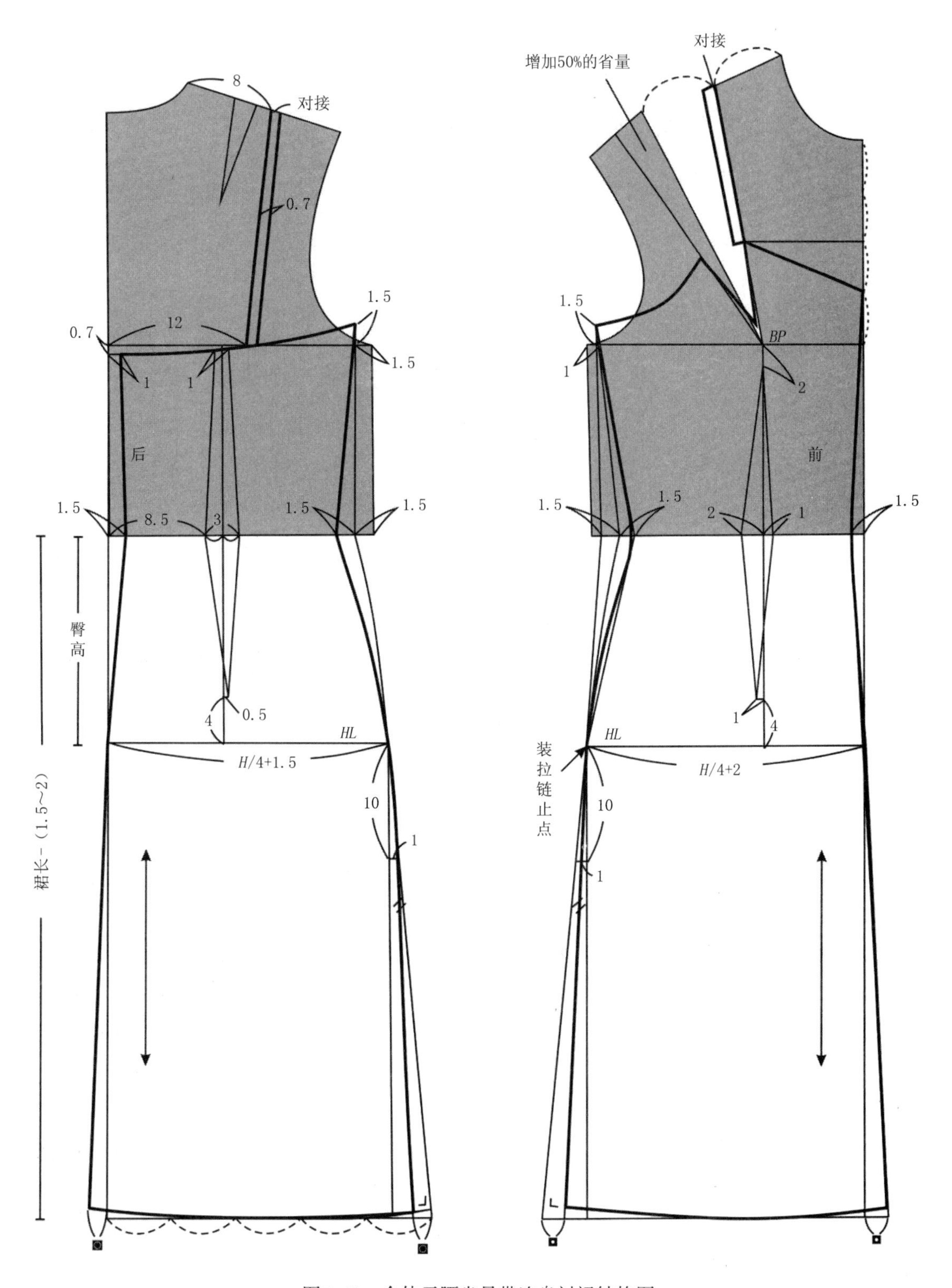

图5-42　合体无腰省吊带连身衬裙结构图

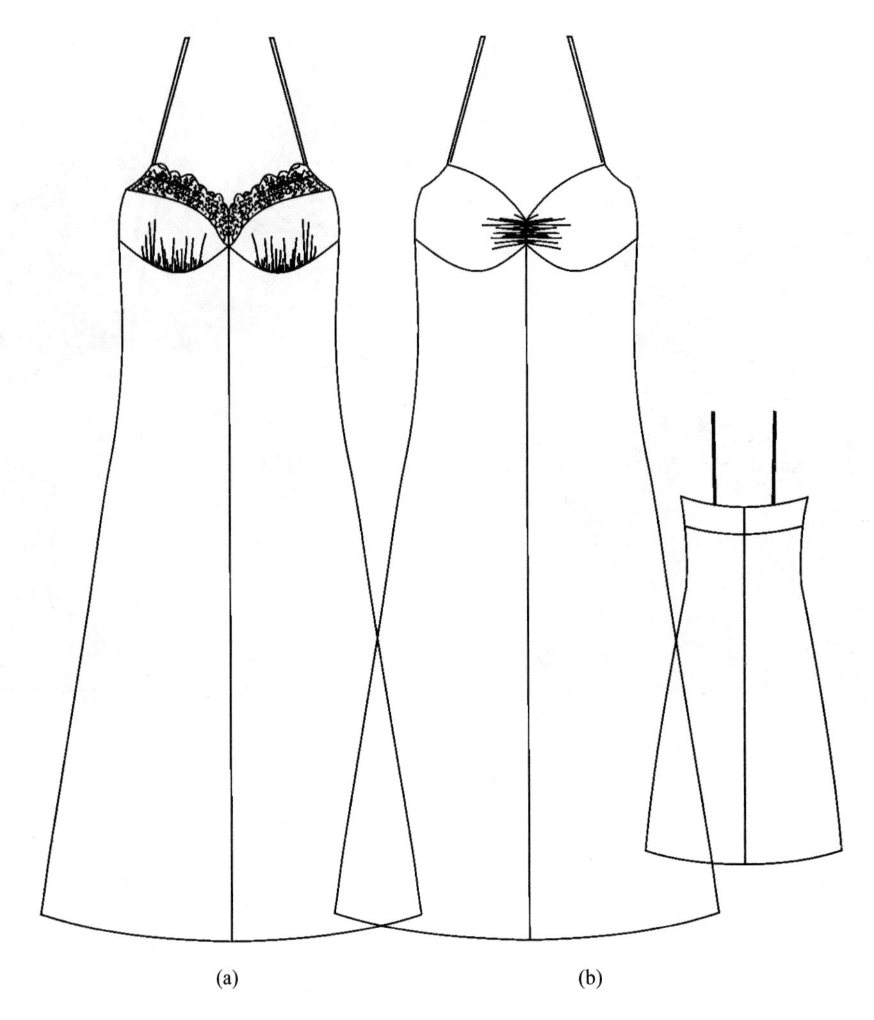

图5-43 合体无腰省文胸式吊带连身衬裙a、b款式图

虚线交点以上部分，如图5-45所示，得到衬裙前、后下部分的纸样；文胸部分后片纸样如图合并成一片。将罩杯部分剪开，合并上罩杯省道，可以得到a款罩杯，即下罩杯抽褶。沿罩杯的胸围线剪开，合并上下罩杯的省道，可以得到b款罩杯，即罩杯前中抽褶。当然，也可以采用连省成缝，得到不同分割形式的罩杯。

（7）合体半文胸式吊带连身衬裙：款式如图5-46所示。

制图说明：前片上部分在罩杯结构线的基础上进行设计，如图5-47所示，前片腰省部分前移，部分转移至前侧缝；沿胸围线将罩杯剪开，合并上罩杯省道，转移至前中，画顺罩杯前中线，罩杯前中做抽褶处理。前片下摆增加量可以自己设定，后片结构如图5-44所示。

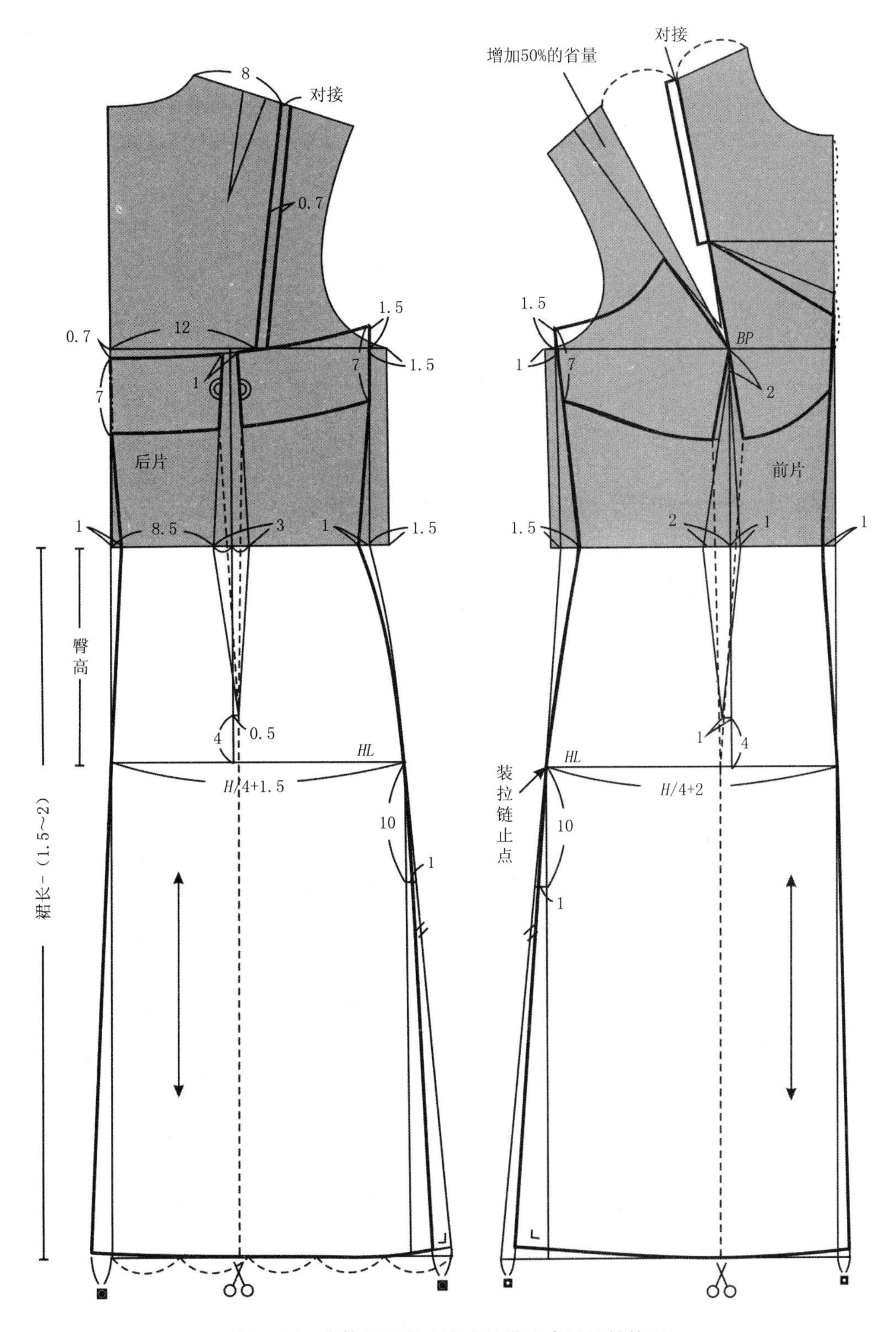

图5-44 合体无腰省文胸式吊带连身衬裙结构图

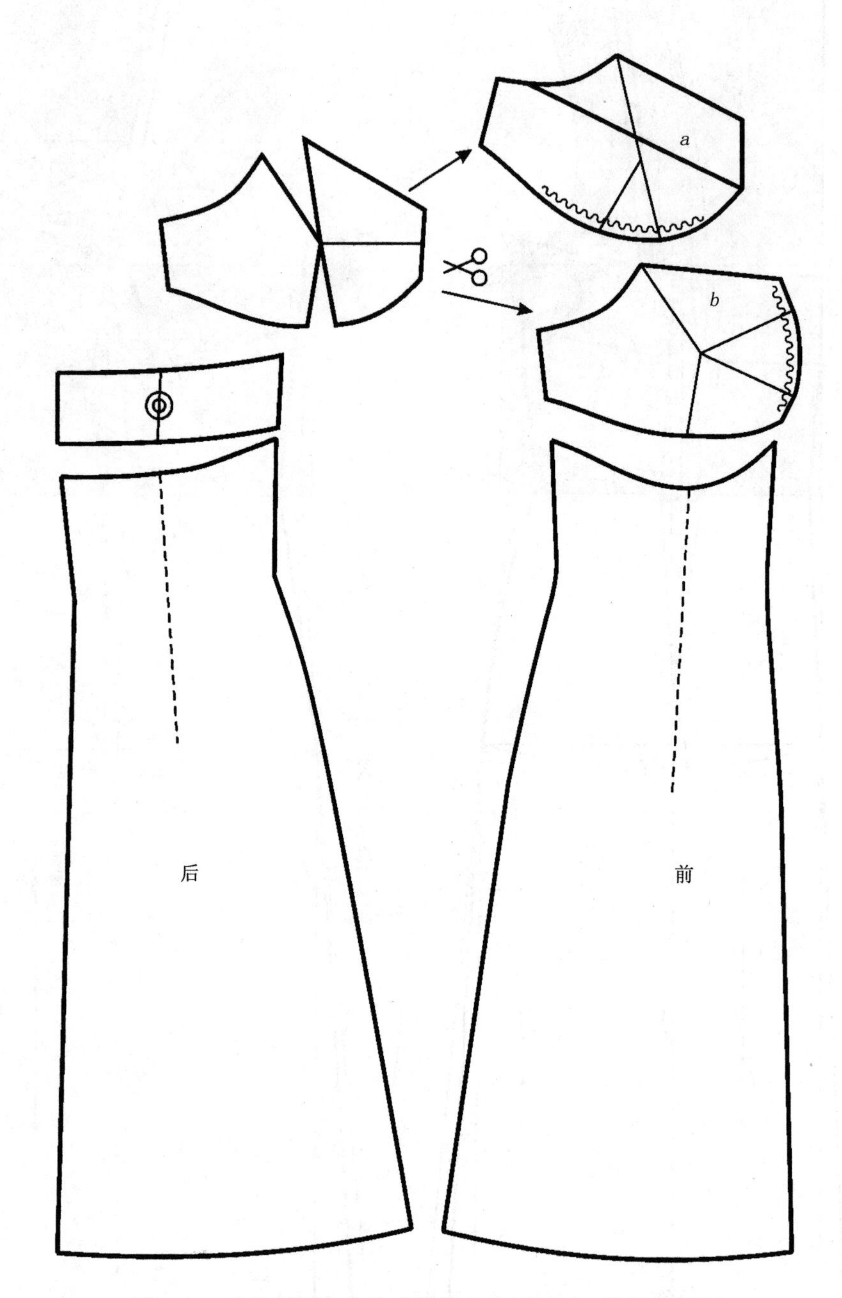

图5-45　合体无腰省文胸式吊带连身衬裙a与b结构分解图

图5-46　合体半文胸式吊带连身衬裙款式图

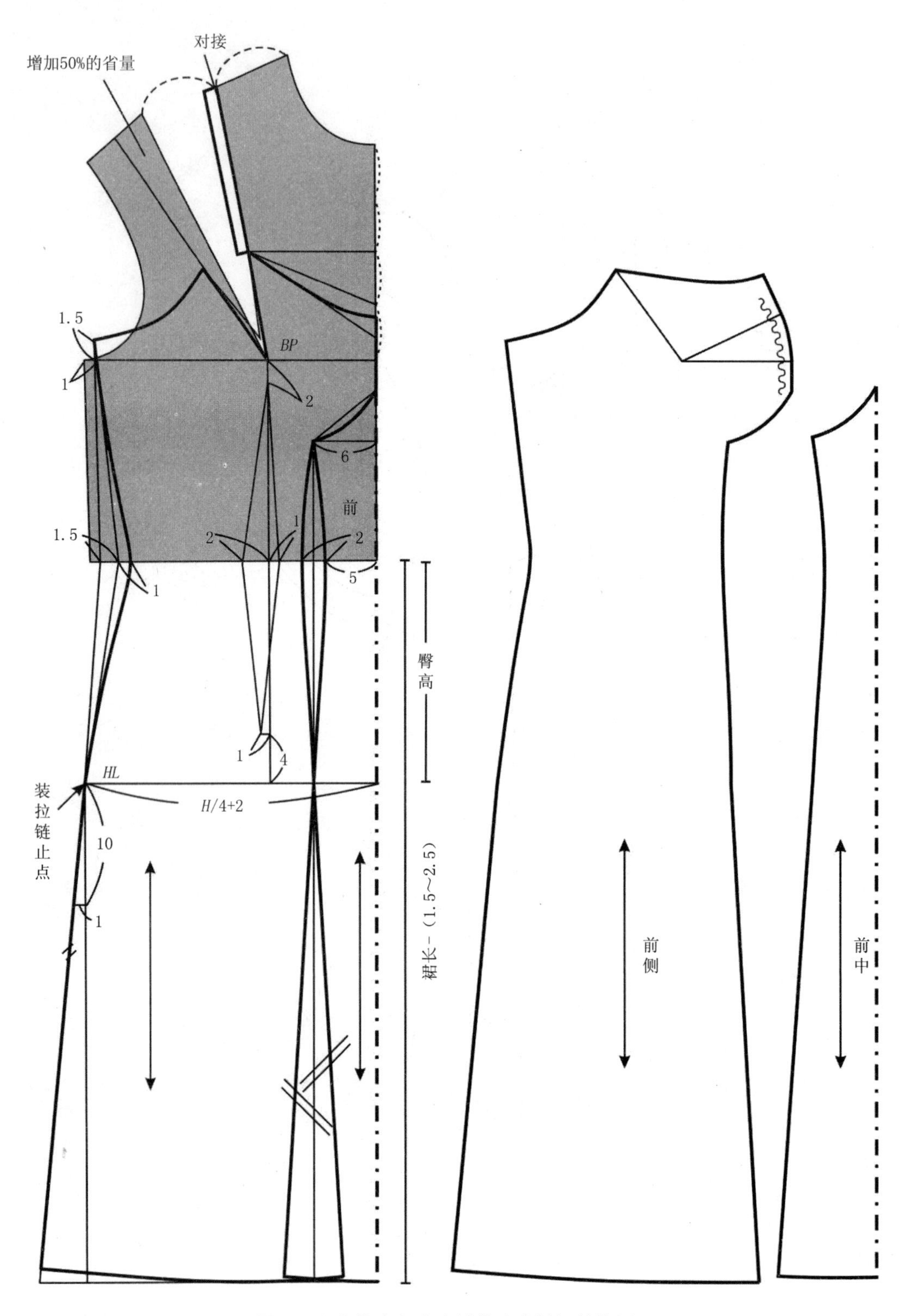

图5-47 合体半文胸式吊带连身衬裙结构图

3．袖窿省部分转移

款式如图5–48所示。

制图说明：该款衬裙领口尺寸与人体颈围尺寸相同，衬裙的肩宽接近于人体的肩宽，袖窿紧贴人体臂根部。原型袖窿设计中有基本的活动量，基于该款衬裙，为了使穿着者更舒适，可以适当增加袖窿的松量。该结构是将前片的袖窿省的一半作为增加的袖窿松量，另一半作为省量；将后肩省的一半进行闭合，使其转移至后袖窿，作为后袖窿的松量。其他部位的制图如图5–49所示。

图5–48 宽肩衬裙款式图

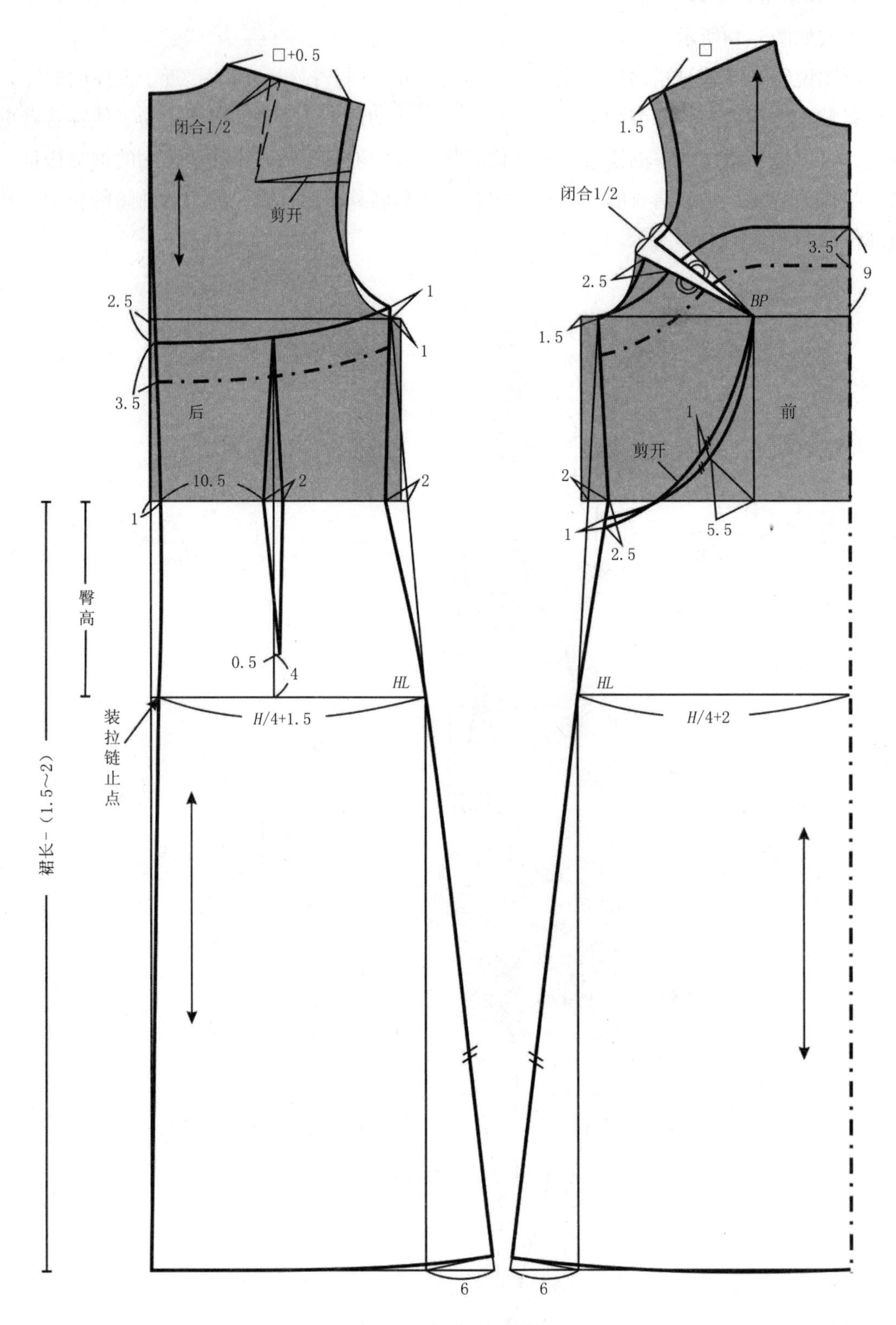

图5-49　宽肩衬裙结构图

专业知识及技能——

睡衣结构设计

课题名称： 睡衣结构设计

课题内容： 1．睡衣分类与测量。

2．睡裙结构设计。

3．睡衣结构设计。

4．睡袍结构设计。

5．睡裤结构设计。

课题时间： 8学时

教学目的： 使学生掌握睡衣成品测量的方法，掌握睡衣结构设计的方法与技巧。

教学方式： 讲授

教学要求： 1．学生能独立完成睡衣的测量。

2．学生能完成各类睡衣的结构设计。

课前准备： 准备不同类型的睡裙。

第六章　睡衣结构设计

第一节　睡衣分类与测量

一、睡衣的分类

睡衣大体可以分成三类：吊带式、分体式和连身式。吊带式多用于夏季，轻便；分体式睡衣的优点是穿着舒适行动方便；连身式睡袍通常一根腰带横腰拦截，将睡衣与人体贴合。

从性别上来分，可分为男式睡衣和女式睡衣。

二、睡衣测量

1. **吊带睡裙**

测量时将衣服摊平，测量部位如图6–1所示。

①前衣长：肩带的根部垂直量至底边的长度。

②后衣长：后片上边缘线的中点垂直量至底边的长度。

③1/2胸围：左腋点到右腋点的水平测量长度。

④1/2腰围：腰部最细部位水平测量的长度。

⑤1/2下摆围：沿着裙子的底边线水平测量的长度。

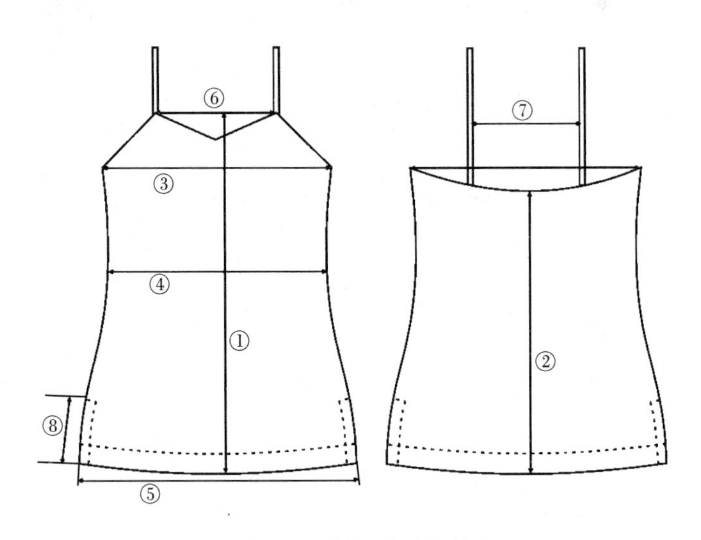

图6–1　吊带睡裙的测量

⑥前肩带间距：测量两根肩带前根部的距离。

⑦后肩带间距：测量两根肩带后根部的距离。

⑧开衩长：从底边线测量至开衩止点。

2. **睡衣**

测量时将衣服摊平，测量部位如图6–2所示。

①前衣长：侧颈点量至底边的长度。

②1/2胸围：衣服摊平，左腋点到右腋点的水平长度。

③1/2下摆围：沿着睡衣的底边线测量的长度。

④肩宽：左肩端点量至右肩端点的水平长度。

⑤小肩宽：侧颈点到肩端点之间的距离。

⑥前胸宽：前衣片左、右袖窿弧线最小间距的水平长度。

⑦后背宽：后衣片左、右袖窿弧线最小间距的水平长度。

⑧袖长：肩端点量至袖口的长度。

⑨袖宽：腋点量至袖中线的垂直距离。

⑩袖口大：沿着袖口的底边线测量的长度。

⑪领宽：测量左、右侧颈点间的距离。

⑫前领深：左、右侧颈点连线的中点到前领口线中点的距离。

⑬后领深：左、右侧颈点连线的中点到后领口线中点的距离。

⑭前领口开衩长：从前领口线中点测量至开衩止点。

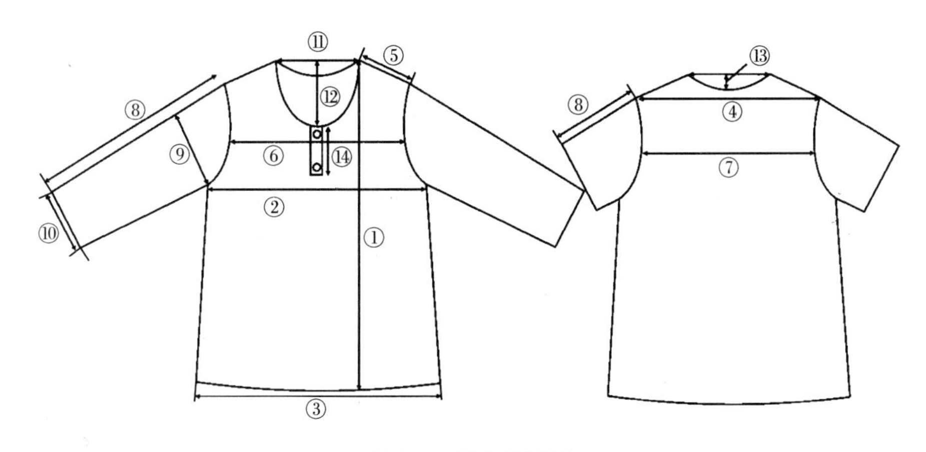

图6–2　睡衣的测量

3. **睡裤**

测量时将裤摊平，测量部位如图6–3所示。

①裤长：从腰口线量至脚口线的长度。

②上裆长：从腰口线量至裆底的垂直长度。

③下裆长：从裆底量至脚口线的垂直长度。

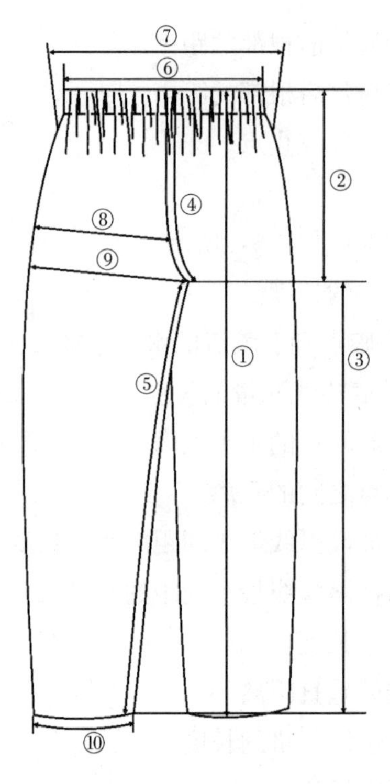

图6-3 睡裤的测量

④上裆弧线长：从腰口线的中点沿着裆线量至裆底的长度。

⑤下裆弧线长：从裆底沿着裆线量至脚口线的长度。

⑥1/2腰头完成长：裤腰头处于自然状态，沿腰口线测量。

⑦1/2腰头伸展长：将腰头拉展至布料没有缩进时为止，测量其长度。

⑧1/4臀围大：在臀围线处测量其长度。

⑨横裆宽：从裆底测量至侧缝线的长度。

⑩脚口大：沿着脚口的底边线测量。

第二节 睡裙结构设计

睡裙的结构设计可以通过原型法、比例分配法、直接制图法来完成，本节主要以原型法和直接制图讲述睡裙的结构设计及变化方法。原型采用日本女子新文化式衣身原型，其制图方法详见第二章第四节的日本女子新文化式原型制图。

一、吊带类睡裙

1. *款式a*

（1）款式a，如图6-4所示。

图6-4　款式a

（2）制图说明：如图6-5所示，先复制衣身原型图，在原型图的基础上进行结构制图；裙长及下摆的大小可以自行确定；前、后侧缝线长相等；沿腋下省将纸样剪开，同时将袖窿省合并，将省量转移至腋下，然后移动省尖点，使省尖点距离*BP*点2～3cm，并将袖窿弧线修顺。

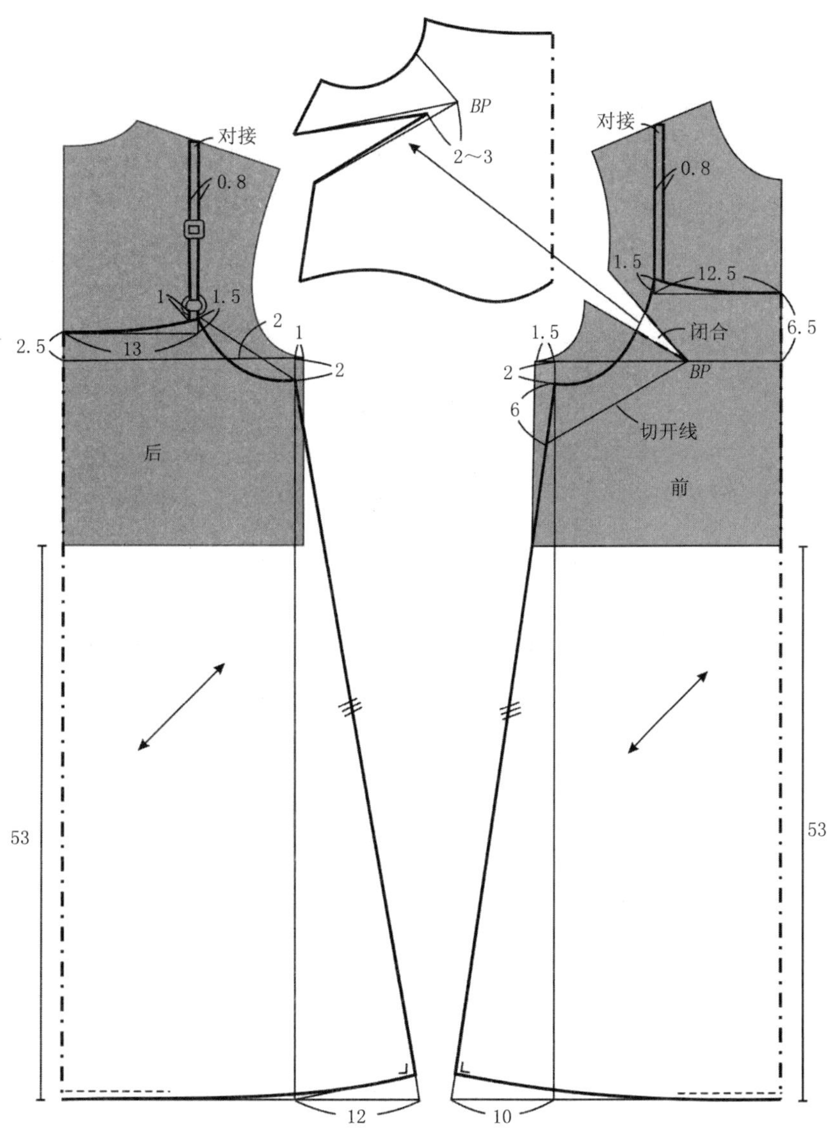

图6-5　吊带睡裙款式a结构制图

图6-6 款式b

2. **款式b**

（1）款式b，如图6-6所示。

（2）制图说明：款式b比款式a更为宽松，结构设计方法可以在款式a基础上做变化，首先将前中线和后中线分别向外移动一定的量，该量可以根据面料的厚薄及造型的需要确定，放出的量都作为抽褶量；然后将前袖窿省量转移至前领口，画顺领口线，如图6-7所示虚线，领口不收省，与中线外移量一同抽褶，抽褶后领口的尺寸与款式a的领口线尺寸相同。

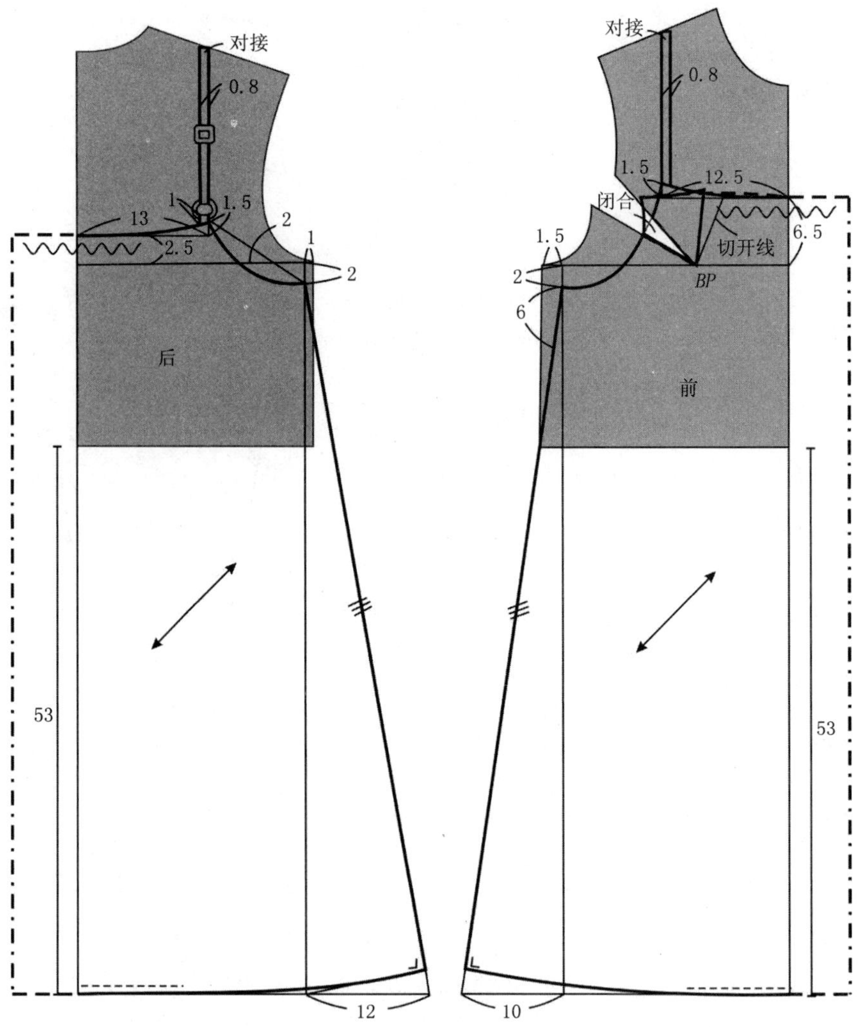

图6-7 吊带睡裙款式b结构制图

图6–8 款式c

3．**款式c**

（1）款式c，如图6–8所示。

（2）制图说明：款式c比款式a的下摆大，结构设计方法可以在款式a基础上进行，如图6–9所示，过袖窿省省尖向下作垂线，并沿该线剪开纸样，然后将袖窿省合并，画顺底边线，腰间抽松紧带。

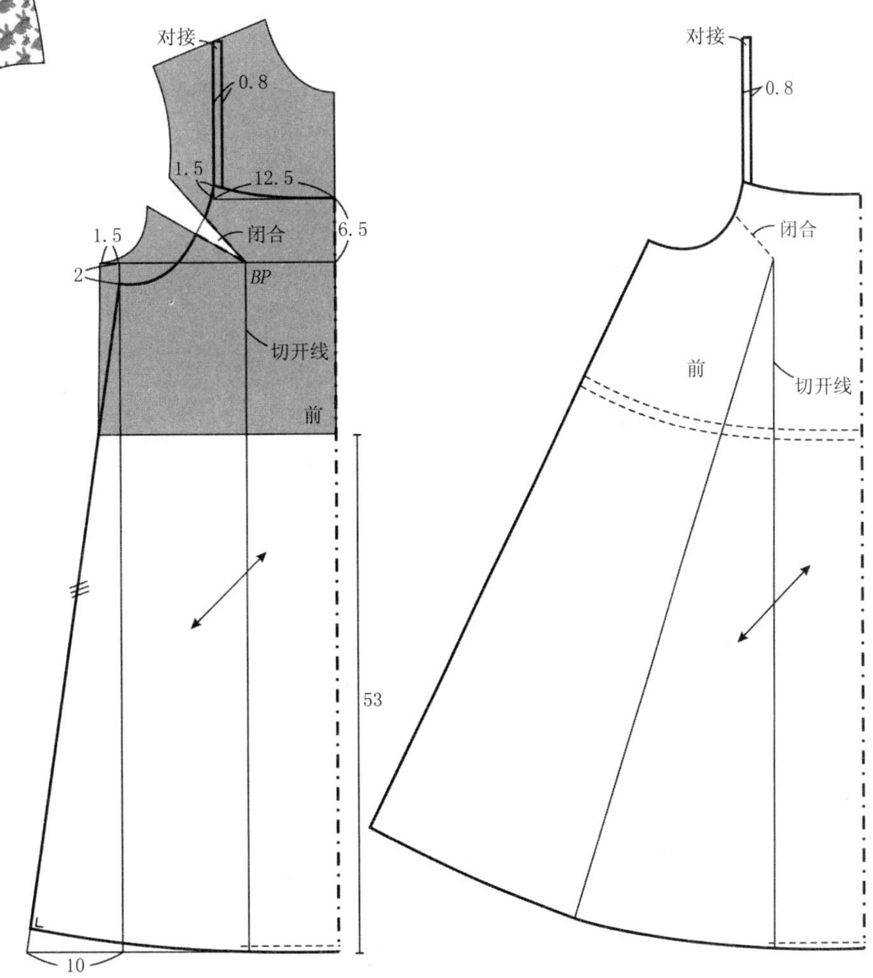

图6–9 吊带睡裙款式c结构制图

图6-10 款式a

二、背心类睡裙

1. **款式a**

（1）款式a，如图6-10所示。

（2）制图说明：如图6-11所示，第一步，后片衣身原型变化，过后肩省点向下作垂线为切开线，将后肩省量转至腰部；第二步，前片衣身原型变化，在前片原型上先

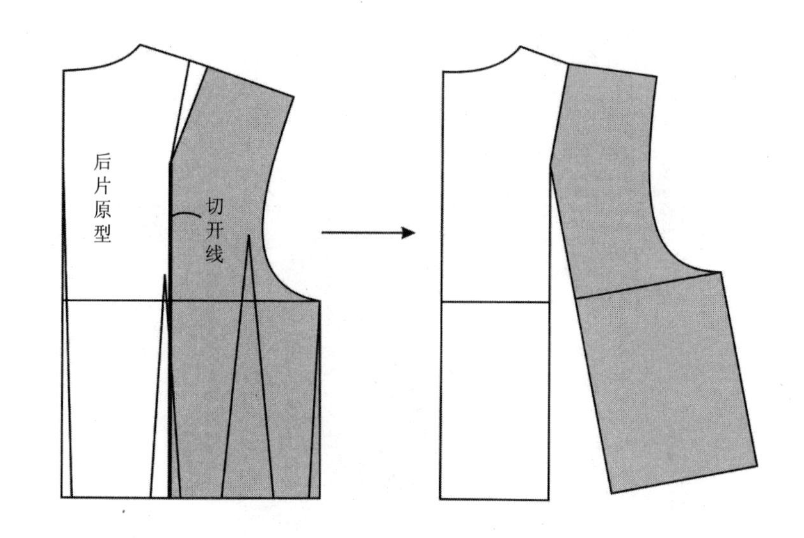

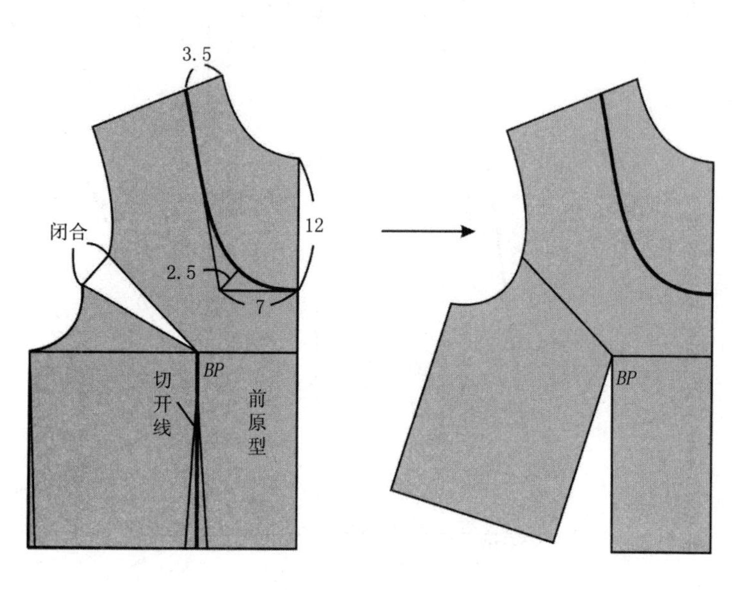

图6-11 原型变换

确定前领口的大小和形状，然后过*BP*点向下做垂线为切开线，然后将前袖窿省量转至腰部。复制变化后的前、后衣身原型，在此基础上进行款式a的结构制图，如图6-12所示，裙长及下摆的大小可以根据设计的需要确定。

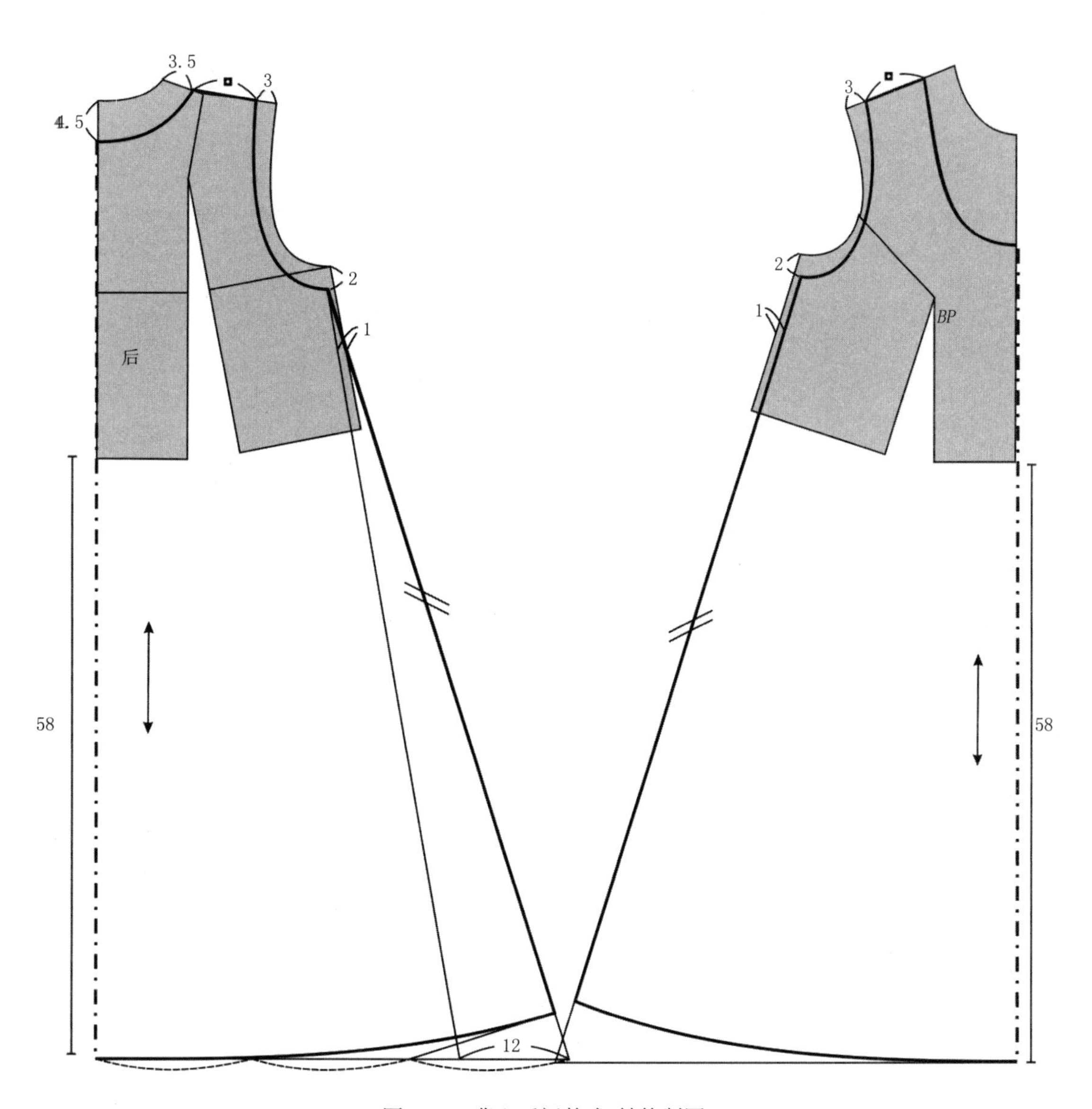

图6-12 背心睡裙款式a结构制图

图6-13　款式b

2. **款式b**

（1）款式b，如图6-13所示。

（2）制图说明：款式b的制图可以在款式a的基础上进行，如图6-14所示，先确定分割线，分割线的位置可以根据设计的需要进行设置，然后将下部分的前、后中心线外移，外移的量决定抽褶的大小，其大小可根据面料的厚薄和款式造型的需要确定。

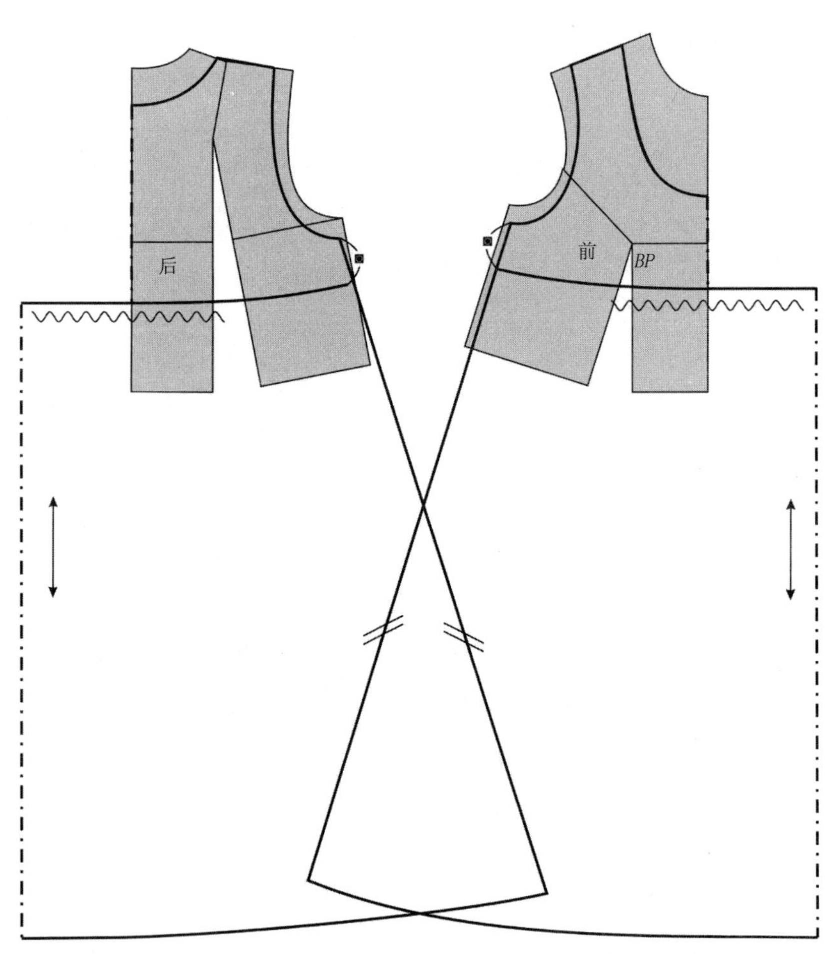

图6-14　背心睡裙款式b结构制图

图6-15 款式c

3. **款式c**

（1）款式c，如图6-15所示。

（2）制图说明：款式c的制图可以在款式a的基础上进行，如图6-16所示，第一步，先确定前、后领口的尺寸，注意横开领不宜过大，过大在穿着过程中，肩带容易滑落；第二步，确定肩带的宽度，可以根据设计的需要进行取值；第三步，将裙片部分的前、后中心线外移，外移的量决定抽褶的量，根据面料的厚薄和款式造型的需要确定；第四步，如果认为下摆偏大，可以按图示虚线将其变小。注意要保持前、后侧缝线的长度相等，以及前、后侧缝拼合后，底摆要圆顺。

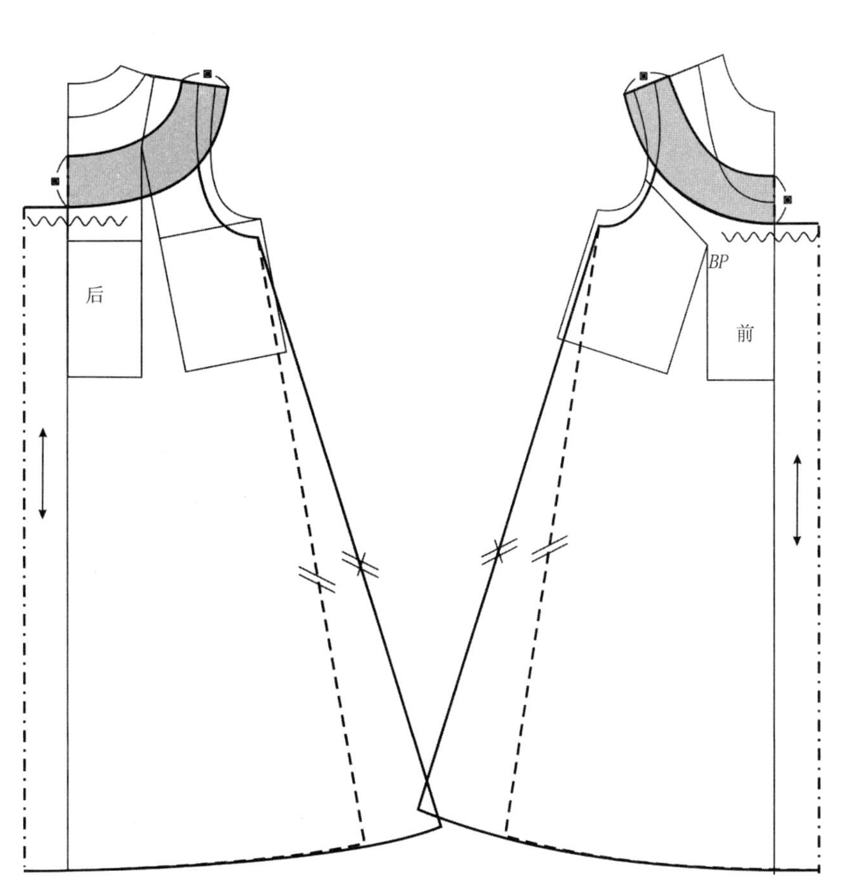

图6-16 背心睡裙款式c结构制图

图6-17　款式d

4. **款式d**

（1）款式d，如图6-17所示。

（2）制图说明：如图6-18所示，第一步，后片衣身原型变化，过后肩省点向下做垂线为切开线，将后肩省量的一半转至腰部；第二步，前片衣身原型变化，在前片原型上先确定前领口的尺寸和形状，然后过*BP*点前领口深点

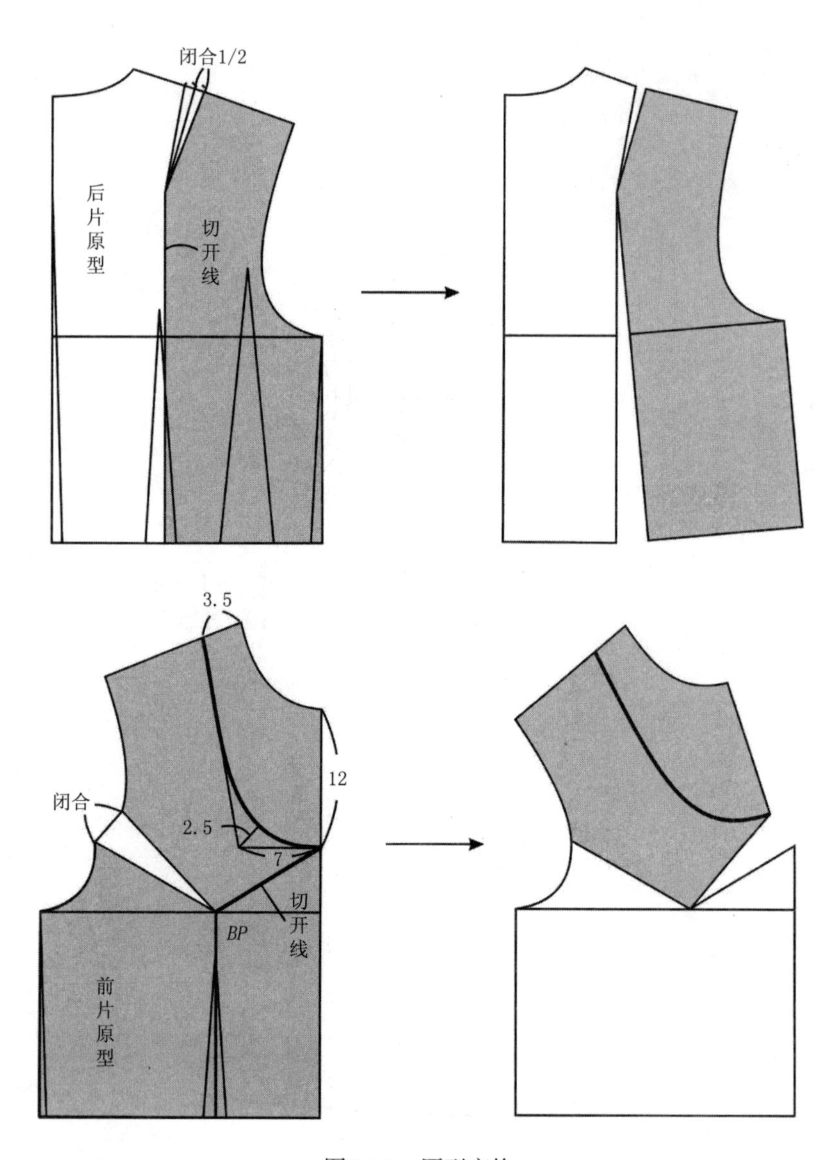

图6-18　原型变换

做直线为切开线，然后将前袖窿省量转至前中线。如图6-19所示，复制变化后的前后、衣身原型，在此基础上进行款式d的结构制图，裙长及下摆的大小可以自行确定。

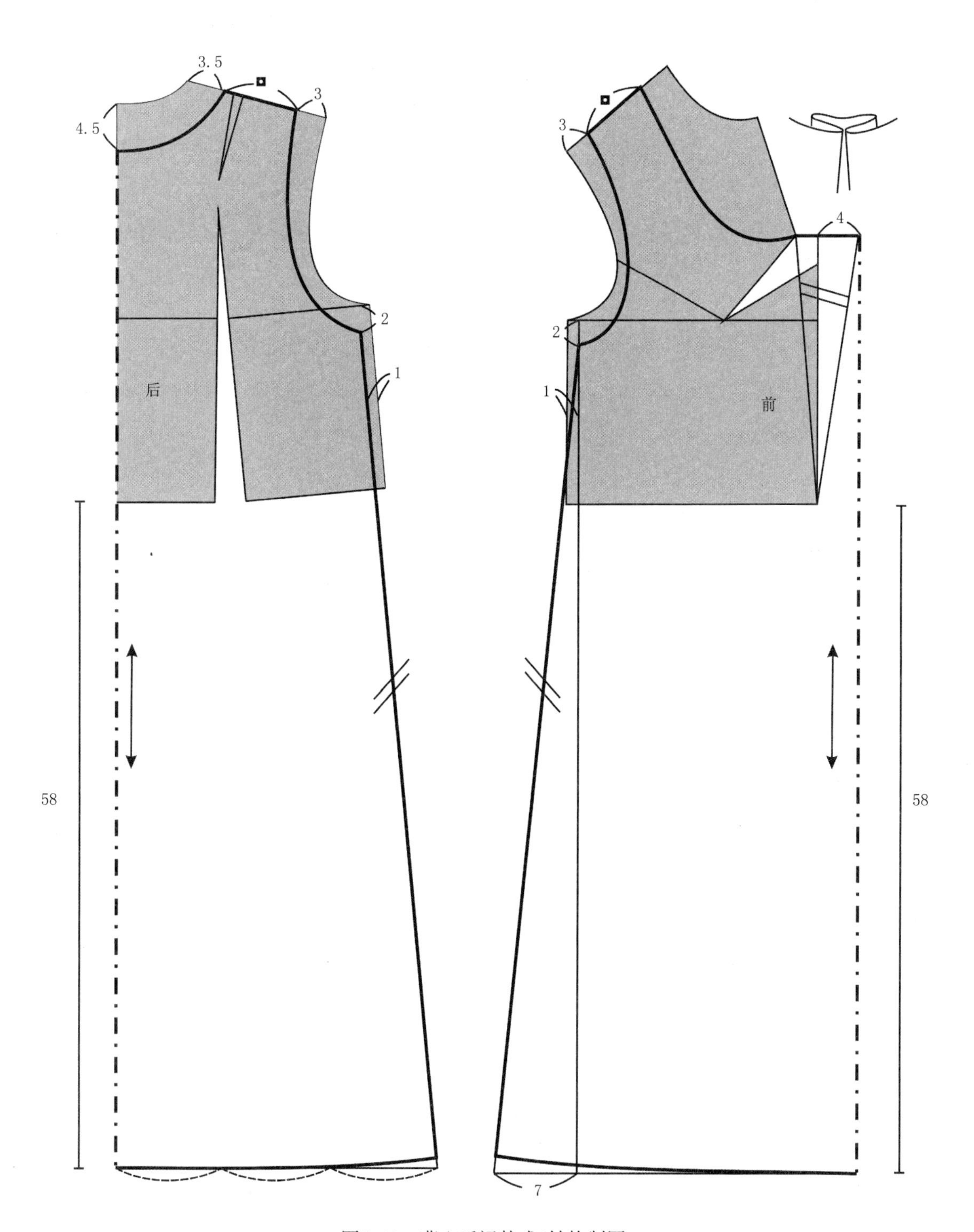

图6-19　背心睡裙款式d结构制图

5. 款式e

（1）款式e，如图6-20所示。

（2）制图说明：先做前片衣身原型变化，如图6-21所示，过*BP*点向前中线作水平线为切开线，将前袖窿省转至前中。复制前、后衣身原型，在此基础上进行款式e的

图6-20　款式e

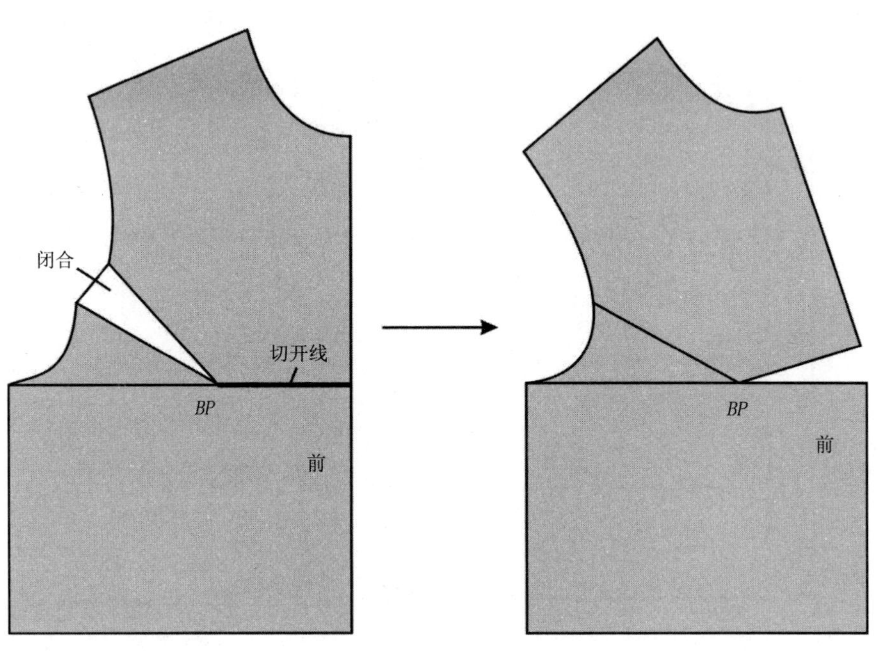

图6-21　原型变换

结构制图，如图6-22所示，该图的下摆尺寸是按10：1的比例关系来确定，如果需要变化裙摆的尺寸可以调整该比值，此外裙长也可以自行确定。

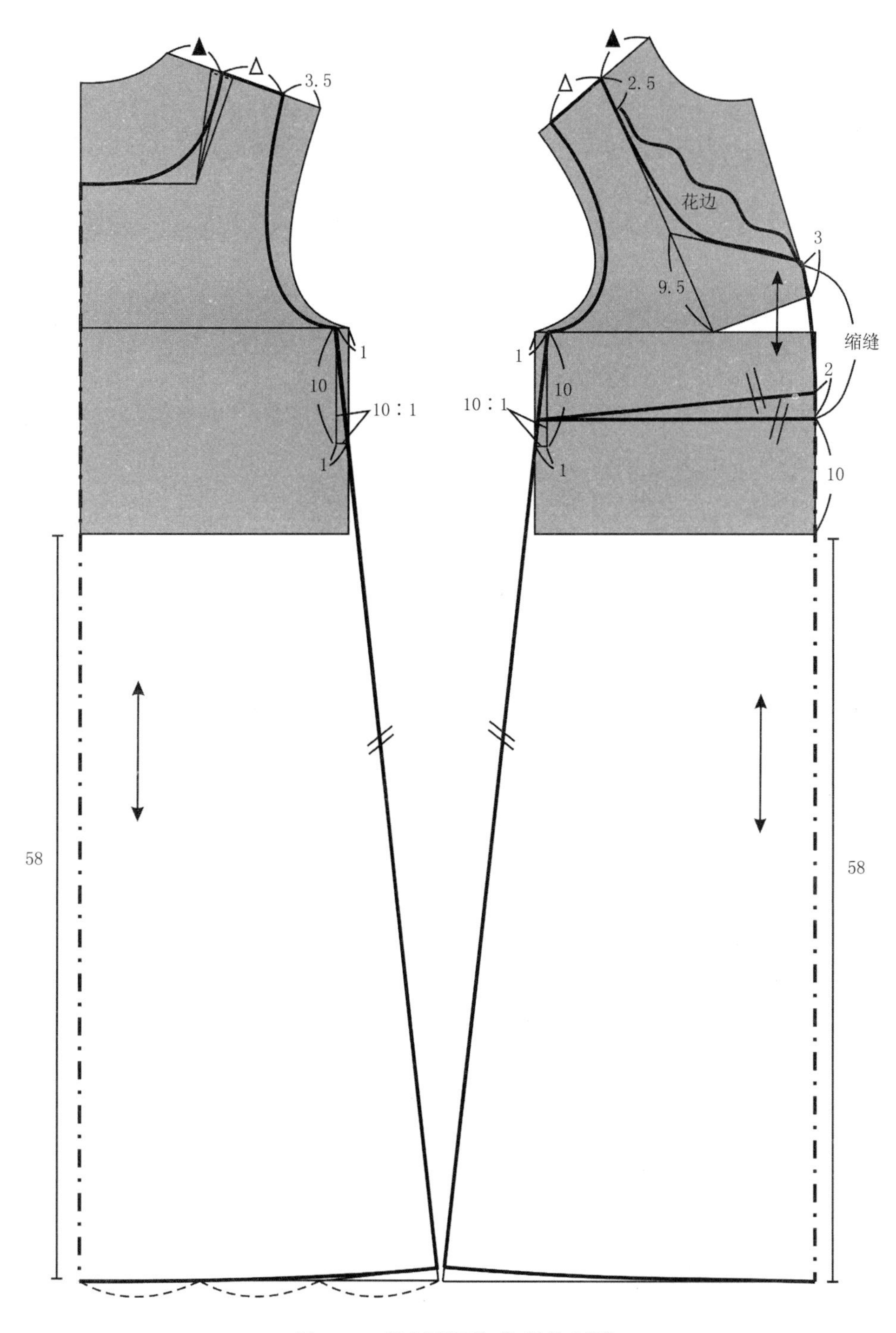

图6-22　背心睡裙款式e结构制图

图6-23　款式a

三、带袖类睡裙

1. **款式a**

（1）款式a，如图6-23所示。

（2）制图说明：先做衣身原型变化，如图6-24所示，将后肩省转移至后领口，将前袖窿省转移至前领口，

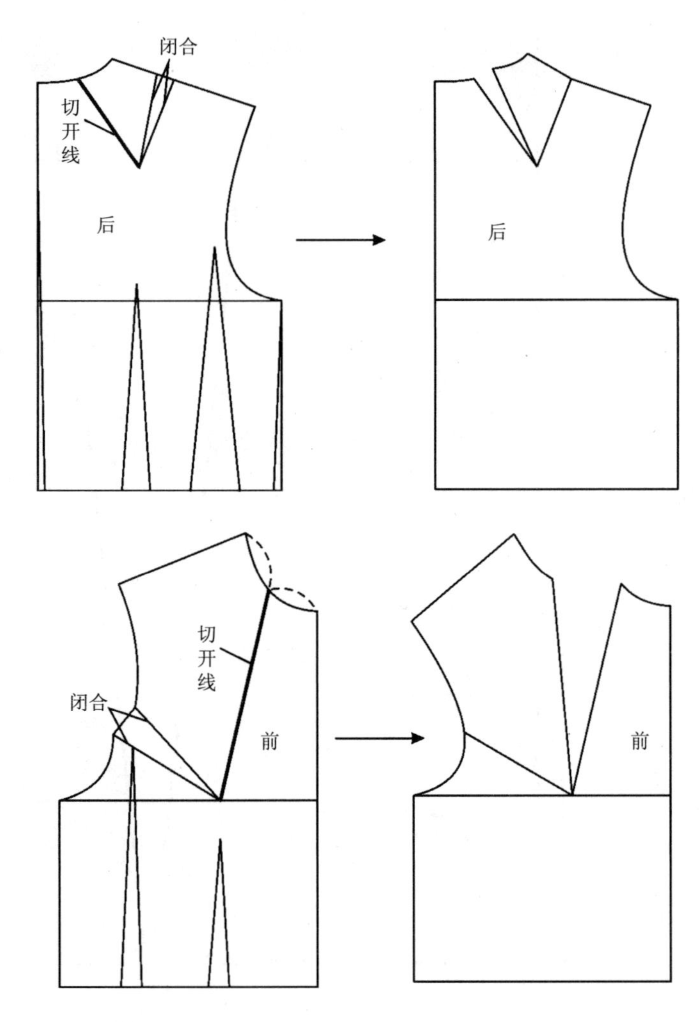

图6-24　原型变换

然后复制前、后衣身原型，在此基础上进行款式a的结构制图，如图6-25所示，在前中线、后中线放出量可以进行适当增减，裙长及下摆的尺寸可根据需要确定。（注：领口及袖口穿绳带调节其尺寸。）

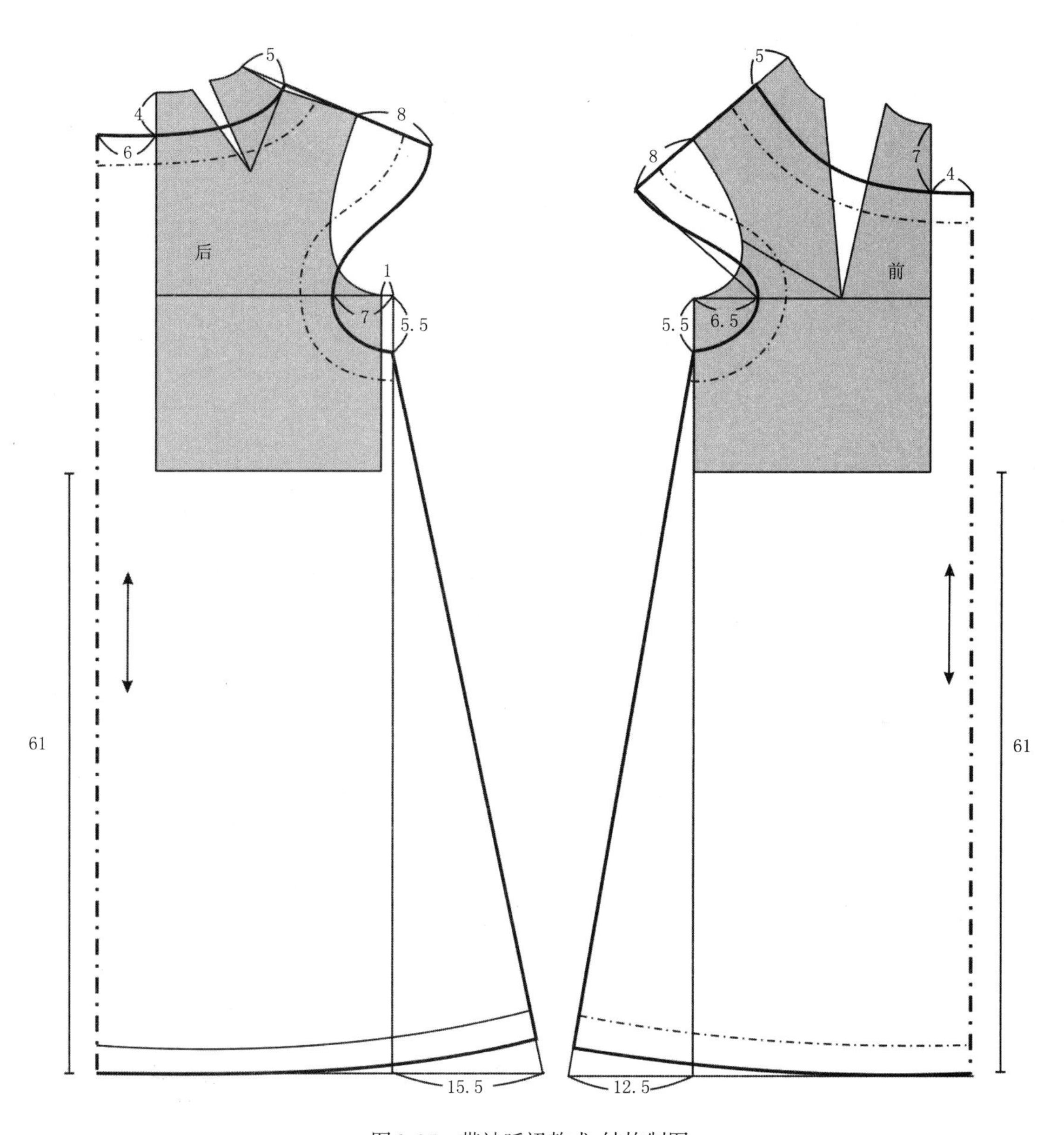

图6-25　带袖睡裙款式a结构制图

图6-26　款式b

2. 款式b

（1）款式b，如图6-26所示。

（2）制图说明：先做衣身原型变化，如图6-27所示，将后肩省尖点和前袖窿省尖点分别向下作垂线，即为切开线，并剪开。然后将后肩省和前袖窿省转至腰部。复制前、后衣身原型，如图6-28、图6-29所示，在此基础上进行款式b的结构制图，裙长、袖长及下摆的尺寸可以自行确定。前、后中线向外平移的量决定抽褶的量，可根据设计要求确定其大小。为保证穿着的舒适性，睡衣的袖山高相对较低。

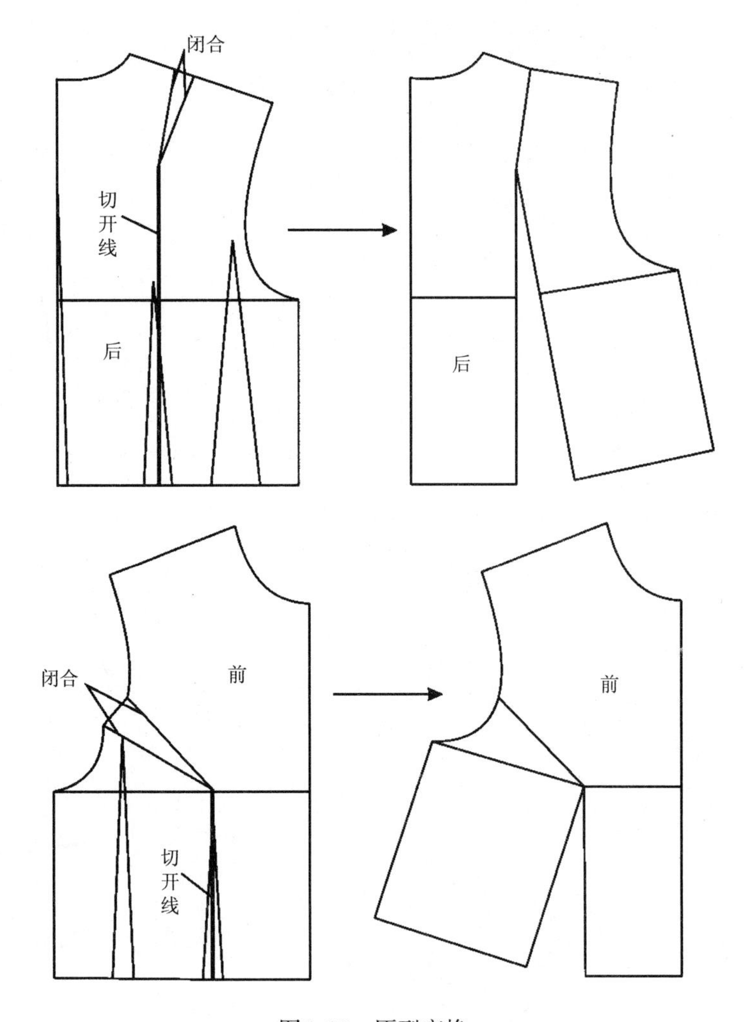

图6-27　原型变换

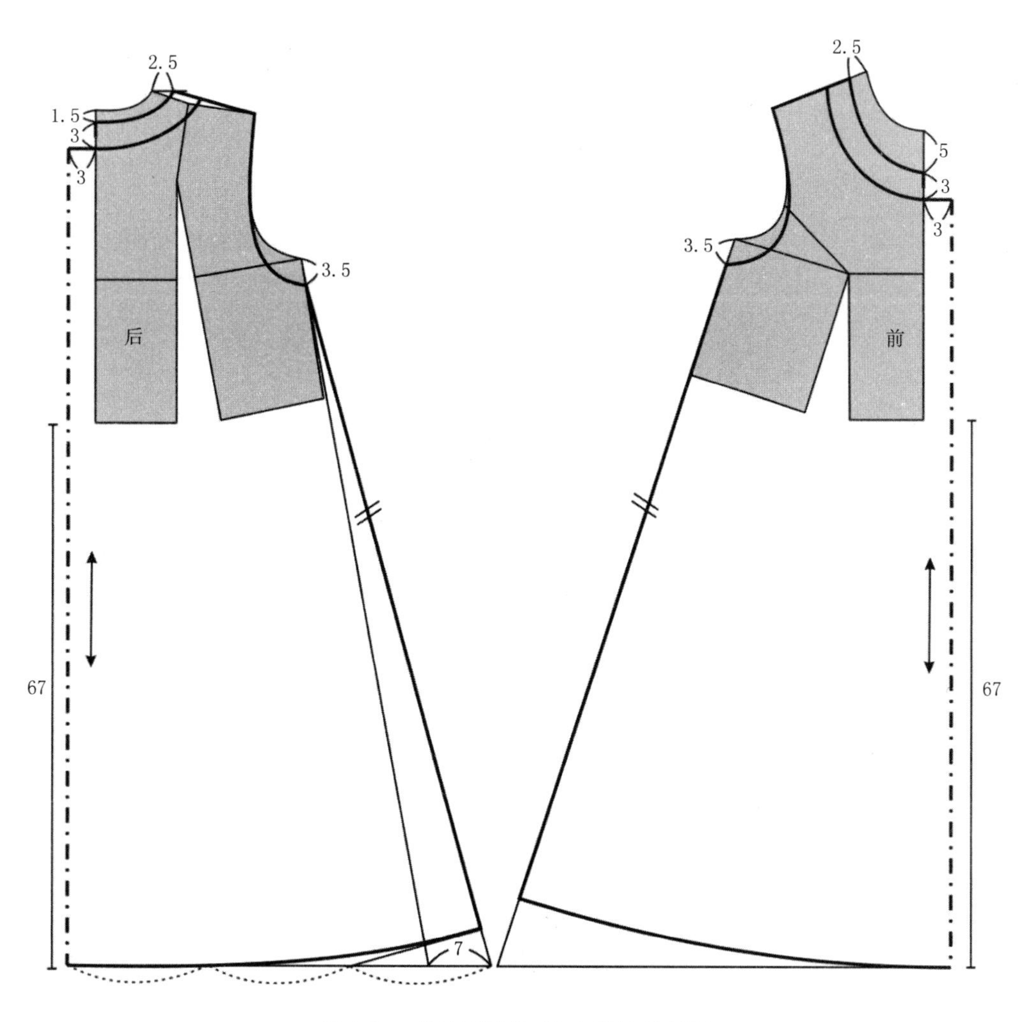

图6-28　带袖睡裙款式b衣身结构制图

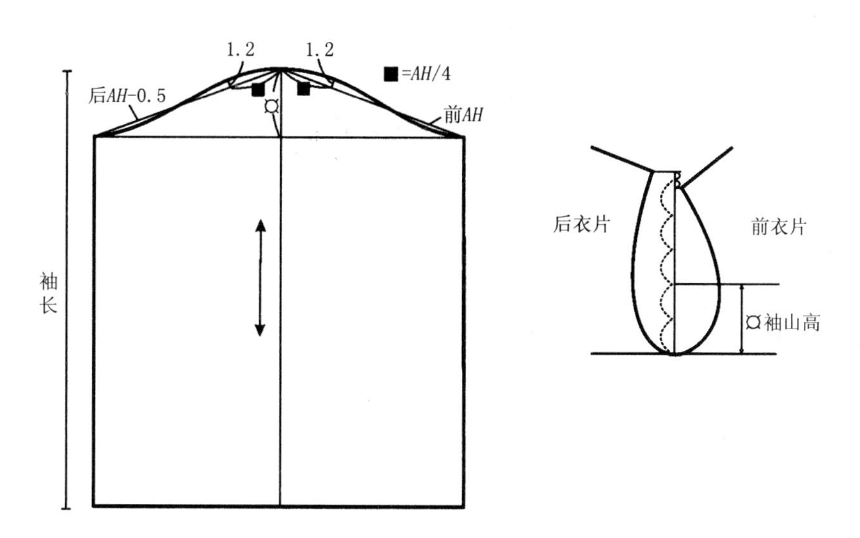

图6-29　带袖睡裙款式a衣袖结构制图

第三节 睡衣结构设计

这里指的睡衣为上衣类，本节主要以原型法和直接制图法讲述睡衣的结构设计及变化方法。

图6-30 款式a

一、吊带类睡衣

1. 款式a

（1）款式a，如图6-30所示。

（2）制图说明：款式a制图如图6-31所示，在衣身原型基础上进行结构设计。

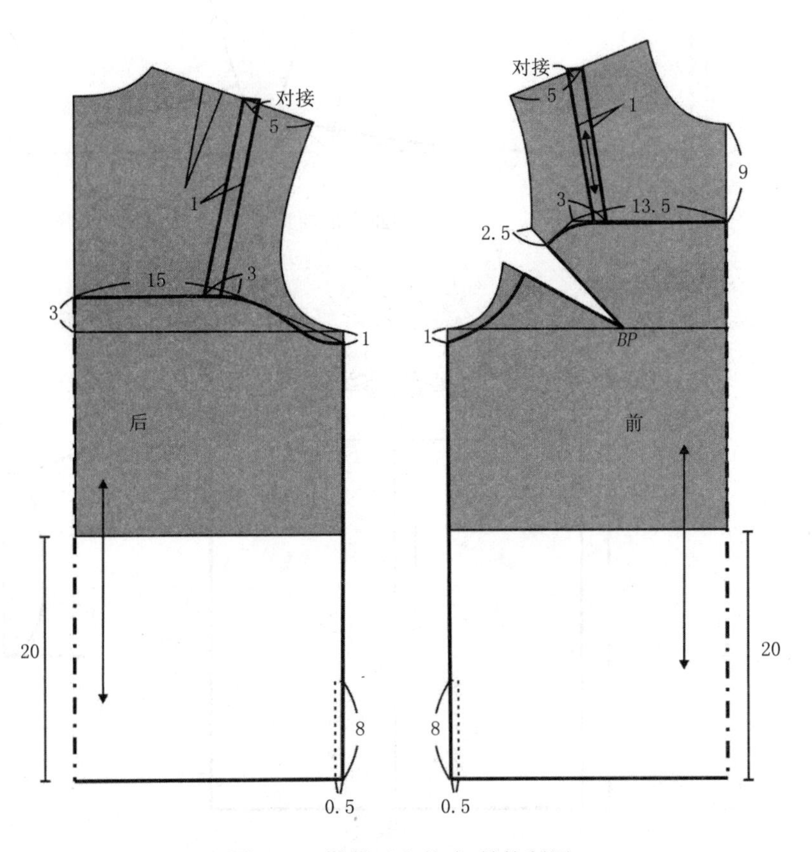

图6-31 吊带睡衣款式a结构制图

图6-32　款式b

2. **款式b**

（1）款式b，如图6-32所示。

（2）制图说明：如图6-33所示，款式b是可以在款式a的基础上进行变化设计，将前、后中心线外移，移动量可以根据设计要求确定；然后将袖窿省转移到前领口线处，前领口增加的量连同前中放出量都作为抽褶量。

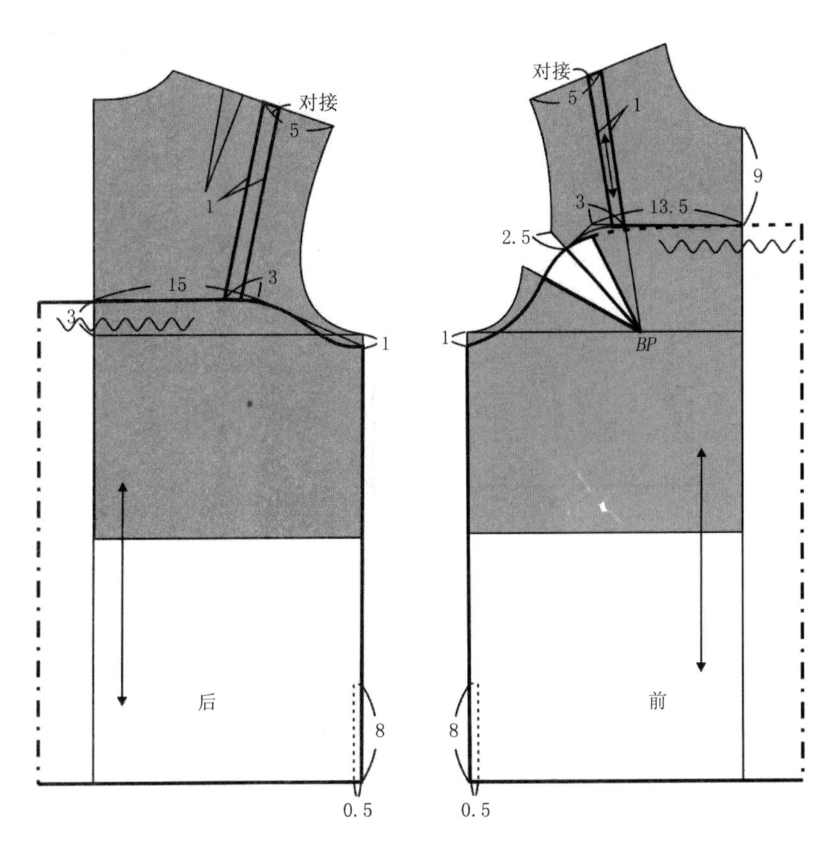

图6-33　吊带睡衣款式b结构制图

图6-34　短袖睡衣款式a图

二、短袖类睡衣

1. **款式a**

（1）款式a，如图6-34所示。

（2）制图说明：该款睡衣结构相对简单，可以直接制图，如图6-35所示。

（3）制图参考规格如表6-1所示。

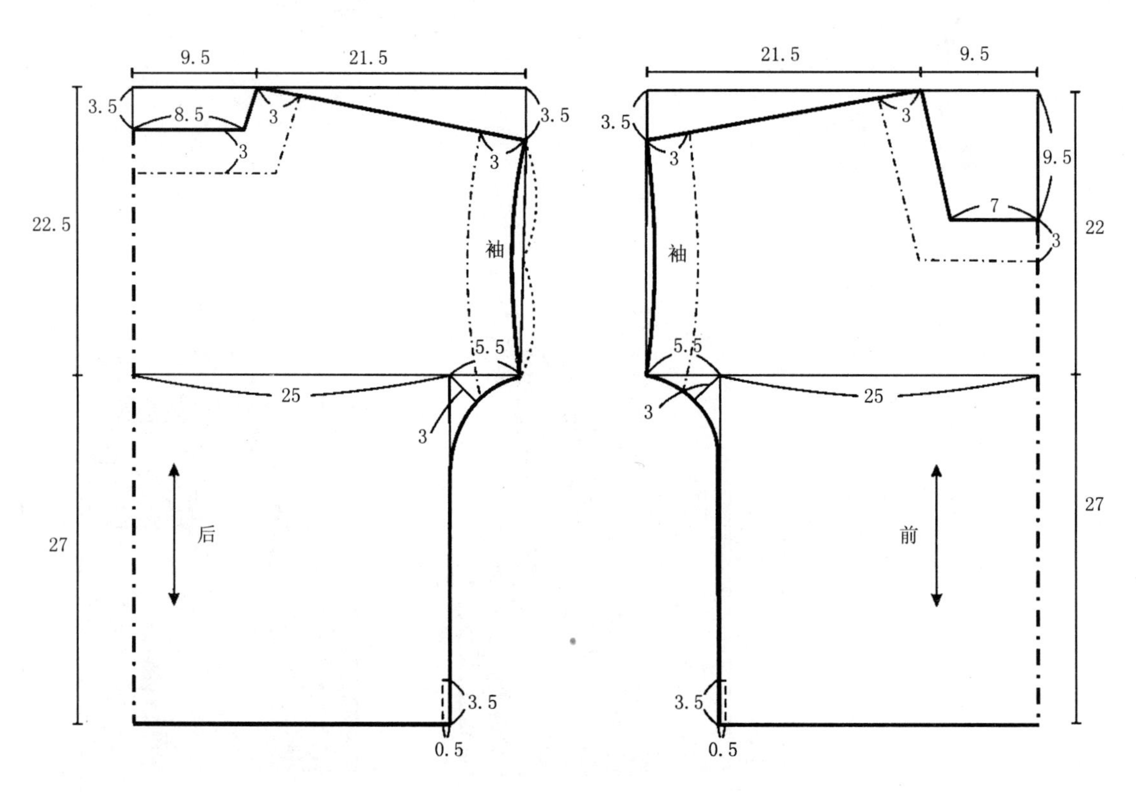

图6-35　短袖睡衣款式a结构制图

表6-1　短袖睡衣款式a规格表　　单位：cm

部位	衣长	肩袖长	胸围	袖口大
规格	49	21.5	100	19

2. **款式b**

（1）款式b，如图6-36所示。

图6-36　款式b

（2）制图说明：第一步，复制前、后衣身原型图，在此基础上进行款式b的结构制图，衣长及下摆的尺寸可以自行确定，如图6-37所示；第二步，如图6-38所示，将前、后衣袖中缝对齐，并作切开线，沿切开线剪开纸样，展开，画顺袖口弧线；第三步，将*OA*与*OB*对齐，拼合成一片；第四步，沿前片过*BP*点的切开线剪开，合并袖窿省（如图虚线部分），画顺底边线。

3. **款式c**

（1）款式c，如图6-39所示。

（2）制图说明：第一步，复制图6-37的结构线，得到图6-40。如图6-40所示，作前后衣片的切开线；前片切开线为前领口中点与*BP*点连线与过*BP*向下作垂线。后片切开线为过后领口中点向下作的垂线。第二步，如图6-41所示，将前后袖片沿中线展开，上、下分别为10cm和13cm，并画顺弧线*a*和*b*；第三步，沿前后衣片的切开线剪开，并平行展开10cm，然后画顺弧线*c*，*d*和*e*。

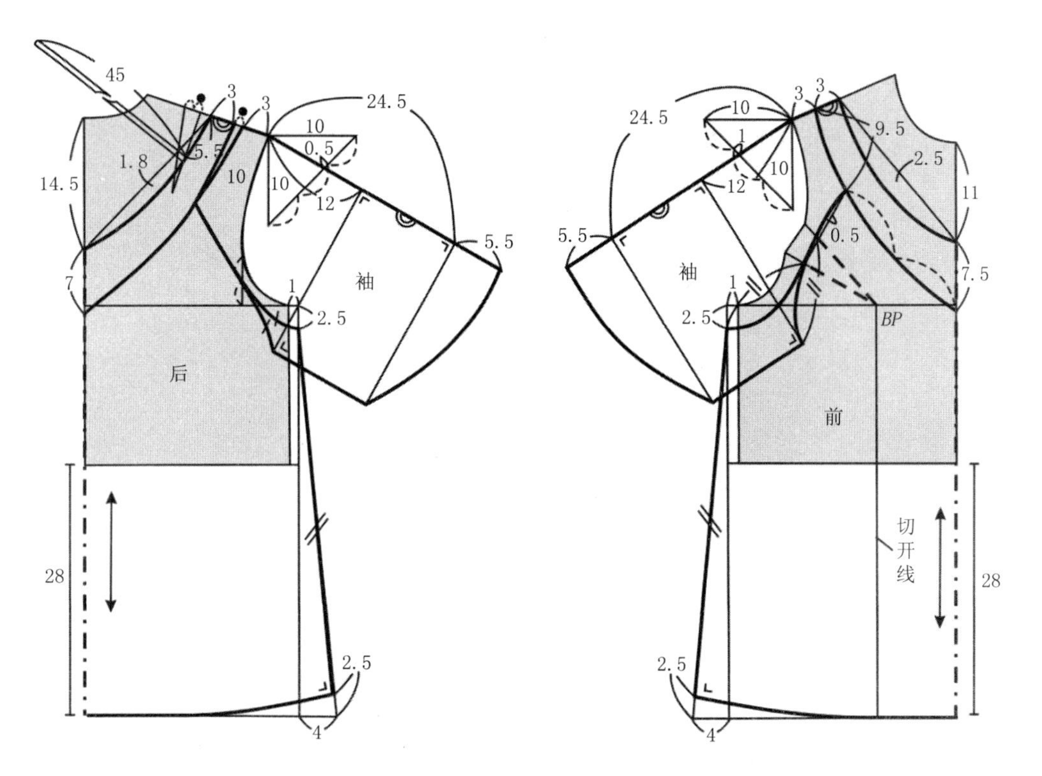

图6-37　短袖睡衣款式b衣身结构制图

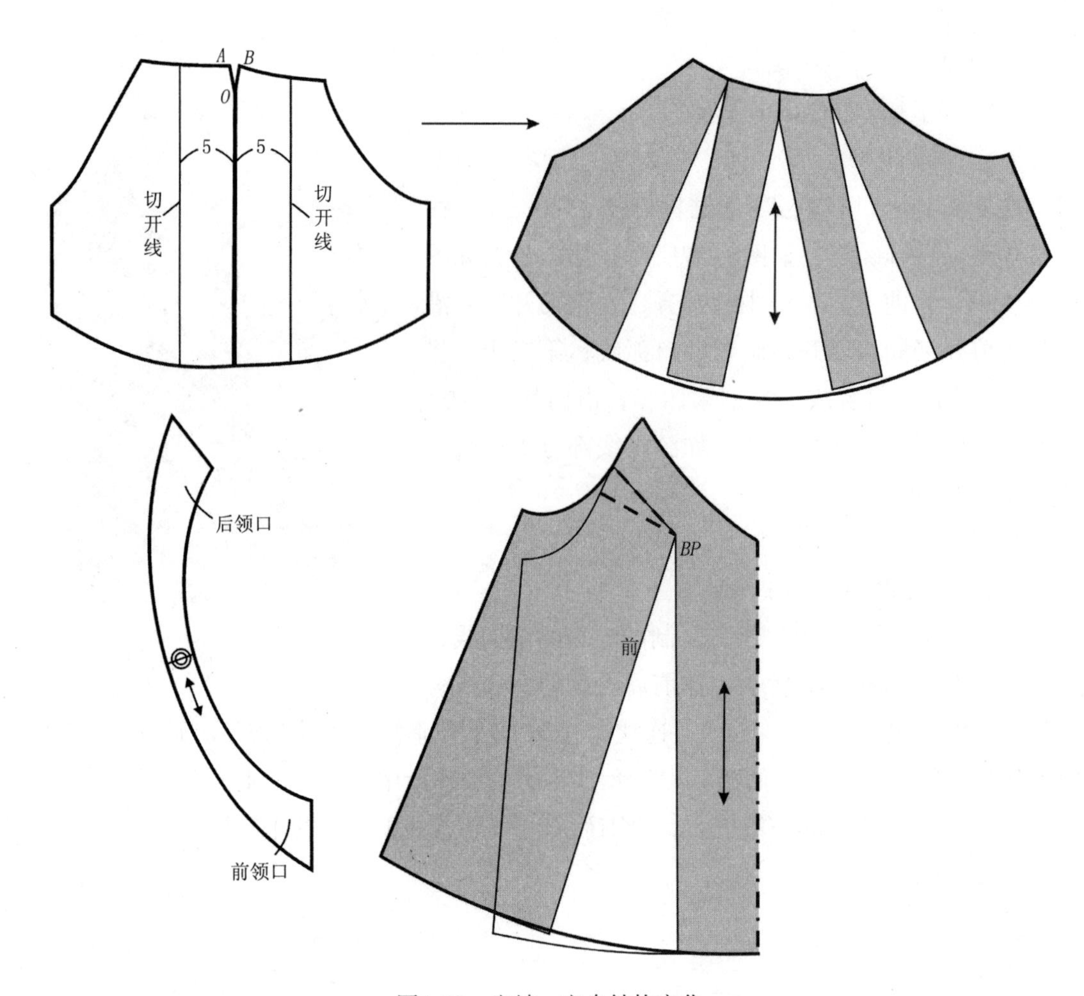

图6-38　衣袖、衣身结构变化

图6-39　款式c

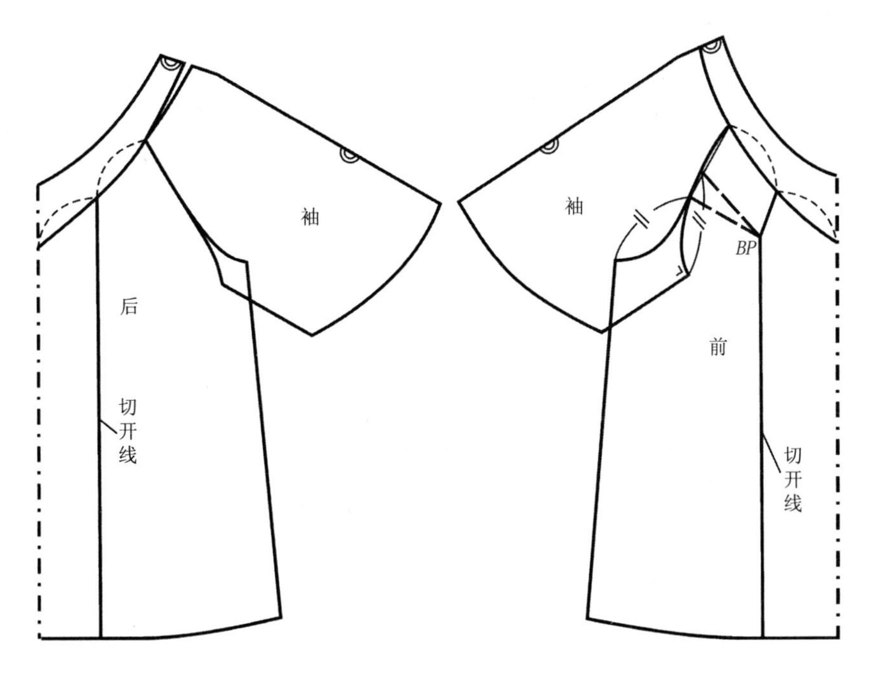

图6-40　短袖睡衣款式c结构制图

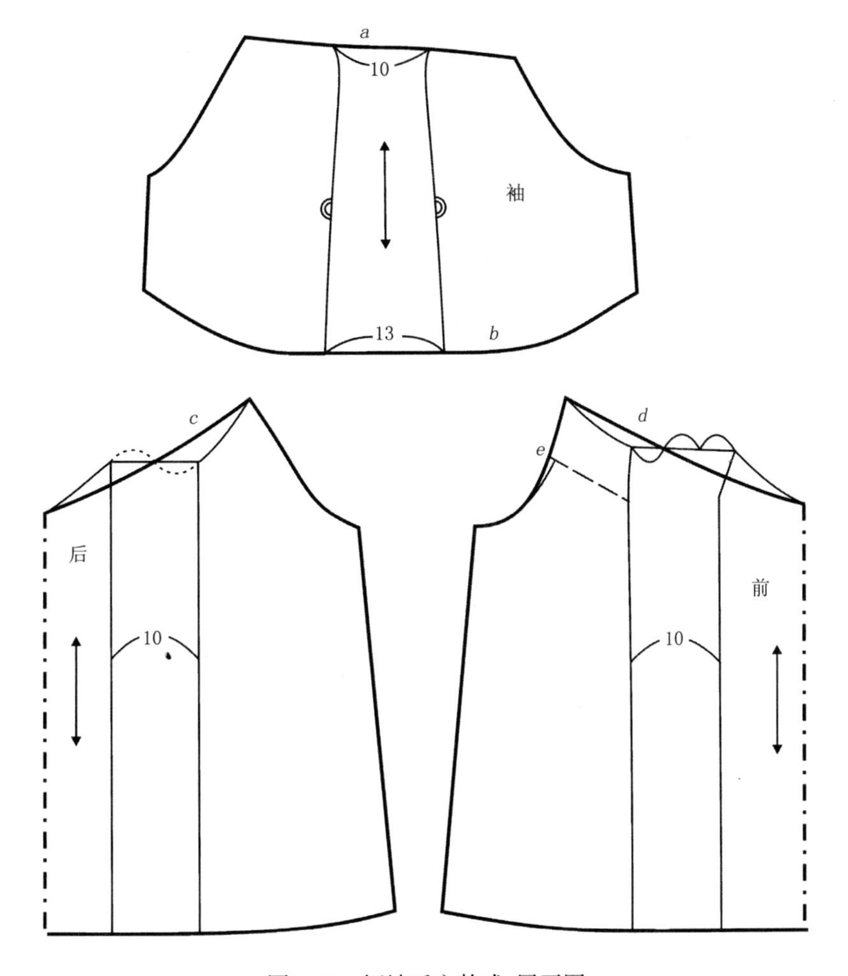

图6-41　短袖睡衣款式c展开图

图6-42　款式a

三、中长袖类睡衣

1. **款式a**

（1）款式a，如图6-42所示。

（2）制图说明：如图6-43所示，第一步，后片衣身原型进行变化，过后肩省点分别向下作垂线和向右作水平线为切开线，合并后肩省，省量的一半转至袖窿，另一半转至腰部；第二步，前片衣身原型变化，过*BP*点向下作垂直线为切开线，如图6-43，闭合部分前袖窿省量，将其转移至腰部；第三步，如图6-44所示，复制变化后的前、后衣身原型，在此基础上进行款式a的衣身结构制图，衣长及下摆的尺寸可以自行确定；第四步，如图6-45所示，根据前、后袖窿弧线确定袖山高，然后根据袖山高、袖长和前、后袖窿弧线长绘制袖子的结构图。

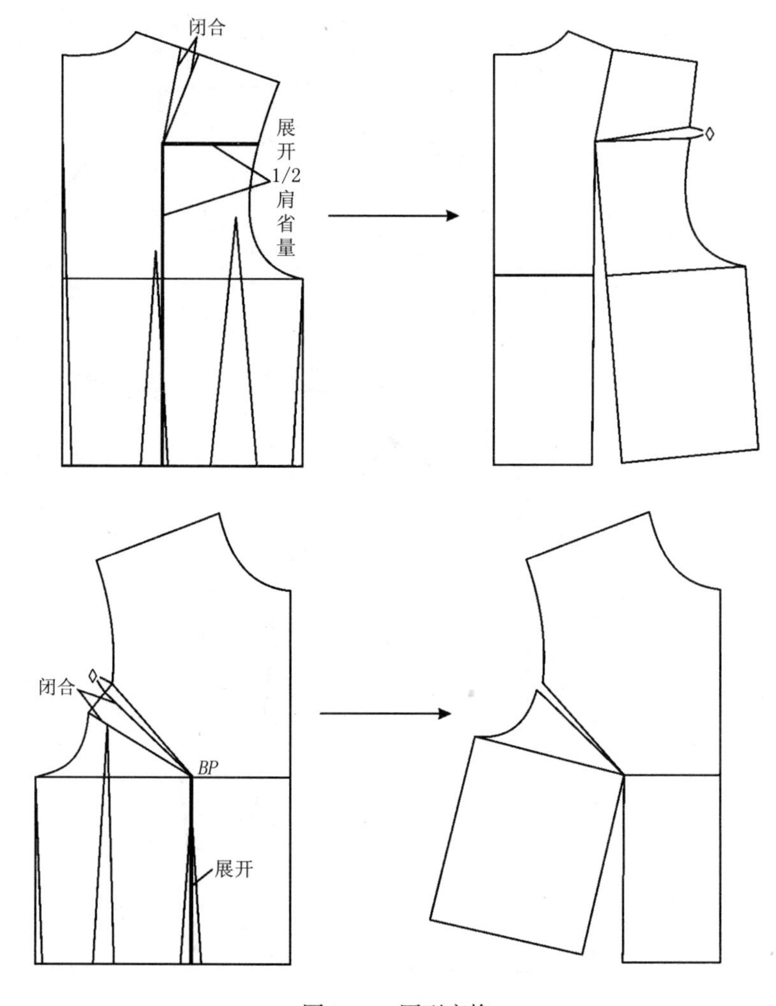

图6-43　原型变换

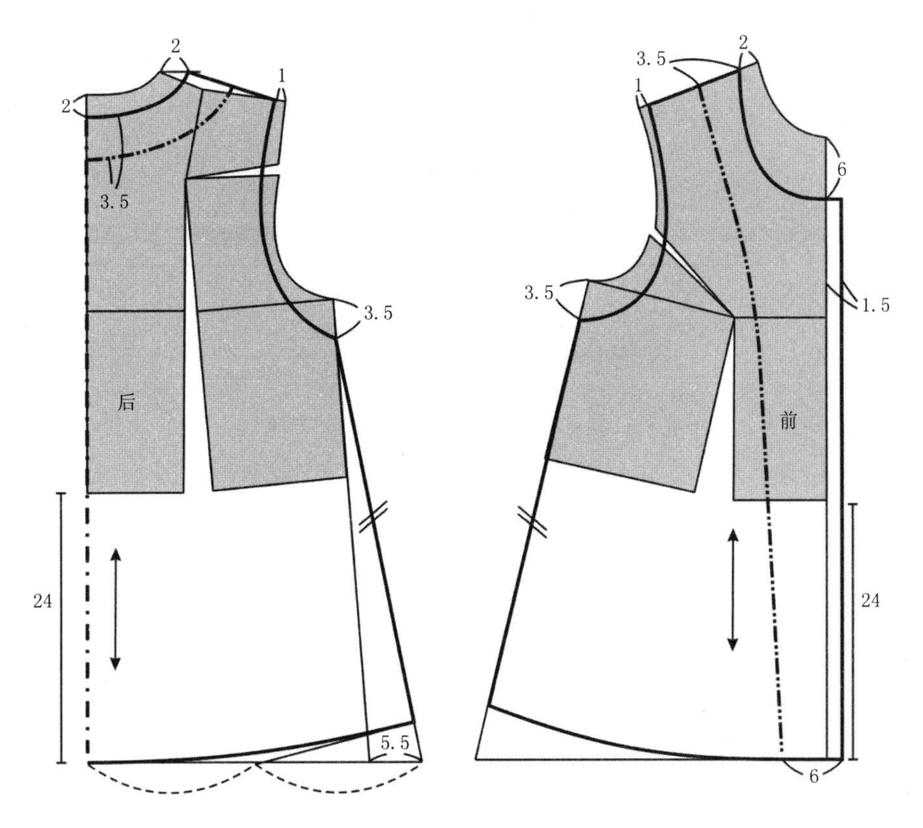

图6-44 中长袖睡衣款式a衣身结构制图

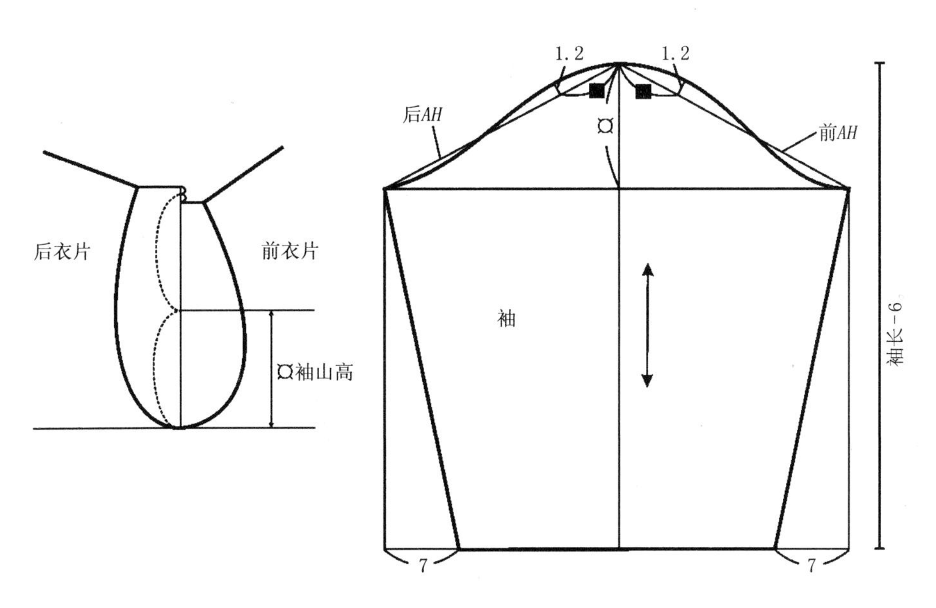

图6-45 中长袖睡衣款式a衣袖结构制图

图6-46 款式b

2. **款式b**

（1）款式b，如图6-46所示。

（2）制图参考规格，如表6-2所示。

表6-2 中长袖睡衣款式b制图规格 单位：cm

部位	衣长	肩宽	胸围	领大	袖长	袖口大
规格	73	40	111	42	54	21

（3）制图说明：如图6-47、图6-48所示，此款采用定寸法制图。前下片抽褶，完成长两个a点对合；后下片抽褶，抽缩量为4.5cm。

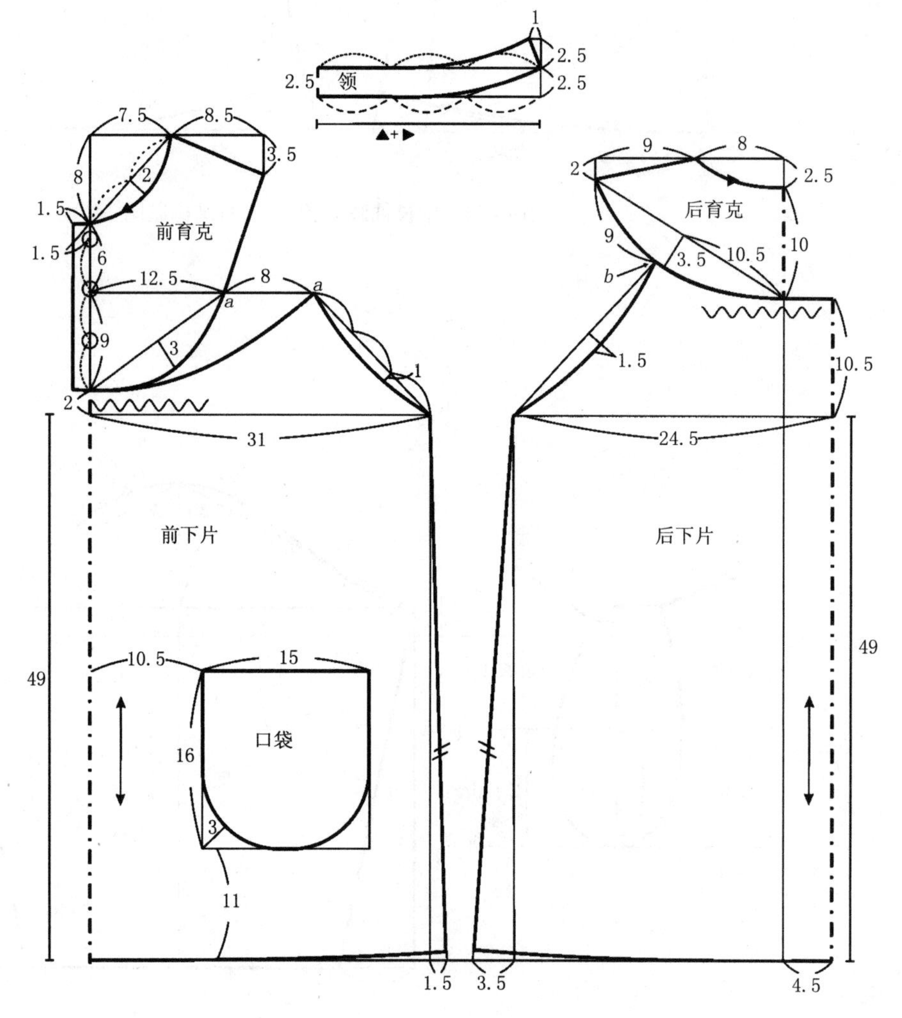

图6-47 中长袖睡衣款式b衣身、衣领结构制图

3. **款式c**

（1）款式c，如图6-49所示。

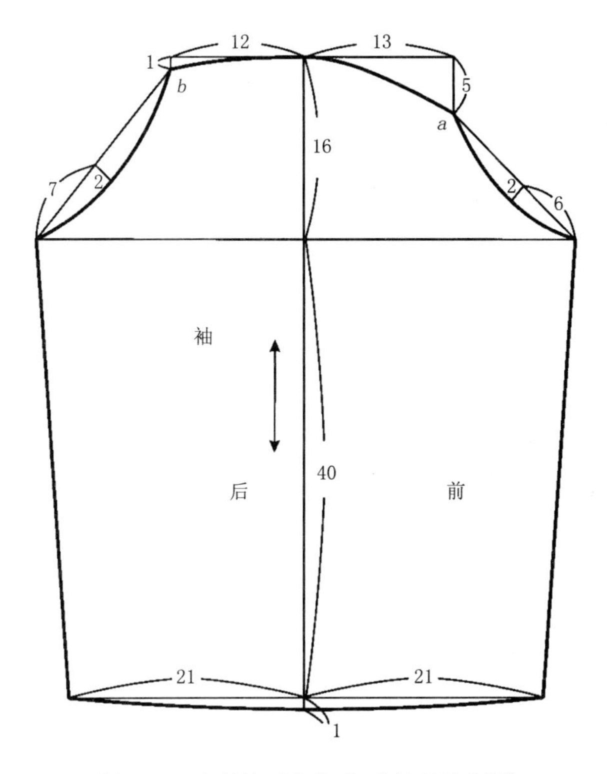

图6-48 中长袖睡衣款式b衣袖结构制图

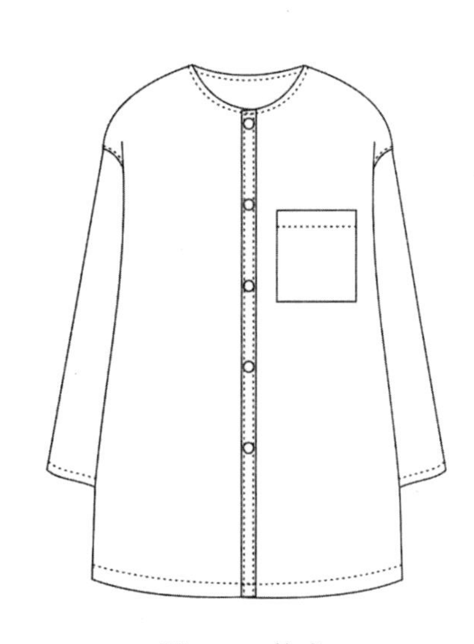

图6-49 款式c

（2）制图参考规格，如表6-3所示。

表6-3 中长袖睡衣规格表 单位：cm

部位 性别	衣长	肩宽	胸围	袖长	袖口大
女装	72	59	118	45	15
男装	80.5	63.6	128	47	16

（3）制图说明：如图6-50、图6-51所示，此款采用定寸法制图。提供两组数据，小数据一组为女装，大数据一组为男装。

4. **款式d**

（1）款式d，如图6-52所示。

（2）制图说明：如图6-53所示，第一步，后片衣身原型变化，过后肩省点分别向下作垂线和向右作水平线为切开线，合并后肩省，三分之一的肩省量转至袖窿，三分之二的肩省量转至腰部。

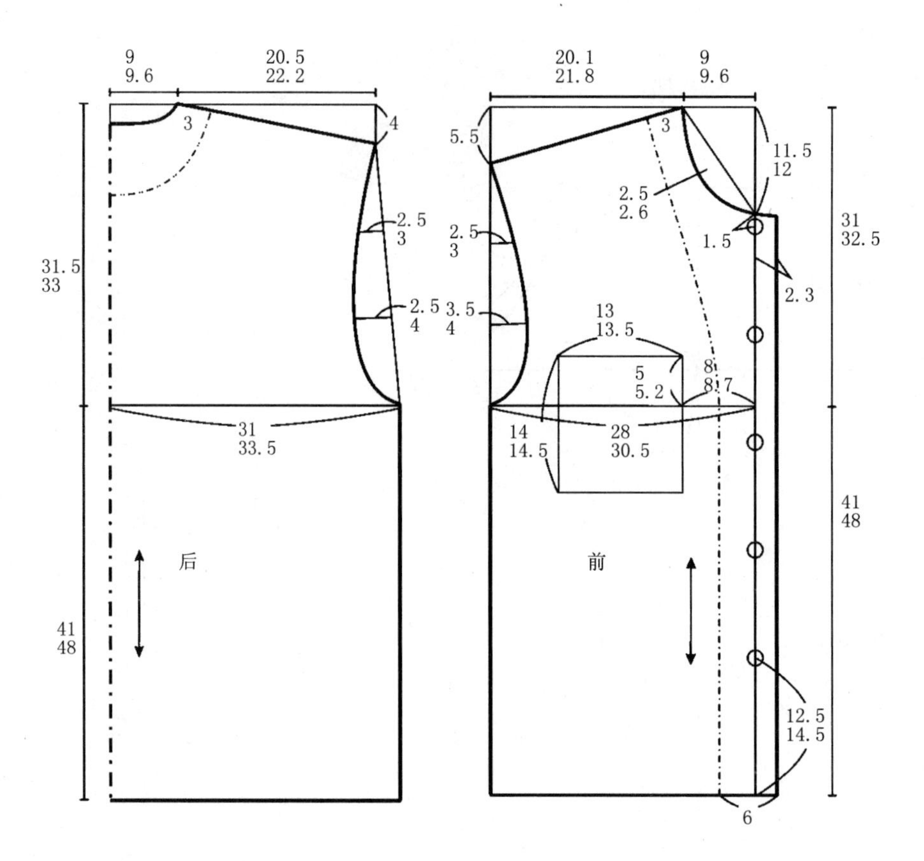

图6-50 中长袖睡衣款式c衣身结构制图

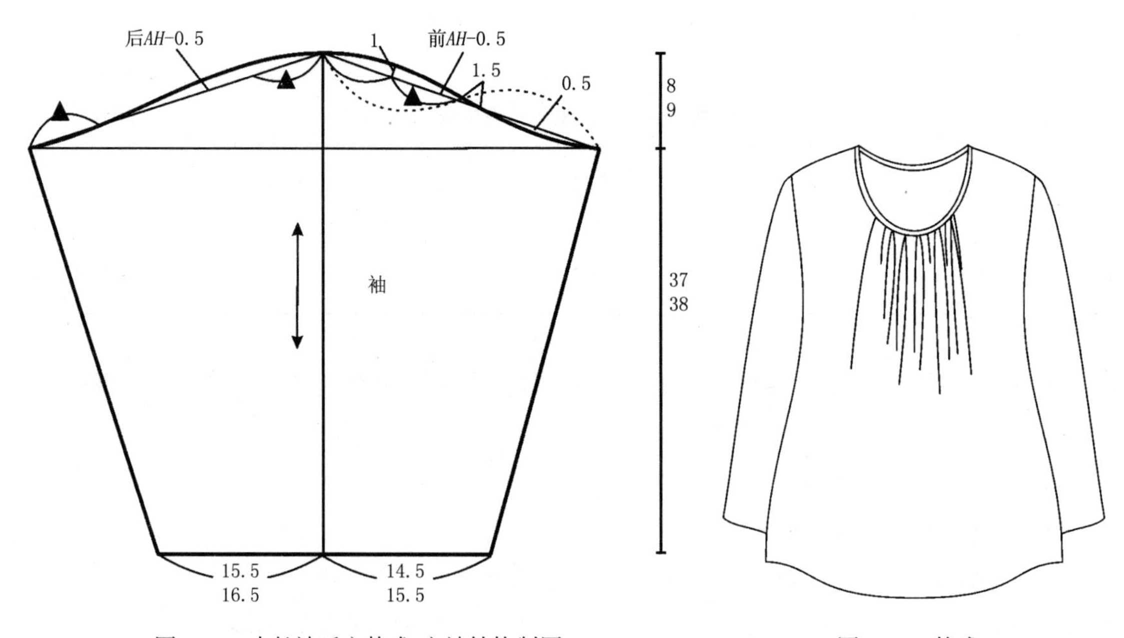

图6-51 中长袖睡衣款式c衣袖结构制图

图6-52 款式d

第二步，前片衣身原型变化，过*BP*点向下作垂线及向领口弧的中点线作切开线，如图6-53所示，闭合2/3的前袖窿省量，将其分别转移至领口弧线和腰部。

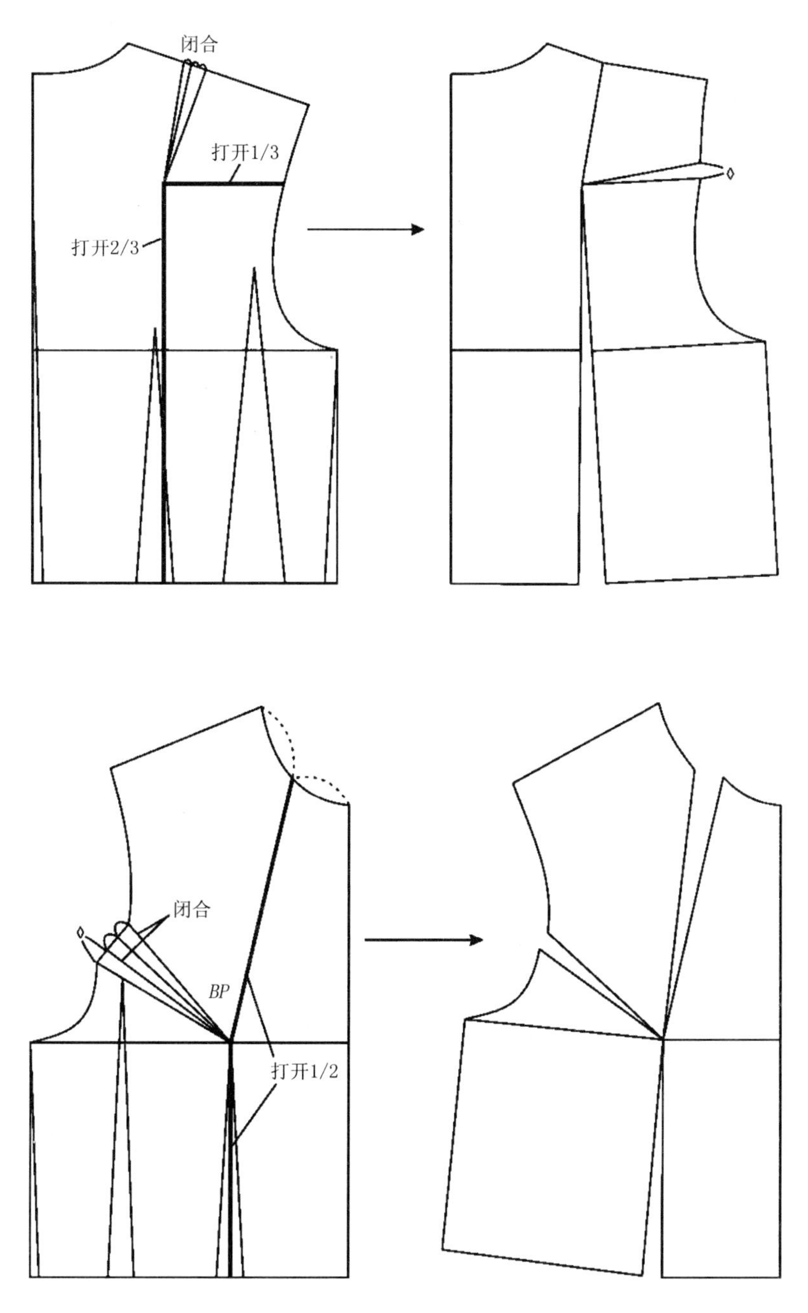

图6-53　原型变换

第三步，如图6-54所示，复制变化后的前、后衣身原型，在此基础上进行款式d的衣身结构制图前中线向右平移5cm作为前领口的抽褶量，衣长及下摆的造型可以自行确定。

第四步，如图6-55所示，根据前、后袖窿弧线确定袖山高，然后根据袖山高、袖长和前、后袖窿弧线长绘制袖子的结构图。

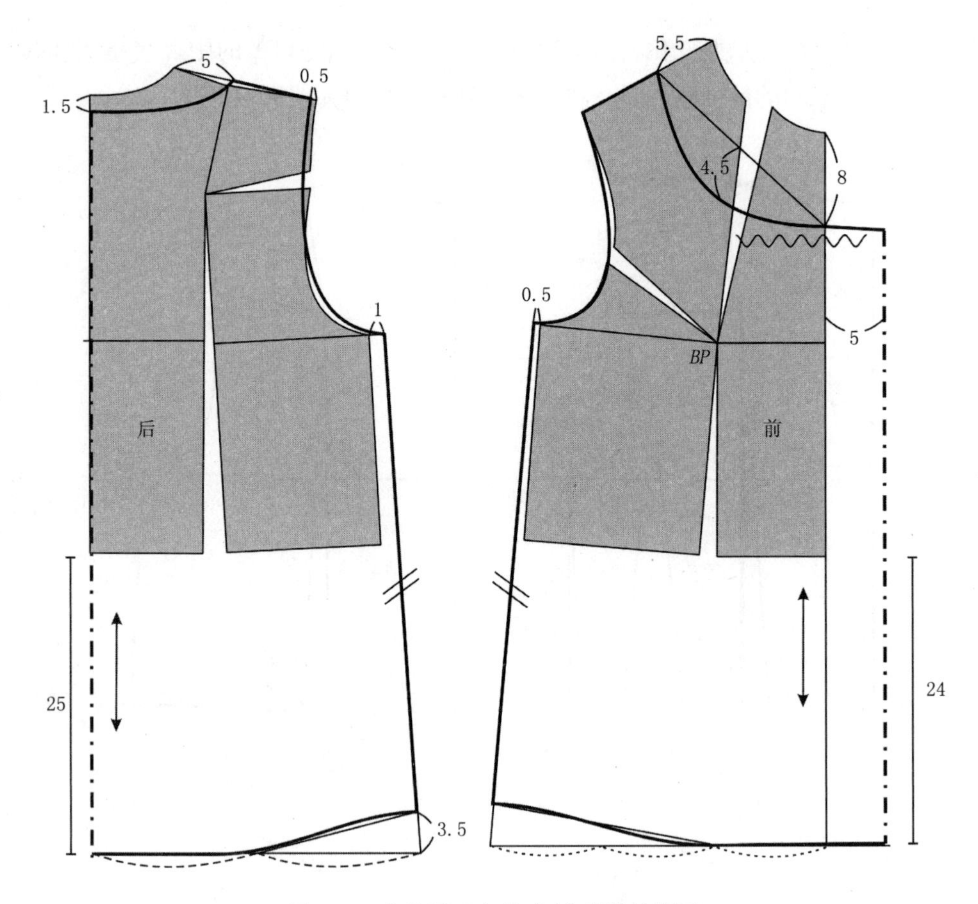

图6-54 中长袖睡衣款式d衣身结构制图

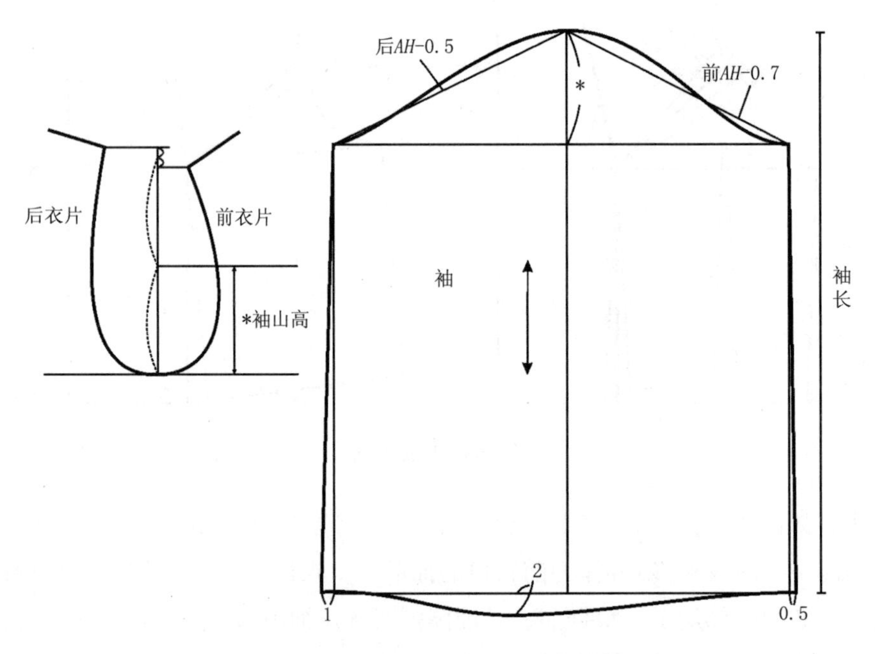

图6-55 中长袖睡衣款式d衣袖结构制图

第四节 睡袍结构设计

睡袍的制图，结构相对简单，采用定寸法。

一、短袖睡袍

（1）款式说明：款式如图6-56所示，宽松型，连肩袖，腰间系带，略收腰，下摆加大。

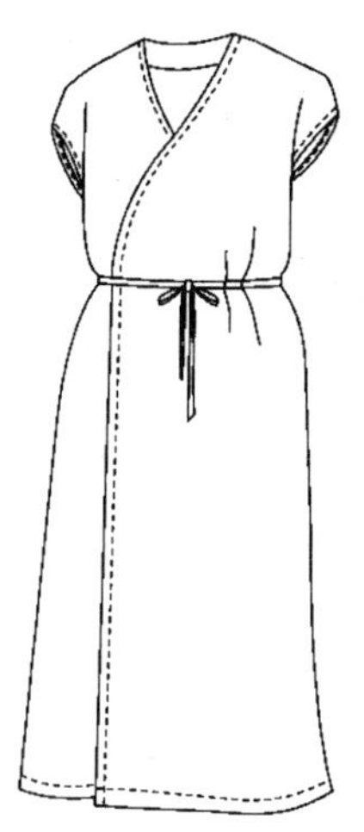

图6-56 短袖睡袍款式

（2）制图参考规格，如表6-4所示。

表6-4 短袖睡袍规格表 单位：cm

部位＼规格	小号	中号	大号
衣长	110	115	116
肩袖长	32.5	33.7	34.9
前腰节长	39	40	41
后腰节长	40	41	42
胸围大	98	104	110
腰围大	95	101	107
底摆大	128	135.6	141.6
袖口大	18.5	19.5	20.5
腰带长	115	119	125

（3）结构制图如图6-57所示，该制图提供3组数据，为大中小号。

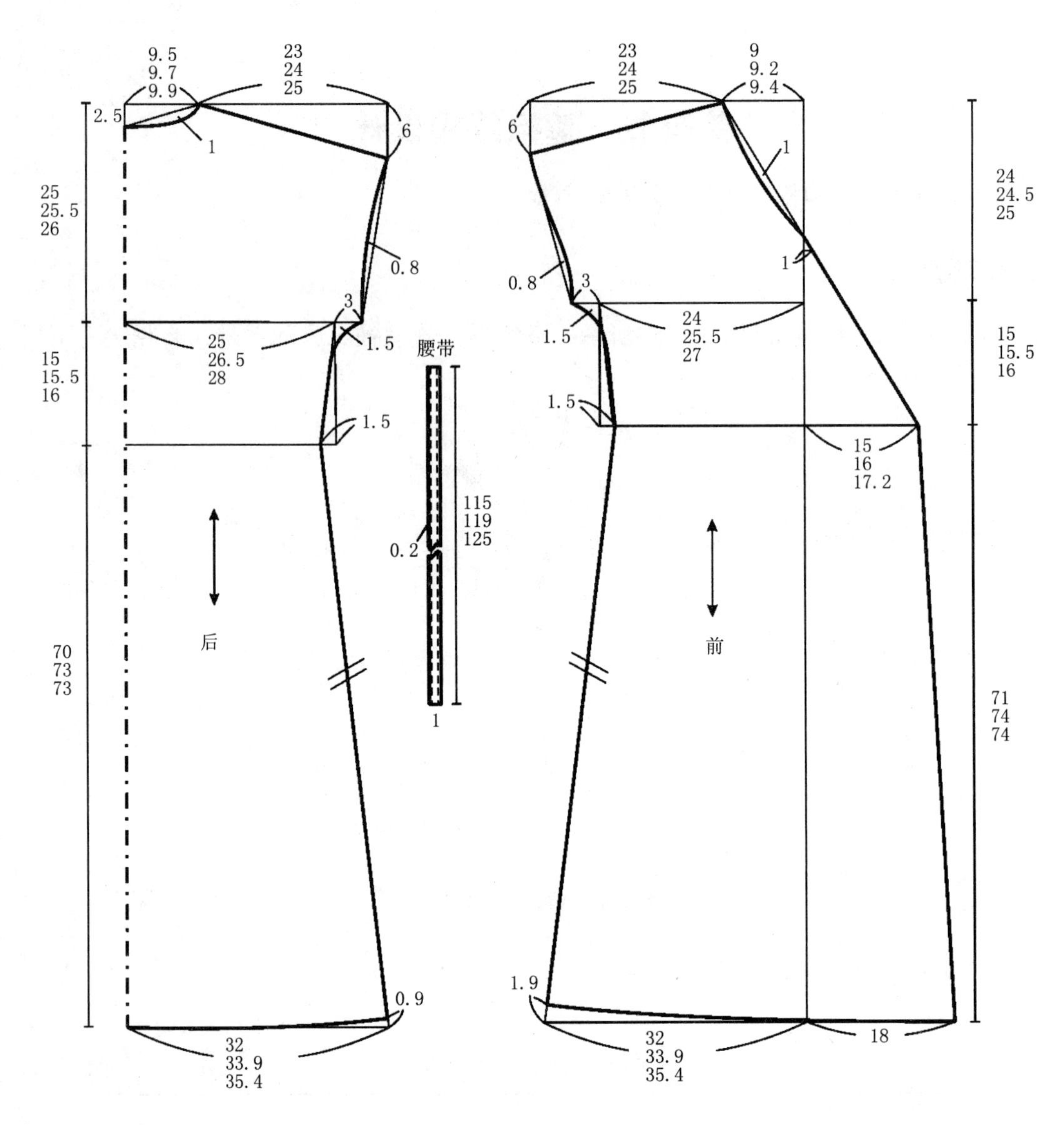

图6-57 短袖睡袍结构制图

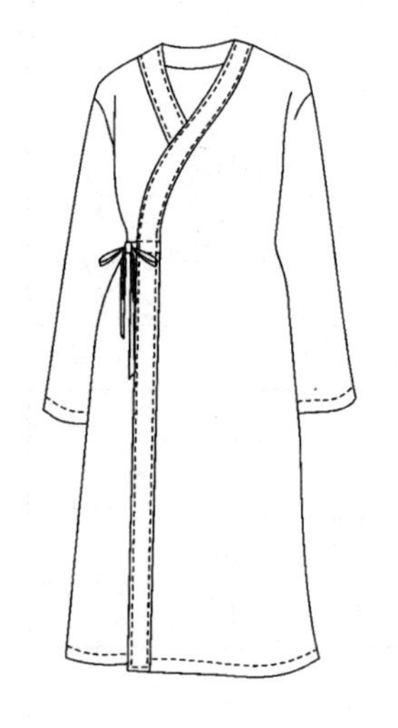

图6-58 长袖睡袍款式图

二、长袖睡袍

（1）款式说明：款式如图6-58所示，宽松型，腰间系带，不收腰，下摆加大。

（2）制图参考规格，如表6-5所示。

（3）结构制图如图6-59、图6-60所示，该制图提供3组数据，为大中小号。

表6-5　长袖睡袍规格表

单位：cm

部位＼规格	小号	中号	大号
衣长	107.5	108	109
肩宽	50	51	52.6
袖长	52.8	58.5	59
胸围大	106	110	122
底摆大	146	150	162

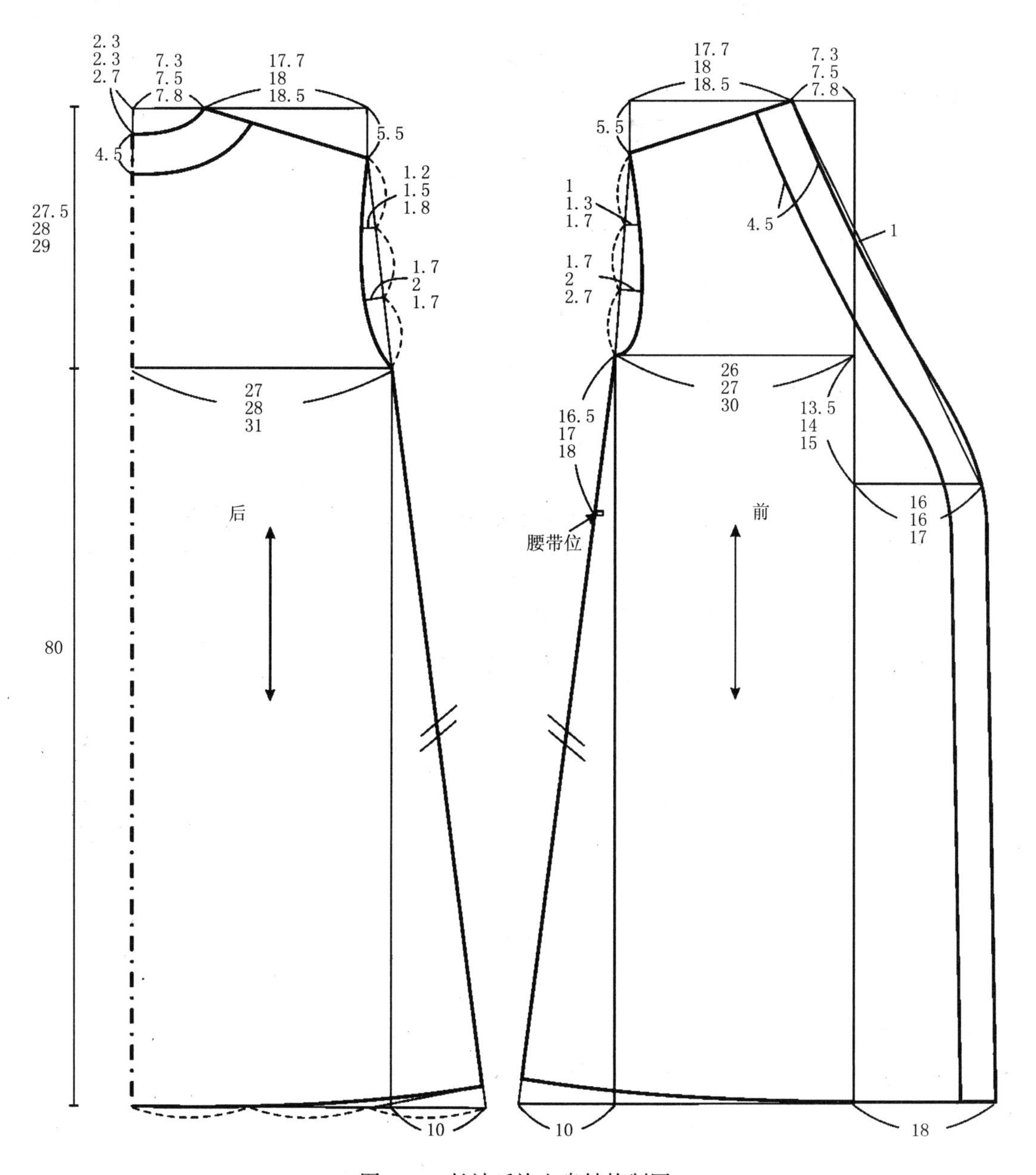

图6-59　长袖睡袍衣身结构制图

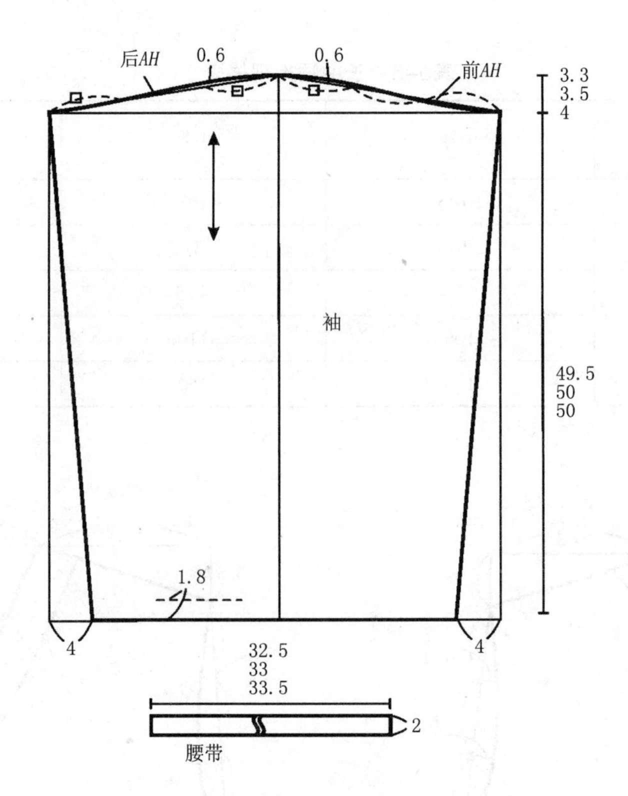

图6-60　长袖睡袍衣袖、腰带结构制图

第五节　睡裤结构设计

一、短睡裤

（1）款式说明：款式如图6-61所示，两片式结构，前后侧缝连裁，腰部抽松紧带。

（2）参考制图规格（表6-6）：

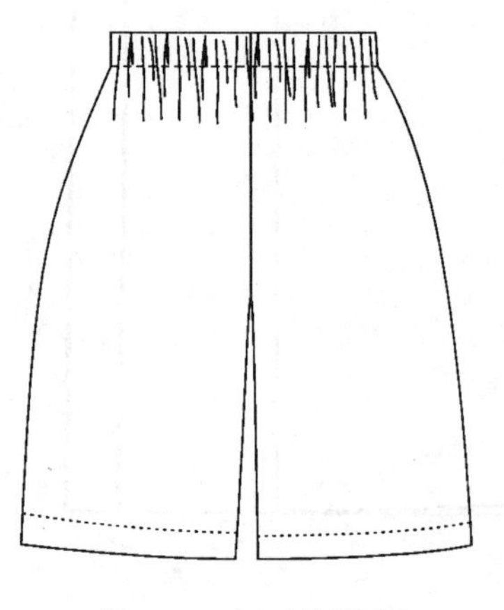

图6-61　短睡裤款式

表6-6　短睡裤规格表　　单位：cm

部位	规格
上裆长	上裆测量值+（4～8）
下裆长	下裆测量值-（32～38）
裤长	上裆长+下裆长+腰头宽
臀围	净臀围+（15～20）

上裆长：人体上裆测量值+（4～8）cm（放松量）。

下裆长：人体下裆测量值-（32～38）cm。

裤长：上裆长+下裆长+腰头宽。

臀围：净臀围+（15～20）cm。

结构制图如图6–62所示，裤长、上裆长、臀围加放量及脚口的尺寸可以根据自己的需要进行调整。

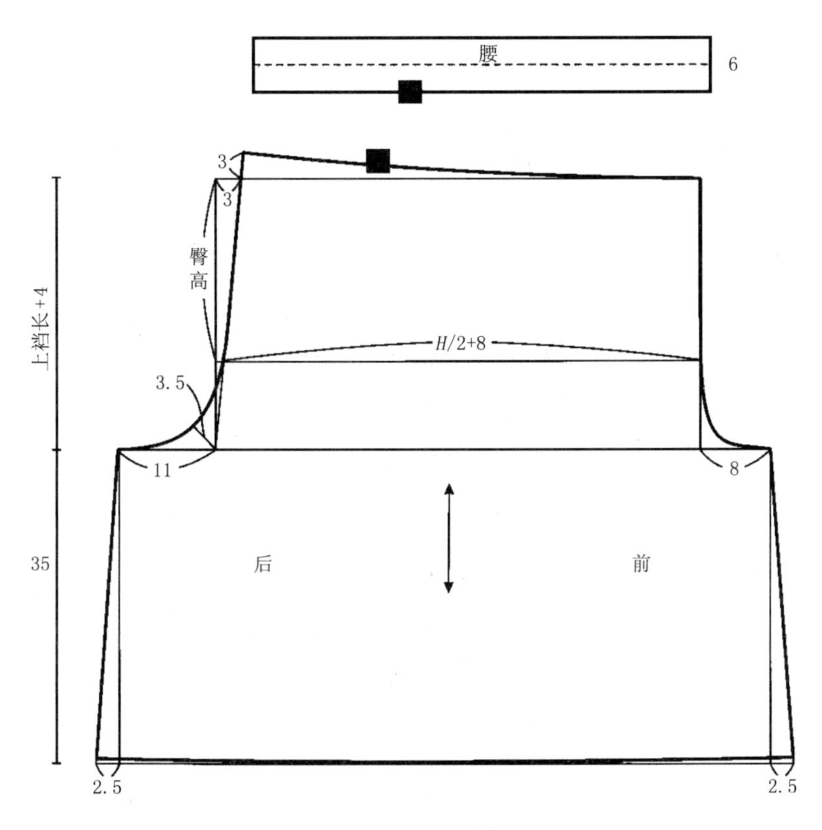

图6–62　短睡裤结构图

二、中长睡裤

（1）款式说明：中长睡裤款式如图6–63所示，两片式结构，前后侧缝连裁，腰部抽松紧带。

（2）参考制图规格（表6–7）：

表6–7　长睡裤规格表　　单位：cm

部位	规格
上裆长	上裆测量值+（4～8）
下裆长	下裆测量值–（10～14）
裤长	上裆长+下裆长+腰头宽4
臀围	净臀围+（18～22）
脚口大	32～34

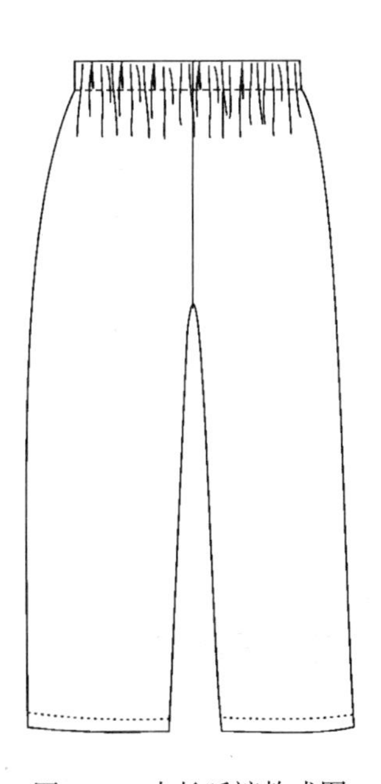

图6–63　中长睡裤款式图

上裆长：人体上裆测量值+（4～8）cm（放松量）。

下裆长：人体下裆测量值-（10～14）cm。

裤长：上裆长+下裆长。

臀围：净臀围+（18～22）cm。

脚口大：32～34cm。

结构制图，如图6-64所示，裤长、上裆长、臀围加放量及脚口的尺寸可以根据自己的需要进行调整。

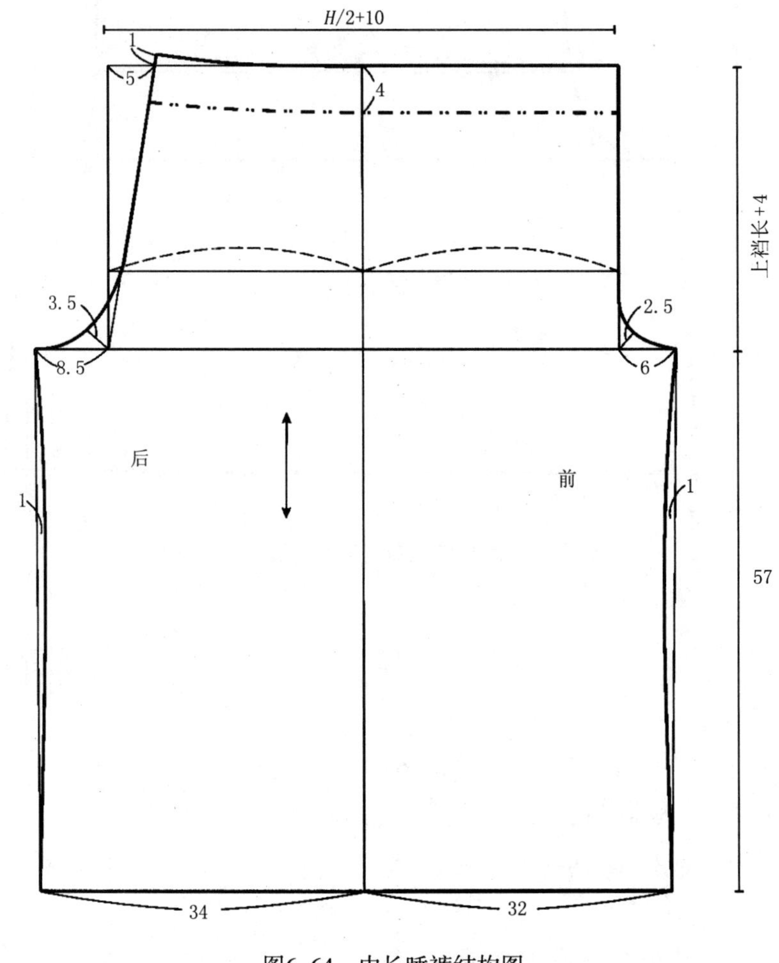

图6-64　中长睡裤结构图

三、长睡裤

（1）款式说明：款式如图6-65所示，四片结构，腰部抽松紧带。

（2）参考制图规格，如表6-8所示。

表6-8　长睡裤规格表　　单位：cm

性别 \ 部位	裤长	上裆长	臀围	脚口大	前裆宽	后裆宽
女装	94	30	113	19	5	8
男装	103	28	115	19.5	5.2	8.2

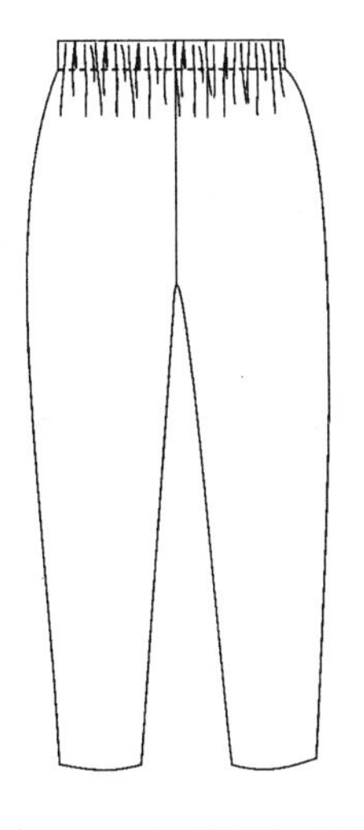

图6-65　长睡裤款式图

（3）结构制图，如图6-66所示。长睡裤也可以按照短睡裤或中长睡裤的裁剪方法，做成两片式。

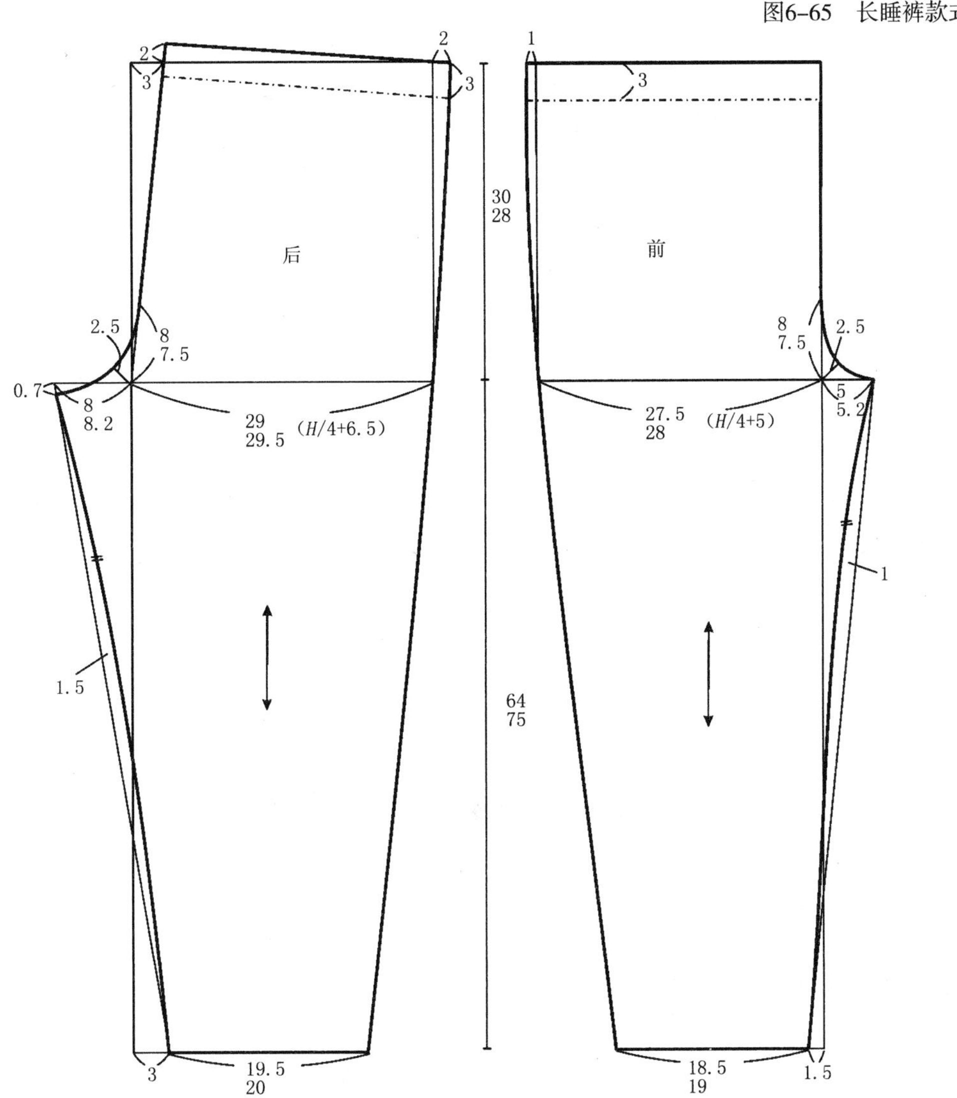

图6-66　长睡裤结构图

专业知识——

缝制工艺基础知识

课题名称：缝制工艺基础知识

课题内容：1. 内衣缝制常用机械设备。

2. 内衣缝制技巧。

课题时间：2学时

教学目的：使学生了解内衣缝制机械设备的用途及其使用方法；掌握内衣缝制的基本技巧。

教学方式：讲授与示范

教学要求：学生能熟练使用缝制设备。

课前准备：缝制设备完好，练习用的内衣面料。

第七章　缝制工艺基础知识

第一节　内衣缝制常用机械设备

制衣设备按照不同的用途可以分为裁剪设备、黏合设备、缝纫设备、锁钉设备、整烫设备以及各类专用设备等。

现代工业用缝纫设备随着服装的款式、面料、功能等的多样性，其种类越来越多、功能越来越全。在综合了电子、电脑、液压、气动等先进技术，目前工业缝纫机的种类已经达到数千种，既有一机多用型的缝纫机，又有专机专用型的缝纫机，为内衣的工艺制作提供了方便。下面着重介绍内衣缝制工艺中最为常用的缝纫设备及其特点。

一、平缝机

平缝机也叫平车，一般通称为单针平缝机和双针平缝机。

1．**单针平缝机**

单针双线平缝机称单针平缝机。一根面线和一根底线，在缝料上构成单线迹的缝线组织，如图7-1所示。

图7-1　单针平缝线迹

单针平缝机在内衣工艺流程中主要用来进行裁片之间的连接、拼合、固定等工序，如缝合上、下罩杯、绱碗、做鸡心等。

2．**双针平缝机**

双针平缝机有两根面线和两个底线，在缝料上构成双线迹的缝线组织，如图7-2所示。

图7-2　双针平缝线迹

双针车在衣内工艺流程中主要用来进行固定、缉双线等工序，如缉缝杯骨线、缉缝比位、缉缝碗底、缉缝碗前幅、缉缝鸡心上端等工序。

二、包缝机

包缝机也称锁边机、打边车、码边机、骨车等，主要功能是防止服装的缝头起毛。

包缝机不仅能够用于包边，还能应用于缝合使用针织面料的T恤、运动服、内衣等。包缝线迹可分为单线、双线、三线、四线、五线和六线等。在内衣生产中通常采用三线、四线和五线。

1. 三线包缝

三线包缝多用来包边。将单边裁片的边缘包裹起来，以防止脱散。也是普通针织服装常用的缝合线迹，特别是一些档次不高的服装衣片的缝合，线迹如图7–3所示。

图7–3　三线包缝线迹

2. 四线包缝

四线包缝是将双层或者多层裁片的边缘包裹起来，在形成缝合的基础上防止边缘脱散。比三线包缝增加了一根针线，强力有所提高，线迹如图7–4所示。

图7–4　四线包缝线迹

3. 五线包缝

五线包缝是在包缝的同时，增加双线链式缝，兼有包边缝合的双重作用。其线迹的牢度和生产效率得到提高，线迹的弹性较四线包缝好，常用于外衣和补整内衣的缝制，线迹如图7–5所示。

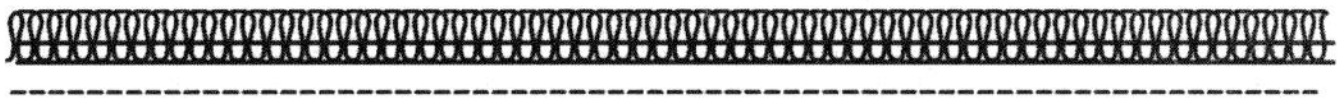

图7–5　五线包缝线迹

三、绷缝机

绷缝机一般可分为筒式和平式两种。是用两根或两根以上的面线和一根底线相互穿套而形成的链式绷缝线迹。由于绷缝线迹具有缝制面料边缘和在包缝线迹上进行绷缝的特点，强度高，拉伸性好，并且可防止裁片边缘脱散，因此，被广泛用于针织类服装的缝制，常用的有二针三线绷缝、二针四线绷缝、三针四线绷缝、三针五线绷缝、四针六线绷缝等。

1. 二针三线绷缝

二针三线绷缝，线迹如图7–6所示。

面线　　底线

图7–6　双针三线绷缝线迹

2. 三针四线绷缝

三针四线绷缝，线迹如图7–7所示。

图7–7　三针四线绷缝线迹

3. 二针四线绷缝

二针四线绷缝与二针三线不同的是在面线上加了一根装饰线，如图7–8所示。

图7–8　二针四线绷缝线迹

4. 三针五线绷缝

三针五线绷缝与三针四线不同的是在面线上加了一根装饰线，如图7–9所示。

图7–9　三针五线绷缝线迹

四、曲折缝缝纫机

曲折缝缝纫机的一种特殊缝纫机械，又称之字缝或人字缝缝纫机，用于需要有一定弹性的缝纫线迹。单针、三针和月牙形针，如图7–10所示。

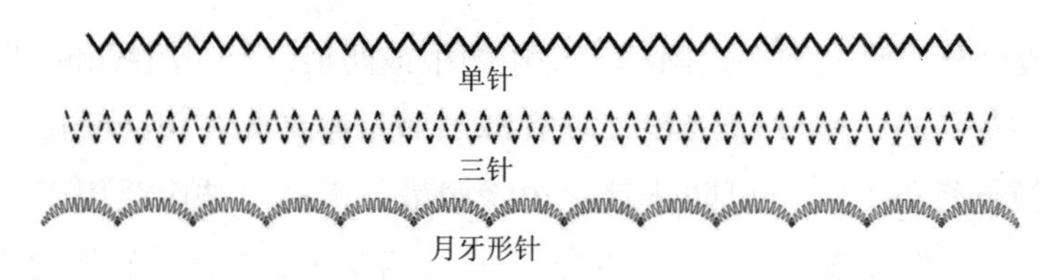

图7–10　曲折缝线迹

五、套结机

套结机又称为打结机、固缝机、打枣车，专用于缝合加固成品服装中受拉力和易破损的部位。如：裤头侧缝打套结、胸围钢圈口打套结、肩带打套结等，如图7-11所示。

图7-11　套结线迹

六、其他缝纫设备

在内衣生产中还有其他的缝纫设备，如钉扣机、锁眼机、打褶机、绣花机、链缝机、超声波机、胶机等。

钉扣机在内衣企业中除钉扣外，还用来钉标牌等。因此又称为打标车、钉标车。

七、辅助缝纫设备

1. 定规类辅助件

定规又叫导向尺、导架、限制器、缝料控制器、引导板或工具挡等。顾名思义，是在缝纫设备上用来规定尺寸、引导操作的附属装置。定规可被独立安装在缝纫设备的某个特定位置，用来限定或指示缝料边缘或其他部位的缝距，使得操作省力，缝制产品的线迹距边缘一致、缝距相等，如图7-12、图7-13所示。

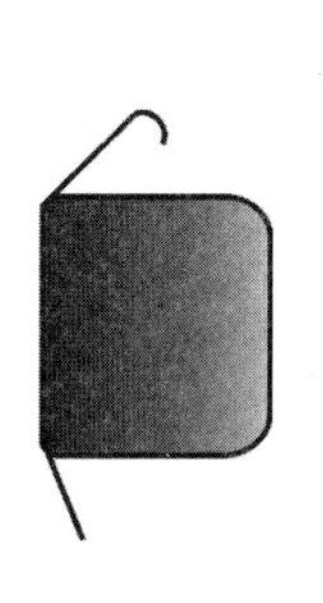

图7-12　磁定规

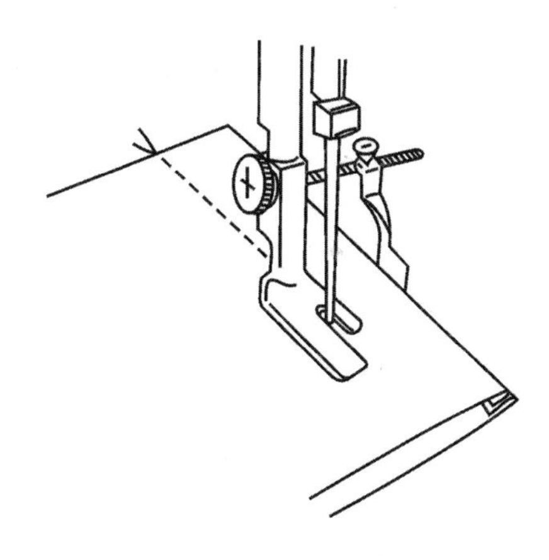

图7-13　定规

2. 压脚类辅助件

压脚是缝纫设备送料机构中一个必不可少的部件。它起着压紧或夹紧缝料，使机器可靠送料，保证针线的线环顺利形成。目前已定型的各种缝纫机设备均是按使用对象的不同要求而设计压脚的，因此都有着各自的局限性。通过在缝纫设备上更换不同的专用压脚，就可克服和改善原有的局限性，增加新的功能，做到事半功倍。

3. **送料类辅助件**

送料运动是最基本的缝纫操作之一，在内衣制作过程中这类设备基本上用于橡皮筋的送料。

4. **边缝器类辅助件**

边缝器俗称拉筒、喇叭筒，是缝制各种缝边的辅助件总称，是缝纫机辅助件家族中最重要的角色之一。边缝器主要包括双卷边器（又称为两折筒）、三卷边器（又称为三折筒）、折边器、包边器等四个种类。

5. **镶嵌器类辅助件**

镶嵌器是在缝纫制品上镶嵌各种筋、绳、带、线条的专用缝制辅件，是从边缝器类辅助件派生出来的一个类别。

6. **打褶器类辅助件**

打褶器早先是专门对布边进行辅助褶裥缝纫的辅助装置，目前已有很大一部分打褶装置已完全发展成为专用的打褶设备。不仅可对布边，而且还可对大面积乃至整匹的缝料进行褶裥缝纫，能打出的多种花式的褶裥。

7. **其他类辅助件**

其他类辅助件常用的有穿线器、曲折线迹器、锁眼器、伸带器、压脚提升器、强力牵引器等。由于各类辅件的使用，从而使缝纫机增加新的功能，达到省力、高速和自动化，并可获得显著的经济效益。

第二节 内衣缝制技巧

一、缝制基本技巧

1. **直线的缝制方法**

（1）将要缝合的裁片布边位置对准，用大头针固定或者做对位记号。

（2）将裁片布边置于缝纫机上，调整磁定规位置，使其距离布边的宽度为缝头的尺寸，当然也可以不使用磁定规。

（3）如图7-14所示，将上下线拉出，距离裁片布边的上边缘0.5cm起针开始缉缝并打回车。

（4）为了便于缝纫和线路顺直，如图7-15所示，左手将裁片布往上轻拉，拉力不要太大，右手往下轻拉，缝至近大头针处将大头针移走；如果是对位记号，缝制过程中，比对上裁片、下裁片对位记号，左手将布往上轻拉，右手也可以置于两层布之间，略拉住下层布。

（5）缝制到距离下边缘0.2cm处时，再打回车。

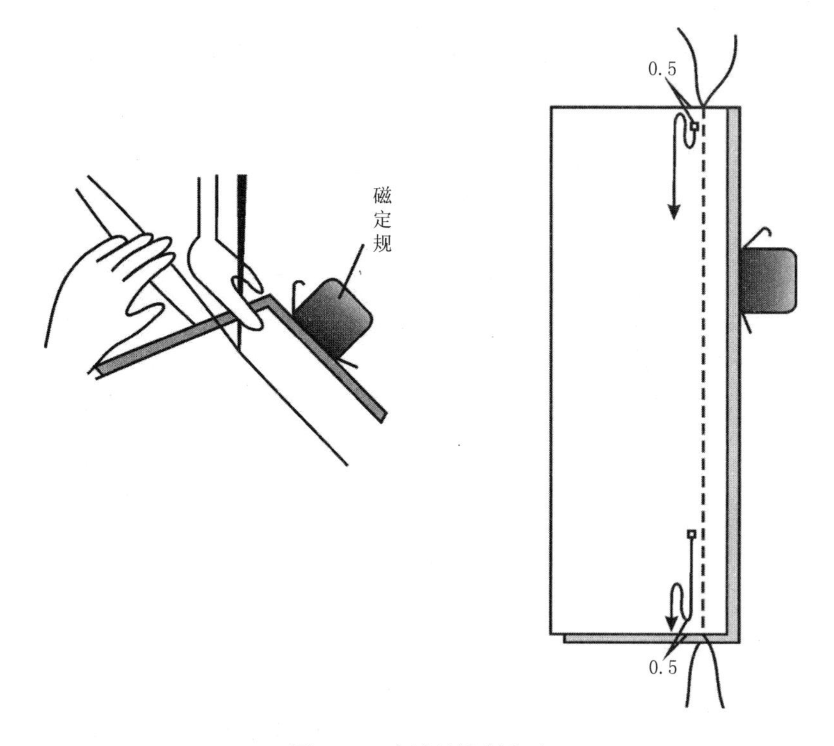

图7-14　直线的缝制方法

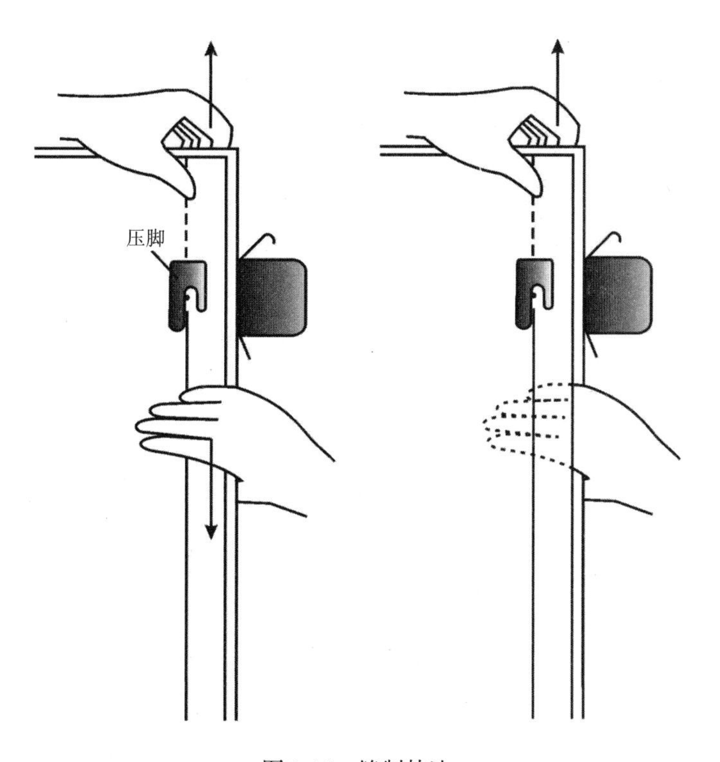

图7-15　缝制技法

2. 拐角的缝制方法

（1）如图7-16所示，两片裁片正面相对，对齐布边先缉缝一边，缝至拐角处，将机针插入布内。

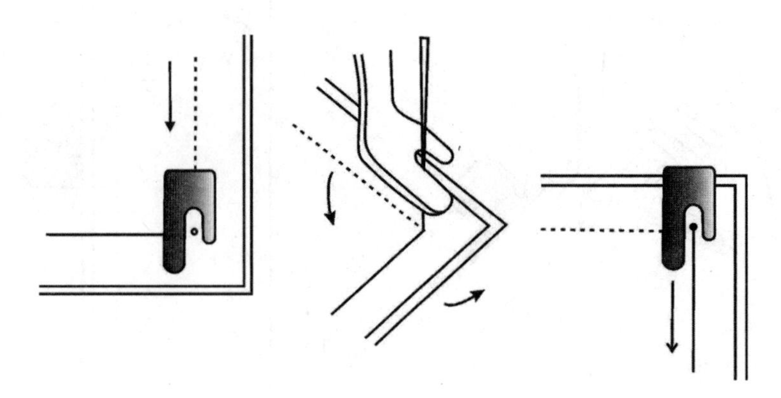

图7-16 拐角的缝制方法

（2）抬起压脚，转动裁片布，使另一边与人体正对，完成缉缝。

3. 弧线的缝制方法

如图7-17所示，两片裁片布正面相对叠合缉缝，边缉缝边转动裁片布，使准缝制的部位始终与人体方向垂直。

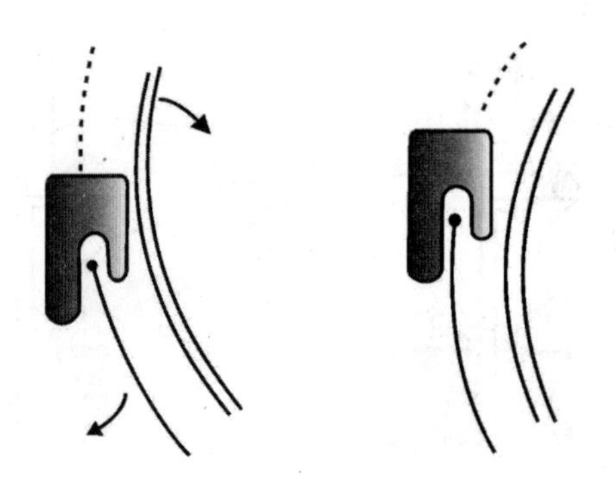

图7-17 弧线缝制方法

二、内衣缝边缝合基本方法

将缝边缝合到一起的方法有多种，这里介绍几种内衣缝制中常用的方法。

1. 平缝

（1）缝头劈缝：如图7-18所示，将两片裁片分别包缝，然后正面相对缉缝，最后进行分烫。

（2）缝头倒向一边：如图7-19所示，两片裁片正面相对缉缝，然后进行包缝，最后将缝头烫倒到一边。

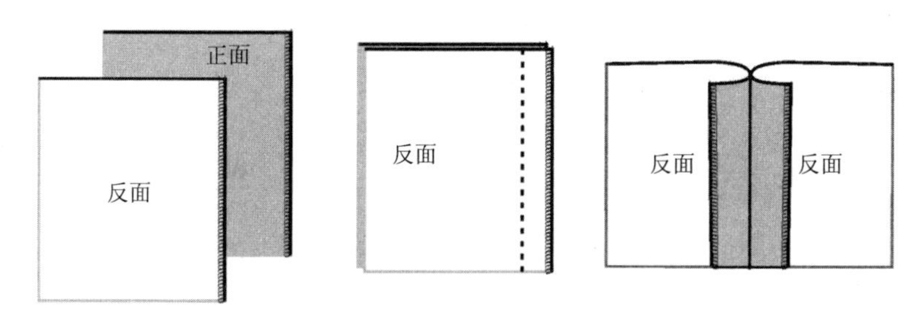

图7-18　包缝、缉缝后缝头劈缝分烫

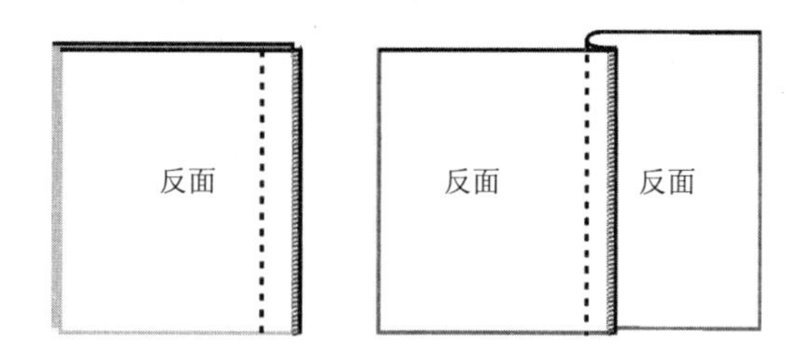

图7-19　缉缝后缝头导向一侧

2. **扣压缝**

如图7-20所示，两片裁片正面相对缉缝，然后进行包缝，按图示将缉缝的裁片翻转到正面缉明线。

如图7-21所示，反面的效果图。

如图7-22所示，也可以在正面再缉一道缝线，压住缝头。

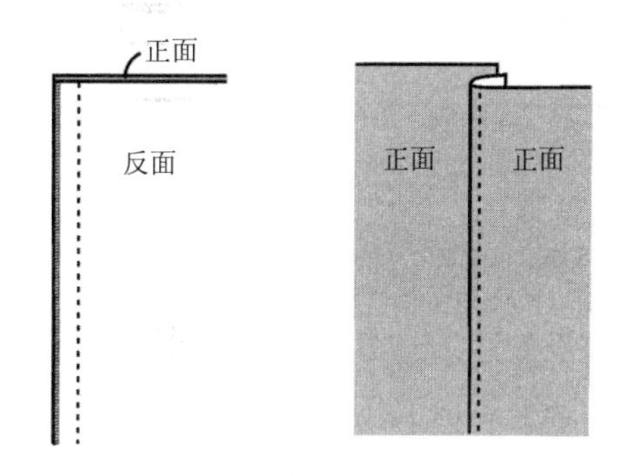

图7-20　扣压缝

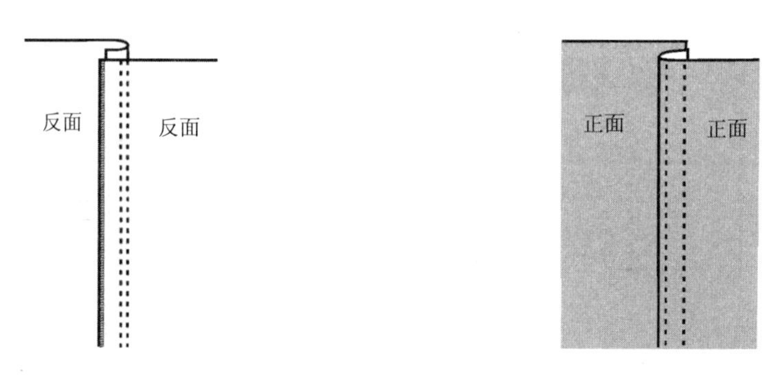

图7-21　扣压缝反面　　图7-22　扣压缝缉双明线

3. **分压缝**

先平缝，然后分开缝头，在正面缉明线，如图7–23所示。

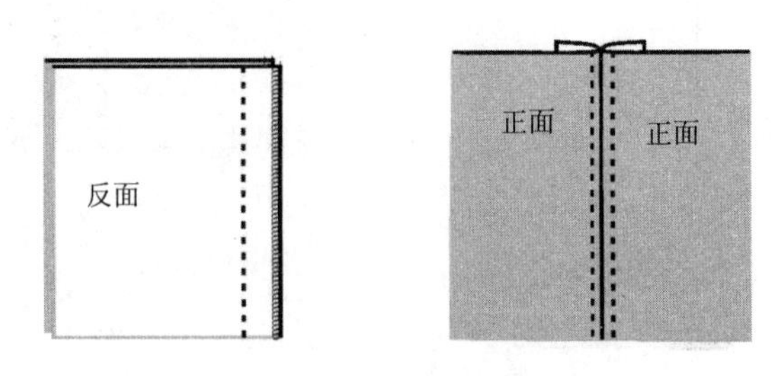

图7–23　分压缝

三、折边的处理方法

1. **单层折边**

如图7–24所示，包缝底边后，扣烫折边，然后沿包缝线缉缝，也可以在下方再缉缝一道线。

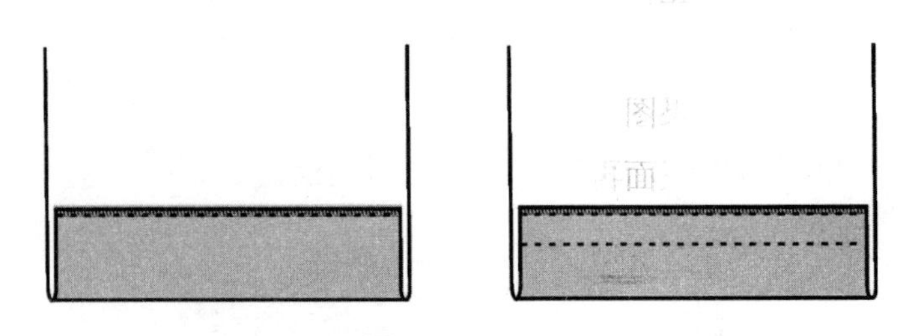

图7–24　单层折边

2. **卷边**

卷边，根据面料的薄厚以及卷边的宽窄，方法如图7–25所示。

第一种方法：窄边折进，适合一般的折边处理。

第二种方法：宽边折进，适合于透明的面料。

第三种方法：小窄边，适合于薄型面料。

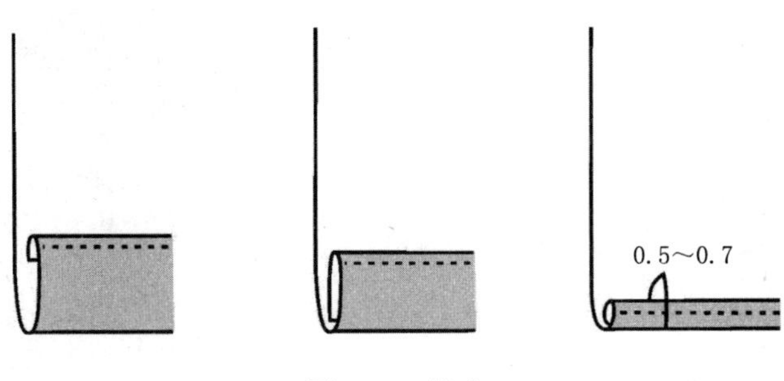

图7–25　卷边

四、内衣缝制过程中常见的问题及解决方法

1. 常见的问题

（1）爆口：一是在拉丈根时，没有完全将丈根包裹在内，或者缝合处裂开。二是在缝合时没有将裁片两边对齐或未缝到尽头就收线，导致漏缝。

（2）针洞：在缝制过程中，由于布料本身的质量问题，或者人为操作不当，或者是由于机针高速运转刺伤织物线圈使纱线断裂，在针迹周边出现小洞。在外力作用下针织物线圈被拉伸产生脱散的现象，针洞扩大使制品缝迹牢度下降，并且影响其外观质量。

（3）断线：由于缝制设备或者缝制技术问题在缝制生产的过程中，缝线出现断线的现象，比如丈根线被拉断，是由于线迹太疏导致缝合线不能与丈根同步拉开。

（4）跳线：跳线一是由于缝纫机的成缝器弯钩不能正确穿入缝针线圈，或缝针不能正确穿入成缝器形成的底线圈。二是由于两个成缝器的包缝机（大小弯钩）互相运动配合不当也会发生跳针。三是由于缝制技术问题或缝制时送料太快，在缝制生产的过程中导致某些针位的面线没有与底线交织而直接跳过的情况。

（5）驳线：有些缝合线迹要求一气呵成而不允许有接驳线的情况，线路中不能存在明显的错位、重叠情况。

（6）浮线：裁片缝好后，面线没有紧贴而是悬浮于布料上。

（7）落坑：由于缝制设备的压脚未调好或在缝制过程中出现手势摆动等缝制技术问题，出现某些落针点偏离正常缝迹的现象。

（8）抽纱：指布料的纱线被钩起的现象。布料纱线被手指甲或其他尖状物钩起。

（9）断纱：指布料的纱线被折断的现象。布料纱线被手指甲或其他尖状物钩起并导致纱线折断。

（10）丈根扭曲：在缝制拉丈根时，由于技术（手势、动作）欠佳，出现了丈根整体不规则的弯曲；还有由于丈根的质量问题，致使丈根在缝制后出现不规则弯曲或者缝线调得太紧或丈根筒送料不协调。

2. 解决方法

（1）爆口：行车控制进料平稳，按纸样要求用足止口；调整车缝手势，注意自检。

（2）针洞：按时、按要求换针，特殊布料采用专用针，缝制时注意压脚与牙齿是否协调；检查机针针尖的形状、针尖是否变钝、发毛；机针的型号是否过大或过小，针头的大小一般控制在布料纱线直径的0.7～1.4倍之间；针杆直径与针板孔直径大小是否匹配，针板孔边缘是否有毛刺，如针板孔过大，当缝针穿刺缝料时，缝料发生下垂，有可能使缝料被针板孔和缝针互相挤压而弄断纱线，形成针洞；针板孔太小，同样会造成轧断针织物线圈纱线而产生针洞，一般针板孔直径约等于针杆直径的1.5～2倍。此外，检查压脚的压力是否过大等。

（3）断线：确认缝纫机运转正常，线迹松紧调节适当。按工艺指导调节针距，缝制

丈根时注意拉开的尺寸。如果是缝纫机的问题，注意检查机针是否弯曲变形、针尖发毛或过线处机械零件发毛；缝线是否过粗或粗细不匀、有结头、弹性小，机针是否装反等。

（4）跳线：车缝时平稳送料，不可太快。如果是缝纫机的问题，注意检查针是否装错、装扭曲或者针尖钝；还要检查针和线选择是否恰当、面线是否穿得正确等。

（5）驳线：做到原线路同位重叠，提高缝制水平，做到一次缝制完成。

（6）浮线：调车时注意底、面线松紧配合。

（7）落坑：检查压脚有无左右松动，车缝过程中注意保持平稳送料。

（8）抽纱：将指甲修平；如果特别容易抽纱的布料需戴胶手套作业；检查使用的相关物品是否有毛刺。

（9）断纱：将指甲修平；检查机针等是否有毛刺。

（10）丈根扭曲：提高缝制技术水平；检查丈根整体是否存在质量问题；调整缝线。

专业知识及技能——

内衣缝制工艺

课题名称： 内衣缝制工艺

课题内容： 1．夹棉文胸缝制工艺。

2．女式三角内裤缝制工艺。

3．束身衣缝制工艺。

4．衬裙缝制工艺。

5．睡衣缝制工艺。

课题时间： 32学时

教学目的： 使学生掌握内衣缝制方法和技巧。

教学方式： 讲授与示范

教学要求： 学生能独立完成文胸、内裤、束身衣、衬裙及睡衣的缝制。

课前准备： 缝制内衣所需要的物料。

第八章　内衣缝制工艺

第一节　夹棉文胸缝制工艺

一、缝制准备

（一）缝头加放

结构制图参见第二章第四节比例制图法。

1. **面布缝头加放**

上杯面的缝头一般为0.5cm，如果罩杯有棉，夹弯位的缝头要增加到0.7cm，其中0.2cm为包裹棉的厚度+翻折量；调节扣在前耳仔位时，此部位的缝头为1.3cm，留着加固打套结用。若碗杯有棉，侧比的夹弯处上捆位的缝头从0.5～0.7cm，碗杯无棉，侧比的夹弯处缝头则为0.5cm，如图8-1所示。

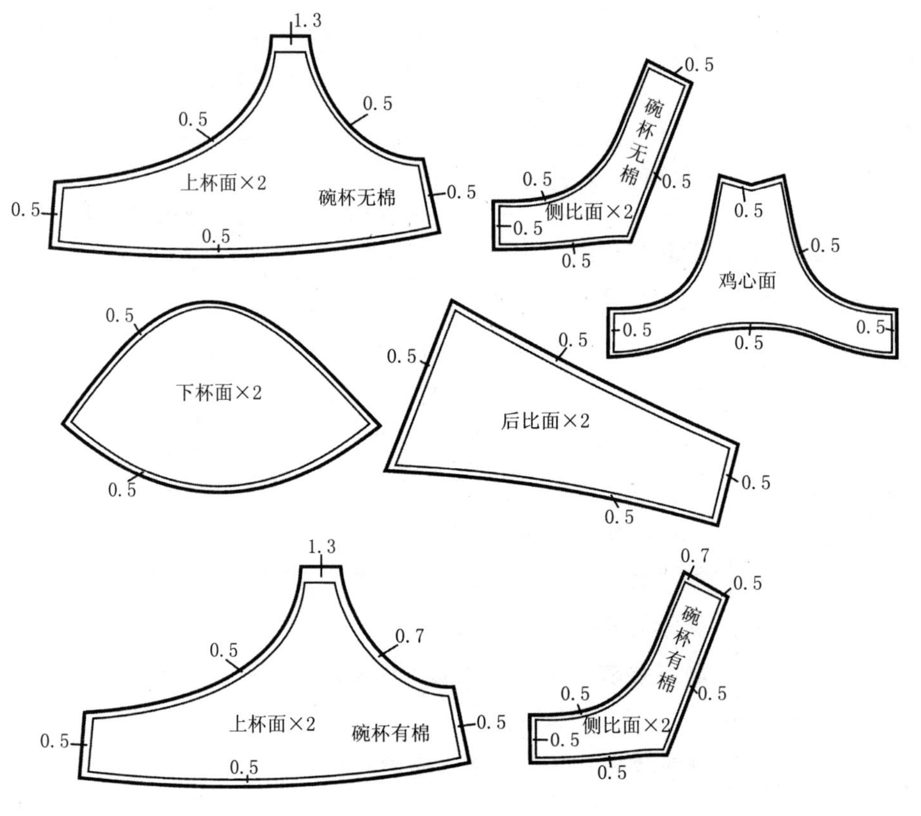

图8-1　面布缝头加放

2．棉缝头加放

上杯棉、前杯棉和侧杯棉的碗线缝头为0.5cm，其他部位不加放缝头，如图8-2所示。

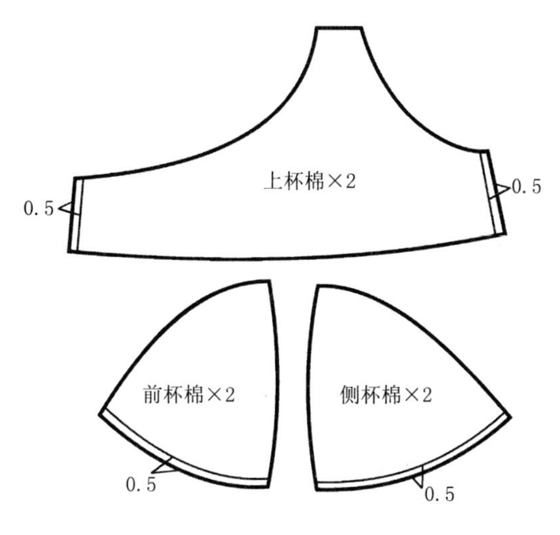

图8-2　棉缝头加放

3．定型纱缝头加放

鸡心和侧比定型纱缝头与面布相同。

（二）做对位记号

在缝合时对关键部位要做对位记号，图8-3是文胸面布的对位记号，图8-4是文胸里布的对位记号。

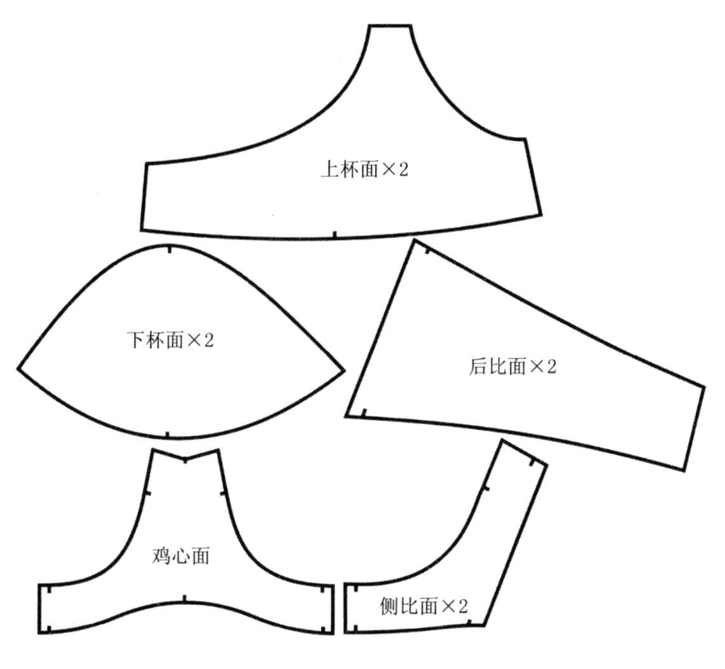

图8-3　文胸面布对位记号

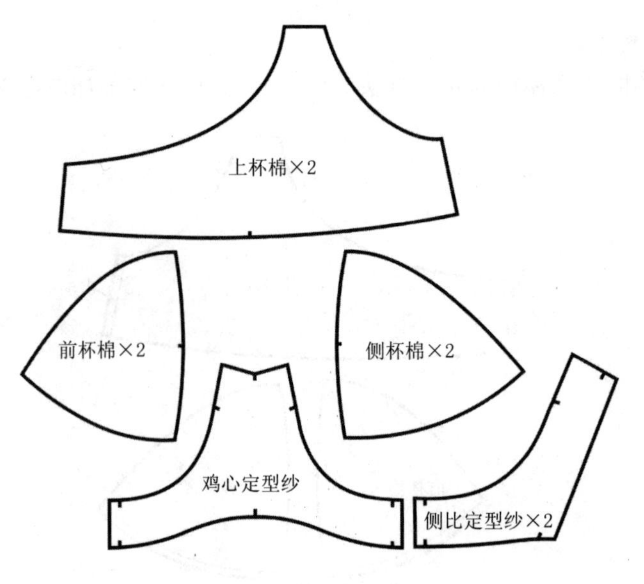

图8-4　文胸里布对位记号

二、缝制步骤

（一）制作罩杯夹棉

1. 缝合下杯棉

如图8-5所示，对齐前杯棉和侧杯棉，将0.8cm宽的定型纱捆条分别置于前杯棉和侧杯棉的两面，用三针之字缝进行缝合。

2. 缝合上、下杯棉

如图8-6所示，对齐上、下杯棉，将0.8cm宽的定型纱捆条分别置于上、下杯棉的两面，用三针之字缝进行缝合。

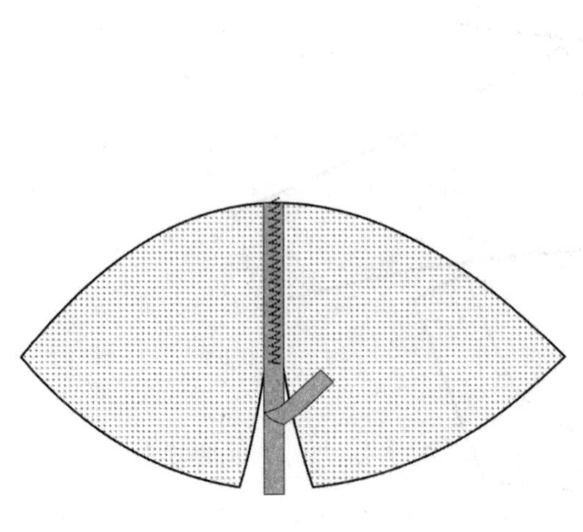

图8-5　缝合下杯棉

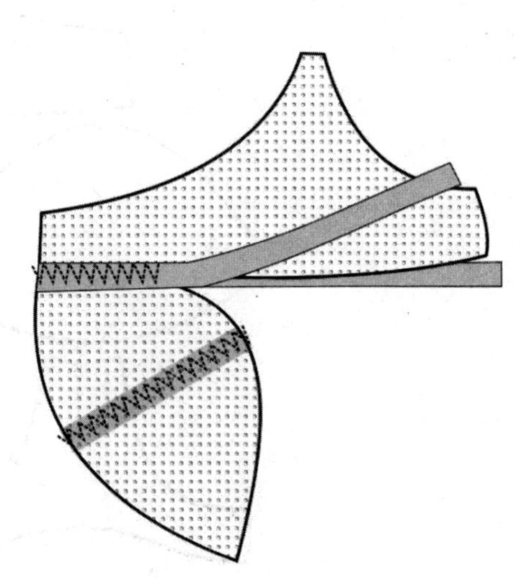

图8-6　缝合上、下杯棉

（二）制作罩杯面布

1. 缝合上、下杯面布

将上、下罩杯面布正面相对，对齐杯骨线，进行平缝，然后将缝头分开，如图8-7所示。

2. 加固杯骨线

在罩杯的正面，沿杯骨线缉缝0.1～0.2cm明线，加固杯骨线，如图8-8所示。

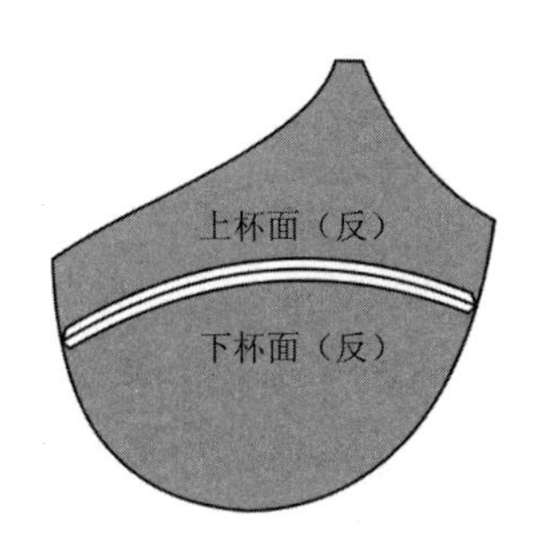

图8-7　缝合上、下罩杯面布

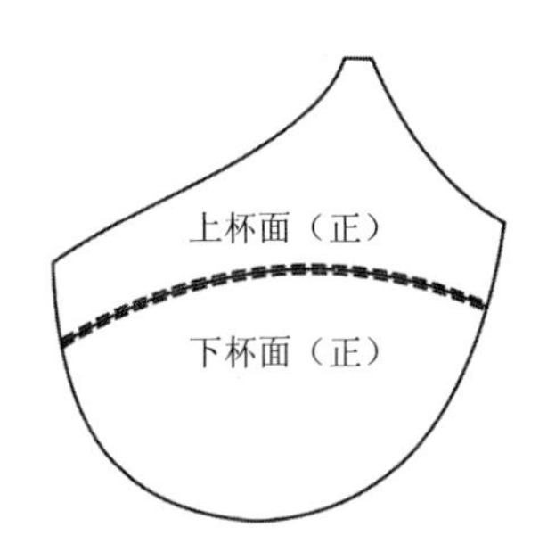

图8-8　加固杯骨线

（三）合罩杯面布与夹棉

1. 缝合前领边线

将杯面布与杯夹棉，正面相对，领边对齐，进行平缝，起止部位回针，如图8-9所示。

2. 固定面布与夹棉

将杯面布翻到正面，使杯面布与夹棉反面相对，在前领边处杯面布要有0.1cm里外容的量，夹棉不要反吐，前领边要平顺，面布与夹棉平服贴合，如图8-10所示，然后将面布与夹棉进行平缝固定。

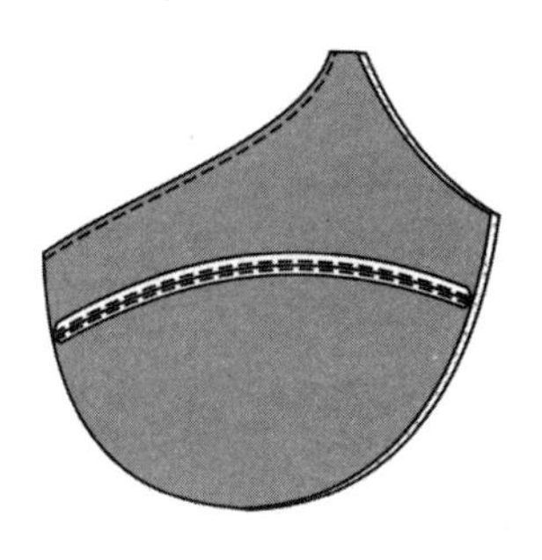

图8-9　缝合前领边线

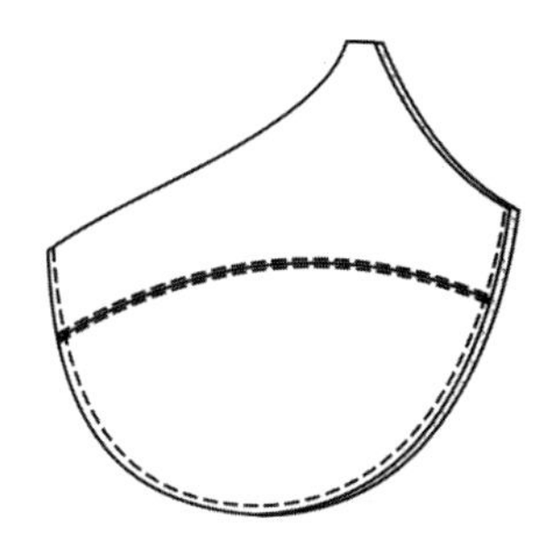

图8-10　固定面布与夹棉

（四）合鸡心

1. 合鸡心上口线

将鸡心面布与定型纱正面相对，上口对齐，进行平缝，起止部位回针，如图8–11所示。

2. 固定鸡心面布与定型纱

将鸡心面布翻到正面，使面布与定型纱反面相对，在上口线处面布有0.1cm里外容的量，定型纱不要反吐，面布与定型纱平服贴合，如图8–12所示，然后将鸡心面布与定型纱进行平缝固定。

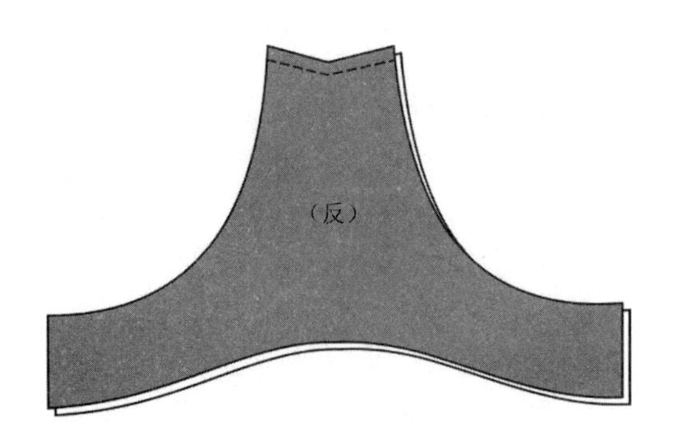

图8–11 合鸡心上口线

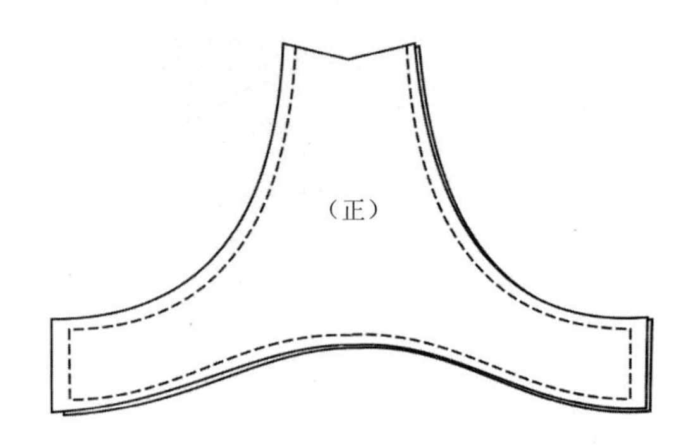

图8–12 固定鸡心面布与定型纱

（五）固定侧比和后比

1. 固定侧比面布与定型纱

将侧比的面布的反面与定型纱反面相对，要平服贴合，如图8–13所示，然后将侧比面布与定型纱进行平缝固定。

2. 固定后比面布与定型纱

将面布的反面与里布反面相对，要平服贴合，为不影响后比的拉伸效果，缝制用绷缝机进行固定，如图8–14所示。

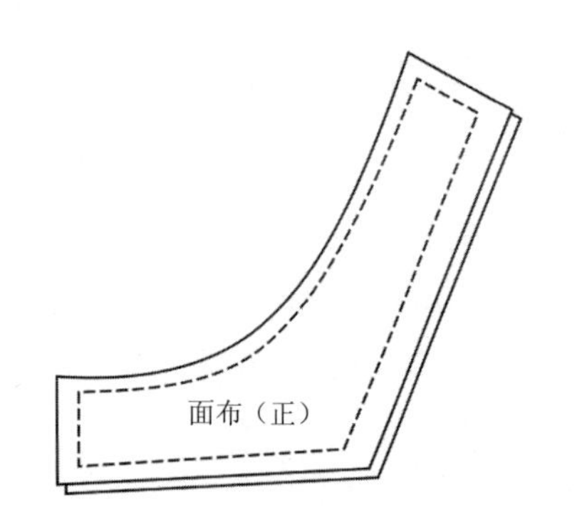

图8–13 侧比面布与定型纱固定

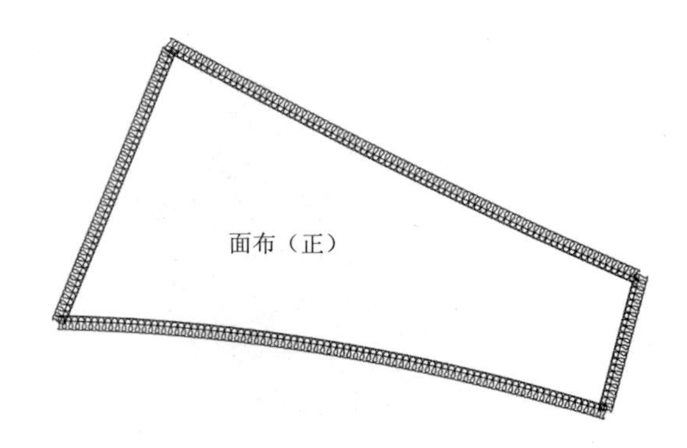

图8–14 后比面布与里布固定

（六）缝合鸡心、侧比和后比

1. 缝合鸡心与侧比

将鸡心与侧比分别正面相对，缝合处对齐，如图8–15（a）所示，进行平缝固定，分开缝头，在鸡心与侧比正面的缝合处按图8–15（b）所示缉缝明线。

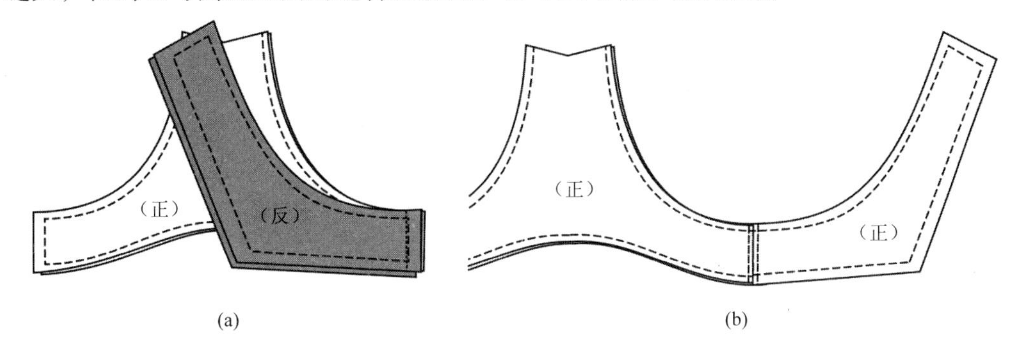

图8–15　缝合鸡心

2. 缝合侧缝

将侧比与后比正面相对，侧缝对齐，如图8–16所示，进行平缝固定。

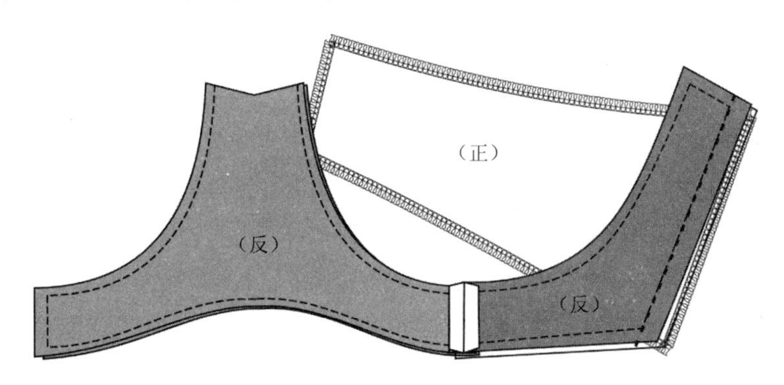

图8–16　缝合侧缝

（七）缝侧缝捆条

将捆条置于侧缝缝头之上，双针平缝固定捆条，缝侧缝捆条反面如图8–17所示，正面如图8–18所示。

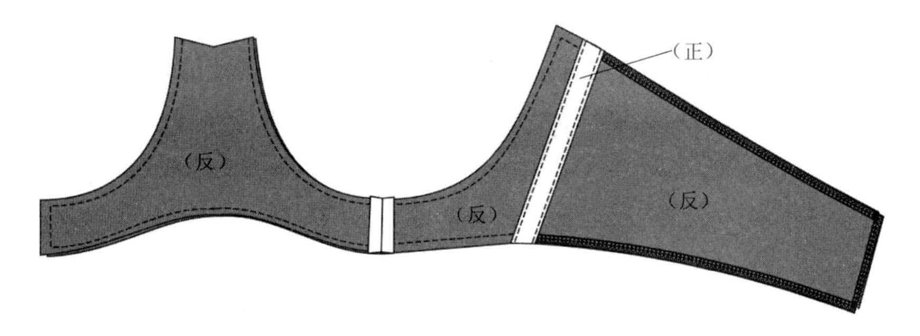

图8–17　缝侧缝捆条

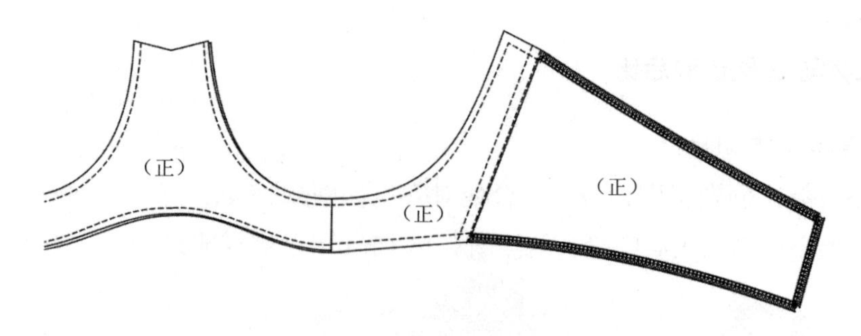

图8-18　缝侧缝捆条

（八）缝下围橡根（丈根）

1．下围与橡根缝合

将橡根一侧置于下围的正面，用三角针进行缝合，注意缝缩量的控制，如图8-19所示。

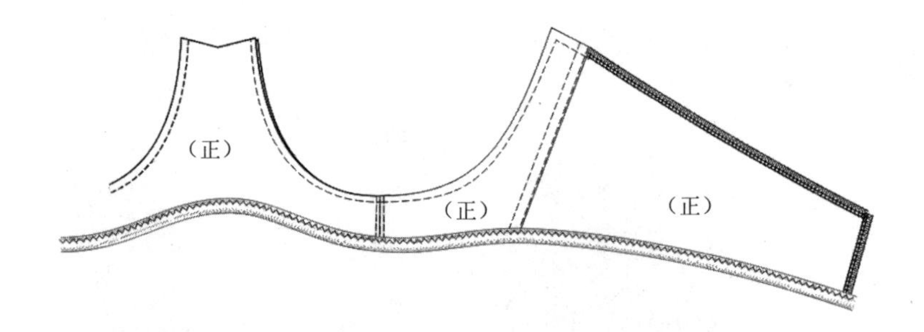

图8-19　缝合下围与橡根

2．下围与橡根固定

将橡根翻转到下围的反面，在另一侧用三角针进行缝合固定，注意要平服，如图8-20所示。

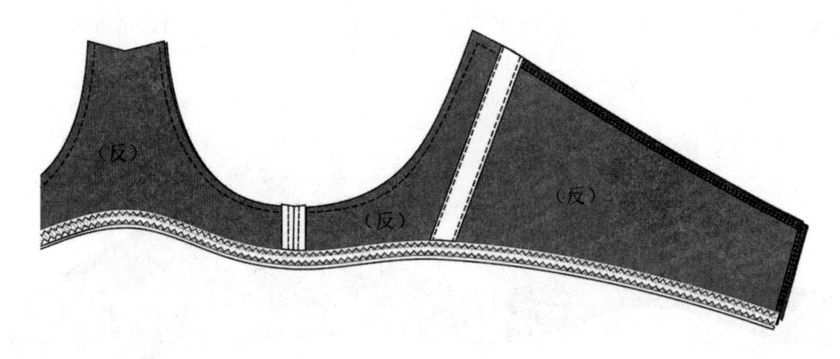

图8-20　缝合下托棉

（九）绱罩杯与缝合上捆丈根

1. 绱罩杯

按对位记号，将罩杯与鸡心和侧比用平车缝合，如图8-21所示。

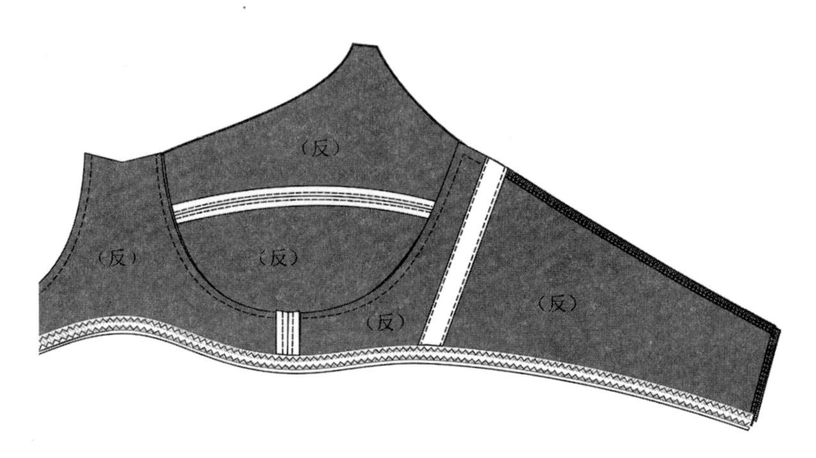

图8-21 绱罩杯

2. 侧缝捆条插入胶骨

将胶骨插入侧缝捆条内，如图8-22所示。

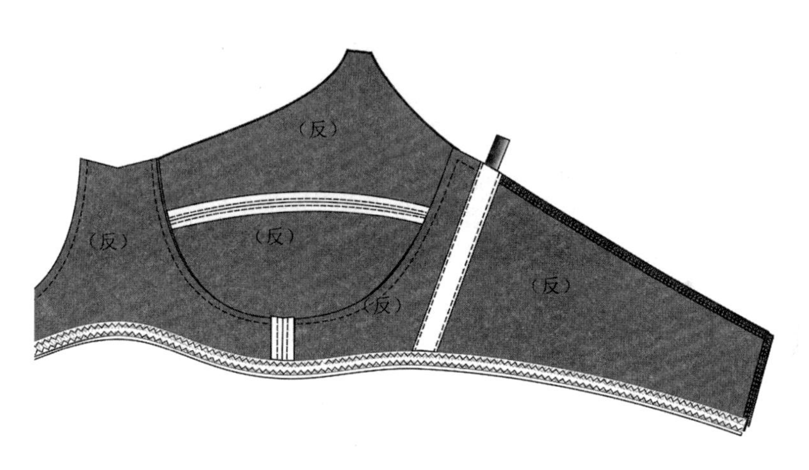

图8-22 插入胶骨

3. 缝合上捆丈根

将丈根一侧置于上捆处的正面，用三角针进行缝合，注意缝缩量的控制，如图8-23所示。

4. 上捆与固定丈根

将丈根翻转到上捆的反面，在距离上捆的另一侧用三角针进行缝合固定，注意平服，如图8-24所示。

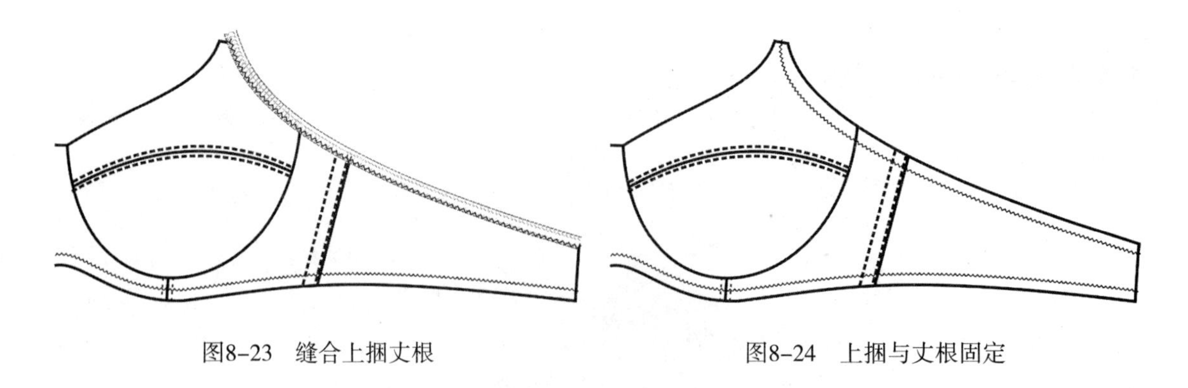

图8-23 缝合上捆丈根　　图8-24 上捆与丈根固定

（十）绱钢圈、装肩带

1. 绱钢圈套、打套结

如图8-25所示，将钢圈套（捆条）置于碗线缝头之上用双针平缝固定，然后将钢圈插入钢圈套，在钢圈套两边上边缘分别打套结固定。

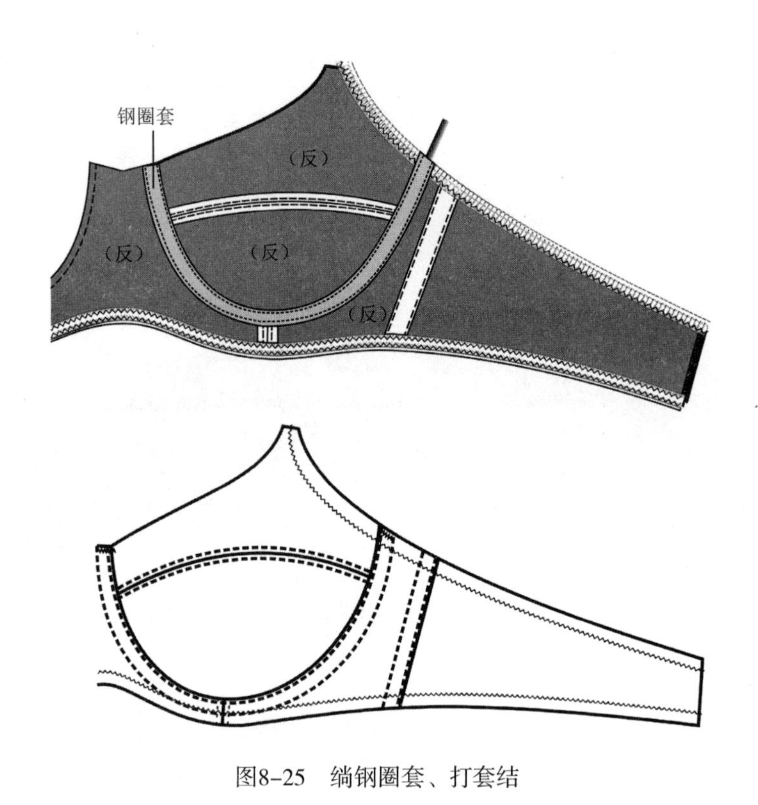

图8-25 绱钢圈套、打套结

2. 装肩带

将肩带分别与耳仔和后比固定，打套结，后背扣与后比缝合，如图8-26所示。

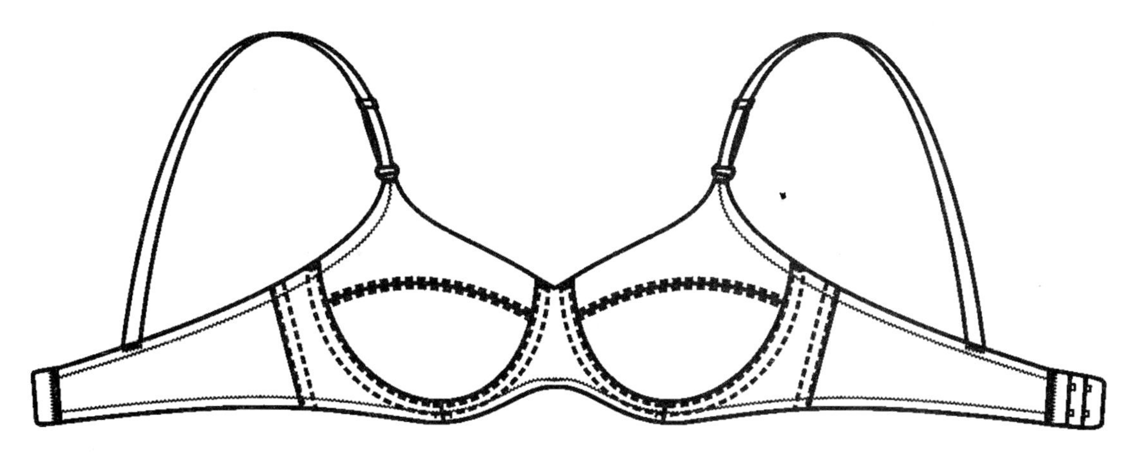

图8-26　夹棉文胸完成图

第二节　女式三角内裤缝制工艺

一、缝制准备

款式如图3-10所示，结构制图如图3-11所示，如图8-27所示，女士三角内裤的前片、后片加放的缝头为0.6cm。底裆面和里分别加放缝头为0.6cm。注意底裆里在脚口处不加放缝头。

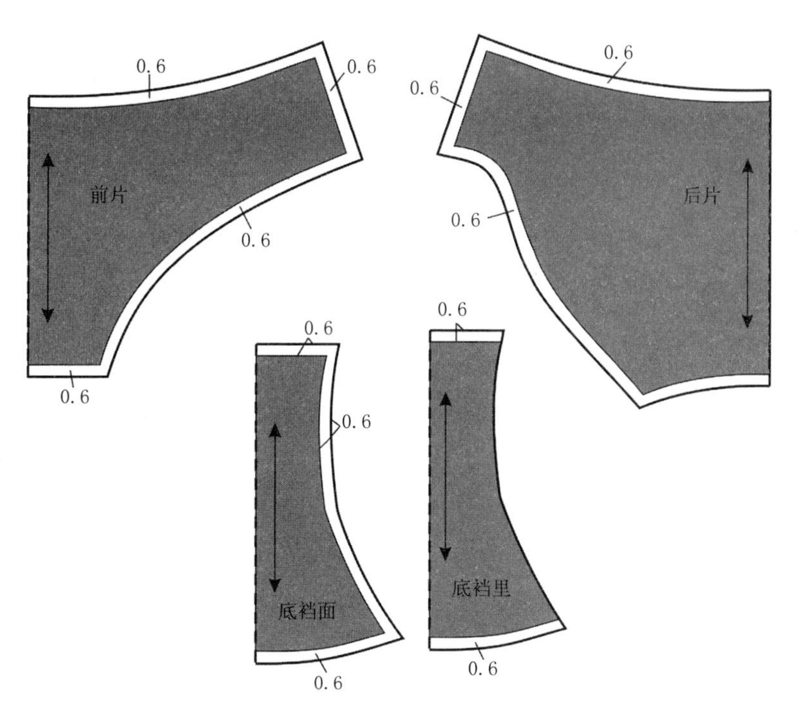

图8-27　缝头加放

二、缝制步骤

1. 绷缝后片与底裆

将底裆面布正面与裤后片正面相对，将底裆里与裤后片反面相对，对齐后进行绷缝，如图8–28所示。

2. 绷缝前片与底裆

将底裆面布正面与裤前片正面相对，并用大头针固定如图8–29所示；将裤前片与裤后片卷进底裆面、里内，再用大头针将两片底裆与前片下边沿线对位，用大头针固定，然后进行绷缝，如图8–30所示。

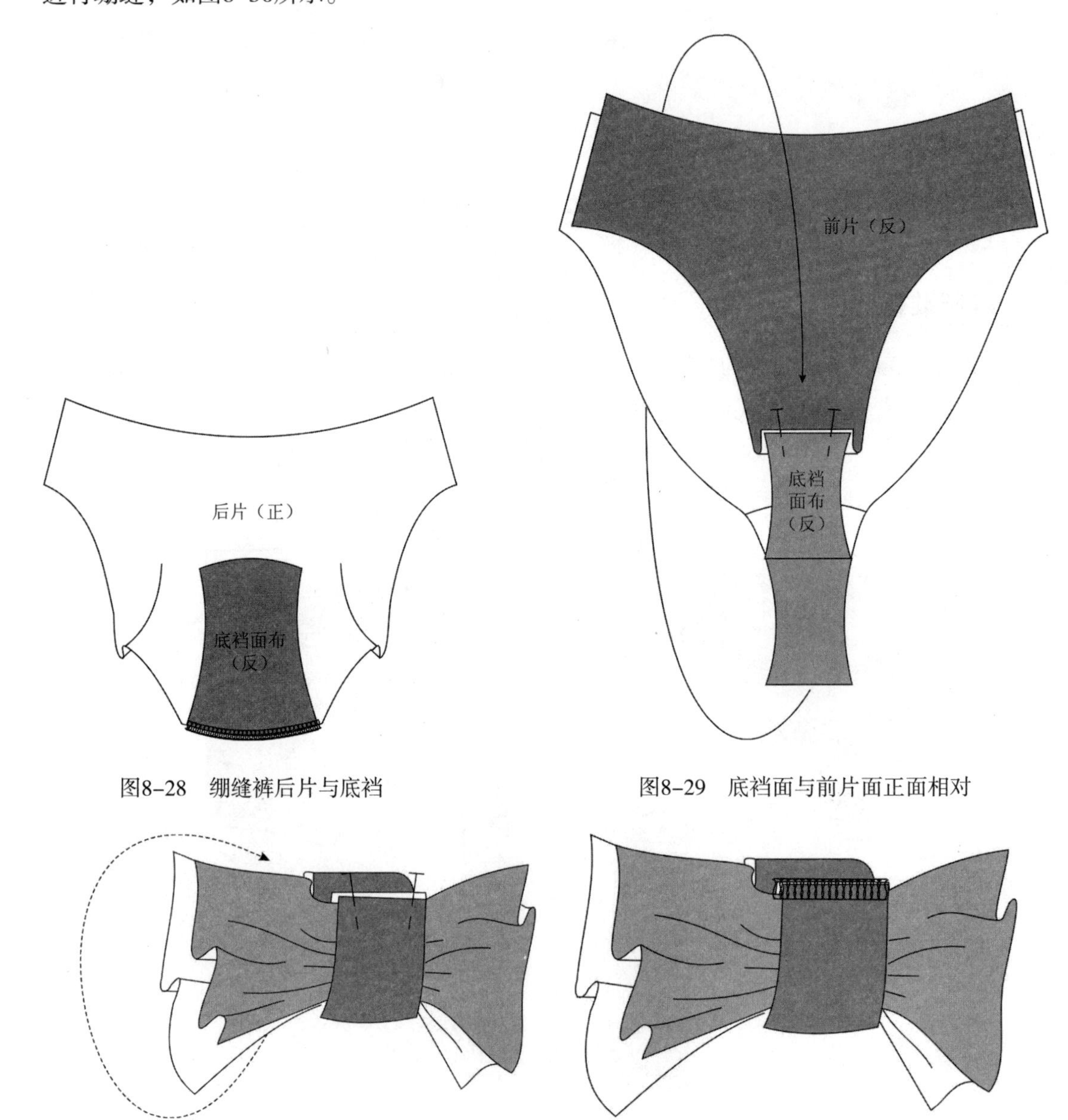

图8–28 绷缝裤后片与底裆

图8–29 底裆面与前片面正面相对

图8–30 固定前片与底裆并绷缝

3. 脚口缝橡根

用绷缝机将橡根与脚口固定，注意缝缩量，如图8-31所示。

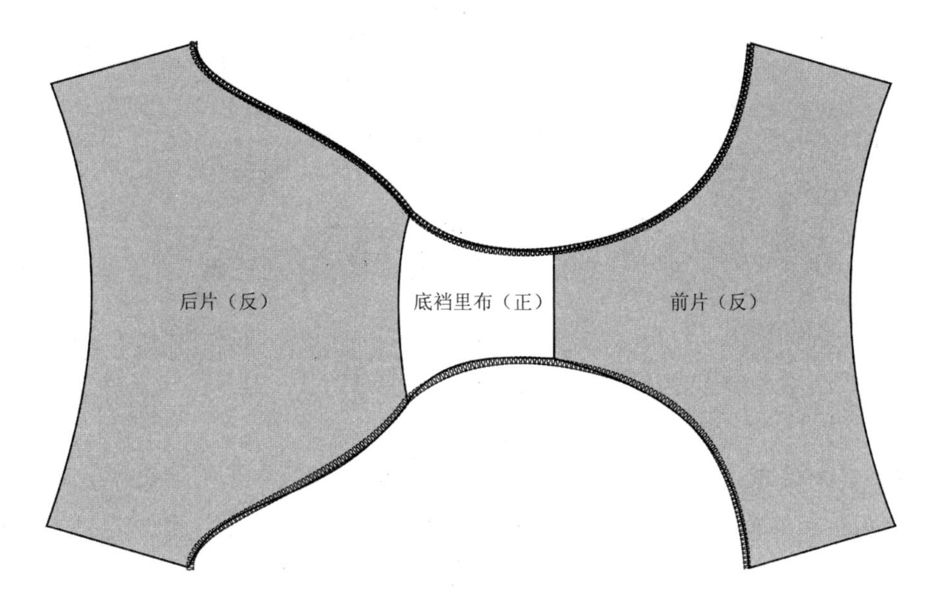

图8-31 脚口绷缝橡根

4. 固定脚口

如图8-32所示，将橡根折到反面，用三角针固定脚口。

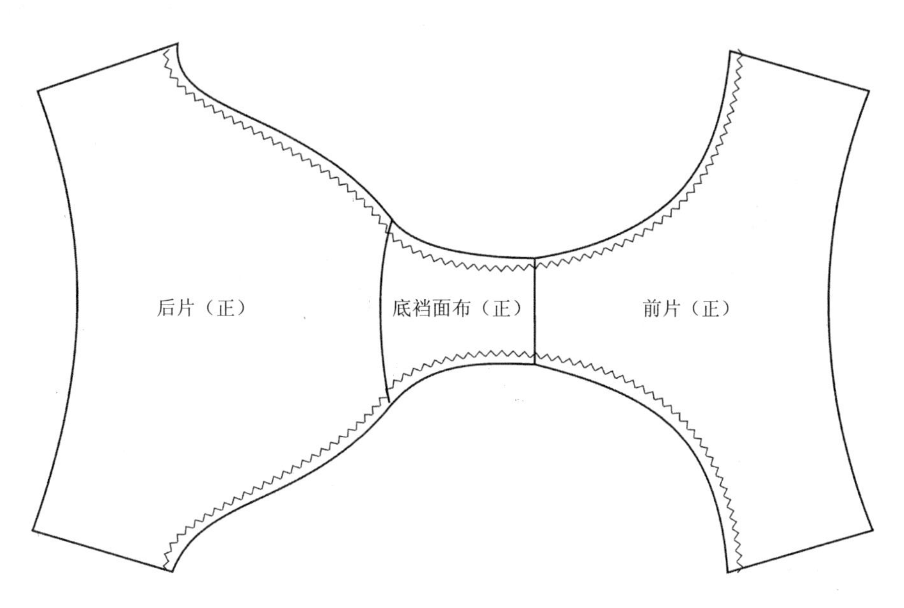

图8-32 固定脚口

5. 缝合右侧侧缝

前、后裤片正面相对，将右侧缝进行绷缝，如图8-33所示。

6. 做腰头

腰头的做法同脚口做法，如图8-34所示。

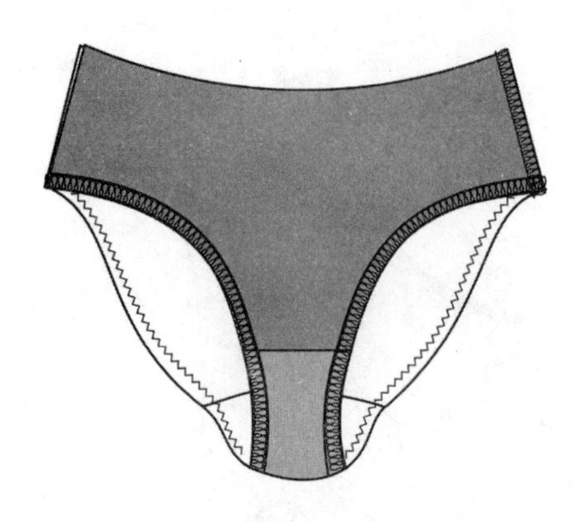

图8-33　合右侧缝

图8-34　做腰头

7. 缝合左侧侧缝

腰头做好后，缝合左侧缝，如图8-35所示。

8. 打套结

在腰口，脚口接缝处打套结加固。完成图如图8-36所示。

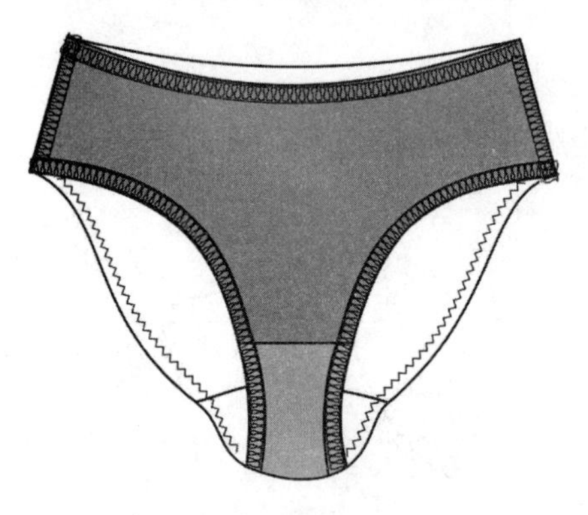

图8-35　合左侧缝

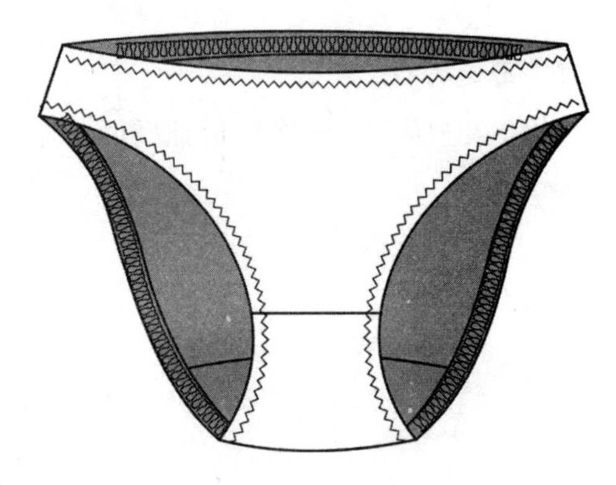

图8-36　完成图

第三节　束身衣缝制工艺

一、束身衣一

（一）缝制准备

款式图如图4-4所示，结构图如图4-5、图4-6所示。

1. 裁剪面布、里布

按图8-37所示，裁剪束身衣的前片、后片，罩杯的上托、下托面布和里布并且加放

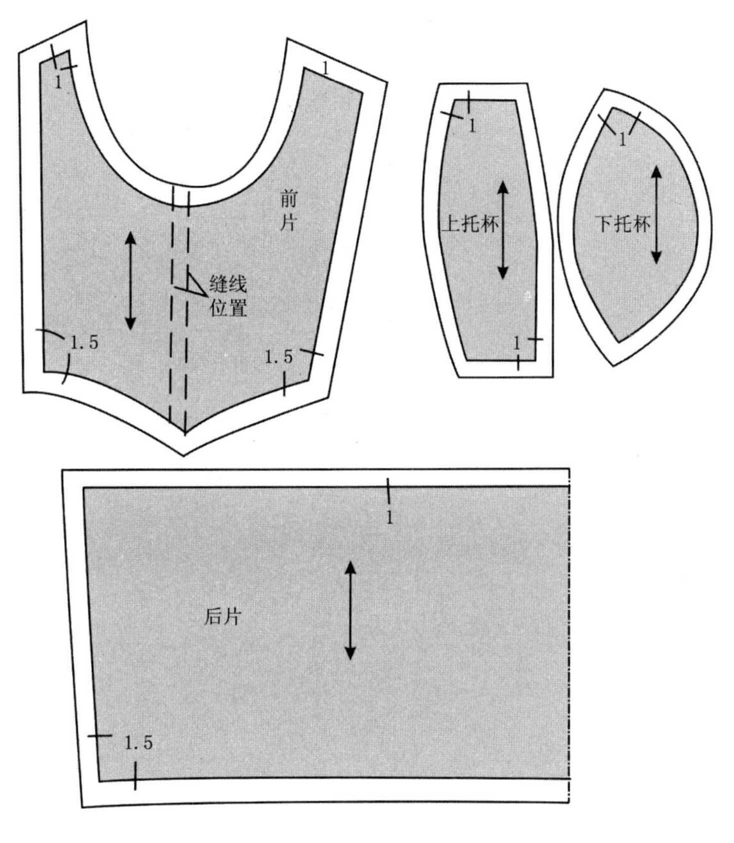

图8-37　裁剪面布、里布，并加放缝头

缝头。

2. **裁剪黏合衬**

按图8-38所示，裁剪黏合衬不加缝头，左前片前中线处减少0.5cm，右前片前中线处加放0.5cm。

3. **贴黏合衬**

如图8-39所示，将黏合衬贴到面布的反面。

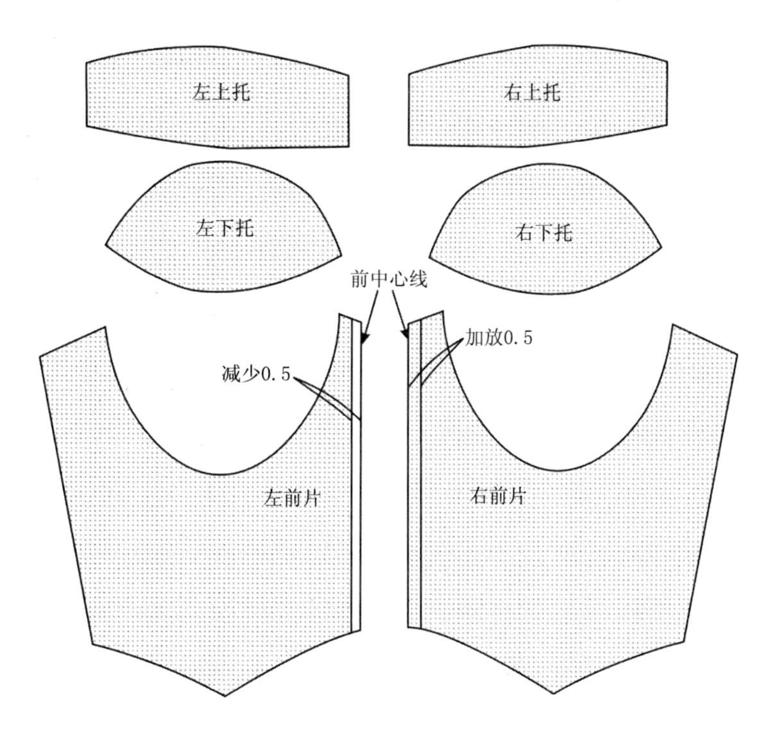

图8-38　裁黏合衬

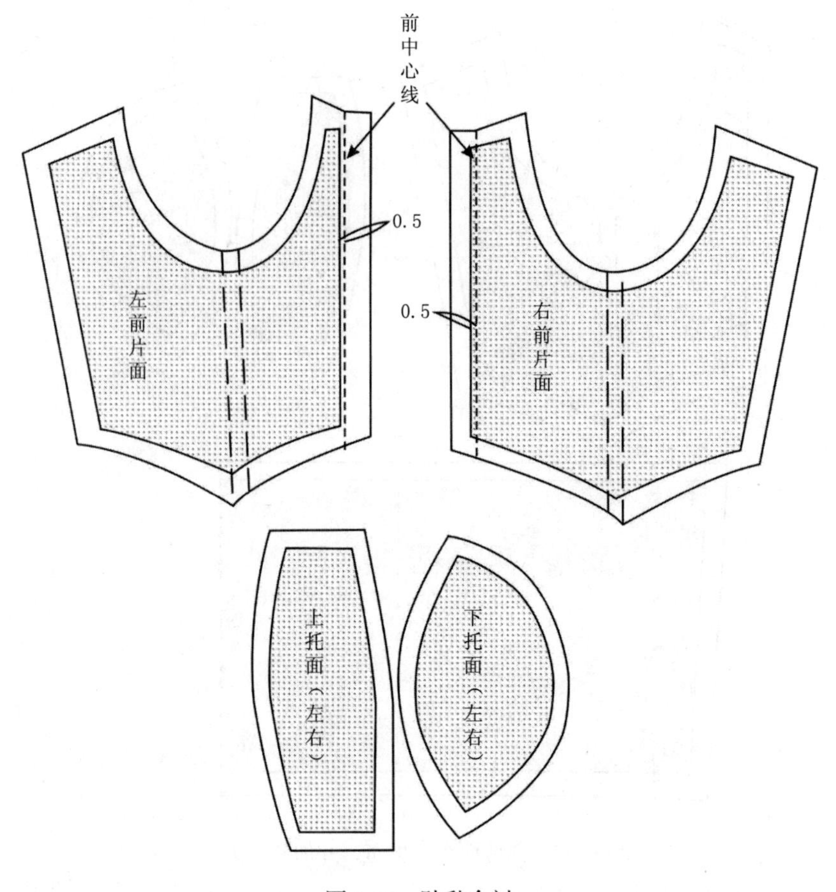

图8-39 贴黏合衬

（二）缝制步骤

1. 缝合罩杯面杯骨缝

如图8-40所示，将上托面布与下托面布正面相对叠合，上托面布在上，下托面布在下，按净线缝合。

2. 分烫杯骨缝

（1）如图8-41所示，将缝头修剪为0.5cm。

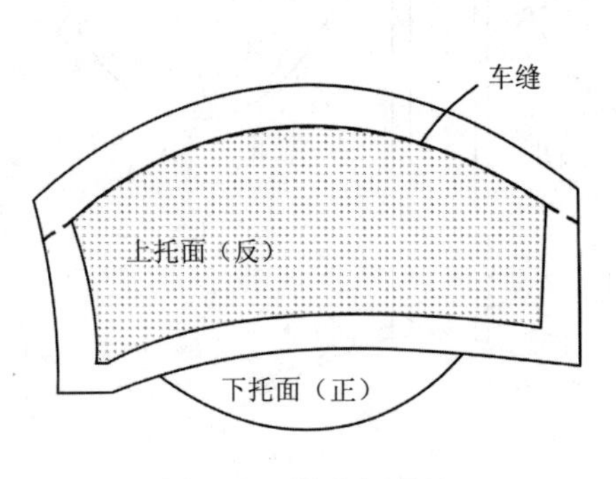

图8-40 缝合杯骨缝

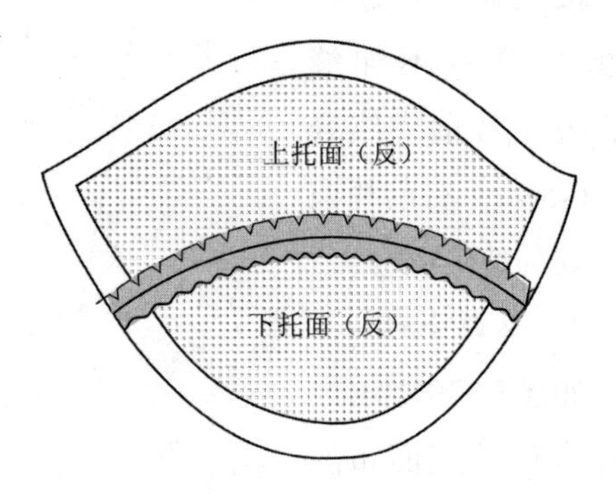

图8-41 分烫杯骨缝

（2）为使熨烫后的缝份平整，将缝头打剪口。

（3）用熨斗将缝头分烫平整。

3. **缝合上碗线**

（1）如图8-42所示，将罩杯面布上碗线与束身衣前片面布上碗线正面相对叠合，罩杯面布在上，前片面布在下，按净线缝合。

（2）将缝头修剪为0.5cm。

（3）前片的缝头弧度较大的部位打剪口。

（4）用熨斗将缝头分烫平整。

4. **做里子**

（1）如图8-43所示，将罩杯上托里布与下托里布正面相对叠合，上托里布在上，下托里布在下，按净线缝合。

（2）将缝头修剪为0.8cm，缝头倒向上托。

（3）将罩杯里布的绱碗线与前片里布的绱碗线正面相对叠合，罩杯里布在上前片里布在下，按净线缝合。

（4）将缝头修剪为0.8cm，缝头倒向前片。

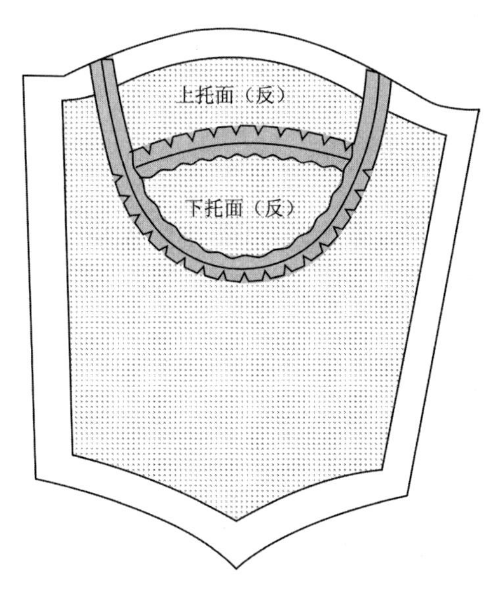

图8-42　缝合绱碗线并分烫

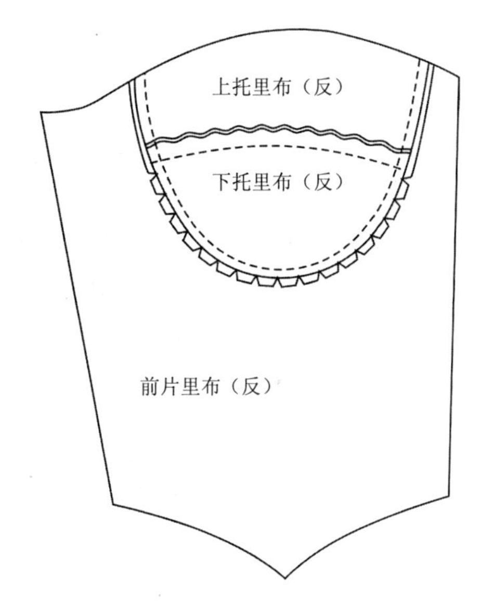

图8-43　缝合里子

5. **制作前门襟**

（1）如图8-44所示，左前片在中心线以内0.5cm处向正面翻折前中线缝头，右前片在中心线以外0.5cm处向正面翻折前中线缝头。

（2）分别将右前片的前中线缝头的上、下边缘线按净缝缝合。

（3）将左前片的前中线缝头的下边缘线按净缝缝合。

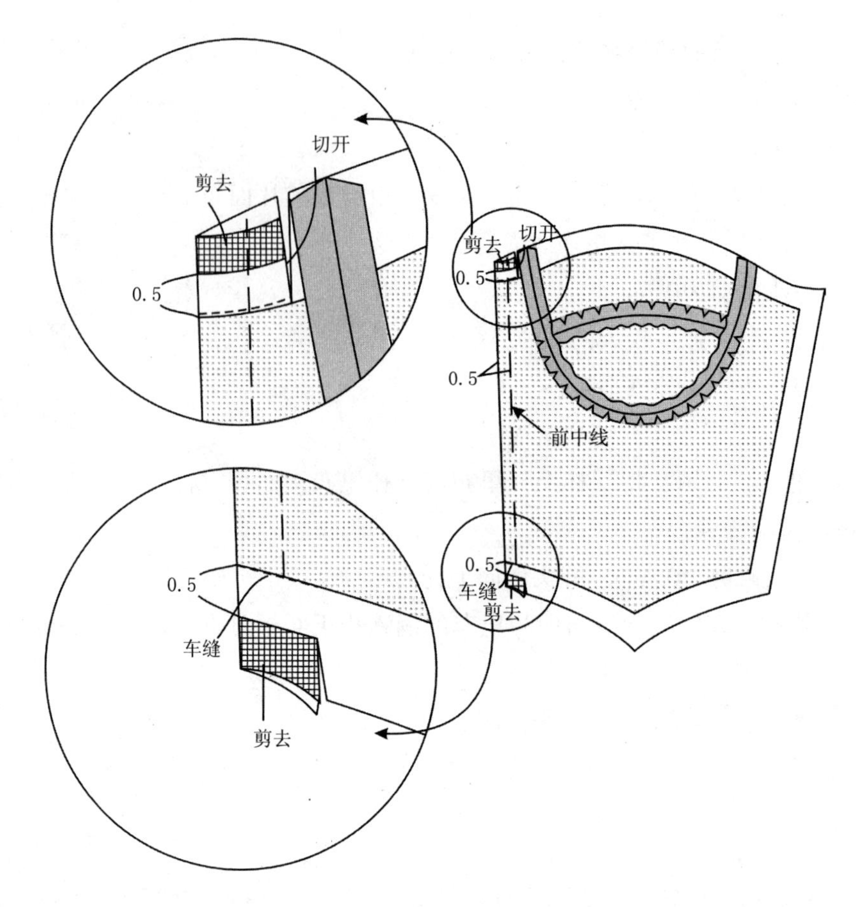

图8-44 制作前门襟

（4）将左、右前片的上边缘缝头打剪口至缝线处，然后将上下缝头修剪为0.5cm。

（5）将左、右前片的前中心缝头翻至反面。

6. 整理束身衣下摆缝头

（1）按图8-45所示，将左、右衣片下摆缝头打剪口。

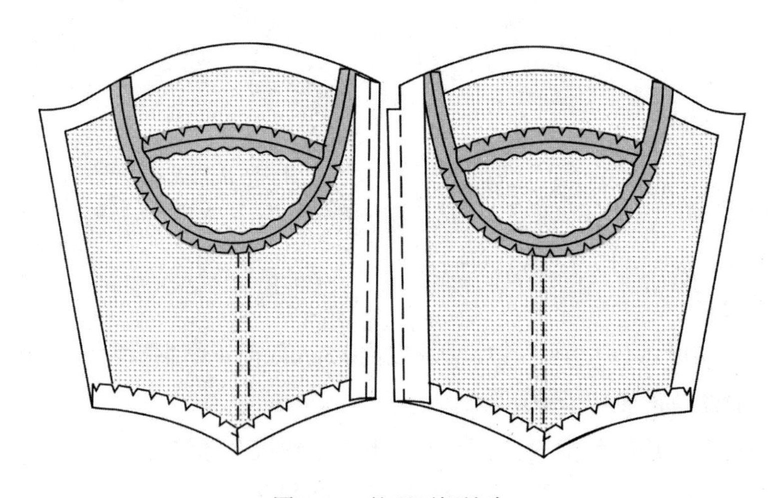

图8-45 整理下摆缝头

（2）按净线向上翻折下摆边，并熨烫平整。

7. **装拉链**

（1）如图8-46所示，在左前片的反面装拉链，拉链牙凸出左前片中线0.5cm，用手针将拉链基布与左前片固定。

（2）在右前片的反面，拉链牙的边缘对准前中心线，用手针将拉链基布粗缝固定在右前片上。

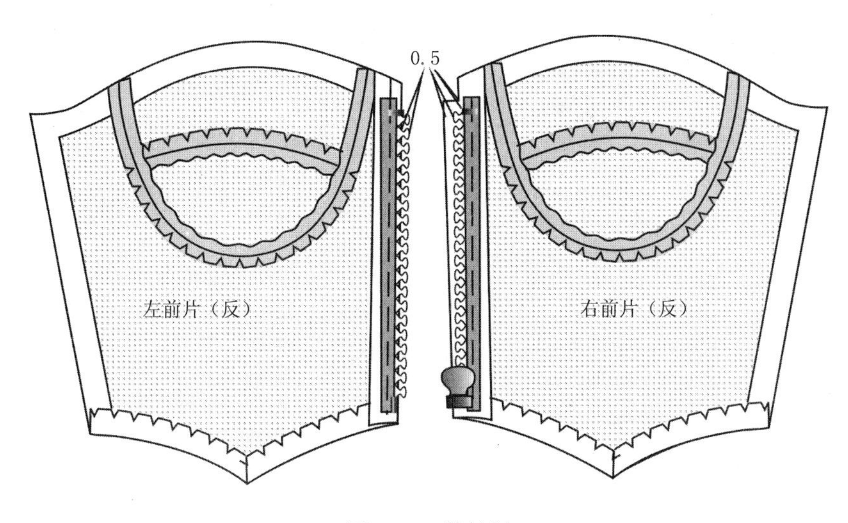

图8-46　装拉链

（3）如图8-47所示，将左、右前片翻到正面，左片距离前中心线0.1cm缉明线，固定拉链，右片距离前中心线1cm缉缝明线，固定拉链。

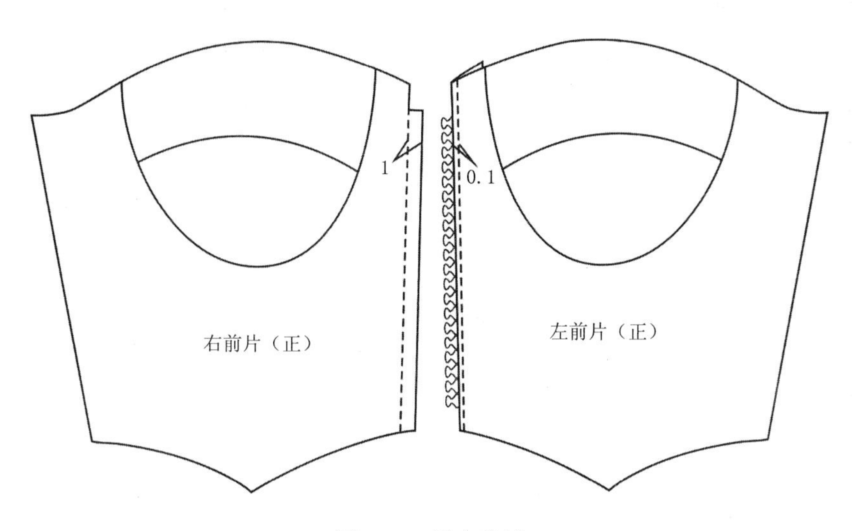

图8-47　固定拉链

8. **合前片面布、里布**

（1）如图8-48所示，将前片面布、里布正面相对叠合。

（2）前片面布的上边缘净线向外移0.1cm与前片里布的上边缘净线向内移0.1cm后重合对齐，用大头针固定，然后缉缝。

（3）将缝头扣烫至前片里。

（4）如图8-49所示，翻转里布到正面，使面布、里布的反面对合。

（5）处理上边缘线，防止里布反吐，里布缩进0.1cm。

（6）左、右前片处理方法相同。

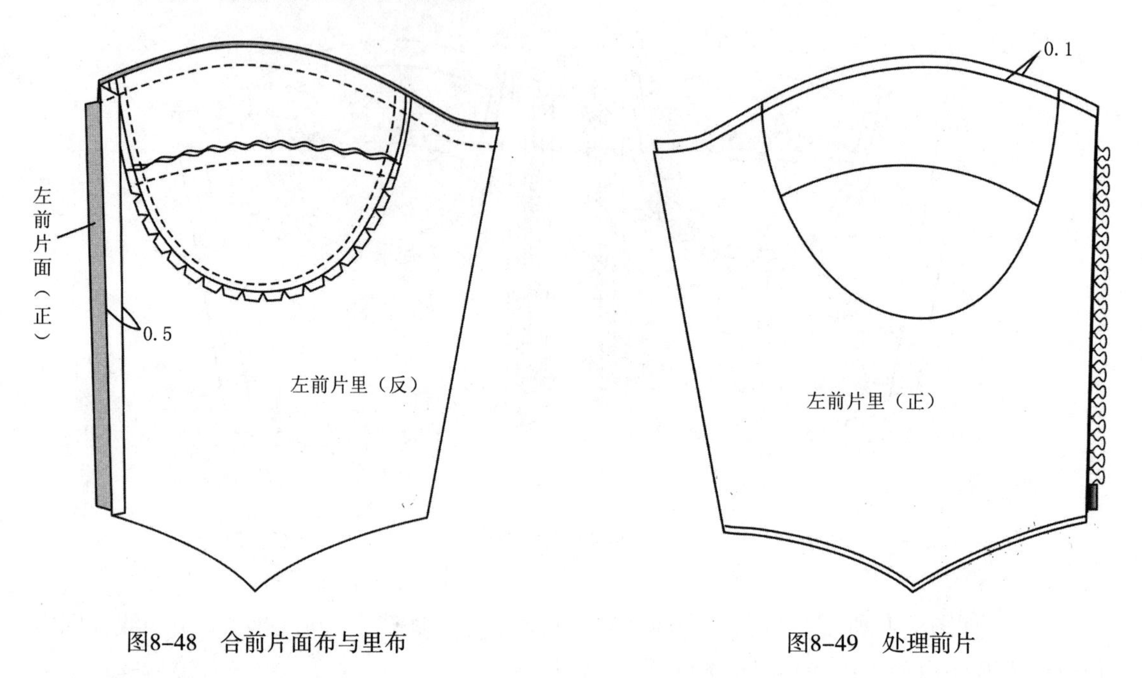

图8-48 合前片面布与里布

图8-49 处理前片

9. **固定里布、面布前中线和底摆线**

（1）如图8-50所示，距离拉链牙约0.2cm将前片里布中线缝头折进，并将其用粗缝固定到前片面布上。

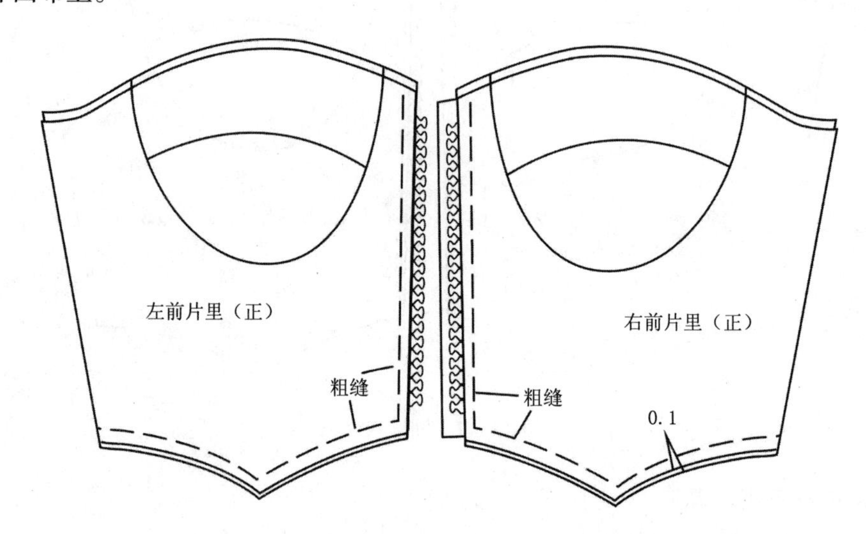

图8-50 固定里布、面布前中线和底摆线

（2）将左、右片下摆缝头打剪口，里布将净线向内移0.1cm翻折缝头，并将其粗缝固定到前片面布上，下摆处前片里布比前片面缩进0.1cm。

10. 固定面与里

（1）如图8-51所示，将面与里的罩杯对齐，在罩杯杯骨缝上0.1cm处缉缝明线。

（2）在前片的中部缉缝距离为0.8cm的两道明线。

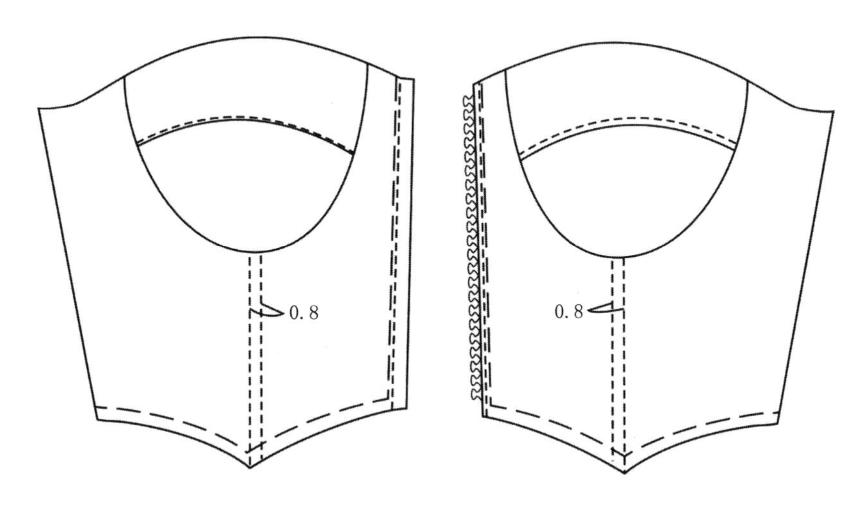

图8-51　固定面布与里布

11. 制作斜纱条

如图8-52所示，扣烫斜条缝头使其宽度为0.6cm，然后将斜条烫成弧线状。

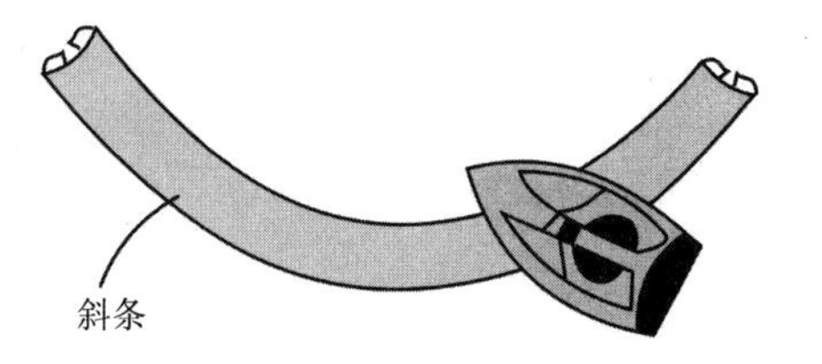

图8-52　制作斜纱条

12. 装斜纱条或钢圈套

如图8-53所示，将斜纱条置于罩杯上碗线处，距离边沿0.1cm缉缝。

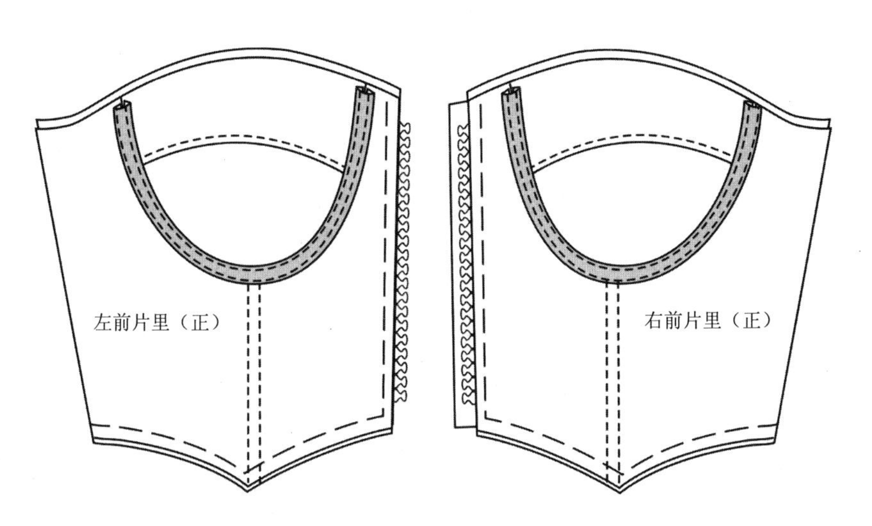

图8-53　装斜纱条

如果有钢圈套（捆条）的话，可以不用斜纱条，用钢圈套直接缝在绱碗线处即可。

13. **穿钢圈**

（1）如图8-54所示，将钢圈穿入到斜纱条内（钢圈套）。钢圈的长度比斜纱条（钢圈套）的长度短2cm，也就是两头各留1cm的虚位（容位）。

（2）然后封口固定。

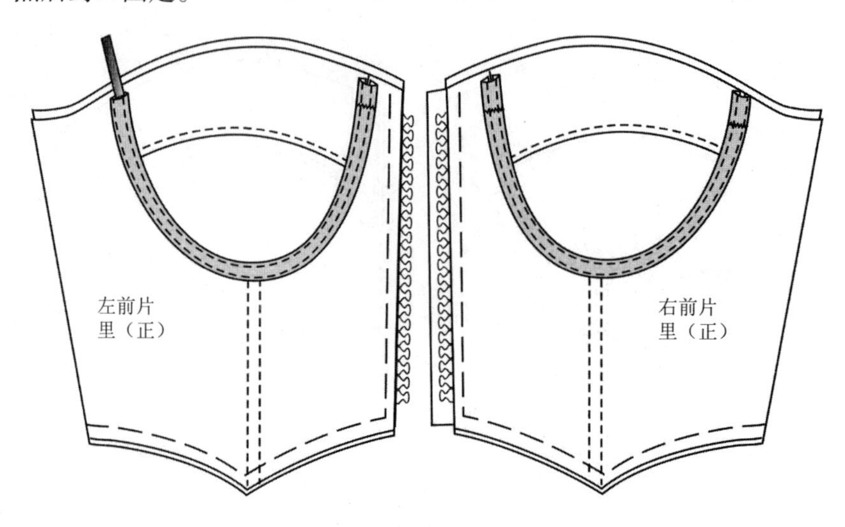

图8-54　穿钢圈并封口

14. **固定肩带扣**

如图8-55所示，将肩带扣粗缝固定在肩带位。

15. **缉缝上领边斜条**

（1）如图8-56所示，将斜纱条的缝头折进0.5cm，斜纱条的翻折线比面布领边线缩进0.1cm对齐，然后缉缝双明线至距侧缝线1cm处。

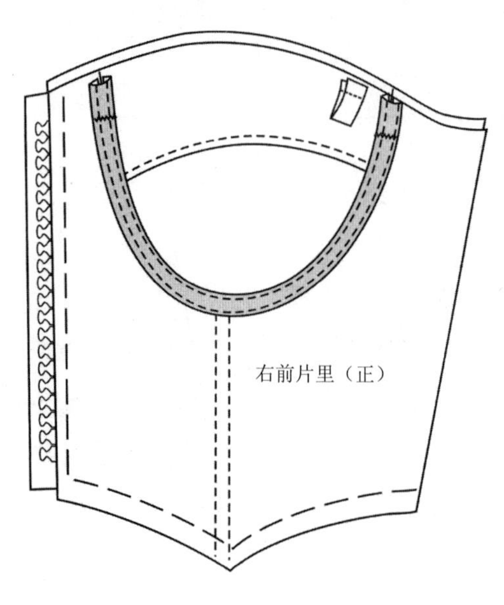

图8-55　固定肩带扣

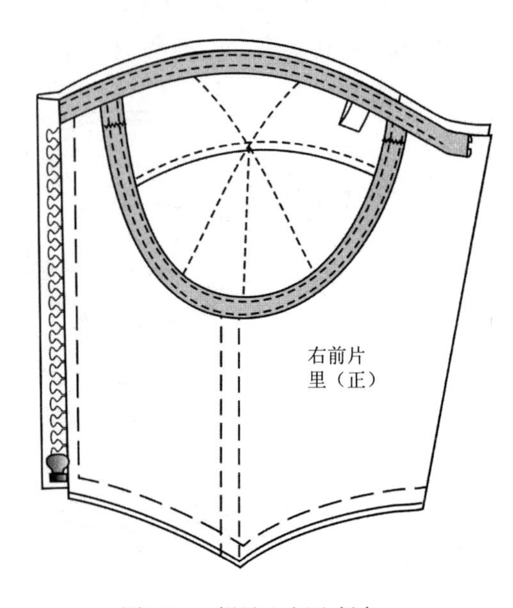

图8-56　缉缝上领边斜条

（2）按图8-57所示，将扣环上翻，缉缝固定。

16. **穿鲸鱼骨**

（1）如图8-58所示，在前片的中部缉缝线间穿入鲸鱼骨，其长度比罩杯的下线至下摆边的距离短1cm。

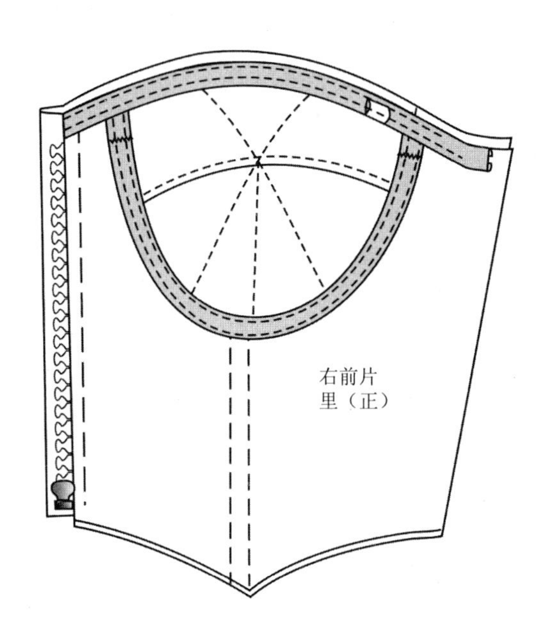

图8-57　缉缝固定肩带扣

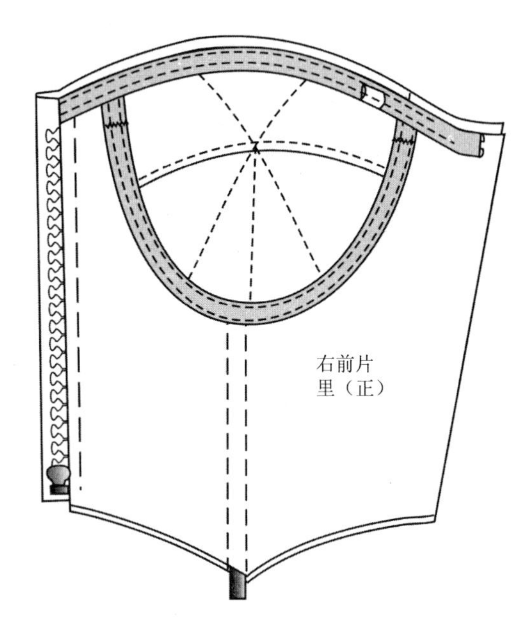

图8-58　穿鲸鱼骨

（2）在下摆边粗缝固定。

（3）如图8-59所示，用熨斗将鲸鱼骨烫成下摆的形状。

（4）在下摆处如图所示缉线，分别从中心侧和侧缝处穿入用熨斗整形过的鲸鱼骨。

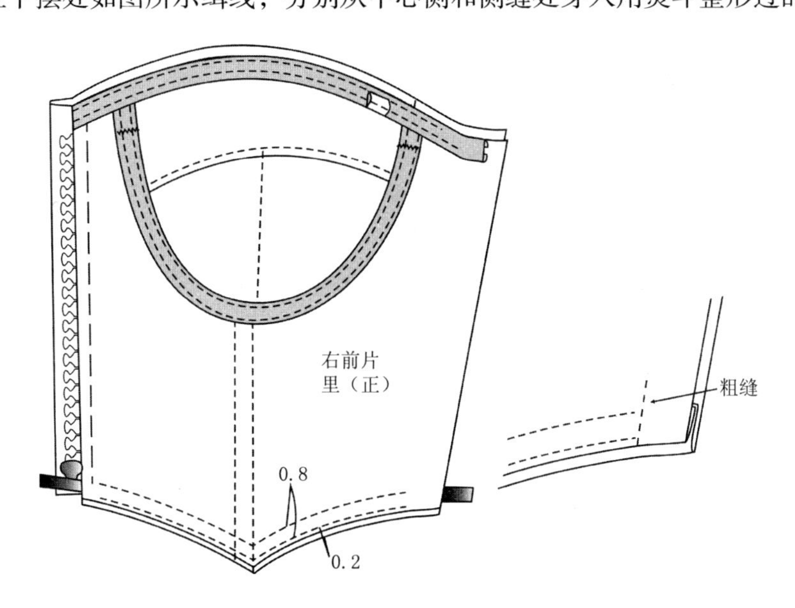

图8-59　固定鲸鱼骨

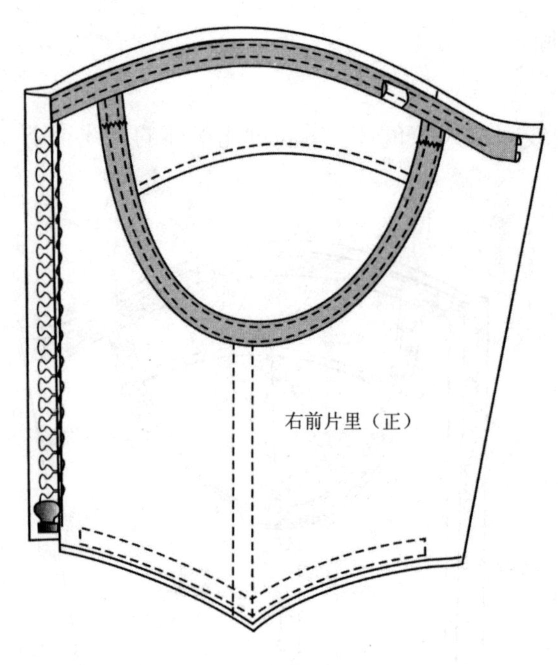

图8-60 缲缝里子

（5）调整鲸鱼骨的长度，前中心侧的鲸鱼骨长度与下摆长度相同，靠近侧缝处的鲸鱼骨比下摆长度短1cm。

（6）如图8-59所示，粗缝固定鲸鱼骨穿入的开口部位。

17. 缲缝里布前中心线

（1）如图8-60所示，将里布前中心线与拉链基布缲缝固定。

（2）将前片翻到正面，车缝固定前中心线处鲸鱼骨穿入的开口部位。

18. 做后片

（1）如图8-61所示，将肩带粗缝固定在后片面布的肩带位置。

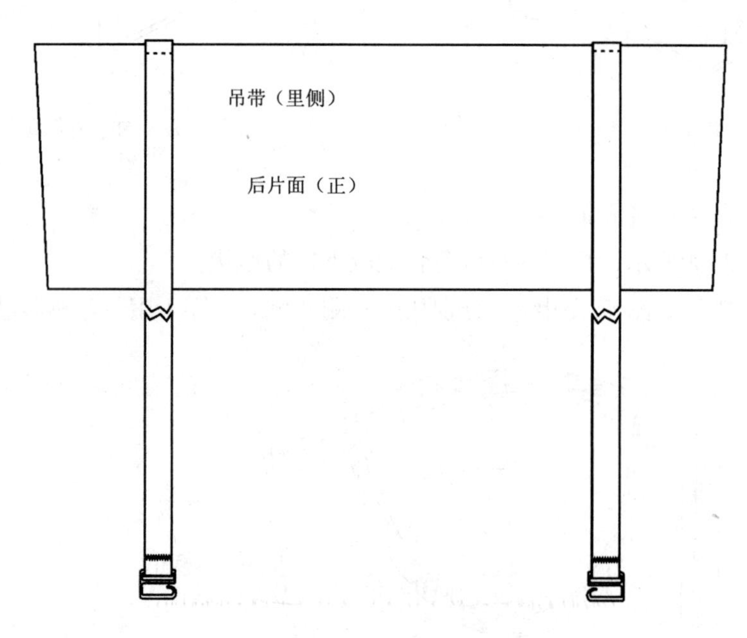

图8-61 固定肩带

（2）如图8-62所示，将后片面布的正面与里布的正面相对叠合，缝合上边缘线和下摆线。

（3）翻转至正面。

（4）如图8-63所示，将弹力缝纫线缠绕到梭芯上，再装进梭壳，作为缝纫的底线，面线用普通缝纫线即可。

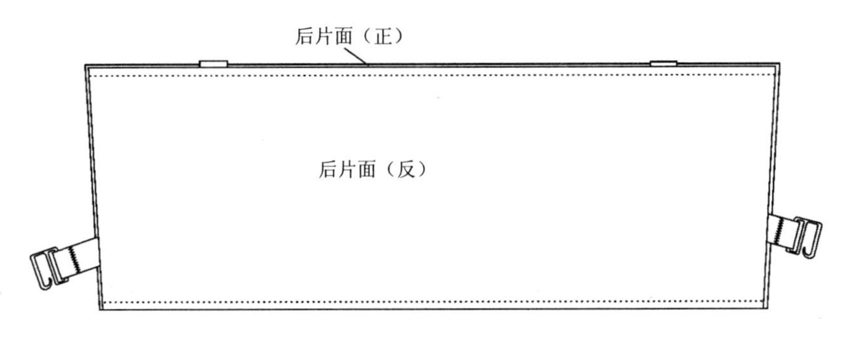

图8-62　合后片面布与里布

（5）如图8-64所示，缉缝后片，缉缝完成后，防止弹力缝纫线脱散，将弹力缝纫线打结。

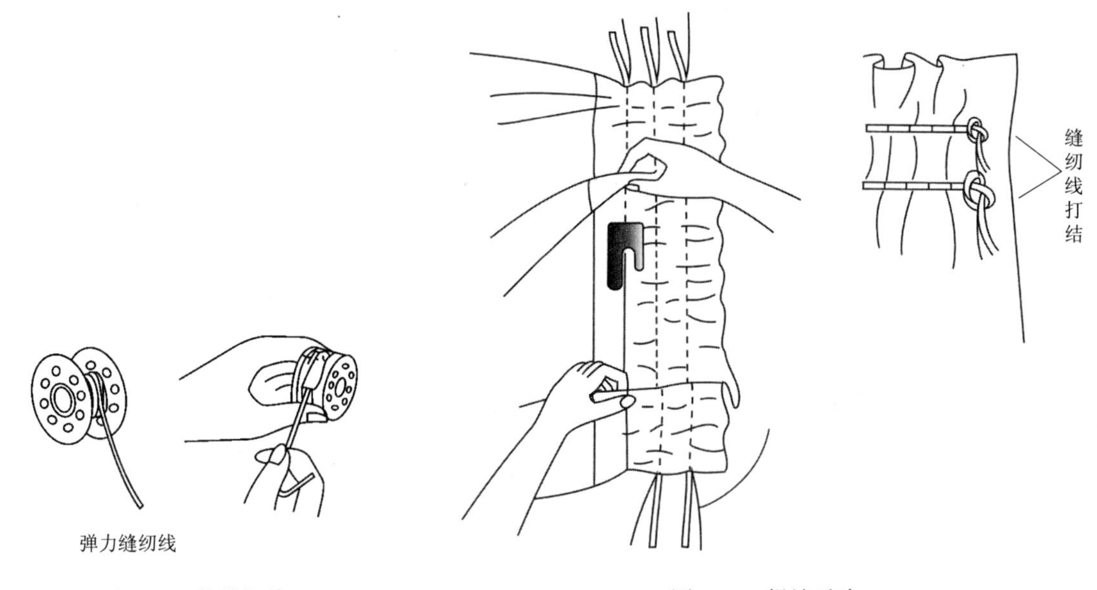

图8-63　装缝纫线　　　图8-64　缉缝后片

（6）如图8-65所示，缉缝后片完成图。

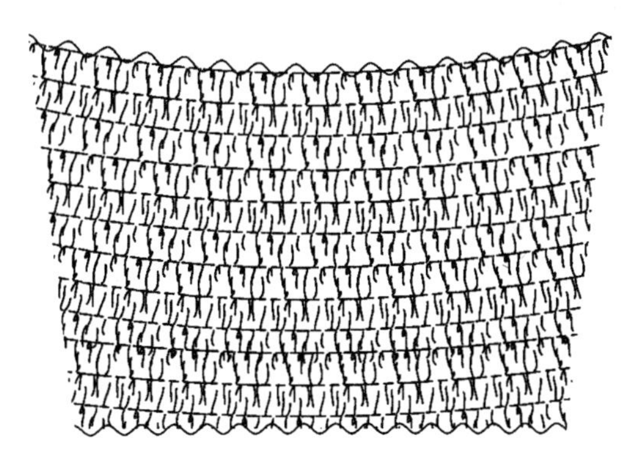

图8-65　缉缝后片完成图

19. **合前后片侧缝**

（1）如图8-66所示，将前片面布的侧缝和后片面布的侧缝正面相对叠合，缉缝。

（2）将前片里布的侧缝沿净线翻折，在距离侧缝线为0.8cm处缉双明线。下端不封口，上端封口。

（3）将鲸鱼骨穿入其中，鲸鱼骨的长度比侧缝长度短1.2cm。

（4）如图8-67所示，缝合下端的开口。

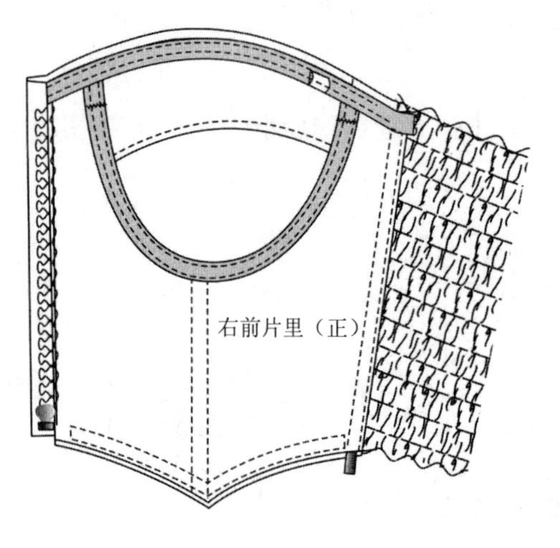

图8-66　合前后片侧缝

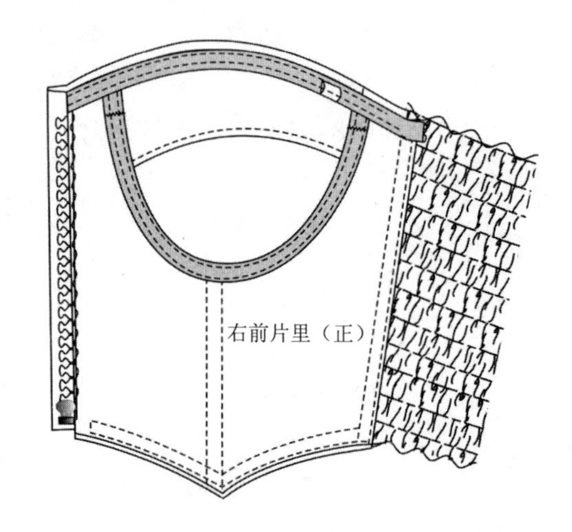

图8-67　缝合下端的开口

（5）如图8-68所示，将上边缘斜纱条，在衣片侧缝折进，将预留未缝的部位上下分别缉缝，侧缝留口穿鲸鱼骨。

（6）如图8-69所示，用熨斗将鲸鱼骨熨烫成上边缘线的形状，并将其穿入斜纱条与衣片之间。

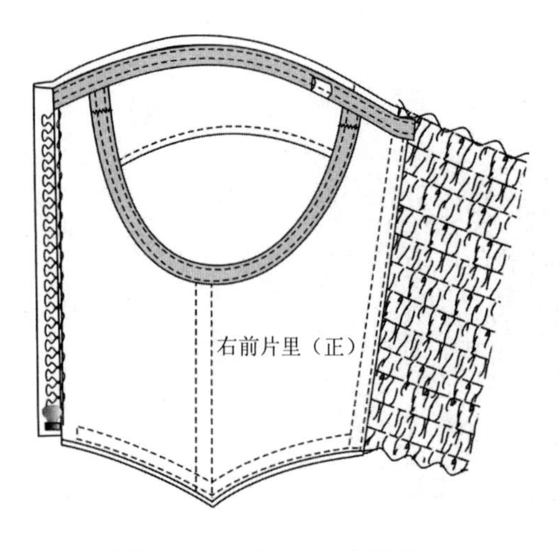

图8-68　处理上边缘斜纱条

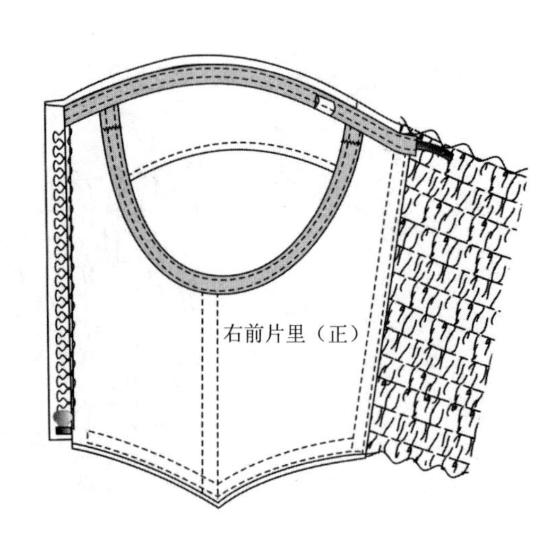

图8-69　上边缘装鲸鱼骨

（7）如图8-70所示，将侧缝开口处进行缝合封口。

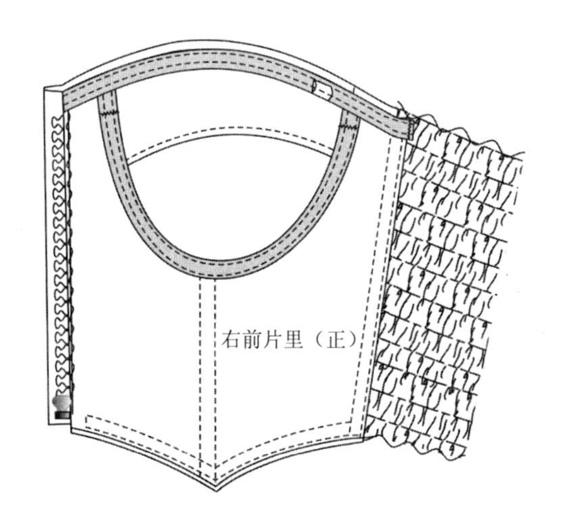

图8-70　封口并熨烫整理

（8）熨烫整理。

二、束身衣二

（一）缝制准备

款式图如图4-13所示，结构制图如图4-14、图4-15所示。

将前、后衣片底边线与布料光边相对，如图8-71加放缝头，上边缘缝头为1cm，其他部位缝头为1.5cm。

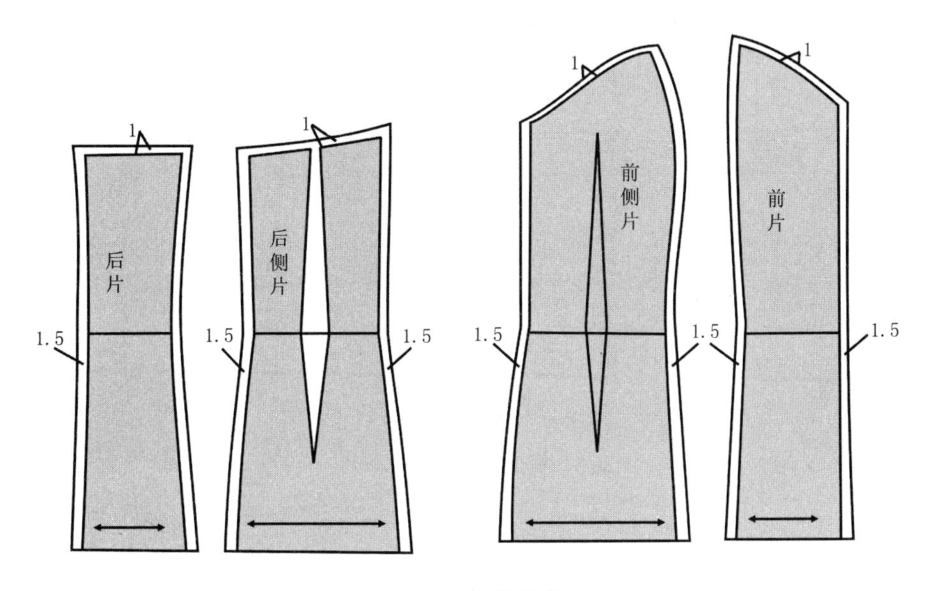

图8-71　加放缝头

（二）缝制步骤

1. 缝合省道

如图8-72所示，缝合前侧片、后侧片面布的省道。

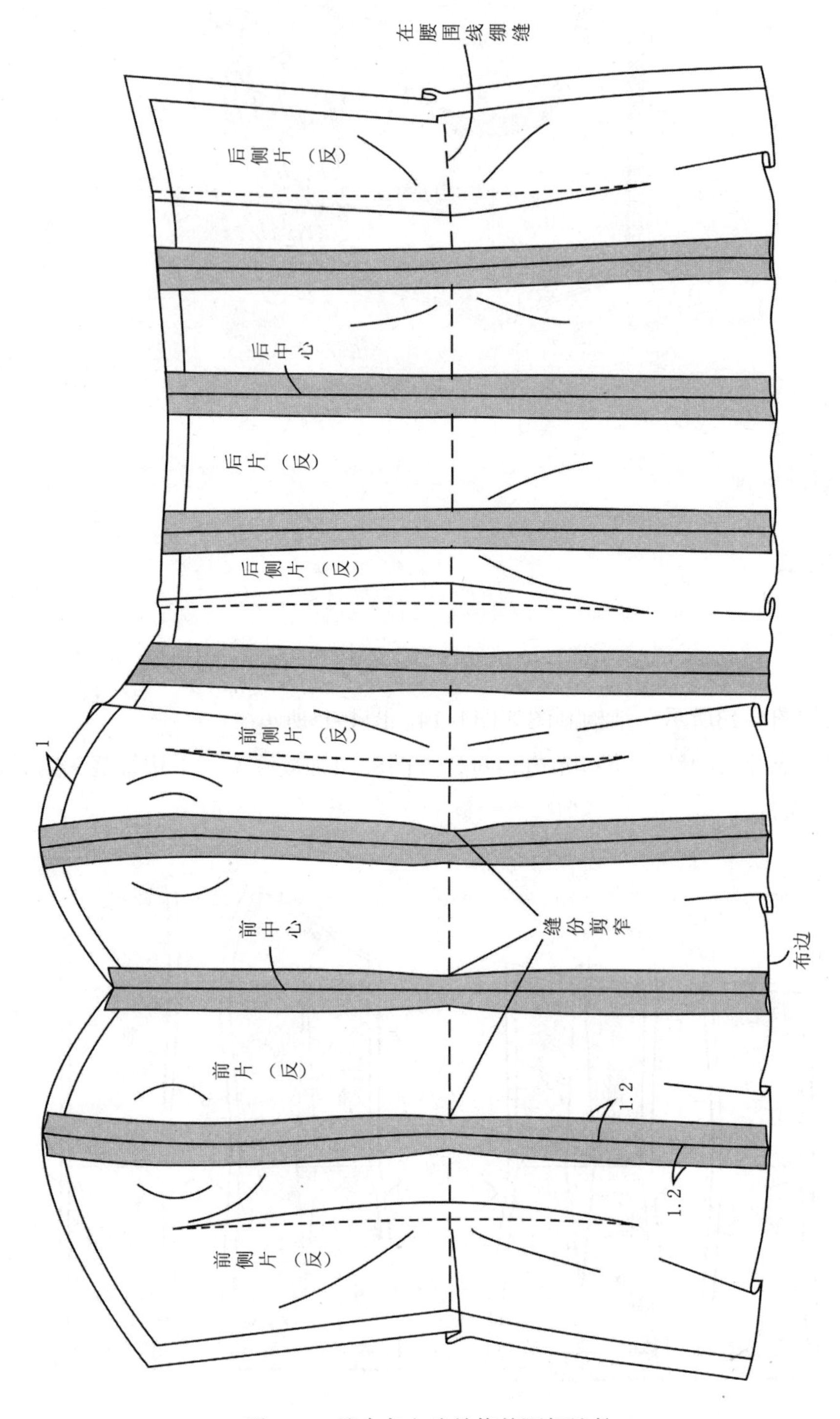

图8-72 缝合各衣片并修剪腰部缝份

2. 缝合前片（图8-72）

（1）将左、右前侧片分别与左、右前片正面叠合，按净线缉缝。

（2）将左、右前片正面相对叠合，按净线缉缝。

（3）分烫缝份，在腰部为了使缝份平整，可将缝份剪得窄一些。

3. 缝合后片

（1）将左、右后侧片分别与左、右后片正面叠合，按净线缉缝。

（2）将左、右后片正面相对叠合，按净线缉缝。

（3）分烫缝份，在腰部为了使缝份平整，可将缝份剪得窄一些。

4. 合右侧缝

（1）将前、后片面布的右侧正面相对叠合，按净线缉缝。

（2）分烫缝份，在腰部为了使缝份平整，可将缝份剪得窄一些。

5. 绷缝腰线

按图8-72所示，在腰围线处进行绷缝。

在腰围线处绷缝做标志。

6. 包缝

如图8-73所示，将缝头用进行包缝，包缝时，注意推开下层布料。

7. 缉缝斜纱条

如图8-74所示，在缝份的反面缉缝1.2cm宽的斜纱布条，其间可以插入鲸鱼骨，斜纱条长度取至腰线以下5～7cm处，斜纱条下端封口，上端开口。

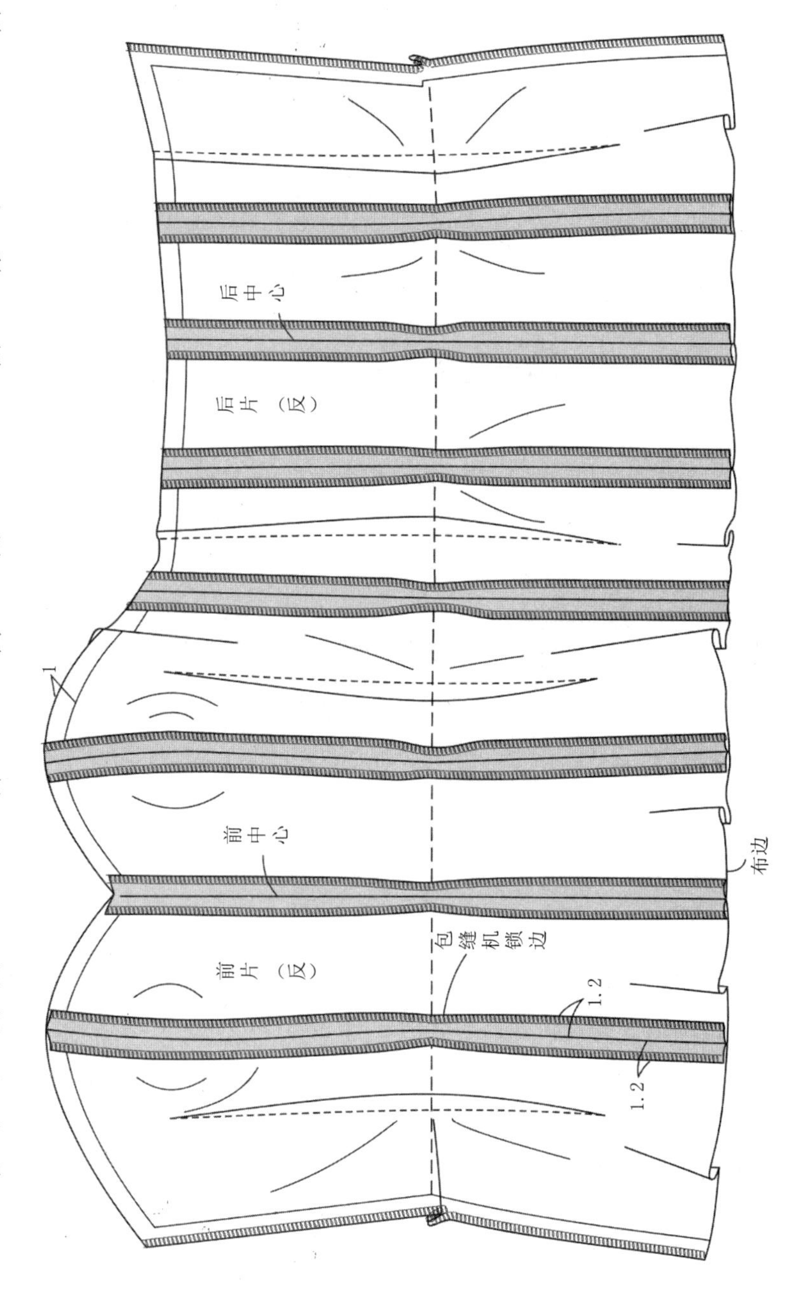

图8-73　包缝缝头

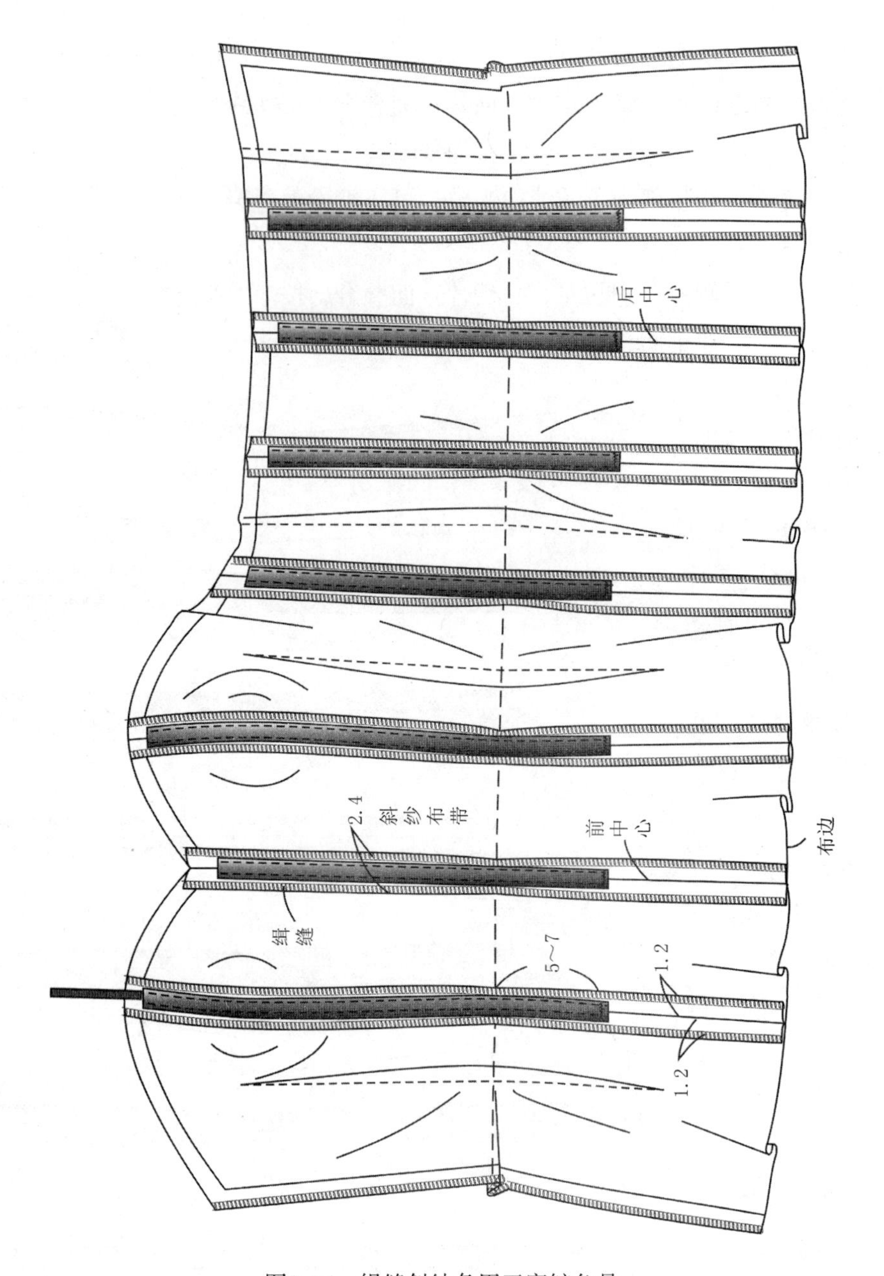

图8-74　缉缝斜纱条用于穿鲸鱼骨

8. **穿鲸鱼骨**

将鲸鱼骨穿入斜纱条与缝份之间。

9. **装拉链**

（1）确定拉链的长度如图8-75所示，如果长可以用钳子拔掉部分拉链齿牙，将拉链金属扣移至开口止口处，固定。

（2）扣烫缝头。如图8-76所示，按净缝线扣烫前侧片和后侧片左侧缝缝头。

（3）绱拉链。如图8-77所示，将拉链粗缝固定到前、后侧片左侧缝上，将衣片翻转缉缝明线。

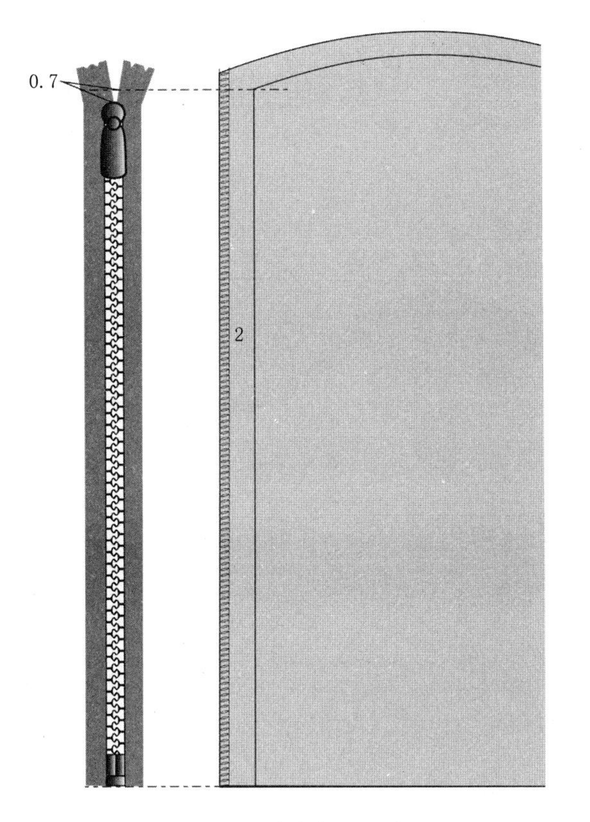

图8-75　确定拉链长度

图8-76　扣烫缝头

图8-77　装拉链、缉缝明线

10. **上边缘缉缝斜纱布条**

（1）如图8-78所示，距离上边缘净缝线0.1cm，将斜纱布条缉缝到上边缘线内侧缝头上。

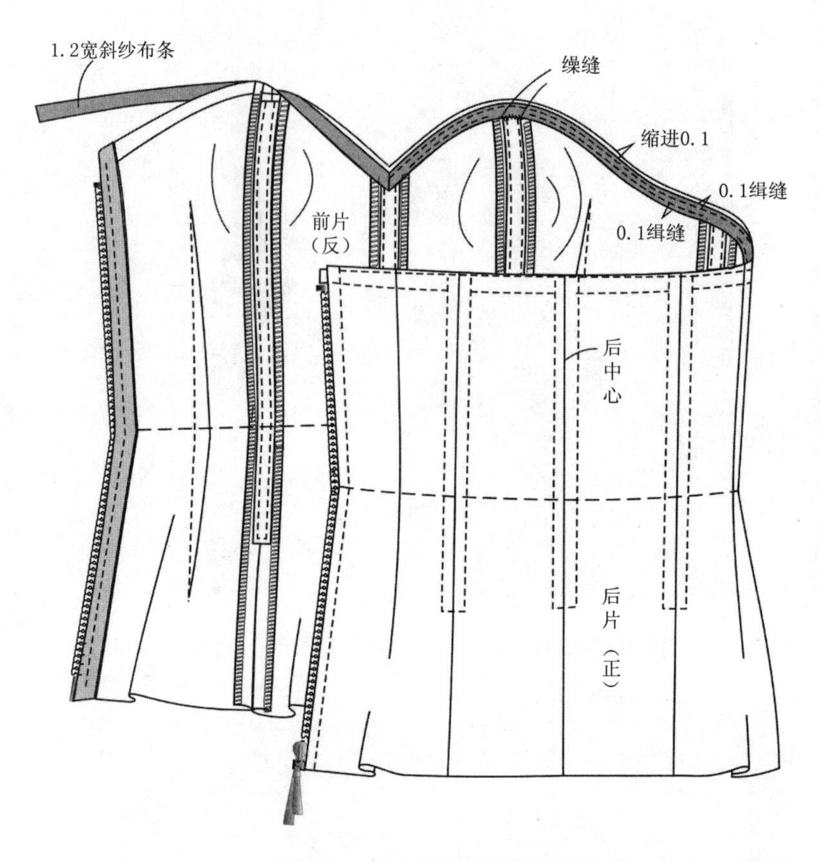

图8-78　上边缘线缉缝斜纱布条

（2）斜纱布条缩进0.1cm，熨烫平整。

（3）缉缝斜纱布条另一侧。

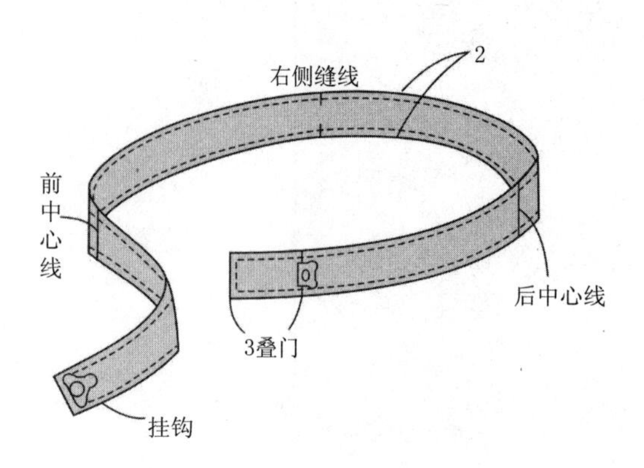

图8-79　制作腰带

（4）缲缝固定上边缘线斜纱布条两端和纵向斜纱布条的上端。

11. **制作腰带**

如图8-79所示，制作2cm宽的腰带，在前、后中心线和右侧缝线处做上标志，叠门为3cm。

12. **固定腰带**

如图8-80所示，在腰围线的省道、缝份处拉线襻固定腰带。

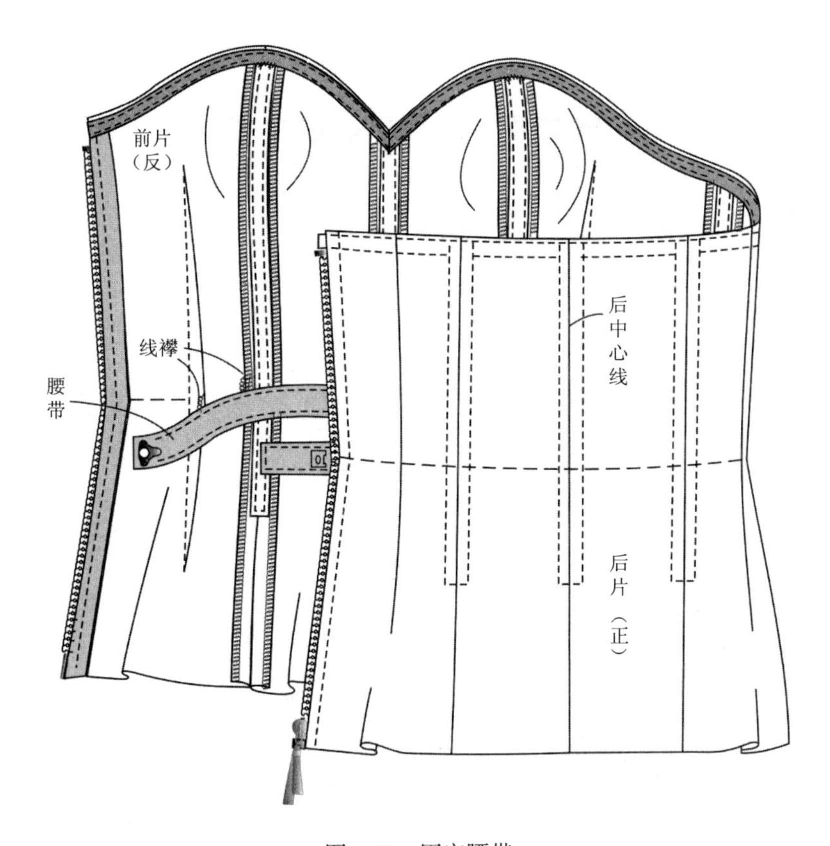

图8-80　固定腰带

13. **熨烫整理**

如图8-81所示，拆除腰部绷缝线迹，熨烫整理。

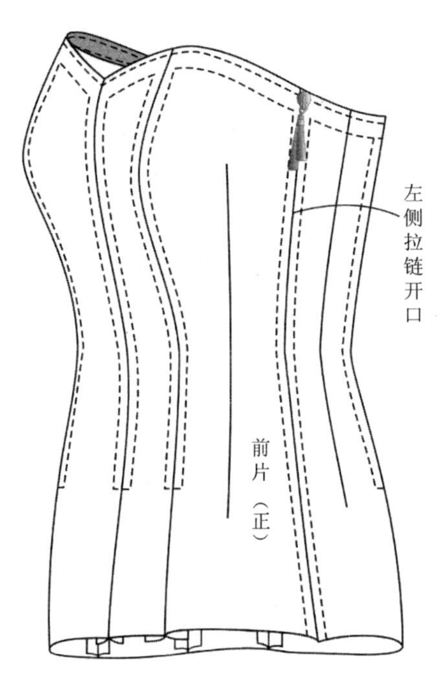

图8-81　熨烫整理

第四节 衬裙缝制工艺

衬裙缝制以有饰边的喇叭型衬裙为例讲述衬裙的缝制过程。

一、缝制准备

款式如图5-17所示，结构制图如图5-18所示。图8-82所示为加放缝头的衬裙裁剪前、后片面布。

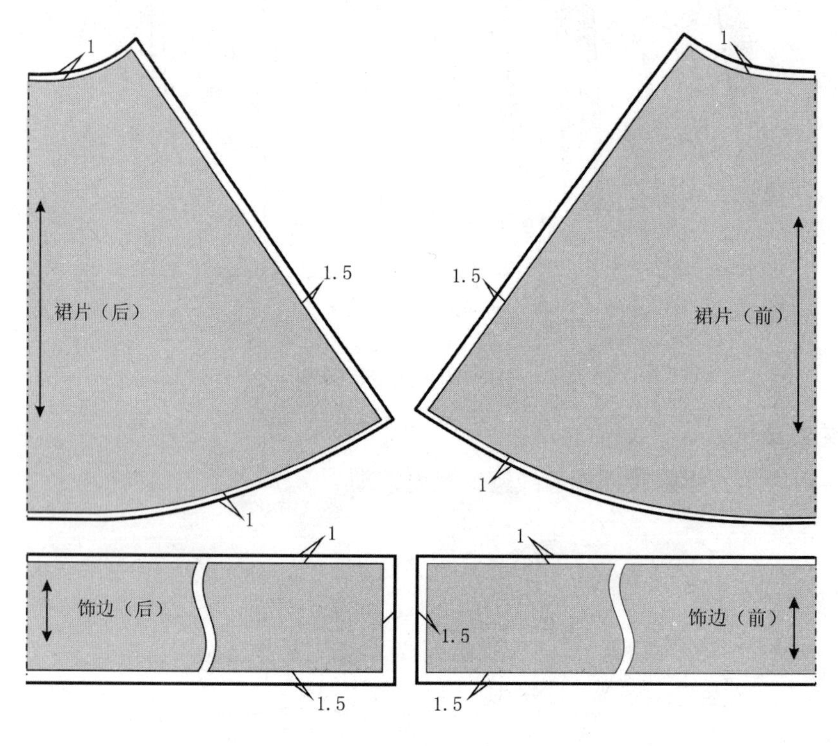

图8-82 缝头加放

二、缝制步骤

（1）按图8-83所示，在前、后裙片右侧装拉链处烫2cm宽的无纺黏合衬或直牵条，长度过装拉链止点大约2cm，然后包缝前、后裙片和饰边的侧缝。

（2）如图8-84所示，前、后裙片，前、后饰边正面相对，缝合裙片和饰边的侧缝，裙片右侧缝缝至侧缝拉链开衩止点处，打回车加固，然后分缝烫平。

（3）如图8-85所示，分别沿饰边上边缘净缝线外0.2cm和0.4cm处，放长针距缉缝或者手针拱针缝两道线，然后抽拉面线，使饰边出现细褶，抽褶要均匀。饰边上边缘的围度

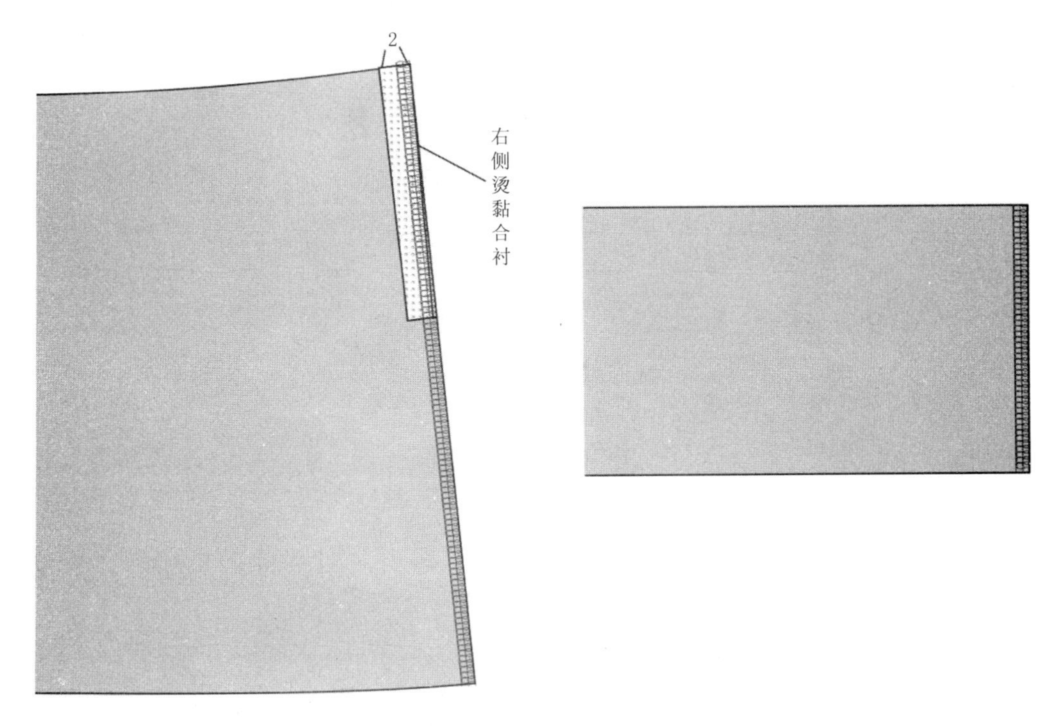

图8-83　贴黏合衬和包缝

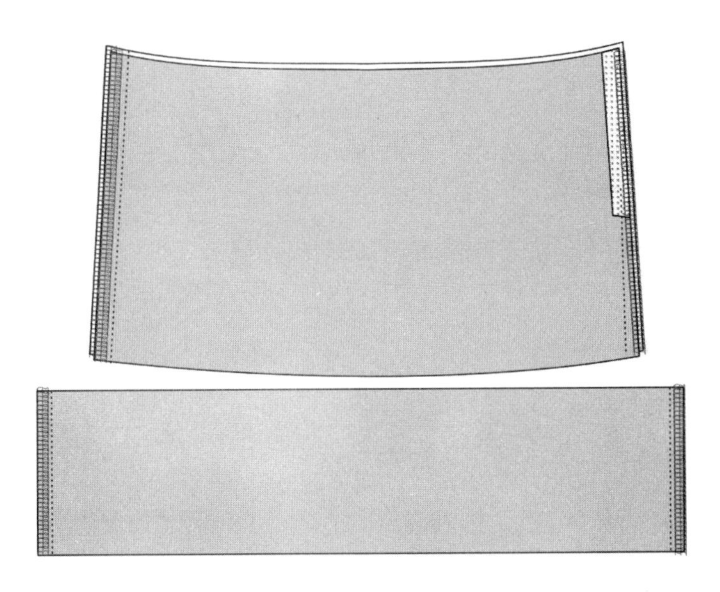

图8-84　缝合侧缝

与裙摆围度相等，然后用熨斗压烫细褶，使之固定。

（4）如图8-86所示，将裙片下摆与饰边上边缘正面相对叠合，然后进行缉缝。

（5）如图8-87所示，三线包缝饰边上边缘与裙片下摆的缝头，包缝后将缝头倒向裙片一侧烫平。

（6）如图8-88所示，将饰边底边三线包缝，再把折边折上1.5cm车缝固定底边。

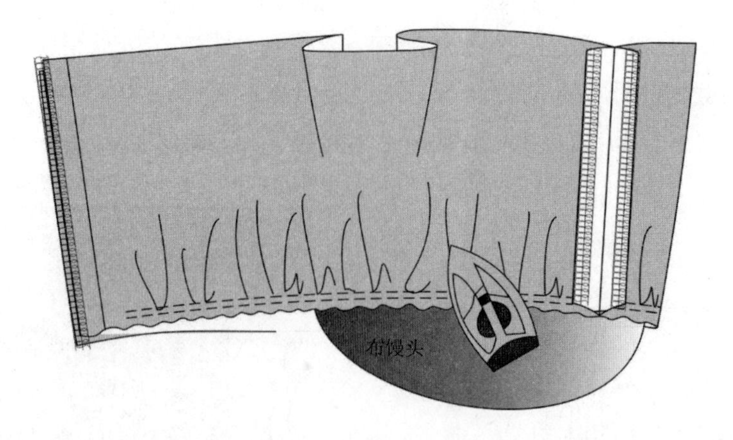

图8-85　抽饰边细褶

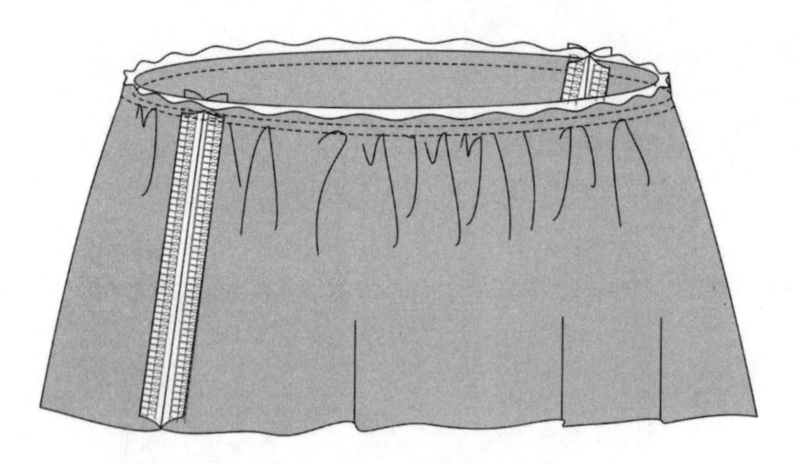

图8-86　拼接裙片与饰边

图8-87　包缝缝头

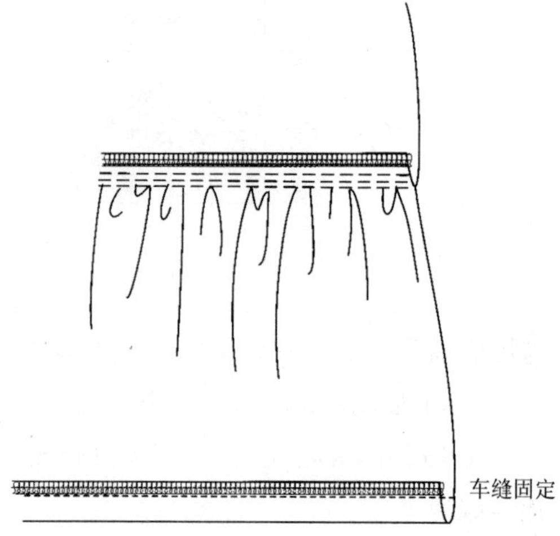

图8-88　缉缝折边

（7）装隐形拉链，注意隐形拉链的有效长度要比开口长度长至少2cm。如图8-89所示，将隐形拉链放在开口部位的反面，拉链齿中心与侧缝净缝线相对。拉链上端与腰口线净线对齐，将缝头与拉链用大头针固定，检查左右对位情况，然后在拉链牙边上粗缝固定。

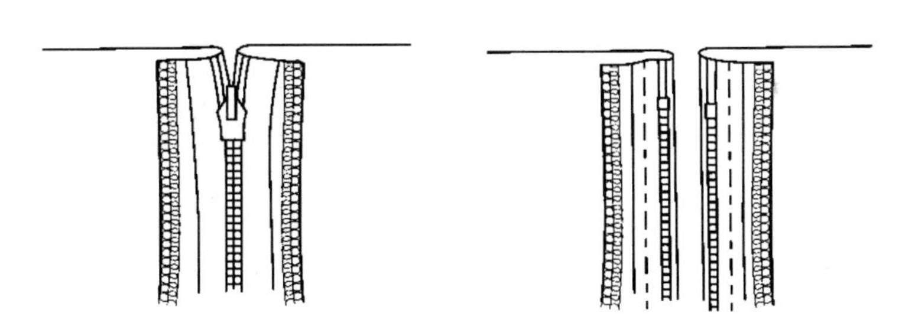

图8-89　拉链与裙片固定

（8）如图8-90所示，将拉链的拉头拉至最下面。将拉链插进隐形拉链压脚的槽中，一边把拉链牙抬起，一边车缝，缝至开口止点。

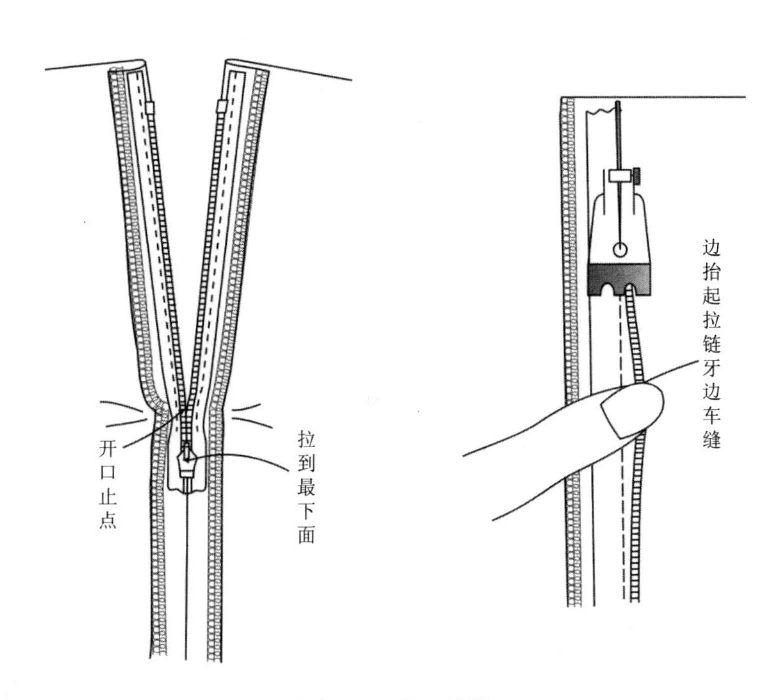

图8-90　车缝拉链

（9）如图8-91所示，左右两边缝完后，从反面拉出拉链的拉头，然后闭合拉链，将拉链金属扣移至开口止口处，用钳子固定。

（10）如图8-92所示，拉链基布两侧缲缝或缉缝在裙片的缝头上，下端用三角针固定在缝头上或者用布将拉链下端包住。

（11）如图8-93所示，裁剪腰头，腰头长为裙腰长，宽为5cm。如果加底襟，腰头长

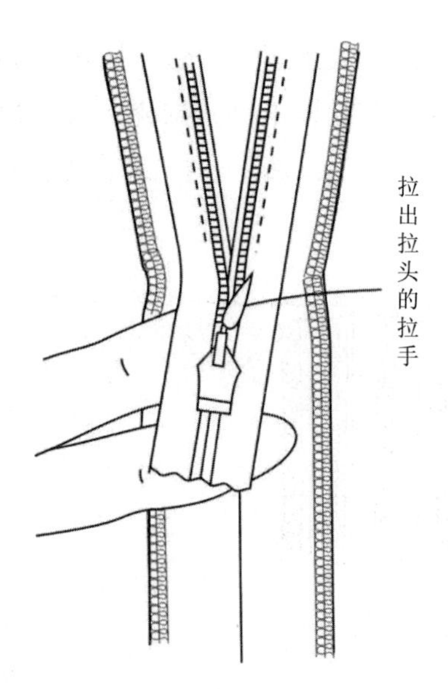

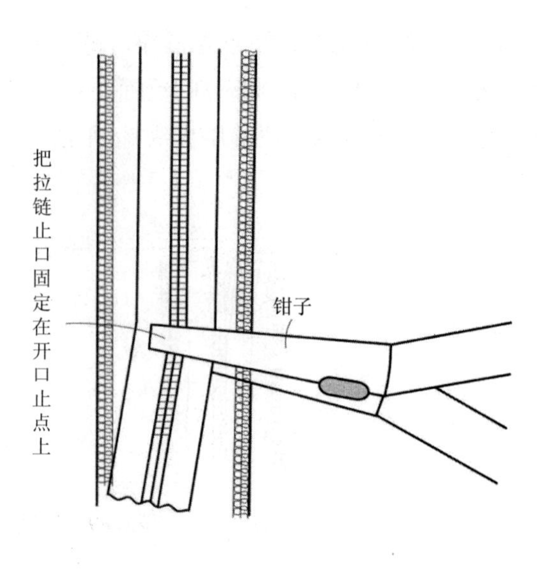

图8-91　修整拉链长度

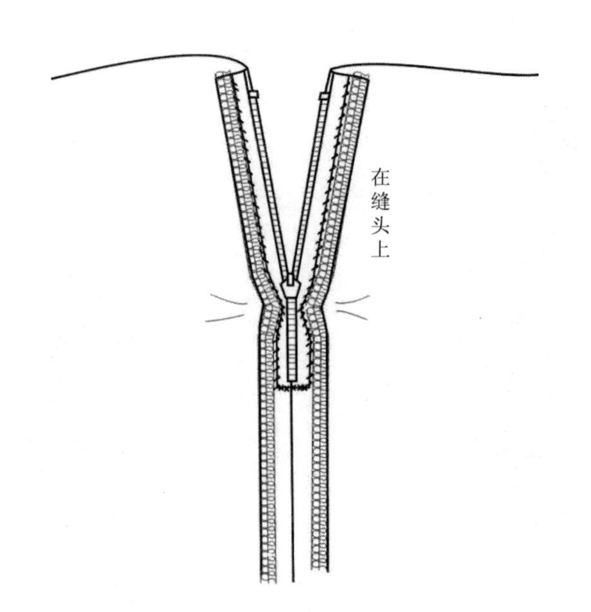

图8-92　固定拉链基布

图8-93　裁剪腰头

需要把底襟宽加上。

（12）如图8-94所示，将腰头正面相对对折，缝合腰头的两端。

（13）如图8-95所示，翻转到正面，熨烫平整。

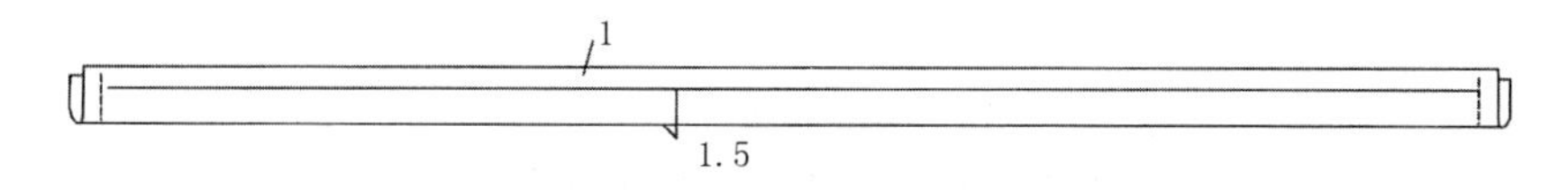

图8-94　扣烫腰头并缝合两端

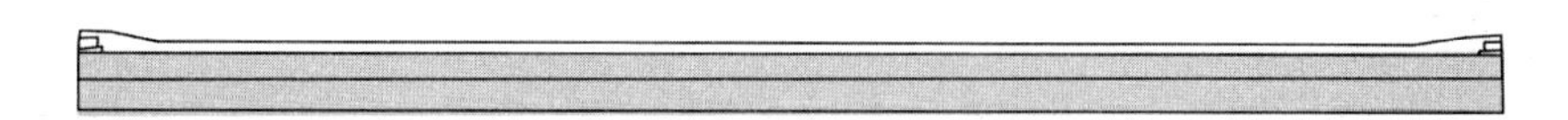

图8-95　熨烫腰头

（14）如图8-96所示，将腰头正面与裙身正面相对缉缝。

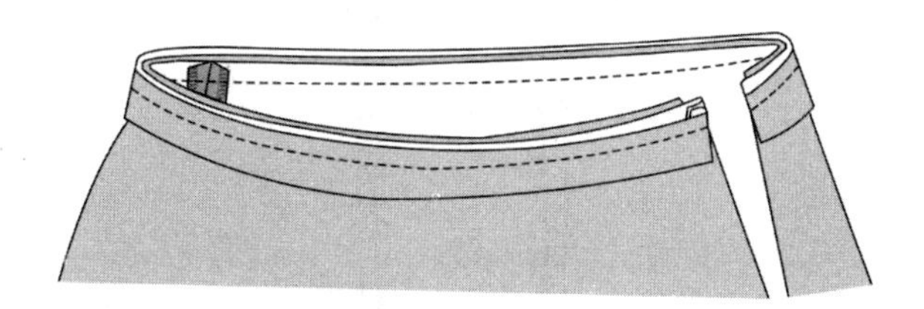

图8-96　绱腰头

（15）如图8-97所示，修剪缝头，然后将三个缝头包缝到一起。

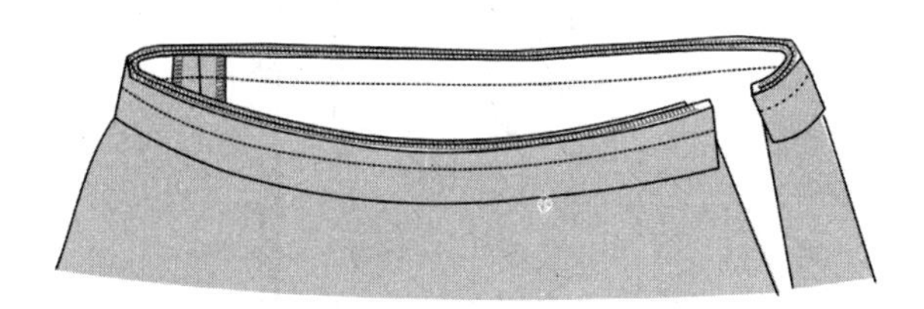

图8-97　包缝缝头

（16）如图8-98所示，翻转腰头，将腰头里固定在侧缝上，然后钉钩扣。

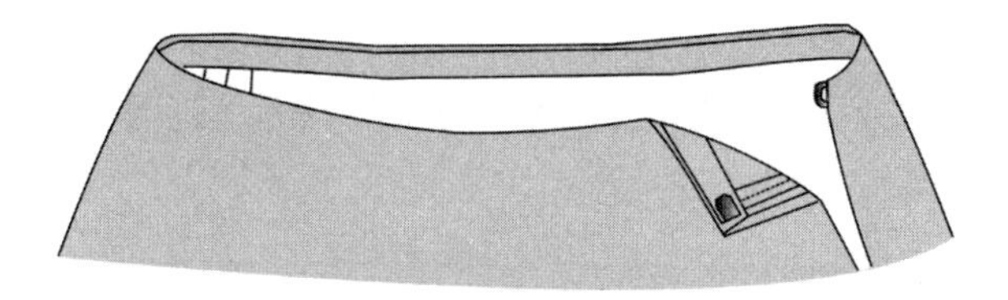

图8-98　固定腰里

注：饰边也可以在装完拉链和做好腰头后，再与裙片缝合。

第五节 睡衣缝制工艺

一、缝制准备

（1）款式如图6-34所示，结构制图如图6-35所示。如图8-99所示，在睡衣裁片上加放缝头，并在前、后领口及袖口贴边上烫黏合衬。

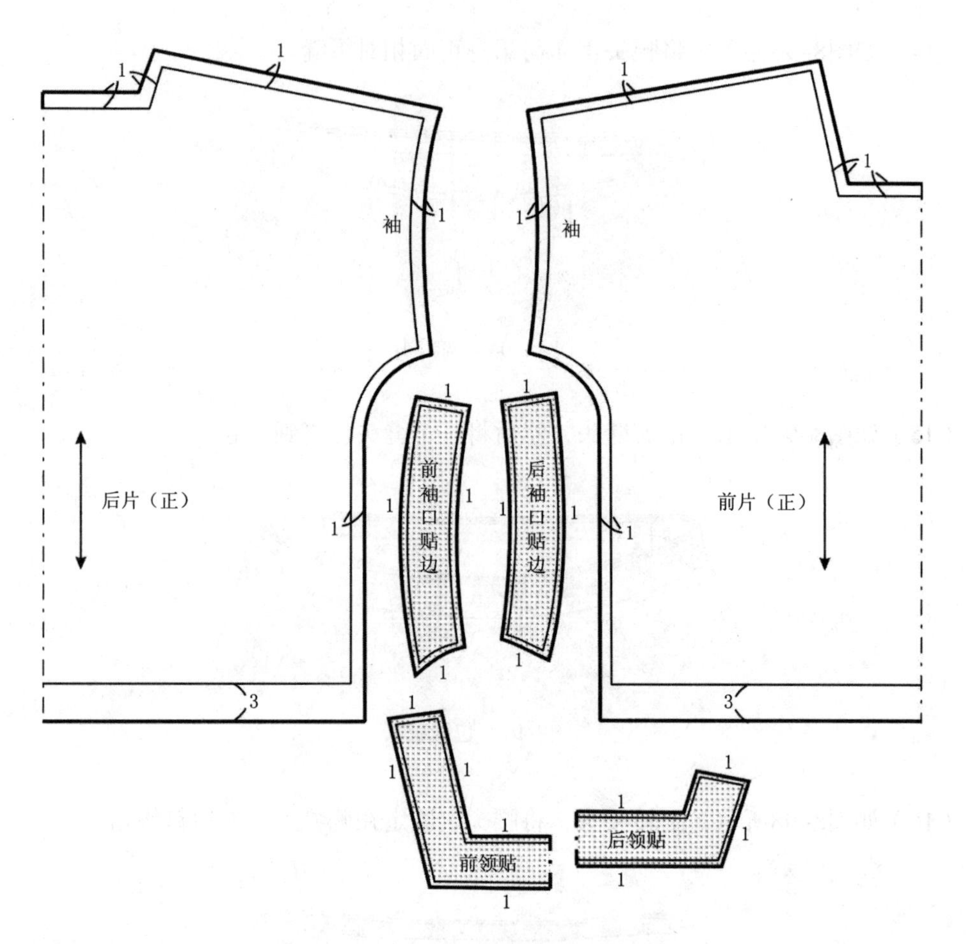

图8-99 加放缝头和贴黏合衬

（2）如图8-100所示，将前、后衣片、前、后领口及袖口贴边进行包缝。

二、缝制步骤

（1）如图8-101所示，将前、后衣片正面相对叠合，缝合肩缝和侧缝，侧缝缝至开衩止点，在止点处打回车加固。

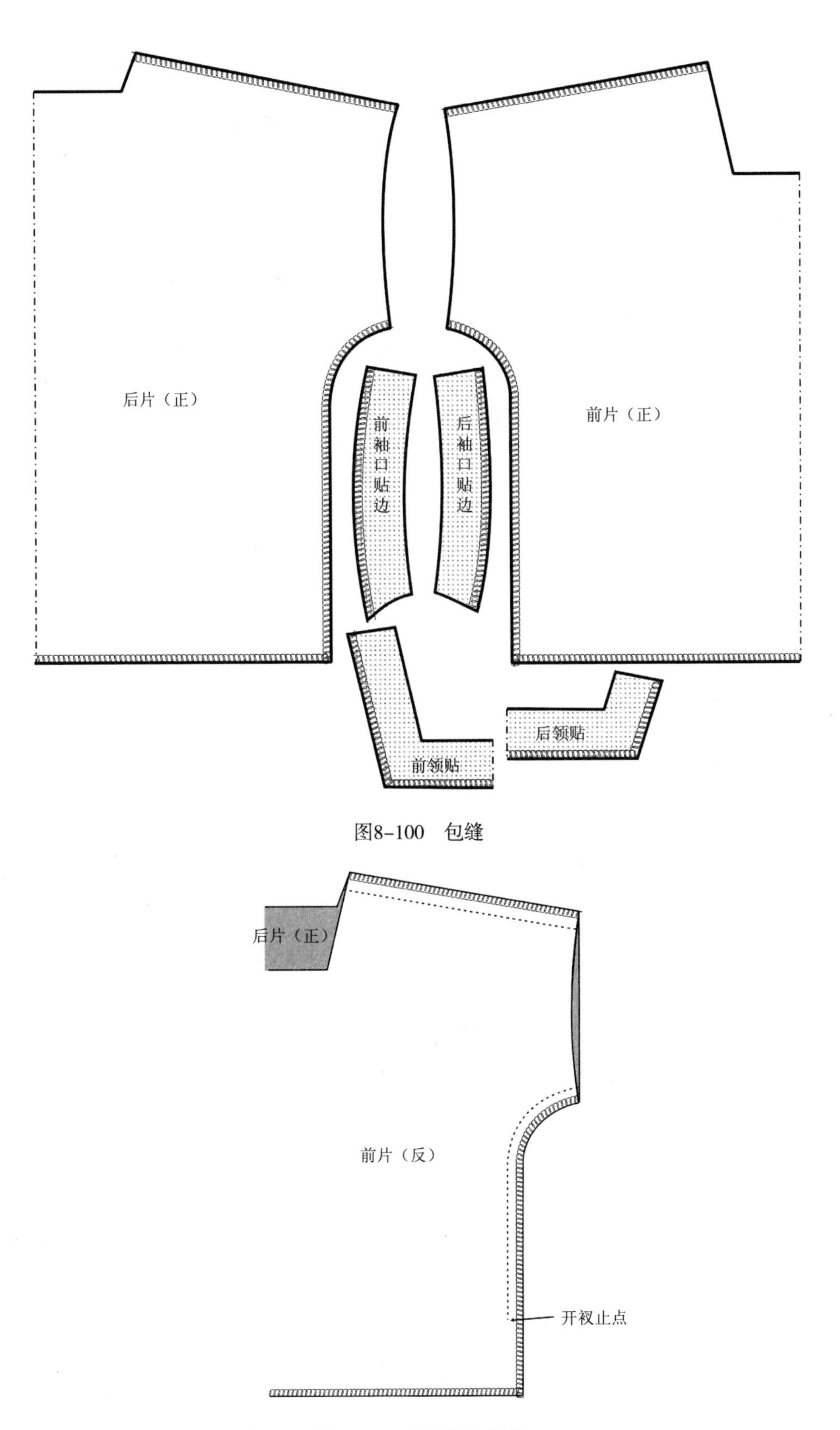

图8-100 包缝

图8-101 合肩缝与侧缝

（2）如图8-102所示，将前、后领口贴边正面叠合，缝合肩缝；分别将左右袖口贴边正面叠合缝合。

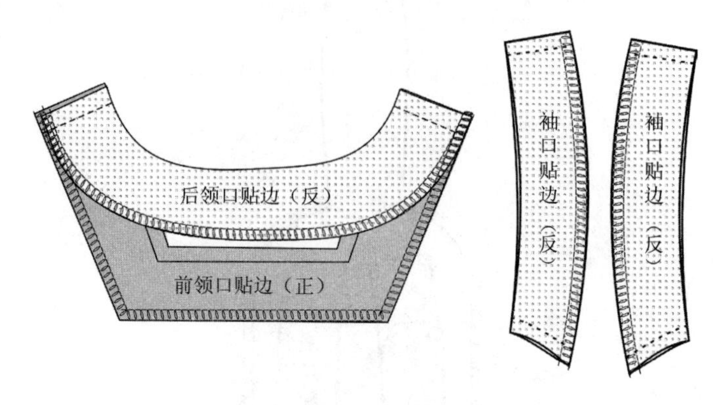

图8-102　做领口及袖口贴边

（3）如图8-103所示，将领口贴边的正面与衣身正面相对叠合，缉缝领口线，在拐角处和弧线部位打剪口，将缝头扣烫，倒向衣身。

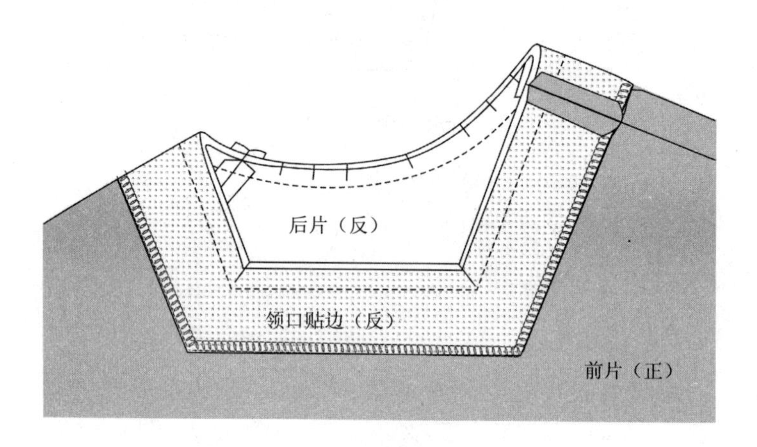

图8-103　装领口贴边

（4）如图8-104所示，将领口贴边翻转到衣片反面，注意贴边不要反吐，将领口熨烫平整，然后在衣片正面缉缝领口装饰线，同时固定贴边。

（5）装袖口贴边的做法与装领口贴边方法相同。

（6）如图8-105所示，缝合侧开衩，然后固定底边。

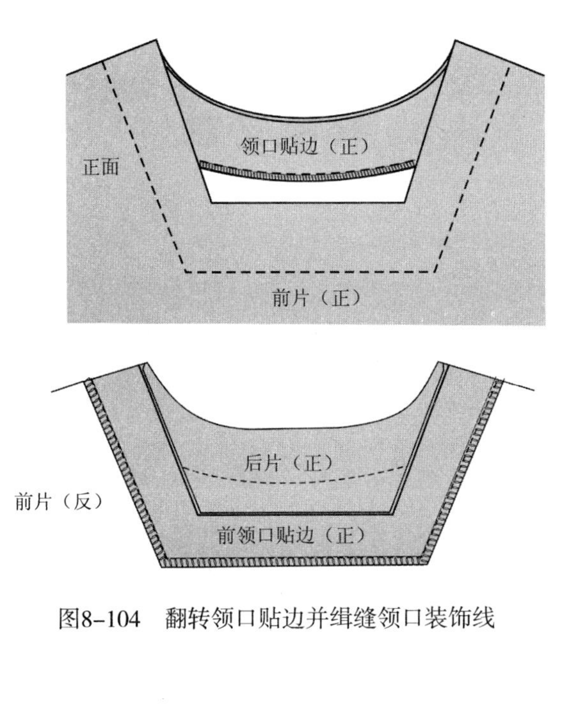

图8-104　翻转领口贴边并缉缝领口装饰线

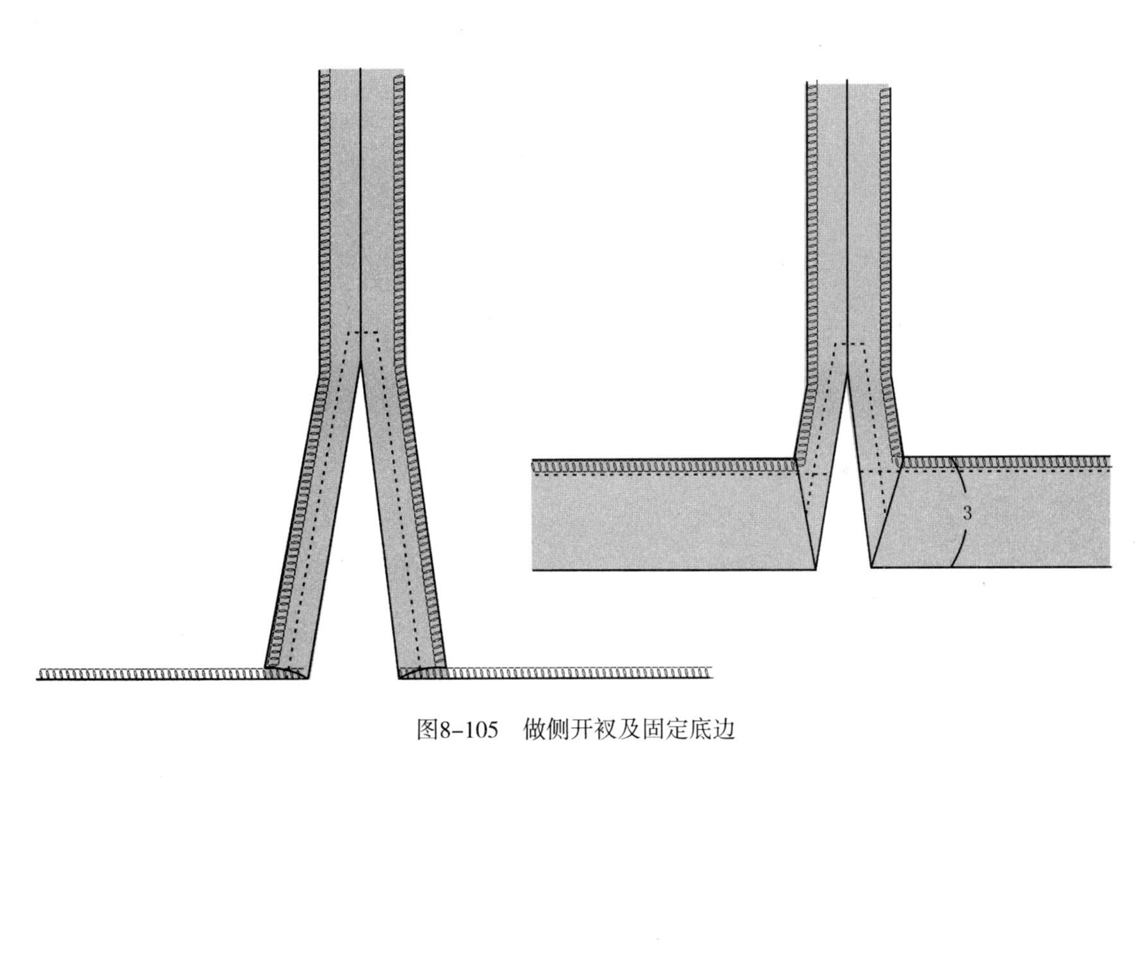

图8-105　做侧开衩及固定底边

参考文献

[1] 裘海索.美国时装样板设计与制作教程（上）[M]. 北京：中国纺织出版社，2011.

[2] 北京服装学院爱慕人体工学研究所. 内衣、泳装、沙滩装及休闲服装纸样设计 [M]. 北京：中国纺织出版社，2001.

[3] 张怀珠，祝煜明，黄国芬（日）登丽美服装学院. 登丽美·时装造型工艺设计。女衬衫·连衣裙 [M]. 上海：东华大学出版社，2003.

[4] 刘美华，金鲜英，金玉顺. 日本文化女子大学服装讲座。服装造型学技术篇III [M]. 北京：中国纺织出版社，2006.

[5] 刘驰，袁燕. 英国经典服装纸样设计提高篇 [M]. 北京：中国纺织出版社，2001.

[6] 周捷，田伟. 女装缝制工艺 [M]. 上海：东华大学出版社，2015.

[7] 周捷. 服装部件缝制工艺 [M]. 上海：东华大学出版社，2015.

[8] Kristina Shin. Patternmaking for underwear design [M]. America: Seattle, Wash.: Createspace，2010.

[9] Kristina Shin. Patternmaking for the underwired bra: New directions [J]. Journal of the Textile Institute，2007，98(4)：301-307.